超高压采气井口研究及应用

刘洪涛　胥志雄　何新兴　等著

石 油 工 业 出 版 社

内 容 提 要

本书针对超高压采气井口装置在国内的使用现状及瓶颈难题，结合高校、油田及设备制造商的研究成果，详细介绍了适用于超高压采气井口闸板阀的金属密封结构、非金属密封设计、闸板阀堆焊工艺研究，以及国产化 140Y 形超高压采气井口装置设计、制造与性能试验情况。

本书可供从事采气工程技术人员、工程设计人员、采气生产及井下作业人员参考使用。

图书在版编目（CIP）数据

超高压采气井口研究及应用 / 刘洪涛等著. — 北京：石油工业出版社，2021. 10

ISBN 978-7-5183-4897-8

Ⅰ. ①超… Ⅱ. ①刘… Ⅲ. ①超高压-采气井口装置-研究 Ⅳ. ①TE931

中国版本图书馆 CIP 数据核字（2021）第 196963 号

出版发行：石油工业出版社
（北京安定门外安华里 2 区 1 号　100011）
网　址：www. petropub. com
编辑部：（010）64523710
图书营销中心：（010）64523633
经　　销：全国新华书店
印　　刷：北京中石油彩色印刷有限责任公司

2021 年 10 月第 1 版　2021 年 10 月第 1 次印刷
787×1092 毫米　开本：1/16　印张：24
字数：410 千字

定价：192. 00 元
（如发现印装质量问题，我社图书营销中心负责调换）

《超高压采气井口研究及应用》
编 写 组

主　　编：刘洪涛

副 主 编：胥志雄　何新兴

编写人员：孟祥娟　周理志　彭建云　黄　锟
周　波　邱金平　彭建新　周　璇
刘　举　张　宝　黄龙藏　魏军会
景宏涛　耿海龙　白晓飞　沈建新
曾　努　李悦钦　张　川　冯春宇
张　浩　张雪松　周建平　谢俊峰
秦德友　刘明球　吴云才　杜锋辉
邹光贵　王鹏程　王克林

参与人员： 易　俊　涂志雄　杜文波　饶文艺

杨淑珍　巴　旦　孔嫦娥　李建明

马亚琴　于小童　齐　军　刘　锁

陈德飞　郭龙龙　高文祥　刘国华

王　师　张　超　何剑锋　赵密锋

刘文超　刘　鸣　庹维志　陈　庆

宋鹏举　向雪蕾　尹智勇　申　彪

赵　俊　胡　超　曹立虎　张　伟

单　锋　刘军严　黎丽丽　娄尔标

薛艳鹏　汪　鑫　宋明哲　杨双宝

王　磊　徐　强　周　进　汪浩洋

程青松　刘　浩　崔航波　张宏强

张安治　曹政兵　朱良根　魏　波

李兴亭　司　想

前　言

在天然气开采的过程中，采气树是控制井口天然气流通与截断的关键设备，在井口采气设备中至关重要。目前气田使用的采气树压力级别大部分为15000psi（105MPa）或以下级别，随着油田超高压气井出现越来越多，20000psi（140MPa）级别的采气树需求增大，通过中国石油相关油田、高校和设备制造商的联合攻关，2020年完成了20000psi（140MPa）级别的采气树研制及现场试验。为方便国内设计、制造及使用单位参考，特编写《超高压采气井口研究与应用》一书。

本书从超高压采气井口装置的研究现状及发展趋势入手，简单明了地介绍了采气井口装置的主要结构，针对超高压工况下闸板阀的密封难题，分章节就金属密封和非金属密封的机理及结构设计进行介绍，同时介绍了闸板阀硬质合金冲蚀磨损机理以及用于酸性气田的闸板阀堆焊工艺。此外，本书还介绍了国产化140Y形采气井口装置的设计、制造、性能试验过程及失效分析和维护保养，可供制造商参考使用。

全书共分七章，由刘洪涛、胥志雄、何新兴组织编写。第一章由孟祥娟、周理志、彭建云、黄锟、易俊、涂志雄、杜文波、饶文艺、杨淑珍、巴旦、孔嫦娥编写，第二章由周波、邱金平、周璇、刘举、李建明、马亚琴、于小童、齐军、刘锁、陈德飞、郭龙龙编写，第三章由张宝、魏军会、景宏涛、耿海龙、高文详、刘国华、王师、张超、何剑锋、赵密锋、刘文超编写，第四章由白晓飞、沈建新、曾努、李悦钦、刘鸣、庹维志、陈庆、宋鹏举、向雪蕾、尹智勇、申彪编写，第五章由张川、冯春宇、张浩、张雪松、赵俊、胡超、曹立虎、张伟、单锋、刘军严、黎丽丽、娄尔标、刘锁编写，第六章由周建平、谢俊峰、秦德友、刘明球、吴云才、薛艳鹏、汪鑫、宋明哲、杨双宝、王磊、徐强、周进、汪浩洋、程青松编写，第七章由杜锋辉、邹光贵、王鹏程、王克林、刘浩、崔航波、张宏强、张安治、曹政兵、朱良根、魏波、李兴亭、司想编写。全书由黄锟、彭建云、魏军会负责汇总统稿。

本书作为一本超高压采气井口装置的参考资料，对设计、制造及使用单位将起着积极作用。但由于时间仓促和水平有限，书中难免存在不足之处，敬请广大读者提出宝贵意见。

编　者

2021 年 7 月于新疆库尔勒

目　　录

第一章　概　论

在所有化石能源中，天然气是世界公认的清洁能源，对环境的污染程度最小。与传统燃油相比，车辆和船舶在使用天然气时，综合污染物排放量减少约85%，其中，一氧化碳排放减少约90%、碳氢化合物排放量减少70%～80%、氮氧化合物排放量减少30%～40%、二氧化碳排放量减少15%～25%，且几乎没有颗粒物排放，不含苯、铅及硫化物等污染物。同时，天然气的燃点和爆炸下限相较于成品油更高，密度比空气低，使用更安全，加之价格通常比汽油、柴油价格低，使用更经济（张玉清等，2019）。2000年2月国务院第一次会议批准启动“西气东输”工程，2002年“西气东输”一线工程开始施工并于2004年全面投产，该工程线起始于新疆塔里木轮南油气田，终止于上海市，全程横贯九个省、自治区、直辖市，工程总长度约4200km（迟国敬等，2011），进一步带动了天然气的消费。

在天然气井的开采过程中，采气树作为井口采气设备起着至关重要的作用。采气树是控制井口天然气流通与截断的关键设备。2010年以来，随着塔里木和克拉玛依深井油田的钻采，以及四川高压、高含硫气井的开发，国内石油超高压采油、采气井口及采油树需求旺盛（钟功祥等，2007）。目前，国内超高压气田使用的20000psi❶井口装置大多都为进口设备，存在价格昂贵、供货周期长、配件订购困难等问题。国内在20000psi采气树的研究和制造方面存在薄弱的环节，只有少数厂家模仿进口产品进行试制，但是现场使用效果不尽如人意，因此研究超高压井口装置已迫在眉睫，本章详细地介绍了采气井口装置及相关技术参数。

第一节　采气井口装置的研究现状

如图1-1所示，采气井口装置主要由套管头装置、油管头装置和采气树三

❶ 1psi＝0.006895MPa。

部分组成。阀门是高压采气井口装置的重要组成部分（王小文，2010），井口装置的可靠性关键在于阀门。对于超高压采气井口，井口装置的改进和发展主要靠阀门来推动，对阀门的主要要求有以下两点：

（1）要求阀门密封可靠，能够适应冬天的极端气候；

（2）开关力矩小，降低操作工人的劳动强度。

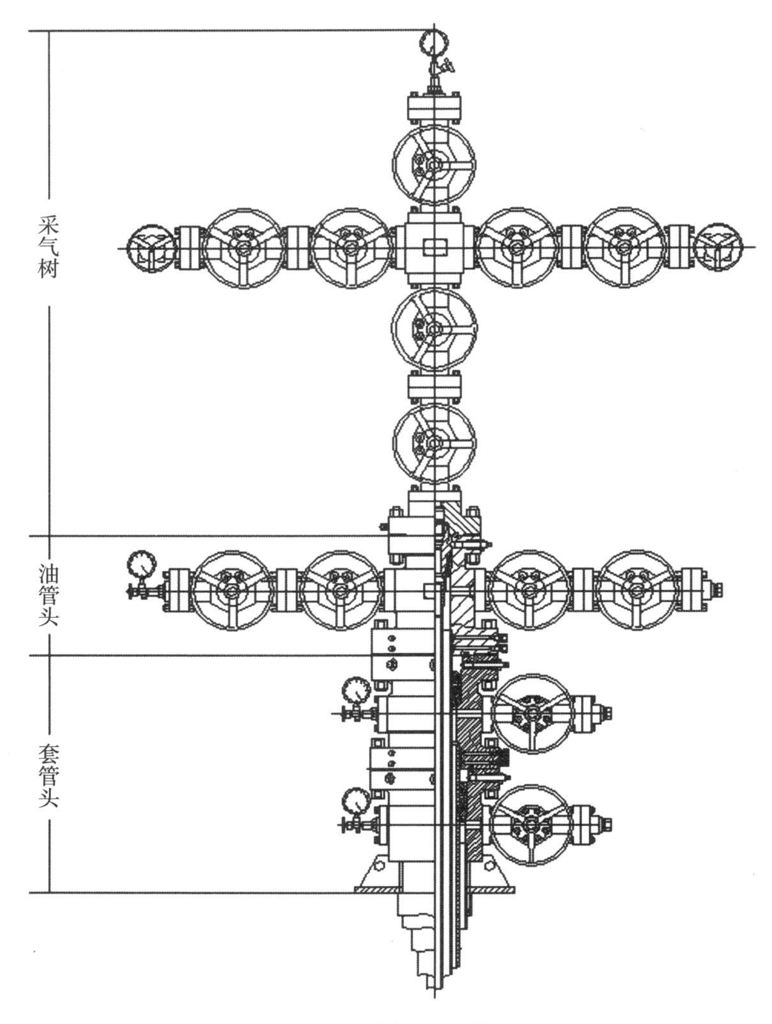

图 1-1　采气井口装置

一、国外研究现状

石油井口装置从最简单的钻采工艺开始，已经经历了上百年的发展历程。目前，生产超高压采油（气）井口装置的公司主要分布在美国、意大利、英国等，这些国家生产的采油（气）井口装置都可以根据油田生产的实际工况来制造改进，并且水下井口装置的研发也达到了很高的水平，能够满足现有井口的生产需求（张羽，2015），其中美国井口装置的技术水平、制造能力和产能都处于国际领先地位。比较著名的采油井口装置的制造公司有美国的 Cameron 公司、F. M. C 公司、Verco 公司以及挪威的 Aker Kvaerner 公司。本书主要从闸阀、套管头、油管头、采油树几个方面简述上述公司的产品特点（刘亮，2015）。

（一）闸阀系列

闸阀作为采气井口装置中的主要部件，整体发展趋势是能双向密封的平板闸阀结构，其中暗杆式平板闸阀占有绝对优势，如图 1-2 所示（陶春达等，1997）。相关代表产品有 Cameron 公司 FL 型、FLS 型及 JS 型闸阀，维高格雷公司的 VG-200 和 VG-300 高压系列闸阀，意大 Breda 公司 SD 型、SDS 型闸阀，美国 F. M. C 公司 FMC100 型闸阀（王辉，2013），各自主要特点如下。

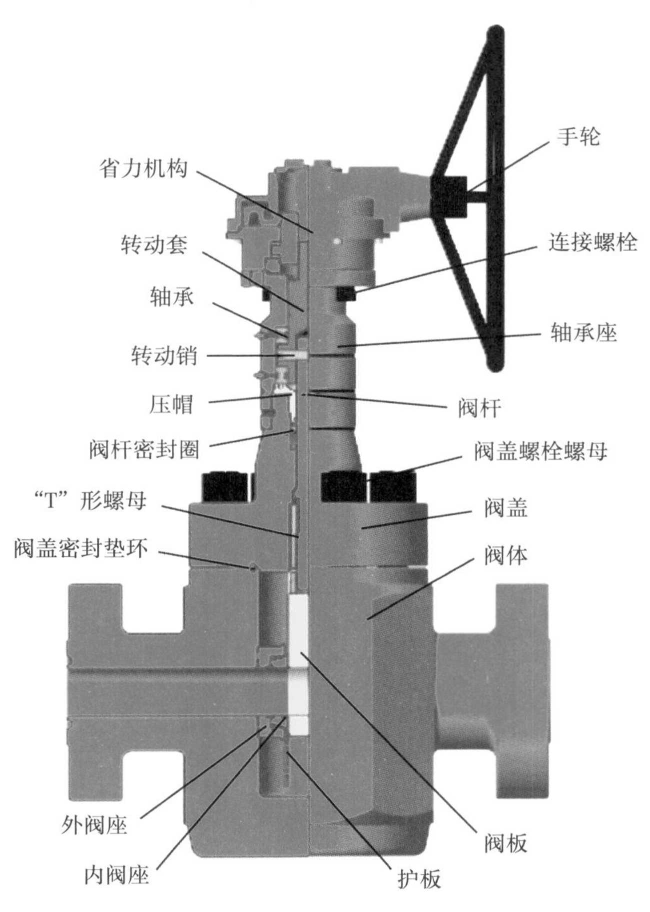

图 1-2 暗杆式平板闸阀结构示意图

（1）Cameron 公司 FL 型、FLS 型闸阀工作压力为 13.79～34.5MPa，采用整体式闸板结构，可防止管线中的沉淀物进入阀体内腔，高承载能力的两个止推轴承用来吸收闸板开启和关闭时的载荷，从而将手轮旋转力减至最小，特殊惰性材料弹簧承载的唇形密封，既能保护金属密封面又能加强低压密封性能，FL 型闸阀在每个阀座上使用的是单个唇形密封。

（2）JS 型闸阀主要特点是具有一个回转孔口的闸板，可在不考虑阀杆位置的情况下，把阀板推向开启位置，使 JS 型闸阀特别适合于用作采油树装置的底阀。此外，该型闸阀采用阀座和闸板、阀体金属对金属的密封，特殊外径、内径的唇形密封不仅加强了低压密封，而且又保护了阀座、阀板和阀体的金属密封面。

（3）VG-300 高压系列闸阀工作压力为 34.5～103MPa，规格为 50～228.6mm，这种闸阀采用的是多向模锻承压阀体、阀帽，UV 型具有热塑并充填的特氟隆（TEE）复合阀杆密封盒，配备有多用途的接头，用于注入阀体润滑剂和阀杆密封剂，VG-300FR 型具有后座自动密封防火功能。

（4）VG-200 低压系列闸阀工作压力为 13.79～34.5MPa，规格为 50.8～101.6mm，这种闸阀结构采用的是低合金钢承压铸件壳体、平行阀板结构、非橡胶唇形阀杆密封填料并采用精密滚针轴承承受阀杆载荷，具有安全剪切销的功能，VG-300LMV 型具有远距离控制快速防火功能，VG-230SE 型为分合式阀板，伸长式的阀盖，适合于高温工况。

（5）SD 型闸阀适合于 13.79～34.5MPa 的低压力范围，通径为 52.4～181mm，阀座外径上采用“U”形预加载结构，确保阀板与阀座金属对金属的低压密封。SDS 型闸阀适用于 68.9～138MPa 的高压力场合，阀座内径、外径均预加“U”形密封，以确保高压力级别下施加在阀座上的载荷和阀板、阀座同压密封的要求。

（6）美国 F.M.C 公司 FMC100 系列闸阀采用锻造承压阀体结构、双滚针滑动轴承、安全剪切销和特氟隆 UV 型阀杆密封填料（专利产品），可耐 H_2S、CO_2 和氯化物的腐蚀，工作温度为-24～177℃，工作压力在 138MPa 以上。

另外，国外闸阀还应用其他特殊工艺以满足含硫防腐的高压油气井需要，譬如阀杆和阀板采用 QPQ（Quench Polish Quench，淬火—抛光—淬火）工艺；螺栓表面除了镀锌还采用 Xylan 涂层等工艺；改变密封结构，提升阀座密封性能，确保密封可靠。

（二）套管头及油管头系列

套管头包括套管头本体、套管头四通、套管悬挂器、顶丝、顶丝密封填料、闸阀、螺纹法兰和压力表等，用于悬挂各层套管并形成密封环形空间，为安装防喷器、油管头、采油（气）树等其他井口装置提供过渡连接。近年来，随着高压井、超高压井以及深井的开发，加之欠平衡钻井和氮气钻井等钻井工艺的发展，套管头结构被不断完善，以适应不同的工况（周宗杨，1986）。

油管头由油管头本体、油管悬挂器、顶丝、顶丝密封圈、闸阀、压力表、仪表法兰和螺纹法兰等组成（图 1-3）。油管头本体安装在套管四通顶部，在最后的套管安装完毕以后，再安装油管头，来提供一个负荷台阶支撑油管柱并且为油管悬挂器或者生产套管或油管环形空间密封提供密封孔。当完井以后，采油树通过上法兰再安装到油管头顶部法兰上（周思柱，2005）。

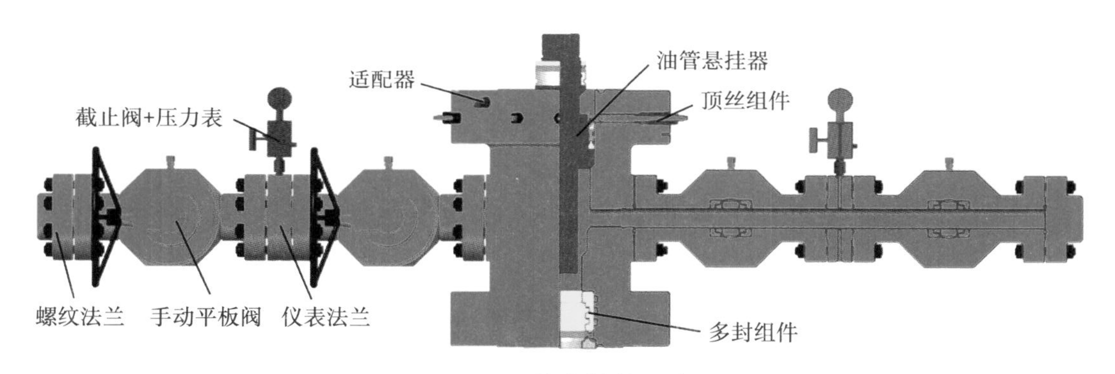

图 1-3　油管头结构示意图

综合美国 Cameron 公司、美国维高格雷公司、意大利 Breda 公司、美国 F. M. C 公司套管头及油管头产品，主要结构特点有以下几点。

（1）在单层或多层套管头的壳体内部加工有一定角度的台阶面，内部各层悬挂器通过相互承载传递重量，体积小，节约材料和连接件，能够有效减轻自身重量。

（2）套管悬挂器分为卡瓦式套管悬挂器和芯轴式套管悬挂器。卡瓦式套管悬挂器分为 W 型、WE 型、WD 型。W 型悬挂器是目前公认为最稳定可靠的坐定悬挂器，当悬挂器承受套管重量达到某一值时，激发橡胶密封圈变形就能起到密封环形空间的作用，现场安装时用螺栓把卡瓦牙和卡瓦壳体组装在一起，限制卡瓦牙和卡瓦壳体发生相对移动，并且可以防止密封被挤出。WE 型悬挂器具有平动密封，当螺帽被拧紧时，金属压板对橡胶圈实行压缩密封，套管与套管头本体之间形成密封空间。WD 型悬挂器主要悬挂表层套管，利用金属卡瓦牙的变形来实现密封。芯轴式套管悬挂器包括壳体和套管悬挂器，套管悬挂器由上层芯轴式套管挂、中间环形密封圈和下层芯轴式套管挂组成，其主密封通过套管的自重或顶丝的压紧力使金属或橡胶密封变形密封，其上端的加长颈与井口部分部件底部的橡胶或金属形成密封。结构简单紧凑、体积小、重量轻。但容易出现问题：悬挂器无法完全坐挂在套管头内，悬挂器中间环形密封圈提前损坏，固井时憋压、圆井泵无法正常工作等原因无法开泵管头系列。

（3）电潜泵油管头装置中，悬挂器上设有电缆穿越孔，为不降低油管头的压力级别，悬挂器上两端设有专用电缆接头，用户可以按照设计需要选择不同的等级。

（三）采油（气）树

井口采气树是天然气开采作业中用来进行开关井、调节压力、调节气量、循环压井等作业的井口装置，它连接着气井油管、套管和地面工艺设备。采气树指油管头本体以上的主体部分，外形与树相似，所以叫采油（气）树，主要由套管阀门、总阀门、生产阀门、清蜡阀门、油管四通或三通、油嘴等部件组成。它主要用来控制和调节油气井内自喷的油气介质，引导油气进入下游地面流程，保证计量油（气）产量、录取油压和套压、取样及清蜡等工作的顺利进行。对于高压及超高压采气井口装置，一般优先选用整体式结构。

意大利 Breda 公司生产的整体采油树有 S 型和 D 型 2 种。S 型适用于单管井口装置，S-1 型为主阀+单阀+四通+清蜡阀组合结构，S-2 型为双主阀+四通组合结构，S-3 型为双主阀+四通+清蜡阀结构。D-1 型、D-2 型、D-3 型和 S 型相似。D 型适用于双管井口装置。

二、国内研究现状

我国的采油（气）井口装置的开发技术是从 1972 年才开始迅速发展与进步的（张羽，2015）。1972 年，上海第二石油机械厂、江苏金湖机械集团、四川资中钻采工艺研究所等公司改进了 KY250 型、KQ350 型采油（气）井口装置，象征着我国的采油（气）井口装置的研制取得了长足的进步。近些年国内研制出的井口装置类型如下：105MPa 单油管式井口装置、70MPa 整体式采油井口装置、70MPa 双管井口装置、140MPa 单筒三井井口装置、140MPa 多座式井口装置、70MPa 复合式井口装置、140MPa 螺杆泵式井口装置等新型井口装置。国内现有的制造采油井口装置的公司，井口压力级别为 14~140MPa 不等，材料的级别为 AA~HH，井口装置规范的等级达到 PSL4，但产品性能要求多为 PR1 级，产品可靠性及质量远低于国外产品。

国内超高压采气井口装置几乎都是进口产品，虽然国内一些厂家在采气井口铭牌上自称是国产化产品，其实仅仅只是大四通或某个部件是国产化的，主要部件——平板闸阀无一例外使用进口的。通过中国石油相关油田、高校和设备制造商的联合攻关，四川宝石机械完成了 78-140FF 和 65-140FF 手动平板闸阀研制并通过 PR2 验证，完成国产超高压采气井口（符合 API6A，压力等级 140MPa、温度等级 L-U、材料等级 FF、性能等级 PR2、产品规范级别 PSL3G）的研制，采气井口通过国际第三方论证，现场试验两井次，试验情况良好，推动了超高压采气井口装置国产化的进程。

第二节 超高压采气井口装置发展趋势

国内采气井口装置和国外先进水平相比还存在很大差距，主要表现在如下几个方面（王辉，2013）：

（1）结构形式单一，国内平板闸以楔型闸阀为主，不能根据压力、井深、油气层储量和工况等因素来决定选用哪种形式的闸阀；

（2）压力级别过密，温度额定值范围小；

（3）主要零件可用材料较少，以阀体为例，国外多为铸锻件，国内通常情况下均使用 35CrMo；

（4）国外高压铸件都是使用 ADC 精炼，外观和内在质量较好；

（5）国外制造公司能根据不同工况来选用轴承、弹簧和密封件，产品使用效果较好；

（6）我国在机械加工手段、工况工艺规程和质量控制等方面的水平也低于国外。

在国外许多公司，井口装置及整体式采油树形式不断被开发和发展，其发展趋势也越来越趋向于单油管电潜泵井口装置研究和双油管井口装置、双通径的整体采油树的研究。国外知名厂家的井口装置不仅结构紧凑、重量轻，同时也具有良好的性能，但其价格高、周期长的问题始终无法完全满足国内市场的需求。

第二章　采气井口装置整体结构

采气井口装置安装在套管最顶端地面位置，用于悬挂井下油管柱、套管柱，密封油套管环空和套管环空，以控制流体流入流出井内（张守良等，2016）。采气井口装置主要包括套管头、油管头、采气树等设备。本章介绍了常用采气井口装置的技术规范及主要组成部件。

第一节　采气井口装置及技术参数

一、采气井口的型号表示及主要结构

（一）型号表示方法

采气井口装置的代号为KQ。具体表示方法为

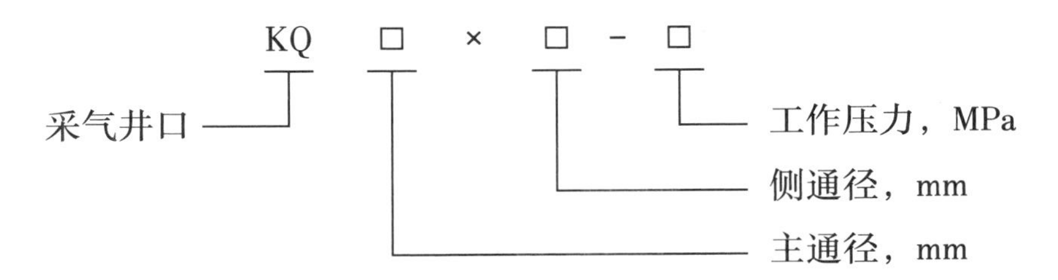

例：KQ65-70表示主通径和侧通径均为65mm，工作压力为70MPa的采气井口装置。

（二）主要结构

采气井口装置主要结构如图1-1和图2-1所示，由套管头装置、油管头装置和采气树三部分组成。其功能是固定井口，连接井口套管柱，密封和控制管间的环形空间，悬挂油管、控制井的压力和调节油井的流量，并能将油液引入井口的油管中去，有需要时还可以关闭油井（张羽，2015）。

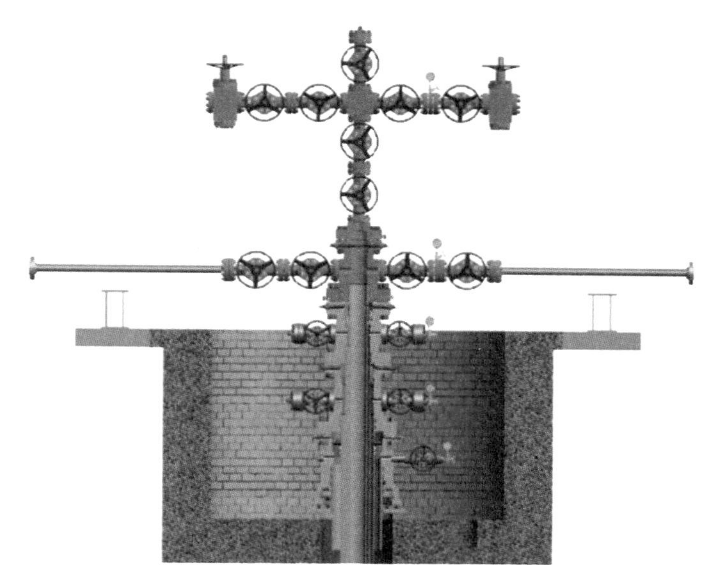

图 2-1　采气井口结构图

（三）结构形式

按照结构形式分为整体式采气井口装置和分体式采气井口装置，如图 2-2 所示，整体式井口装置是将采油树的主阀、安全阀、清蜡阀和翼阀等制成一个整体部件，各个阀与阀之间的距离较小，在节省空间的同时又耐高压，通常高压气井建议采用整体式结构。

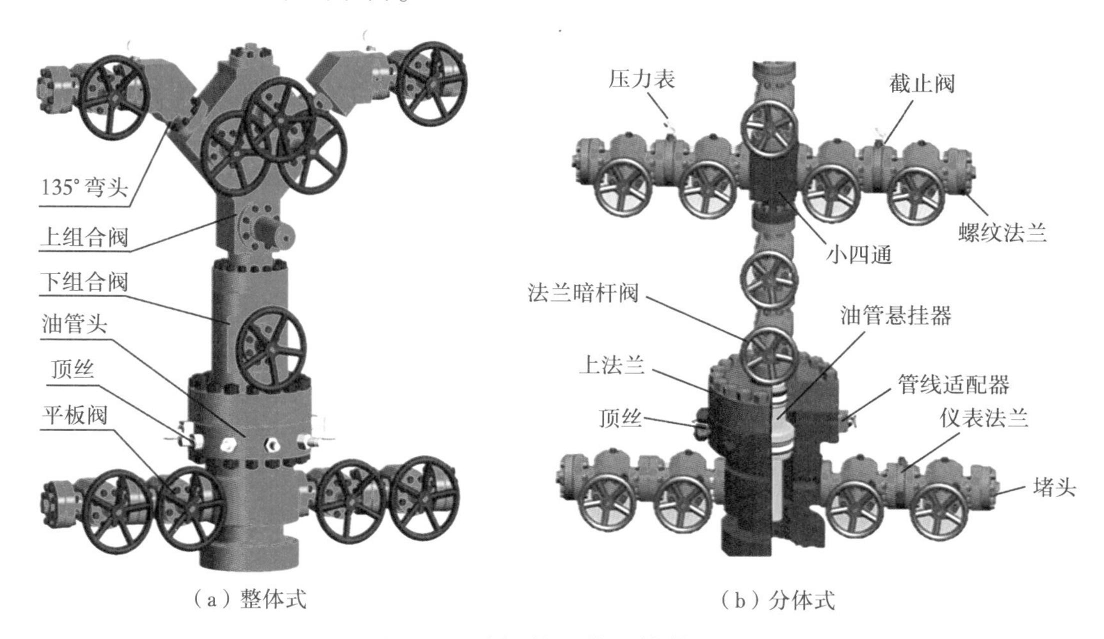

（a）整体式　　（b）分体式

图 2-2　采气井口装置结构形式

二、相关规范及技术标准

针对高压采气井口装置的设计，国际及国内有通用的技术标准，这里简单介绍以下相关设计规范及技术标准。

（一）API Spec 6A《井口和采气树设备规范》

API Spec 6A 第 21 版《井口和采气树设备规范》是由美国石油学会在 2018 年 11 月 1 日发布（API Spec 6A，2019），并于 2019 年 11 月 1 日开始实施，API Spec 6A 确保了产品的标准化和互换性，对井口装置的性能、设计、材料等都做了详细规定，并提供了部分产品的尺寸规格，产品设计、制造和验收，必须符合标准。

（二）GB/T 22513—2013《石油天然气工业钻井和采油设备井口装置和采气树规范》

该标准规定了石油天然气工业用井口装置和采气树的性能、尺寸和功能互换、设计、材料、试验、检验、焊接、标志、包装、贮存、运输、采购、修理和再制造的要求，并给出了相应的推荐作法（GB/T 22513—2013）。该标准不适用于在役的、在现场试验的，或在现场修理的井口装置和采气树。

（三）API Spec 5B《套管、油管和管线管螺纹的加工、测量和检验规范》

美国石油学会于 2017 年 12 月发布了 API Spec 5B 第 16 版《套管、油管和管线管螺纹的加工、测量和检验》，该标准于 2019 年 1 月 1 日生效。标准规定了 API 螺纹和控制螺纹验收准则的量规的尺寸、公差和标记要求。用于检验管线管、圆螺纹套管、圆螺纹油管、偏梯形螺纹套管螺纹的单项仪和设备及要求也包含在内，该标准是油管、套管螺纹加工检验，石油螺纹单项仪、螺纹量规校准的主要依据（API Spec 5B，2019）。

三、井口装置的技术参数

（一）性能级别

性能级别有两种：PR1、PR2，其中 PR2 对不同工况下各种工作性能的要求更为严格，例如 PR2 级的阀门相较于 PR1 的阀门应增加 160 次开关循环试验，以及严格的高低温循环试验等相关试验。其具体的内容区分详见 API 6A 附录 F。

（二）规范级别

规范级别是表示产品是按哪一级别的要求生产的。一般分为：PSL1、PSL2、PSL3、PSL4，这四种 PSL 标号定义了不同的技术质量要求等级。PSL1 级别的产品，性能要求相对低些。PSL2 级别的产品，同样的指标要求更高，甚至有一些其他指标要求。PSL4 是级别最高、要求最严格的产品（包括：材料、工艺、检验检测项目和要求、质量文件等）。API Spec 6A 第 21 版中将 PSL3G 标识归类为 PSL3 级，只是作为 PSL3 级产品中要额外满足气压试验的附加要求，即 PSL3G 的产品除规范中明确 PSL3G 要求外，均按照 PSL3 的质量进行控制。有气压试验要求时同样可以标识为 PSL3G。其具体的内容区分详见 API Spec 6A。

（三）额定工作压力

额定压力是由设计确定的设备所能承受和（或）控制的最大内部压力。井口装置投入工作时所能承受的最大井口压力不得大于设备的额定工作压力。按 API Spec 6A《井口和采气树设备规范》规定，井口装置的额定工作压力共分为 6 级（表 2-1）和内螺纹式端部或出口连接的额定压力值（表 2-2）。

表 2-1　井口装置额定工作压力

序号	额定工作压力		序号	额定工作压力	
	MPa	psi		MPa	psi
1	13.8	2000	4	69.0	10000
2	20.7	3000	5	103.5	15000
3	34.5	5000	6	138.0	20000

表 2-2　内螺纹式端部或出口连接的额定压力值

螺纹类型	标称管径	外径尺寸	额定压力	
	in	mm	MPa	psi
管线管/NPT（标称尺寸）	½	21.3	69.0	10000
	¾~2	26.7~60.3	34.5	5000
	2½~6	70.3~168.3	20.7	3000
油管（不加厚或外加厚圆螺纹）	1.050~4½	26.7~114.3	34.5	5000
套管（8 牙圆螺纹、偏梯形螺纹、直连形）	4½~10¾	114.3~273.1	34.5	5000
	11¾~13⅜	298.5~339.7	20.7	3000
	16~20	406.4~508.0	13.8	2000

（四）额定温度

额定温度，即使用过程中不能超过该温度。API Spec 6A 标准温度代号有：K，L，N，P，S，T，U 及 V。选择额定温度值（表 2-3）是使用者的首要责任。用户在选择最低和最高额定温度值时，应考虑到在钻井和生产作业中装置将承受的温度。最低温度是装置可承受的最低环境温度。最高温度是装置可直接接触到的流体的最高温度。

表 2-3　额定温度值

温度级别	作业范围			
	最小，℃	最大，℃	最小，℉	最大，℉
K	-60	82	-75	180
L	-46	82	-50	180
N	-46	60	-50	140
P	-29	82	-20	180
S	-18	60	0	140
T	-18	82	0	180
U	-18	121	0	250
V	-2	121	35	250

（五）材料级别

API Spec 6A《井口装置与采气树设备规范》中材料级别的代号分为：AA，BB，CC，DD，EE，FF 和 HH 级，从 AA 级到 HH 级，材料防腐要求越来越高，例如 AA 级是碳钢或低合金钢，HH 级是抗腐蚀合金（Inconel625 等），主要是根据介质中硫化氢或二氧化碳的含量来选择的。AA/BB/CC 是一般环境使用的三个级别。DD/EE/FF/GG/HH 是酸性环境使用的五个级别。级别越高说明材料的性能越好。

材料类别 DD、EE、FF 和 HH 的标识应包括最大允许的 H_2S 分压。最大允许的分压应按照 GB/T 20972—2008（所有部分），在装置总成限制件标明的额定温度级别（表 2-3）下予以规定。例如，在装置上以 MPa 为单位标志额定工作压力时，“FF-10”是指 FF 类材料、最大允许的 H_2S 分压为 10kPa。如果在 GB/T 20972—2008（所有部分）中，没有规定 H2S 分压限制的，应使用“NL”作标志（如“DD-NL”），在选择材料时，还需考虑 API Spec 6A 附录 A 所列的各种环境因素和生产变化因素。

（六）材料性能

材料的使用性能包括物理性能（如相对密度、熔点、导电性、导热性、热膨胀性、磁性等）、化学性能（耐腐蚀性、抗氧化性）、力学性能（机械性能）、工艺性能（指材料适应冷、热加工方法的能力）。

力学性能也叫机械性能，是金属材料的常用指标的一个集合，是机械类产品设计中使用的重要材料性能指标，所谓金属力学性能是指金属在力学作用下所显示与弹性和非弹性反应相关或涉及应力—应变关系的性能。它包括：强度、塑性、硬度、韧性及疲劳强度等（金燕等，2018）。

（1）强度：材料在外力（载荷）作用下，抵抗变形和断裂的能力。材料单位面积所受载荷称为应力。

（2）屈服强度：指材料在拉伸过程中，材料所受应力达到某一临界值时，载荷不再增加变形却继续增加时的应力值。

（3）抗拉强度：指材料在拉断前承受最大应力值。

（4）延伸率：材料在拉伸断裂后，总伸长与原始标距长度的百分比。

（5）端面收缩率：材料在拉伸断裂后、断面最大缩小面积与原断面面积百分比。

（6）硬度：指材料抵抗其他硬物划压其表面的能力，常用硬度按其范围测定分为布氏硬度（HBS、HBW）和洛氏硬度（HRC）。

（7）冲击韧性：材料抵抗冲击载荷的能力。

井口装置设备的承压件和控压件主要为锻钢（或铸钢）经不同的热处理工艺后制成，其材料要求、材料特性和夏比冲击应能够在规定的额定温度环境中使用，且应分别符合表2-4、表2-5和表2-6的相关要求。

表2-4　材料要求

<table>
<tr><th rowspan="2">材料类别</th><th colspan="2">材料最低要求</th></tr>
<tr><th>本体、盖、端部和出口连接</th><th>控压件、阀杆芯轴悬挂器</th></tr>
<tr><td>AA——一般使用</td><td rowspan="2">碳钢或低合金钢</td><td>碳钢或低合金钢</td></tr>
<tr><td>BB——一般使用</td><td rowspan="2">不锈钢</td></tr>
<tr><td>CC——一般使用</td><td>不锈钢</td></tr>
<tr><td>DD——酸性环境</td><td rowspan="2">碳钢或低合金钢</td><td>碳钢或低合金钢</td></tr>
<tr><td>EE——酸性环境</td><td rowspan="2">不锈钢</td></tr>
<tr><td>FF——酸性环境</td><td>不锈钢</td></tr>
<tr><td>HH——酸性环境</td><td>抗腐蚀合金</td><td>抗腐蚀合金</td></tr>
</table>

酸性环境指符合美国腐蚀工程师学会（NACE）《油田设备抗硫化物应力开裂金属材料》（MR0175）的定义。

表 2-5　井口装置材料特性

材料级别	30K	45K	60K	75K
最小抗拉强度 R_{el}，MPa	≥483	≥483	≥586	≥655
最小屈服强度 $R_{p0.2}$，MPa	≥248	≥310	≥414	≥517
最小伸长率 A_{50}，%	≥21	≥19	≥18	≥17
最小断面收缩率 Z，%		≥32	≥35	≥35

注：K 在 API Spec 6A 中指代 1000psi（6.9MPa）。

表 2-6　夏比“V”形口冲击要求（10mm×10mm）

级别	温度	最小平均冲击值（横向）J，ft · lbf		
	℃（℉）	PSL1	PSL2	PSL3 和 PSL4
K	-60（-75）	20（15）	20（15）	20（15）
L	-46（-50）	20（15）	20（15）	20（15）
N	-46（-50）	20（15）	20（15）	20（15）
P	-29（-20）	—	20（15）	20（15）
S	-18（0）	—	—	20（15）
T	-18（0）	—	—	20（15）
U	-18（0）	—	—	20（15）
V	-18（0）	—	—	20（15）

第二节　套 管 头

一、套管头的功能、特点及分类

典型套管头由套管头本体、套管悬挂器、阀门、法兰、密封钢圈、截止阀、压力表等组成，如图 2-3 所示。套管头连接套管柱上端，由套管悬挂器及其锥座组成，用于支撑下一层较小套管柱并密封上下两层套管间的环形空间。套管头悬挂器座的上端通常与一个上法兰连接，下端与一个四通连接，而四通下部又焊接一个下法兰，具有上下法兰和两个环空出口，从而构成一个套管头短接（章敬，2017）。

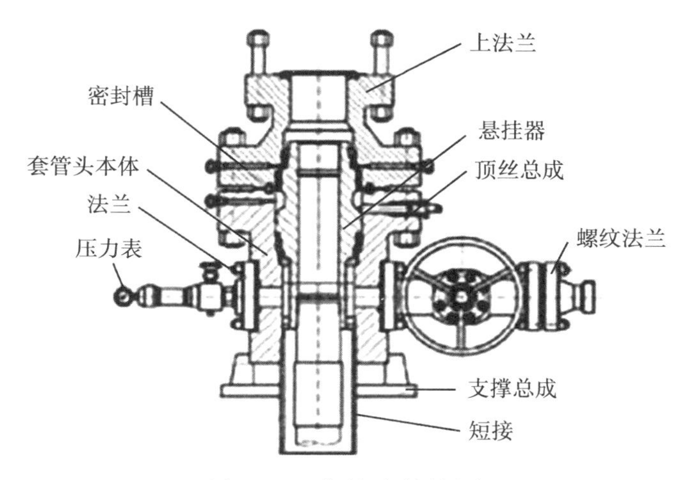

图 2-3　套管头结构图

油田的井一般有多层套管及环形空间，由此有多个套管头。最下部套管头安装在导管顶端，其上法兰与中间套管头的下法兰相连接，其下端是螺纹、倒卡瓦或焊接滑套。中间的套管头的上下法兰分别与上下套管头连接，最上部套管头的上下法兰分别与油管头的下法兰和下面一级的套管头的上法兰连接。

（一）功能及特点

套管头是套管和井口装置之间的重要连接件。它的下端通过套管螺纹（或卡瓦、焊接）与表层套管相连，上端通过法兰或卡箍与井口装置（或防喷器）相连。套管头的用途是连接套管与防喷器以及采油（气）井口，并建立各层套管柱之间的密封。主要功能包括以下几点（黄金波，2012）：

（1）通过悬挂器支撑除表层套管以外的各层套管重量；

（2）承受井口装置的重量，实现整个钻井井口装置压力匹配；

（3）可在内外套管柱之间形成压力密封；

（4）为可能蓄积在两层套管柱之间的压力提供一个出口，或在紧急情况下向井内泵入液体（压井钻井液、水或高效灭火剂等）；

（5）可进行钻采工艺方面的特殊作业，例如，若井未固好，可从侧口补注水泥，在采取增产措施而实施酸化压裂时，可从侧孔打入压力液以平衡油管压力。

套管头的主要特点及优势有以下几个方面：

（1）套管连接既可采用螺纹连接，也可采用卡瓦连接或焊接连接，悬挂套管既快速又方便；

（2）套管挂采用刚性与橡胶复合密封结构，还可采用金属密封，增强产品的密封性能；

（3）设计有防磨套及试压取出工具，方便防磨套的取出和对套管头进行试压；

（4）套管头上法兰设计有试压、二次密封注脂装置；

（5）套管头侧翼阀门配置，可根据用户需求设计。

（二）套管头分类

1. 按本体结构分类

按本体结构形式分为组合式套管头（一个本体内装一个悬挂器）和整体式套管头（一个本体内可装多个悬挂器），如图 2-4 所示。

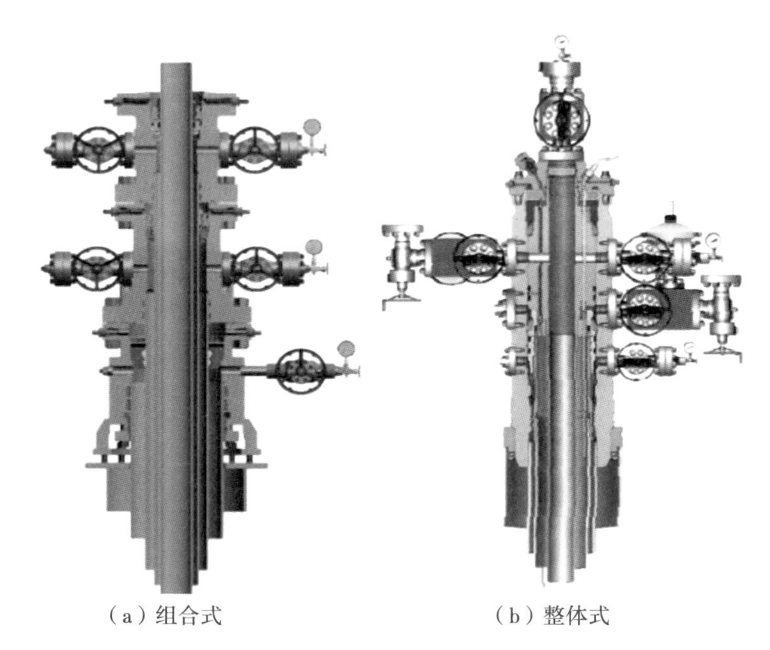

（a）组合式　　（b）整体式

图 2-4　组合式和整体式套管头

2. 按悬挂套管层数分类

套管头按悬挂套管层数又分为单级套管头、双级套管头和三级套管头，如图 2-5 所示。

3. 套管悬挂器的结构形式

按套管悬挂器的结构形式分为卡瓦式套管头（图 2-6）、螺纹式（或芯轴式）套管头（图 2-7）和焊接式套管头（图 2-8）。

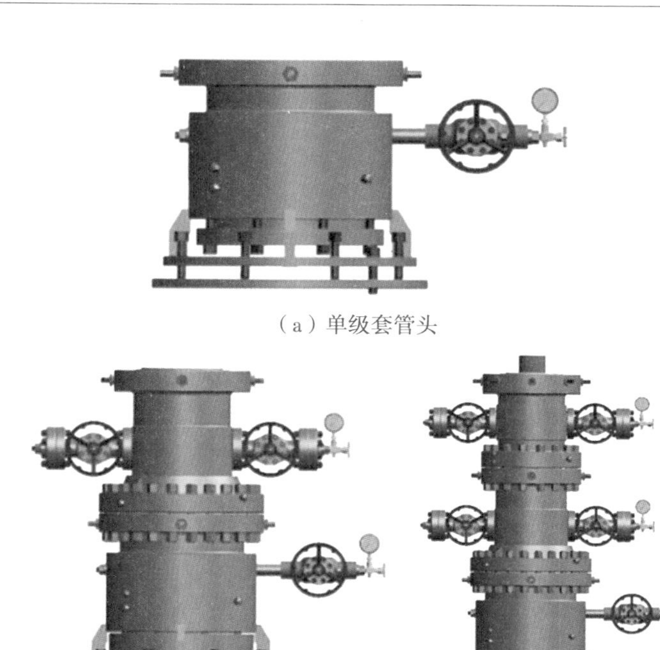

（a）单级套管头

（b）双级套管头　　（c）三级套管头

图 2-5　单级、双级、三级套管头结构

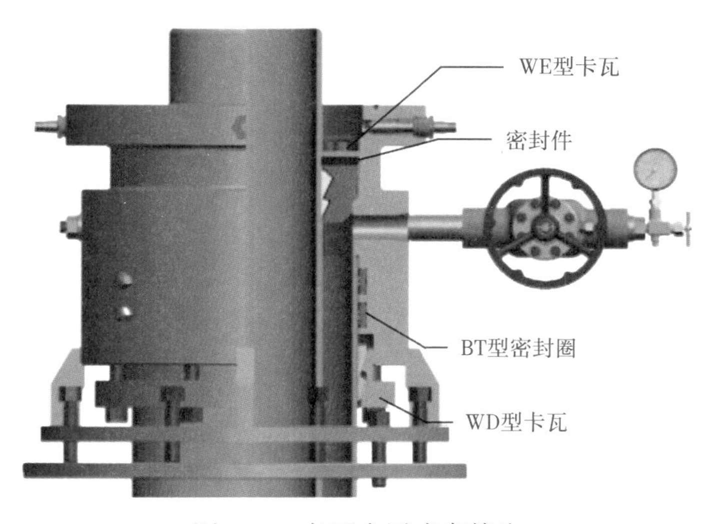

图 2-6　卡瓦表层式套管头

4. 按连接方式分类

按本体间的连接方式又分为法兰式套管头、卡箍式套管头、独立螺纹式套管头（悬挂套管柱上端和油管头本体下端用螺纹连接的套管头）。

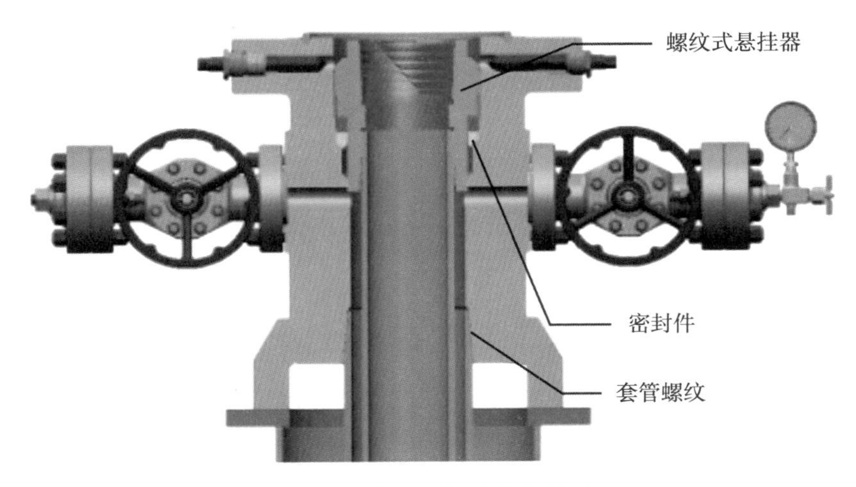

图 2-7　螺纹表层式套管头

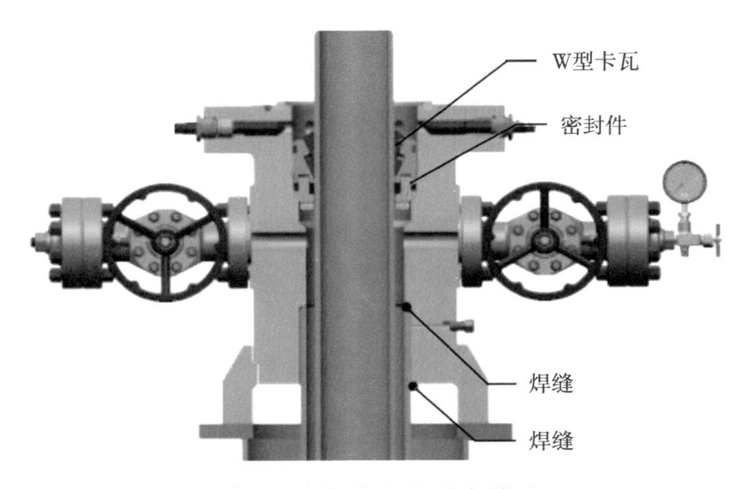

图 2-8　焊接表层式套管头

二、套管头主要部件

套管头主要由套管头本体、套管悬挂器、顶丝总成、法兰式平行闸阀、连接件、压力显示机构等组成；其他零部件包括防磨套、螺栓螺母、密封垫环、橡塑密封件、注塑枪以及注塑密封脂和试压塞等，用于套管头的防磨、连接、密封、试压等。

（一）套管头本体

套管头本体（图 2-9）通过悬挂器支撑除表层套管之外的各层套管重量和防喷装置重量，承受井内介质压力，形成主、侧通道。

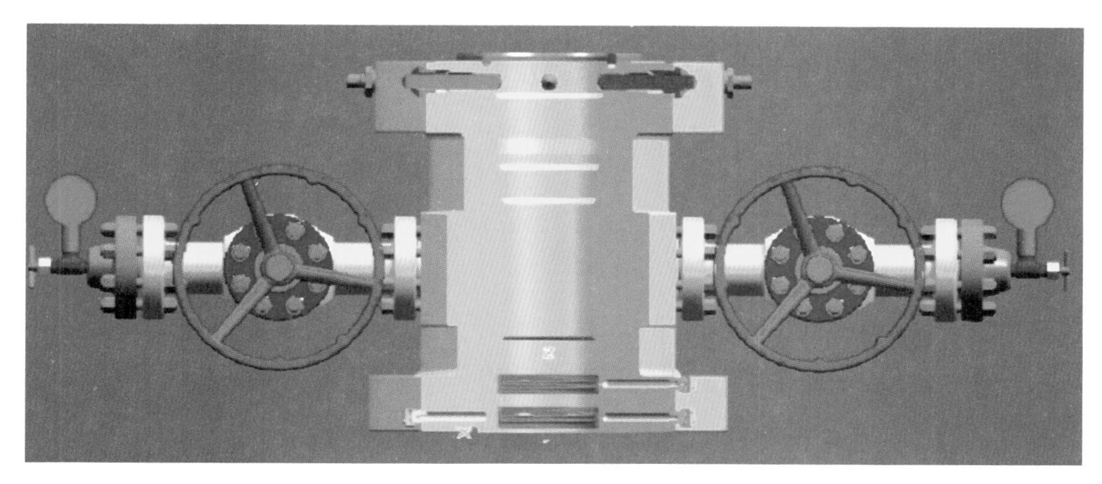

图 2-9　套管头本体

（二）套管悬挂器

1. 表示方法

表示方法如下：

例如三层四卡瓦式套管头表示如下。

（1）WD 型 20in 表层套管头卡瓦：20in（通称 20in 卡瓦）。

（2）WE 型 $13\frac{3}{8}$in 技术套管头卡瓦：20in×$13\frac{3}{8}$in（通称 $13\frac{3}{8}$in 卡瓦）。

（3）W 型 $9\frac{5}{8}$in 技术套管头卡瓦：$13\frac{3}{8}$in×$9\frac{5}{8}$in（通称 $9\frac{5}{8}$in 卡瓦）。

（4）W 型 7in 技术套管头卡瓦：$9\frac{5}{8}$in×7in（通称 7in 卡瓦）。

（5）油管悬挂器：$3\frac{1}{2}$in（通称 $3\frac{1}{2}$in 油管悬挂器）。

2. 功能

套管悬挂器是用来悬挂套管管柱，密封套管之间环形空间的主要部件。

3. 类型

套管悬挂器主要分为卡瓦式和螺纹式（芯轴式）两种（集团公司井控培训教材编写组，2013）。

卡瓦式套管悬挂器主要由卡瓦牙、卡瓦座、支撑座、密封圈、同步环和螺钉等部件组成。卡瓦牙卡紧套管的作用是靠套管柱本身的重量所产生的轴向载荷，通过卡瓦牙背部双锥面产生一个径向分力，这个径向分力使卡瓦牙卡紧套管。在套管头的设计中，把这个径向分力达到挤毁套管时的值定为悬挂器的极限载荷，如果能减小这个分力，又不使套管滑脱，就可增大悬挂器的承载能力（汪亚南，1981）。卡瓦悬挂器对套管安装长度要求不严，高出井口多余套管可用专用工具割掉，这给安装井口带来很多方便。按卡瓦结构来分可分为 W 型、WE 型和 WD 型三种。

W 型卡瓦悬挂器（图 2-10）利用套管的悬挂重量，激发悬挂器下部的密封件（主密封）来达到套管和套管头之间的密封目的，W 型卡瓦悬挂器的装配如图 2-11 所示。

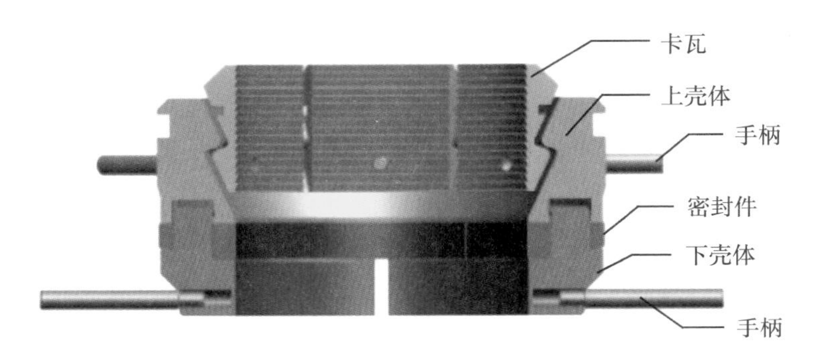

图 2-10　W 型卡瓦悬挂器

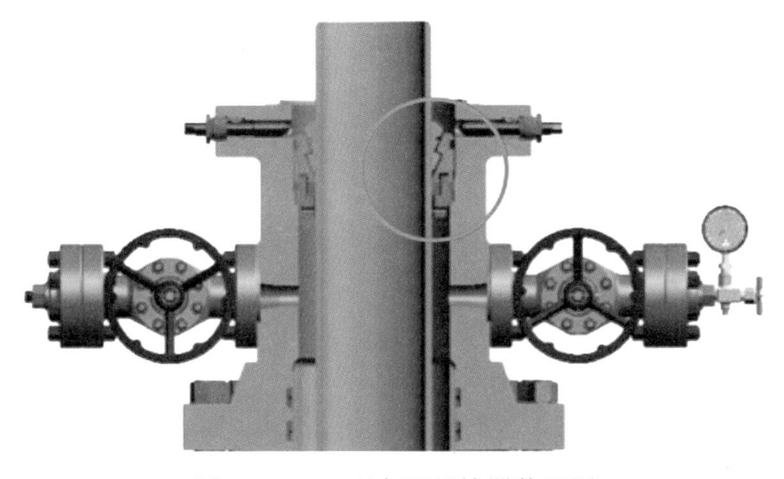

图 2-11　W 型卡瓦悬挂器装配图

WE 型卡瓦悬挂器（图 2-12）坐入套管头后，通过紧固上部的螺钉来激发密封填料，实现套管和套管头之间的密封目的。WE 型套管悬挂器装配如图 2-13 所示。

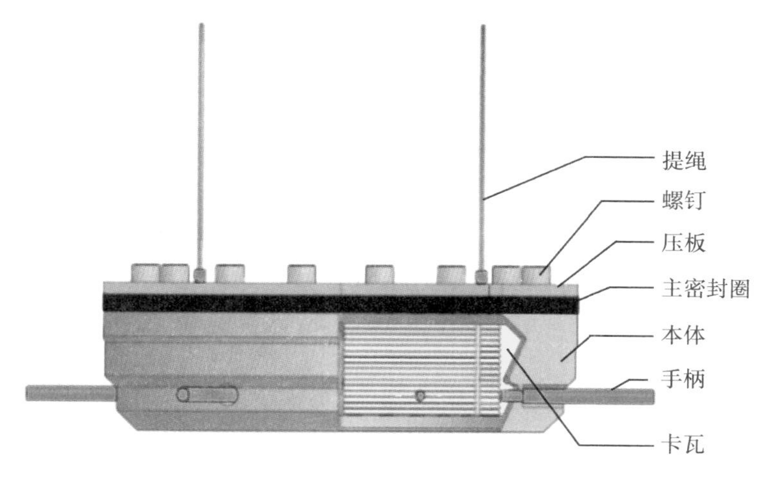

图 2-12　WE 型卡瓦悬挂器结构

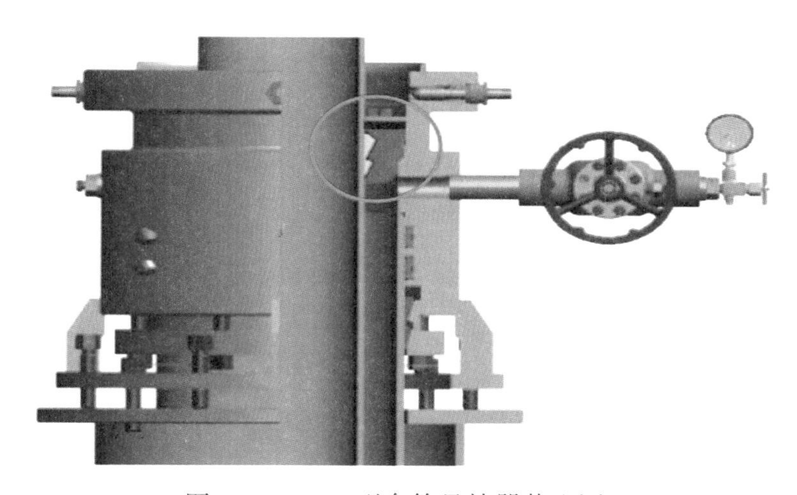

图 2-13　WE 型套管悬挂器装配图

WD 型卡瓦悬挂器（图 2-14）通过紧固卡瓦螺钉，使卡瓦总成上行，导致卡瓦牙缩径并嵌入表层套管，达到连接套管头与套管的目的。卡瓦式表层套管头的装配情况如图 2-15 所示。

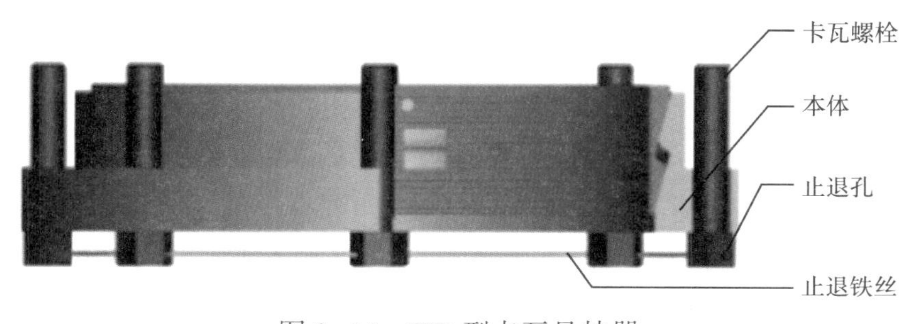

图 2-14　WD 型卡瓦悬挂器

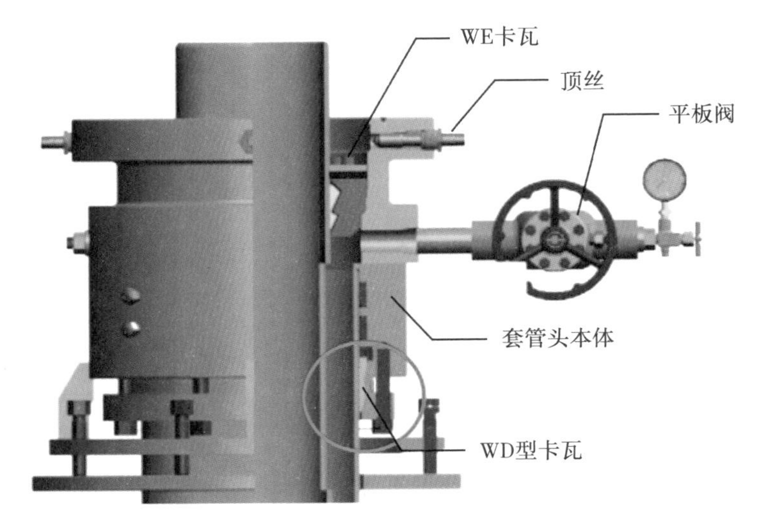

图 2-15　WD 型卡瓦式表层套管头装配图

螺纹式悬挂器又称为芯轴式悬挂器，是由套管悬挂器本体、主密封圈（橡胶或金属密封）、支撑环、并帽等组成，其基本结构如图 2-16 所示，安装位置如图 2-17 所示。与卡瓦式悬挂器相比，它结构简单，不需要在井口切割套管和磨削坡口，而且不存在挤扁套管、卡瓦牙咬伤套管的问题，对于井口稍微偏斜、卡瓦不易卡紧套管的油气井尤为适用。但它的悬挂能力较小，对套管的安装长度要求严格。目前芯轴悬挂器下部一般设计成与套管相应的特殊内螺纹，上部螺纹类型与联顶节螺纹类型相一致。芯轴中部外圆加工有与套管头四通内孔相适应的承载台肩，用于套管管柱在套管头四通内坐挂，当套管头四通

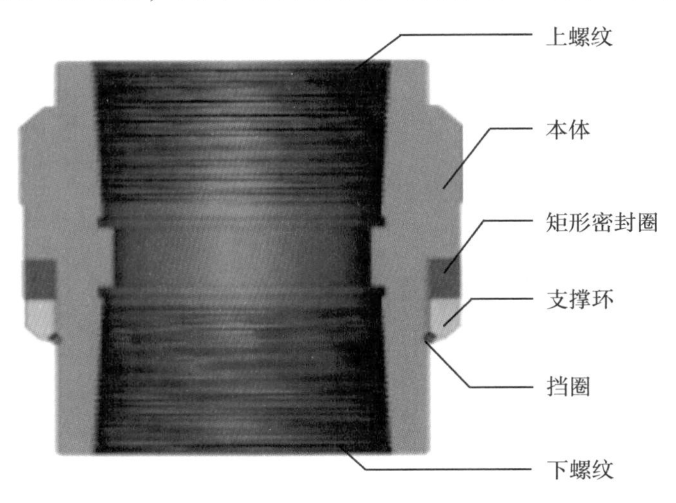

图 2-16　螺纹式（芯轴式）悬挂器

上部法兰上的顶丝旋紧后，通过套管柱重力和顶丝顶紧力对密封圈产生下压楔紧力，使特制的密封圈变形实现密封；芯轴悬挂器上部伸长脖颈外圆光滑，能与油管头二次副密封组件形成副密封，实现套管环空的二次增强密封。

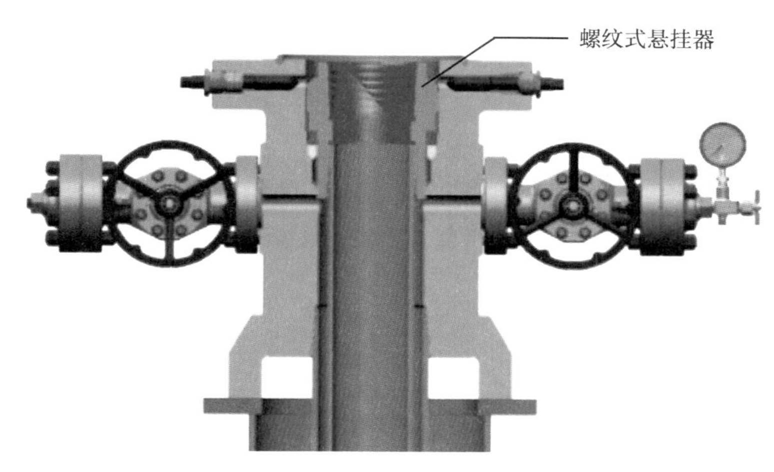

图 2-17　螺纹式（芯轴式）悬挂器的安装位置

将螺纹式（芯轴式）悬挂器连接到套管柱上，下放套管柱，将悬挂器坐入套管头内，利用套管悬重激发密封件，实现悬挂套管和密封套管头的双重作用。

4. 各类型套管悬挂器区别与用途

（1）WD 型卡瓦悬挂器仅用于表层套管头，下部连接表层套管。

（2）WE 型卡瓦悬挂器特点是：大尺寸，密封环空压力不太高（对比于 W 型）。如果不严格计较悬重、密封等因素，WE 型与 W 型相同尺寸、相同厂家的套管悬挂器一般可以互换。

（3）W 型卡瓦悬挂器：相比于 WE 型，它依靠钻柱悬重激发密封。特点是：悬挂吨位最大，密封较好，更稳妥。一般用在技术套管的悬挂上。

（4）芯轴式悬挂器：相当于一个套管接箍，不要切割套管（W 型及 WE 型均需要），甚至不打开防喷器就可以悬挂套管，解决井口悬挂密封问题。不足之处是需要计算下入套管深度，避免触底。一般用在较为稳定的生产井上。一般芯轴式悬挂器配合螺纹式套管头使用，也可更换为相应的卡瓦式悬挂器。

（三）顶丝总成

套管头（或油管头）四通的上部法兰有均匀分布的顶丝，主要用于钻井时锁紧防磨套；在完井后压紧套管（或油管）悬挂器及芯轴悬挂器上的主密封圈起到密封套管环空的作用。顶丝总成按结构分为新型顶丝总成和老顶丝总成（图 2-18），其结构和区别为新顶丝总成可防止在钻井过程中钻井液进入顶丝孔内，从而导致顶丝螺纹损坏和密封失效。

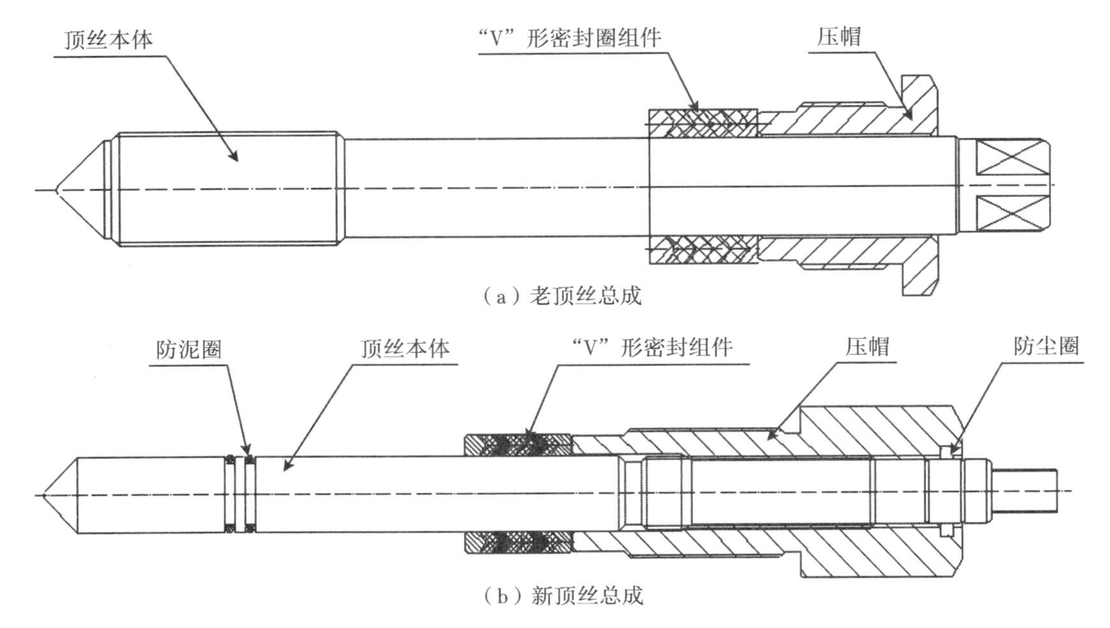

图 2-18 新顶丝总成和老顶丝总成结构对比图

（四）连接件

套管头法兰及端部采用高强度螺栓螺母（图 2-19）连接，螺栓螺母应符合以下标准：

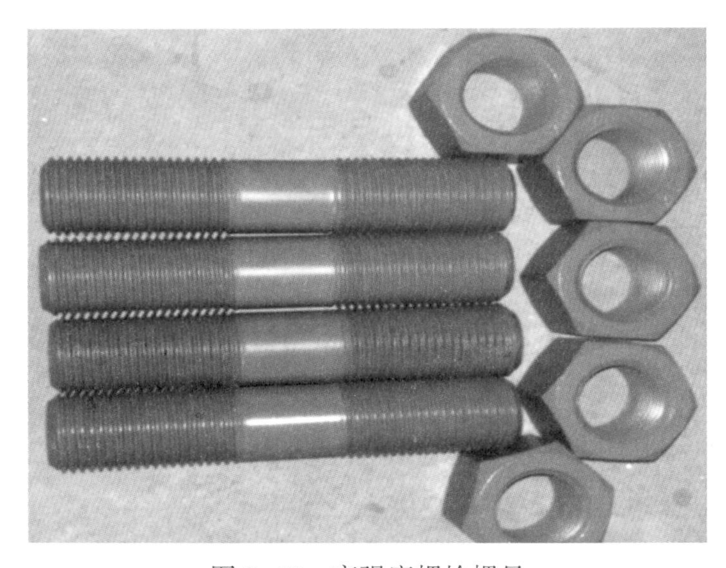

图 2-19 高强度螺栓螺母

（1）ASTM A193/A193M《高温高压和其他专用合金钢和不锈钢栓接材料的标准规范》；

（2）ASTM A194/A194M《高温高压螺栓用碳钢合金钢螺母的标准规范》；

（3）ASTM A320/A320M《低温用合金钢和不锈钢栓接材料的标准规范》。

（五）压力显示机构

压力显示机构即压力表与压力表截止阀。工作压力为70MPa及以下时，压力表采用M20mm×1.5mm公制螺纹接头，螺纹只起连接作用，需要增加铜垫才能密封，压力表截止阀（旋塞阀）通常采用“Y”形（图2-20）或“T”形（图2-21）截止阀，采用M20mm×1.5mm（内螺纹）-NPT½in（外螺纹）的接头，NPT½in为锥管扣，既可连接又可以直接密封。工作压力为105MPa以上时，压力表截止阀采用高压截止阀（图2-22），压力表与压力表截止阀均采用1⅛-12UNF，即9/16in Autoclave螺纹连接。

图2-20　“Y”形截止阀

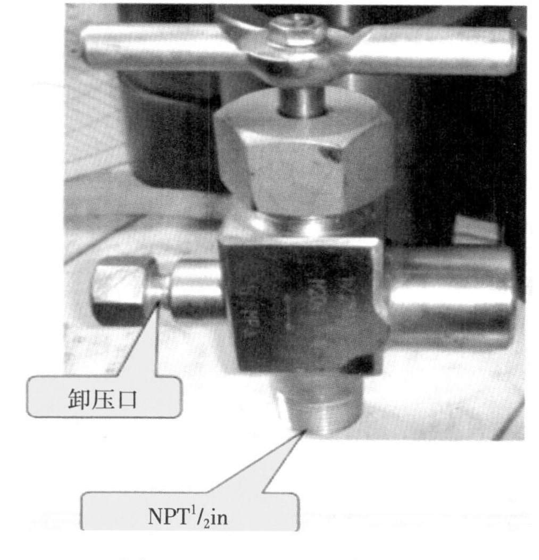

图2-21　“T”形截止阀

压力显示机构的注意事项：

（1）压力表应经过仪表调校合格后方可使用，包括新压力表；

（2）压力表的使用应保持工作压力在表的最大量程的20%~80%之间；

（3）对于含硫的油气井或其他含有腐蚀介质的油气井，应使用抗硫压力表，配合接头的材质也应抗硫（例如316SS、UNSNO7 718材料）；

（4）压力表应安装于光线充足、无高湿的地方，要求垂直安装，观测压

图 2-22　高压截止阀

力时，视线应与表面垂直，当发现压力表失灵时，切勿敲击压力表，应对压力表进行校验；

（5）压力表应面向安全点，耐震表顶部排气口应半开；

（6）压力表的卸压口拧紧；

（7）缓冲器用于隔离井内流体进入压力表，对压力表起保护和防止腐蚀作用。

（六）密封垫环

套管头端部采用法兰连接，密封垫环在法兰面间起密封作用，按作用形式可分为 R 型机械压紧式和 RX 型、BX 型压力自紧式三类（图 2-23）。RX 型、

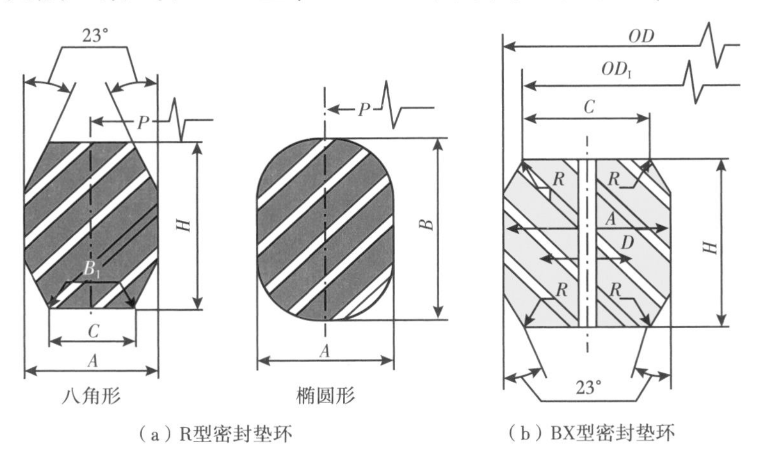

（a）R型密封垫环　　（b）BX型密封垫环

图 2-23　密封垫环

BX 型密封垫环具有压力增强密封（助封）作用，即在一定程度上利用井压试验密封，井压越高、密封越可靠，而不是完全依靠法兰螺栓的预紧力来密封。这一井压助封作用对井口安全有效密封是非常有利的。R 型和 RX 型密封垫环允许重复使用，BX 型密封垫环不允许重复使用，R 型与 RX 型密封垫环应用于 6B 型法兰，BX 型垫环用于 6BX 型法兰（章敬，2017）。

（七）套管头附件

1. 可通式试压塞

当某级套管未回接到井口，套管头内无法安装套管悬挂器，这种情况下无法对本级套管头与下级套管头之间的密封进行试压检测，或由于上下压力等级不同，而造成井口承压能力降低，此时使用可通式试压塞（图 2-24）代替相应规格的套管悬挂器（安装位置如图 2-25 所示），实现本级套管头与下级套管头（油管头）注塑试压的目的。

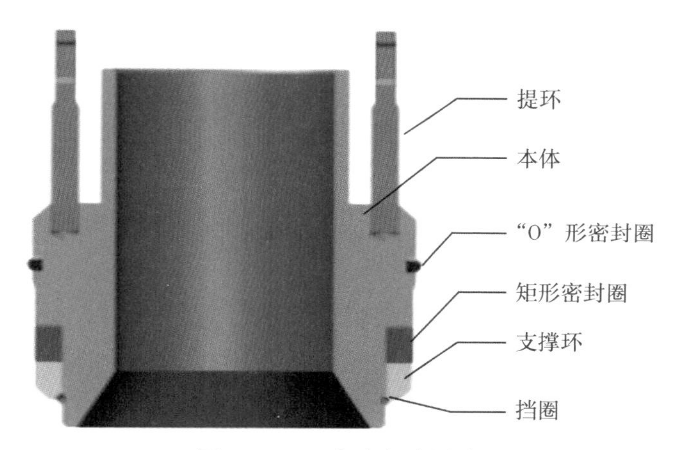

图 2-24 可通式试压塞

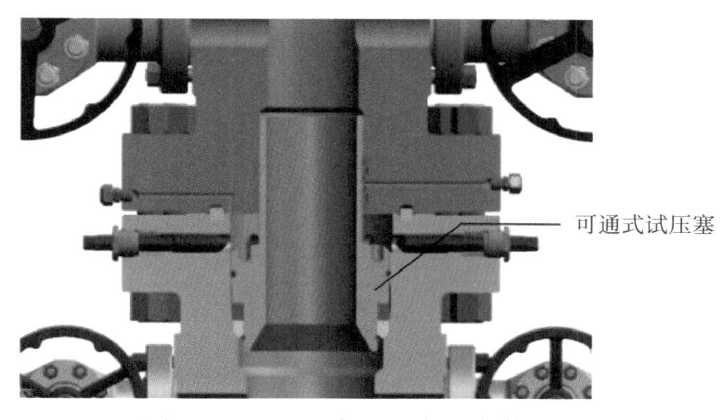

图 2-25 可通式试压塞的安装位置

2. 试压塞

试压塞是一种封堵套管头通径的专用试压工具，分为 A 型和 B 型两种类型，结构如图 2-26 所示，可悬挂相应规格的钻具，坐封在套管头旁通口上部，以对试压塞以上所连接的防喷器组及节流管汇等井控设备进行试压，各种型号的套管头配有专用的试压塞，其工作示意图如图 2-27 所示。

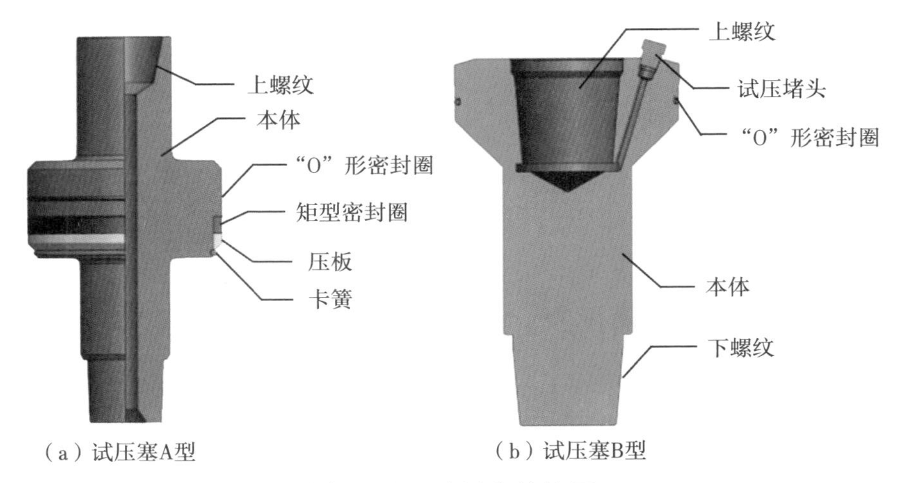

（a）试压塞A型　（b）试压塞B型

图 2-26　试压塞结构图

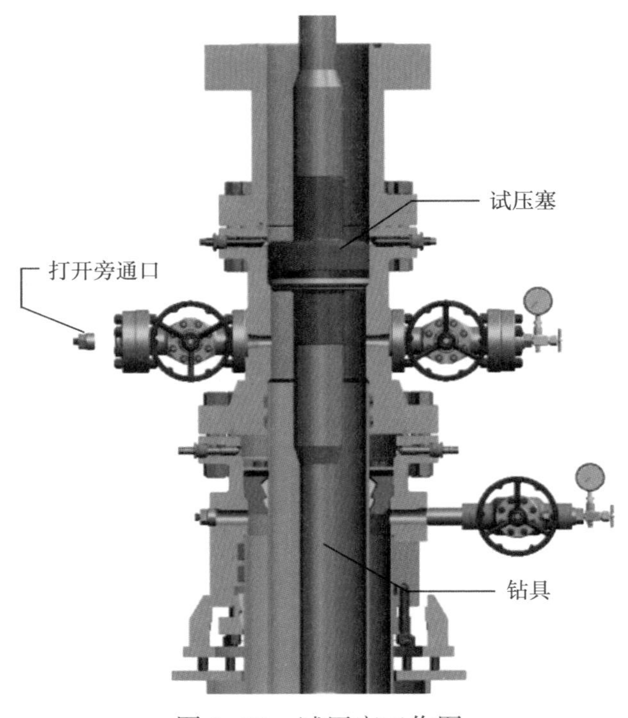

图 2-27　试压塞工作图

3. 防磨套及防磨套取送工具

防磨套的作用是在钻井过程中保护套管头内孔的密封台肩，防止套管头四通内孔发生偏磨，下套管固井时将防磨套取出，根据功能需要分为普通型防磨套和加长型防磨套（图2-28）。防磨套需要专门的取送工具送入和取出，取送工具在一端加工有钻杆接头螺纹。取送防磨套时将取送工具连接到钻杆上，使其侧面销钉卡入防磨套的“J”形槽内，然后送入或取出防磨套，取送工具根据用途分为井底型和钻柱型（图2-29）。

防磨套按结构分为普通防磨套、加长防磨套和新型加长防磨套三种。

（a）普通防磨套

（b）加长防磨套

图2-28　防磨套

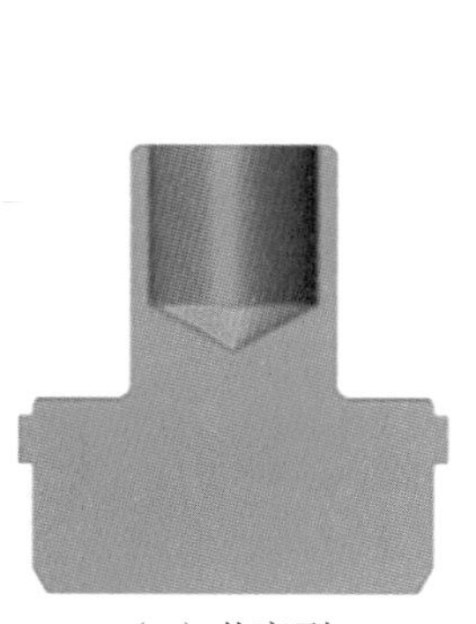

（a）井底型

（b）钻柱型

图2-29　防磨套取送工具

三、套管头的现场安装

（一）安装原则

套管头的安装应满足以下原则：

（1）最上面一级套管头上法兰高出井架基础面（300±50）mm；

（2）每次套管头安装后，内控管线都能从井架底座内平直接出；

（3）每次套管头安装后，应保证防喷器组有足够的安装空间；

（4）表层套管下入后，应以转盘中心为准对套管进行校正，确保天车、转盘、表层套管头三者中心线偏差不大于10mm。

（二）准备工作

（1）确认套管头及其附件完好、齐全，并与设计一致。

（2）检查套管头上部顶丝，按照图2-30所示，测量并记录顶丝两种工作状态下的外露长度，按照顶紧的标记指示槽将顶丝置于退出状态。

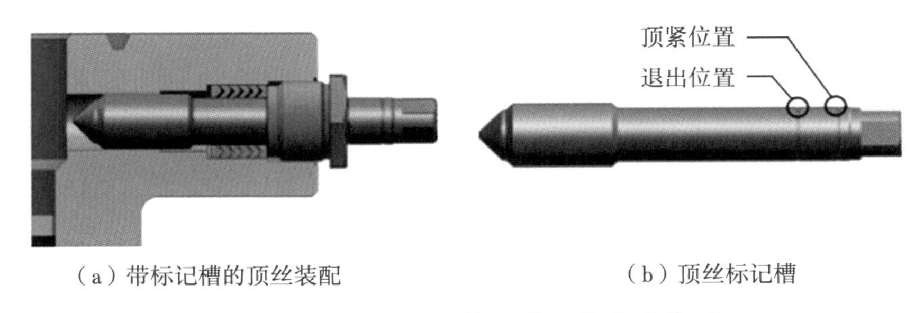

（a）带标记槽的顶丝装配　　（b）顶丝标记槽

图2-30　顶丝的开关两种工作状态指示

（3）测量相关尺寸并记录，计算井口装置最大安装高度，判断净空高度是否满足要求。

（4）清洗、检查、保养卡瓦总成，调节卡瓦螺钉，以不激发密封件为准。

（5）清洗检查套管头密封圈（BT密封或P密封，结构如图2-31所示）

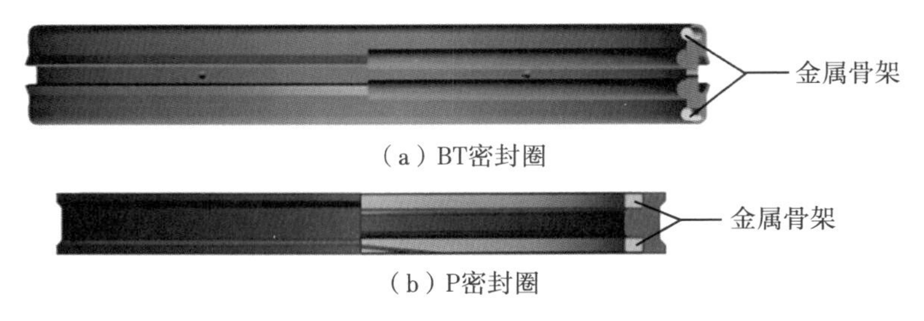

（a）BT密封圈

（b）P密封圈

图2-31　套管头密封件

有无裂纹和损伤，并在密封圈和密封部位涂抹润滑脂。

（6）将 BT 密封圈或 P 密封圈装入密封槽，并保持清洁。

（7）将顶丝全部退到位。

（8）检查配套工具是否满足施工要求。

（三）卡瓦式套管头的安装

以 TK20in×13⅜in×9⅝in×7in-10000psi 套管头的安装为例。

1. 二开井口的安装

（1）20in 卡瓦式表层套管头的安装。

首先如图 2-32 所示，利用公式（2-1）确定 30in 导管切割高度：

$$DG=T_1+T_2+T_3+30-D \tag{2-1}$$

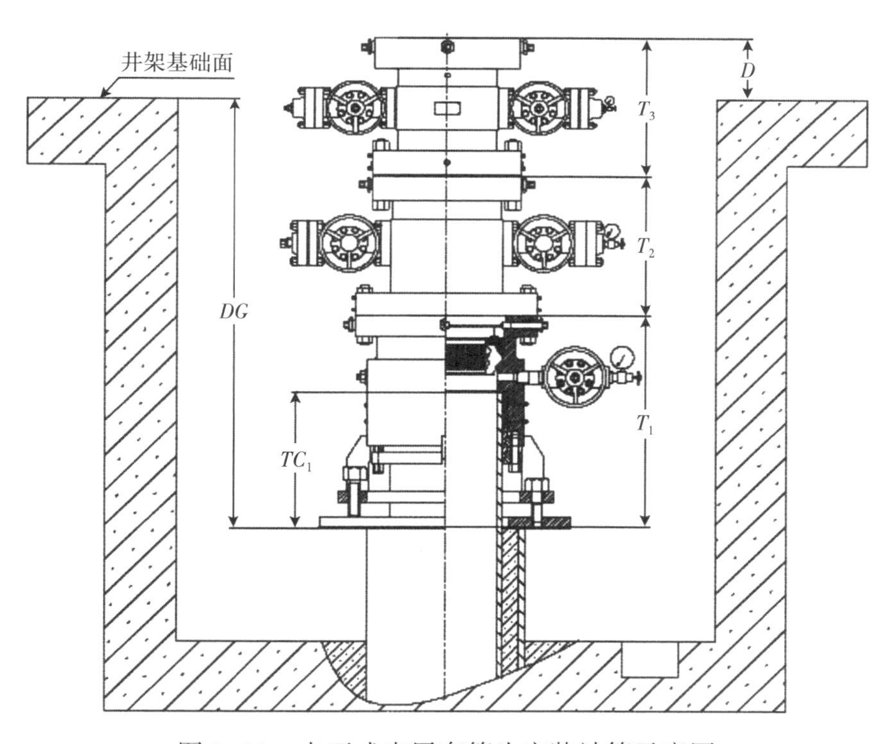

图 2-32 卡瓦式表层套管头安装计算示意图

T_1—第一级套管头高度；T_2—第二层套管头高度；T_3—第三层套管头高度；

TC_1—表层套管头下部套管插入深度；D—最后一层套管头上法兰面高出基础面的高度

式中 DG——导管理论切割高度，mm；

T_1——表层套管头高度，mm；

T_2——第二层套管头高度，mm；

T_3——第三层套管头高度，mm；

30——表层套管头调节间隙，取 30mm；

D——最后一层套管头上法兰面高出基础面的高度，一般为 300mm。

然后对导管割口高度进行校核：导管割口高度确定后，必须校核每次套管头安装后钻井四通旁通口中心线的高度，以保证每次套管头安装好后内控管线能直接出钻机底座，如图 2-33 所示。如果不能满足上述条件，则要调整尺寸 D，直至满足要求。

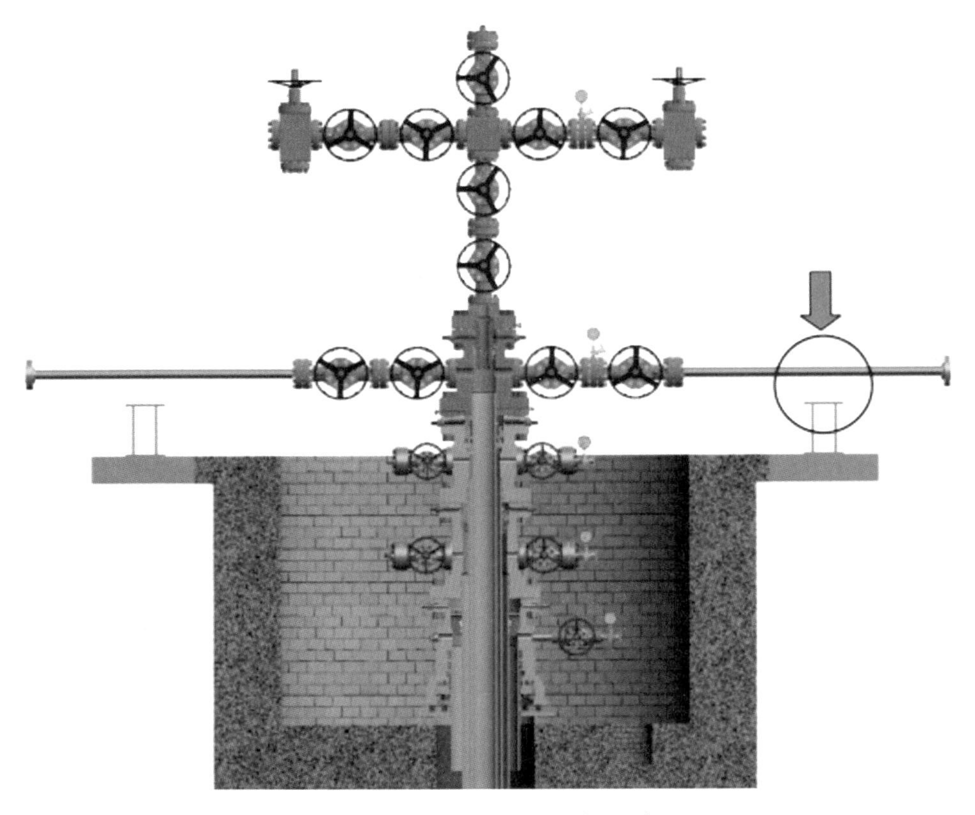

图 2-33　内控管线安装要求

（2）对 30in 导管进行切割，切割方法如下：

①表层套管下完固井结束后，应排尽切割线高度以上部分固井水泥浆；

②清洁导管，按计算高度划线，用气焊切割导管；

③打磨导管端面，确保水平误差不大于 1mm。

（3）表层套管的切割。

①按式（2-2），计算表层套管切割高度。

$$TG_1 = TC_1 + 30 \tag{2-2}$$

式中　TG_1——表层套管切割高度，mm；

TC_1——表层套管头下部套管插入深度，mm。

②确定套管切割高度并画线，如图 2-34 所示。

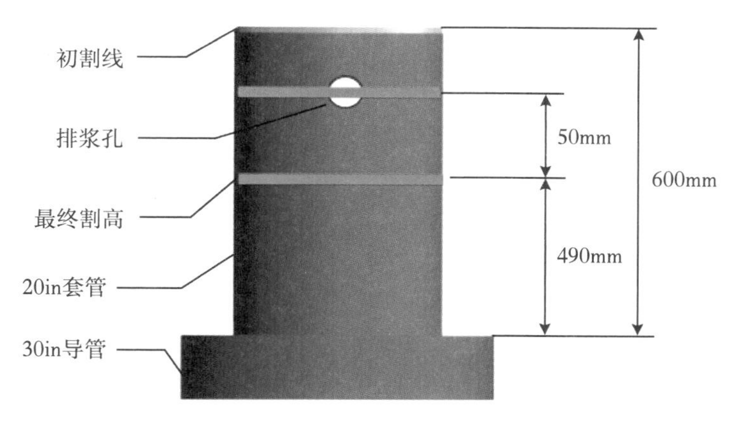

图 2-34　套管切割高度（TG_1=490mm 时）

③在 20in 表层套管最终切割线以上 50mm 打孔，排放表层套管内固井水泥浆。在 20in 表层套管最终切割线以上 50mm 处初割套管。

④吊出上部导管和套管，并清除切割线 200mm 以下套管内的固井水泥浆。

⑤使用套管切割机精确切割表层套管，打磨表层套管切口端面，确保水平误差不大于 1mm，使用坡口机对套管进行外倒角，坡口为 5mm×30°，如图 2-35 所示。

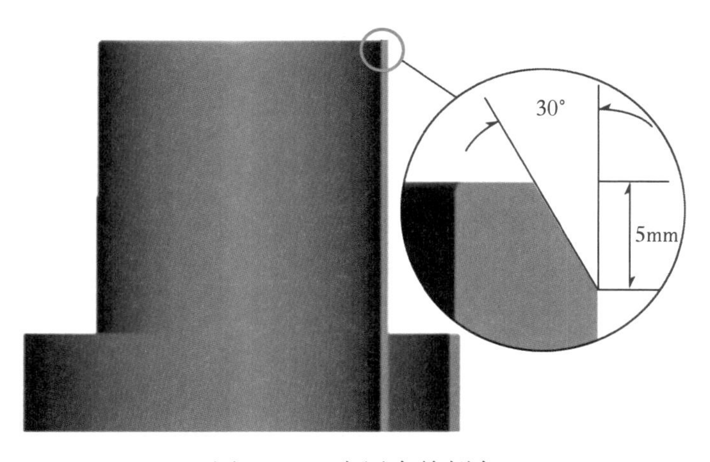

图 2-35　表层套管倒角

⑥测量套管头切割面的水平度，要求切口水平误差不大于 1mm。

⑦对倒角以下 180mm 高的套管表面打磨光洁，在坡口处涂上润滑脂。

（4）20in 表层套管头及 WD 型卡瓦的安装。

①如图 2-36 所示，卸松 20in WD 型卡瓦的所有卡瓦螺钉，使卡瓦处于松弛状态。

图 2-36　卸松 WD 型卡瓦锁紧螺钉

②将套管头平稳吊至井口并保持水平，缓慢下放，如图 2-37 所示，直至套管头台肩与套管上端面接触。

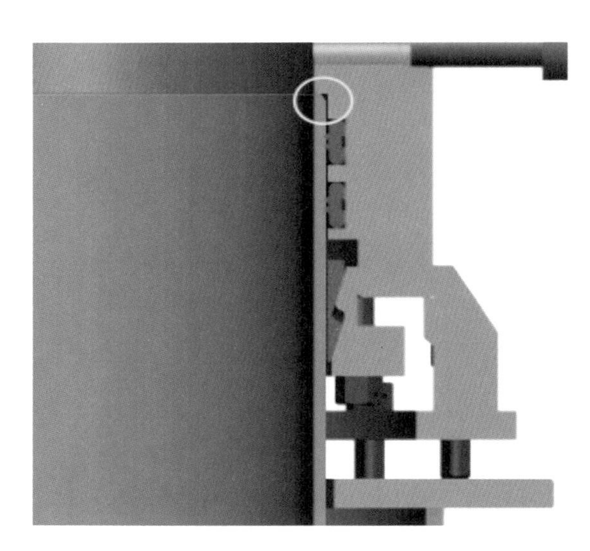

图 2-37　安装表层套管头

③校正套管头，如图 2-38 所示，使套管头旁通阀中心线与内控管线出口中心线方向一致。

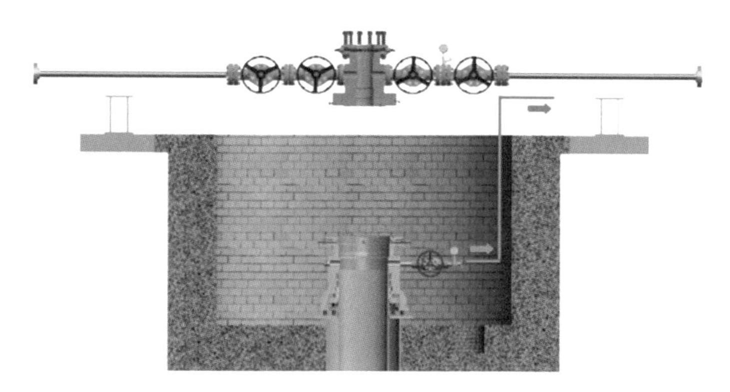

图 2-38　出口方向一致

④如图 2-39 所示，调节套管头托盘顶丝，使 21¼in-2000psi 法兰面水平误差不大于 1mm。

注意：在整个操作过程中注意防止井内落物。

（5）WD 型卡瓦的固定（20in）。

①按推荐扭矩值对称紧固 WD 型卡瓦螺钉，锁紧卡瓦牙，确保卡瓦牙有效咬合套管，其连接及咬合图分别如图 2-40 和图 2-41 所示。

图 2-39　调节套管头托盘顶丝

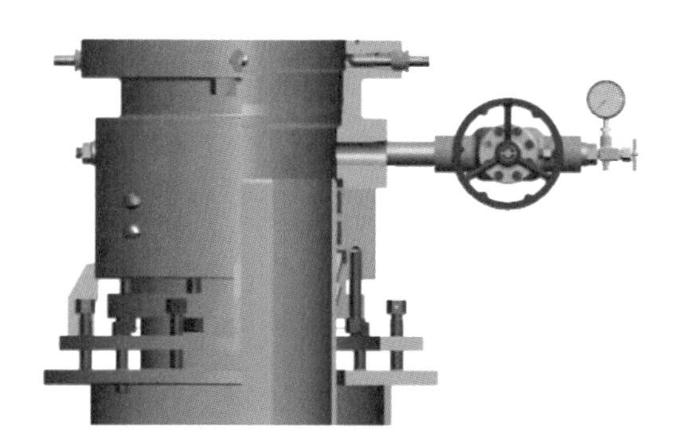

图 2-40　卡瓦牙与套管的连接

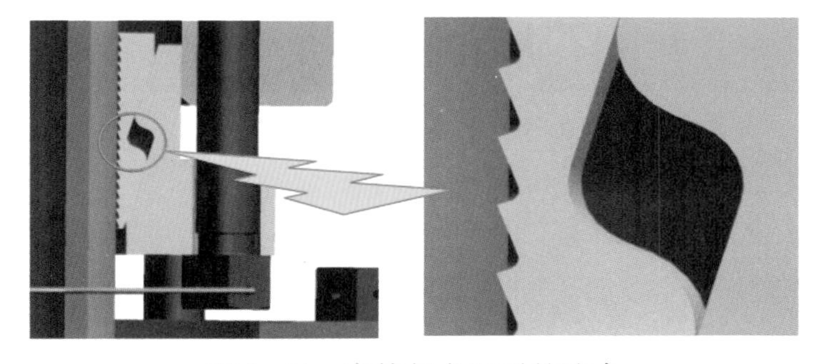

图 2-41　套管与卡瓦牙的咬合

②上提套管头 30~35tf，检验卡瓦牙与套管的咬合情况，无相对位移为合格。

③检查并紧固卡瓦螺钉，再一次用水平尺检查，核实 21¼in-2000psi 法兰面水平误差不大于 1mm。

（6）20in BT 密封圈的注塑及试压。

①注塑孔及试压孔的结构如图 2-42 和图 2-43 所示，将观察孔 1 的注塑阀卸掉，把对应的另一侧注塑阀 1 的护帽卸掉，接试压枪，如图 2-44 所示。

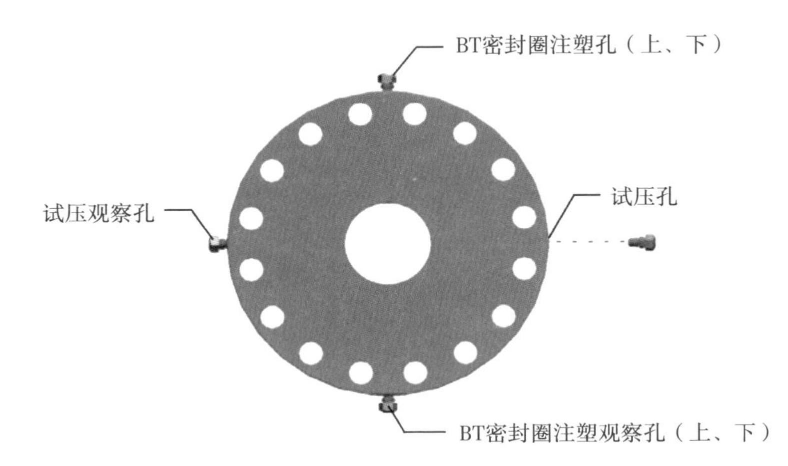

图 2-42　注塑孔及试压孔俯视图

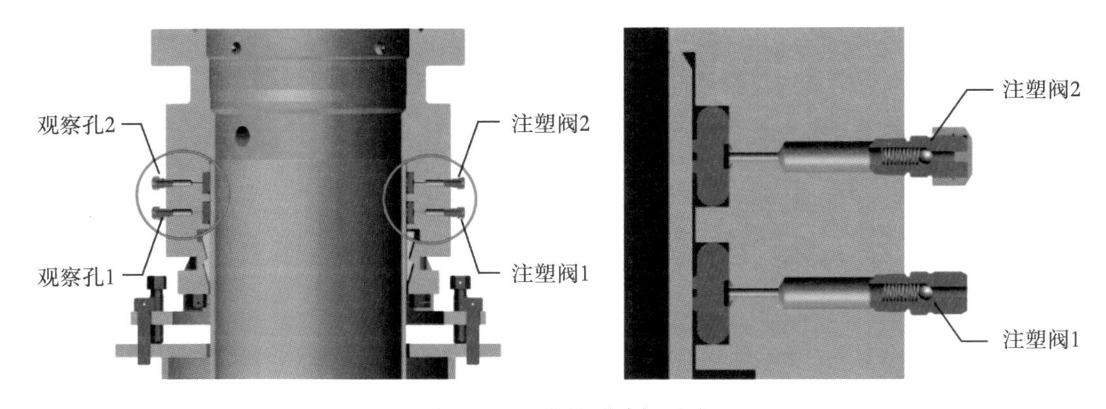

图 2-43　注塑孔剖面图

②注塑阀：又称注塑单流阀、注塑接头，主要起注塑和试压的作用，向 BT 密封圈内注入润滑油以后，卸掉试压枪，接入注塑枪（图 2-45）。

③向 BT 密封圈注塑，直至另一侧观察孔 1 流出密封脂为止。

④恢复观察孔 1 处的注塑阀，继续注塑升压至试压值，试压值为连接法兰

的额定工作压力和套管抗外挤强度80%两者的最小值，稳压30min，压降小于0.7MPa外观无泄漏为合格。注塑试压不合格，应检查和更换BT密封圈，重新安装套管头。

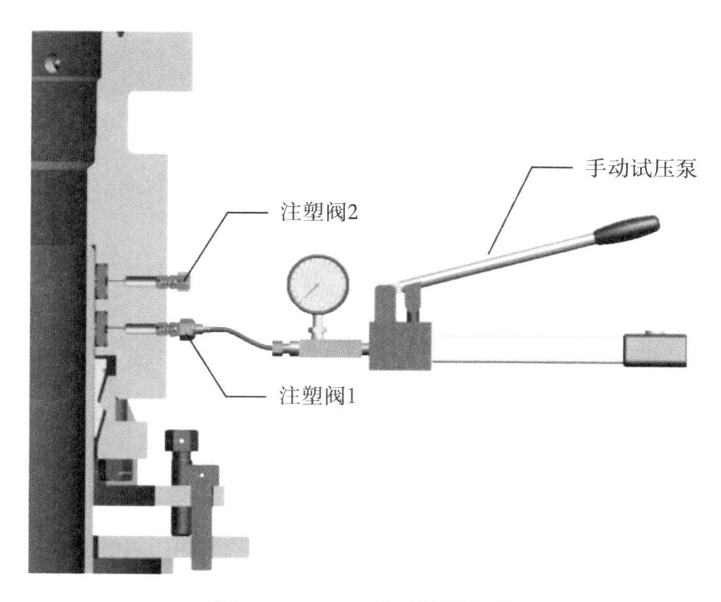

图2-44　BT密封圈注油

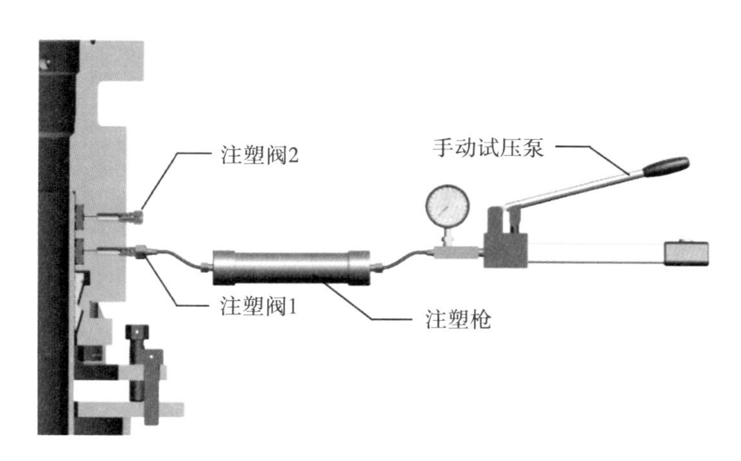

图2-45　BT密封圈注塑

⑤重复上述动作，对另一个BT密封圈处的注塑阀2进行注塑试压。

⑥对套管头两个BT密封圈之间环空试压。试压口如图2-46所示，试压压力为连接法兰的额定工作压力和套管抗外挤强度80%两者的最小值，稳压30min，压降小于0.7MPa外观无泄漏为合格。P密封与BT密封试压方式相同。

⑦按照图 2-47，焊接托盘与导管。

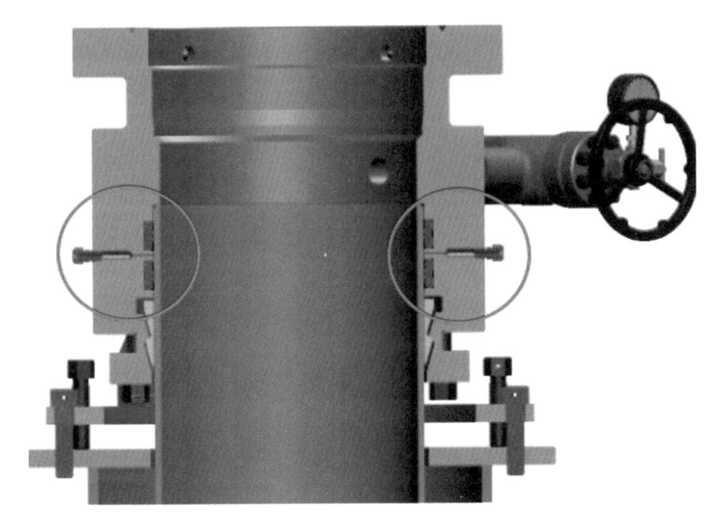

图 2-46 BT 密封圈试压口

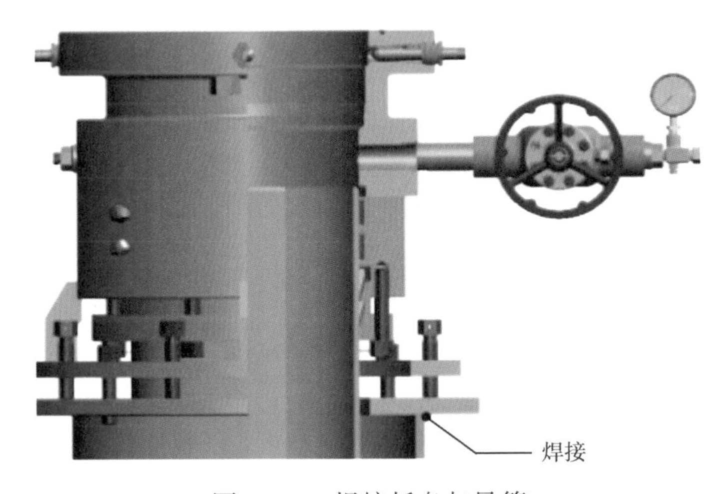

图 2-47 焊接托盘与导管

⑧如图 2-48 所示，使用铁丝串联螺帽止退孔，对卡瓦螺钉进行防退处理。

⑨在 20in 套管头上安装升高（占位）短接、钻井四通、21¼in-2000psi 防喷器组等二开井口装置（图 2-49）。

（7）套管头和防喷器组的试压。

①打开套管头旁通口平板闸阀，井内下入 3~5 柱钻杆立柱后，接相应规格的试压塞，再接钻杆立柱。

②如图 2-50 所示，将试压塞入井，坐入套管头内。

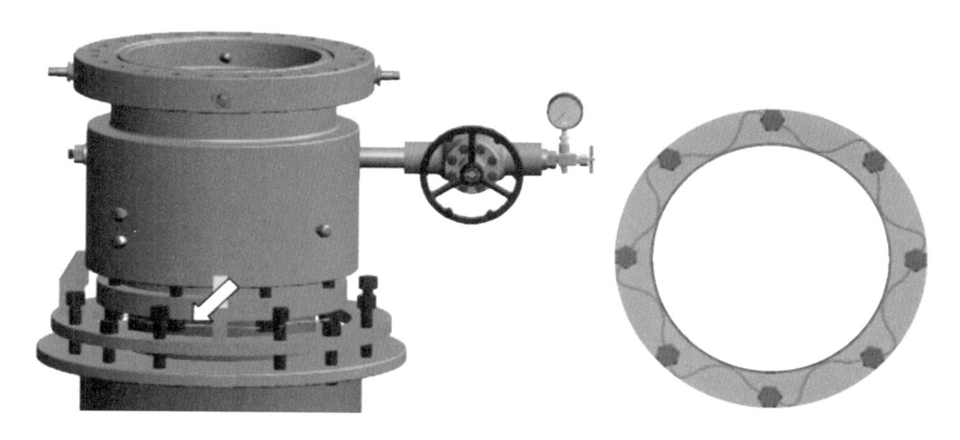

图 2-48　螺帽止退图

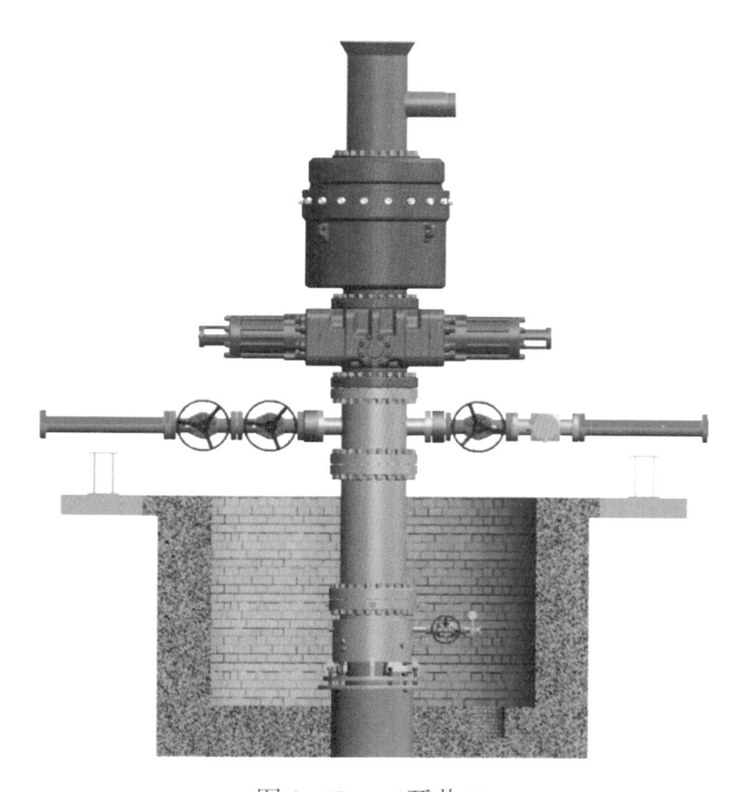

图 2-49　二开井口

③向试压塞上部注入清水（冬季用防冻液），按钻井设计要求对套管头及以上的所有井控设备进行试压。

④试压结束后取出试压塞，将防磨套用取送工具送入，均匀对称地将所有顶丝置于顶紧状态。

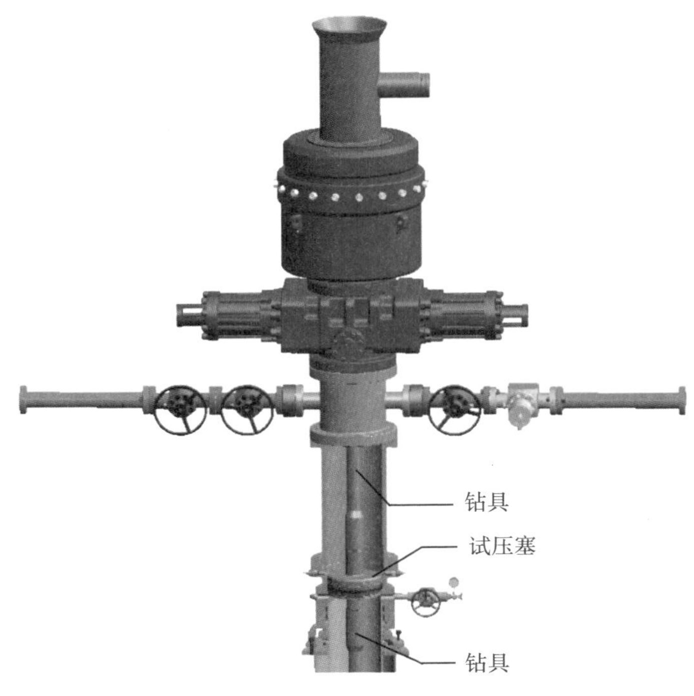

图 2-50　用试压塞试压

（8）安装防磨套。

①取防磨套时，连接防磨套取送工具（图 2-51），缓慢下放至防磨套上部附近，使防磨套凸销插入防磨套开口，动作要求缓慢，保持钻具居中（图 2-52），不能鲁莽造成撞击损坏，松开顶丝到位。

图 2-51　取送工具插入防磨套开口

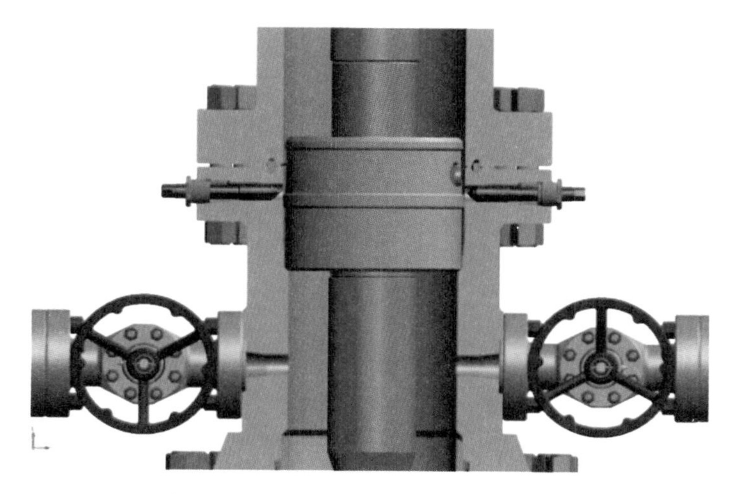

图 2-52 取送工具与钻具居中平稳

②轻轻旋转钻具半周至一周，确保挂取到位，如图 2-53 所示。

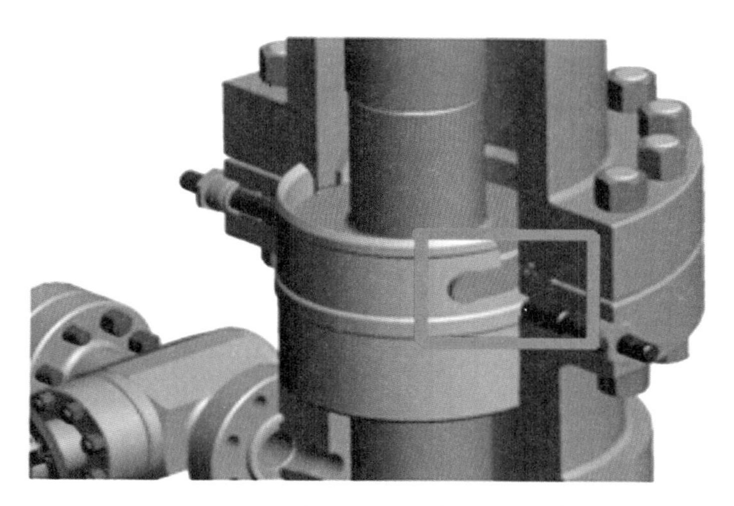

图 2-53 转动取送工具使凸销挂到位

③上提钻具，取出防磨套取送工具及防磨套。

④送入防磨套时，程序相反，带好防磨套下送，到位前，要小心轻放，到位后，顶紧顶丝（图 2-54），固定防磨套。

⑤转动钻具，退出悬挂。

⑥上提钻具，完成防磨套的送入，进行下一步作业。

2. 三开井口的安装

以 13⅜in（13⅜in×9⅝in 套管头四通）套管头的安装为例。

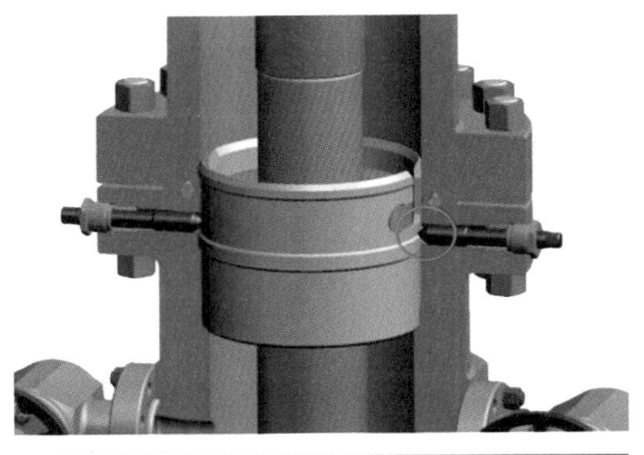

图 2-54　顶紧防磨套

（1）安装条件。

①套管下完后，要保证套管有足够的下放空间（推荐下放空间不小于0.5m，并备用一根2m短套管）。

②套管卡瓦悬挂位置及以上1.5m以内无套管接箍，以确保套管下放后，卡瓦坐封和套管上部切割长度满足要求，不受接箍的影响。

③套管悬挂吨位要求：悬挂吨位为自由段套管悬重的1.1倍，一般为80~120tf。

（2）WE型卡瓦的安装（20in×13⅜in）。

①固井结束后，打开20in套管头旁通阀门，排尽两层套管环空之间的钻井液或固井水泥浆，拆卸套管头与升高短接之间的法兰螺栓，并将升高短接及以上的设备上提0.6m以上悬挂并支撑牢固，如图2-55所示。

②上提套管到预坐吨位，即自由段套管重量的1.1倍，调整套管中心位置，使套管与套管头中心一致，同轴度小于2mm。

③清洗13⅜in套管外壁及套管头卡瓦坐挂部位。

④在表层套管头法兰面上放置两块平整的垫块，将20in×13⅜in WE型套

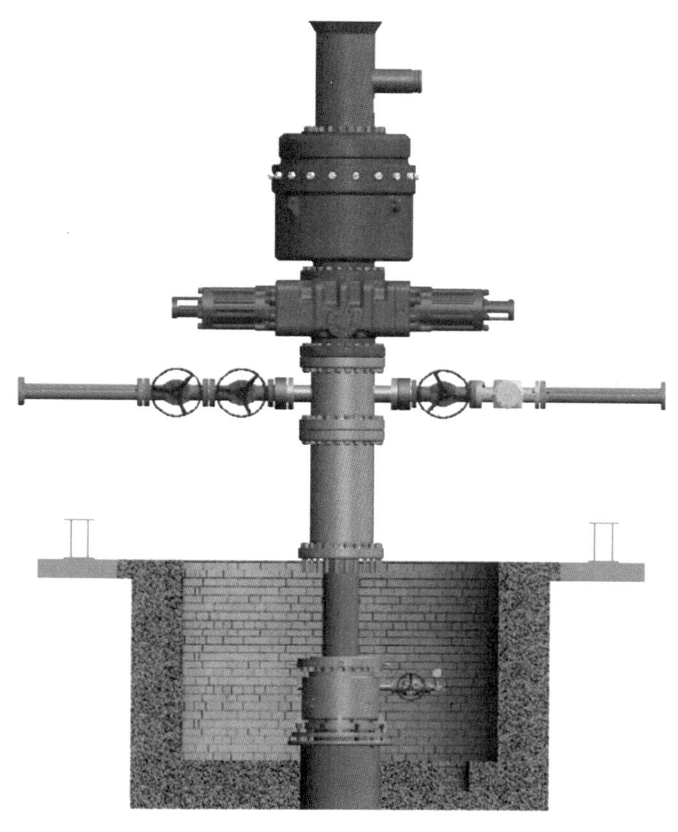

图 2-55　拆卸并上提井口

管卡瓦分开合抱在 $13\frac{3}{8}$in 套管上（图 2-56），WE 型卡瓦悬挂器结构图如图 2-57 所示，铰链块及销子如图 2-58 所示。

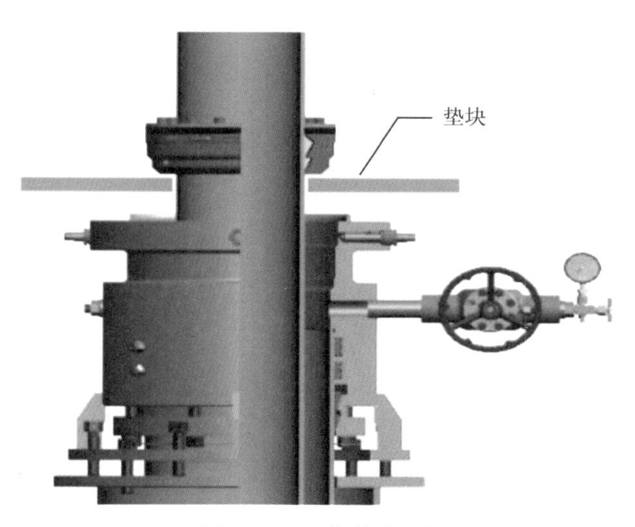

图 2-56　安装卡瓦

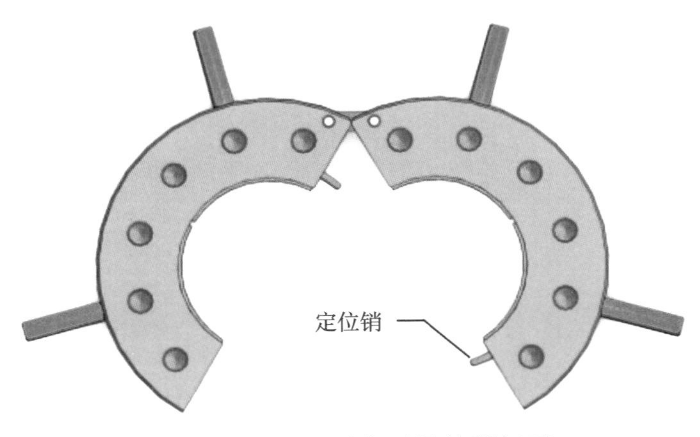

图 2-57　WE 型卡瓦悬挂器打开

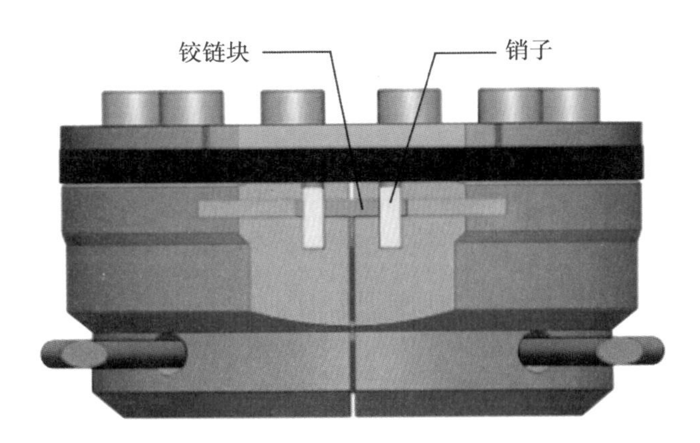

图 2-58　铰链块及销子（局部剖切后）

⑤上提卡瓦提环，取垫块，拆卸卡瓦牙固定手柄，将 20in×13⅜in WE 型套管卡瓦平稳下放至 20in 表层套管头内，如图 2-59 所示。

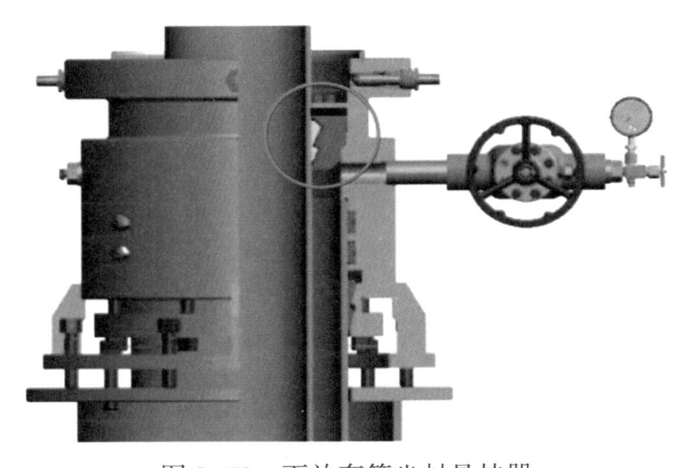

图 2-59　下放套管坐封悬挂器

⑥缓慢下放套管，让套管坐挂在套管头内，有效坐卡吨位为预定值。若套管没有坐挂好，则重新上提套管重复以上步骤。

⑦紧固20in×13⅜inWE型卡瓦密封胶垫压板螺钉（图2-60），激发密封件密封，检查20in×13⅜inWE型卡瓦安装是否水平（图2-61）。

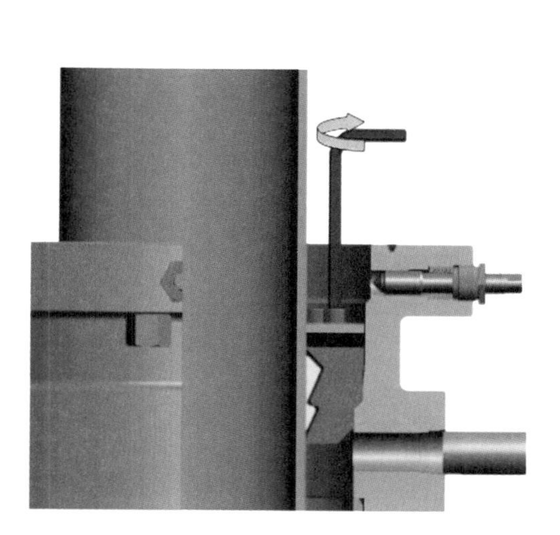

图2-60　紧固卡瓦螺钉

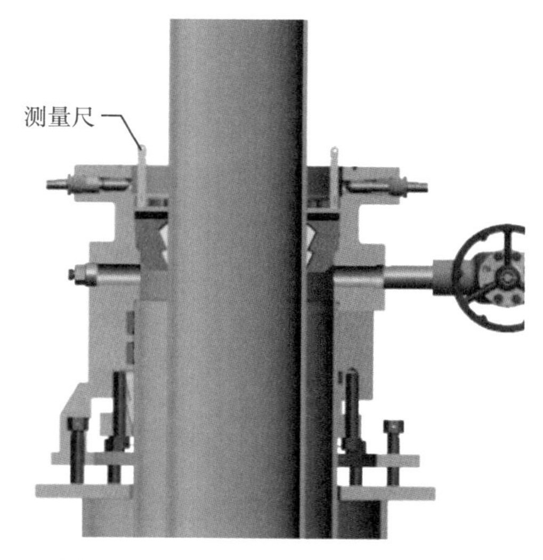

图2-61　测量检查卡瓦安装水平

（3）套管的切割打磨（13⅜in）。

①从20in套管头法兰面上300mm的位置用气割开孔排放固井水泥浆，并粗割13⅜in套管，提出被割断的上部套管。

②将上部21¼in-2000psi升高法兰、防喷器等设备移开吊离井口，清除13⅜in套管内切割线500mm以下的固井水泥浆。

③从20in套管头上法兰端面确定13⅜in套管最终切割高度并画线。

13⅜in套管最终切割高度按照经验公式（2-3）计算：

$$TG_2 = TC_2 - 5 \tag{2-3}$$

式中　TG_2——13⅜in套管最终切割高度，mm；

TC_2——13⅜in套管头下部套管插入深度，mm；

5——13⅜in套管顶部距13⅜in×9⅝in套管头下部插入台阶的预留间隙。

④使用套管切割机精确切割13⅜in套管，并再次核实：20in套管头上法兰面至13⅜in套管切割面的高度。

⑤使用坡口机对13⅜in套管进行外倒角，坡口为5mm×30°。

⑥用纱布将坡口倒角过渡处磨成圆弧，并对倒角以下的套管表面打磨光洁，在坡口涂上润滑脂。

（4）安装 $13\frac{3}{8}$in（$13\frac{3}{8}$in×$9\frac{5}{8}$in 套管头四通）套管头。

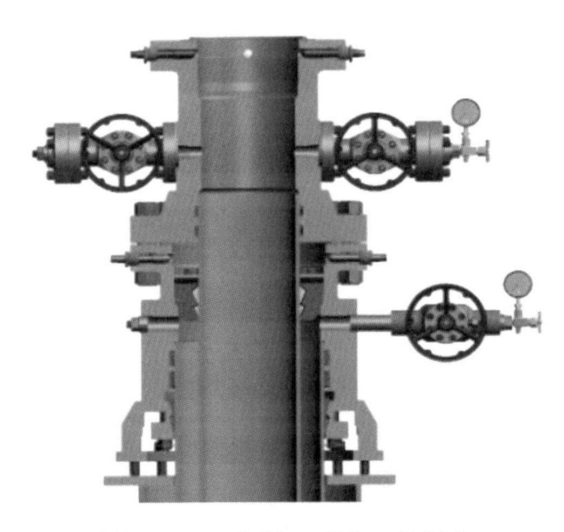

图 2-62　安装 $13\frac{3}{8}$in 套管头

①清洗套管头 $21\frac{1}{4}$in-2000psi 下法兰垫环槽，安放 R73 垫环。

②在 20in×$13\frac{3}{8}$in 卡瓦面倒入机油至 $21\frac{1}{4}$in-2000psi 法兰垫环面。

③将套管头平稳吊至井口并保持水平，缓慢下放，以防止剪坏 $13\frac{3}{8}$in BT 密封圈。

④校正套管头，使套管头方通阀中心线与放喷管线出口中心线方向一致，安装后如图 2-62 所示，注意：在整个操作过程中注意防止落物入井。

⑤将第一层套管头上部与第二层套管头下部的 $21\frac{1}{4}$in-2000psi 连接法兰的 24 个 M42mm×3mm×300mm 螺栓上平上紧。

（5）注塑试压。

主密封试压：通过 $13\frac{3}{8}$in×$9\frac{5}{8}$in 套管头四通下法兰试压孔对主密封进行试压（图 2-63），即对悬挂器密封、连接法兰钢圈、BT 密封圈进行试压。试验压力为连接法兰的额定工作压力和套管抗外挤压强度的 80% 两者的最小值计算，稳压 30min，压降不大于 0.7MPa，外观无泄漏为合格。

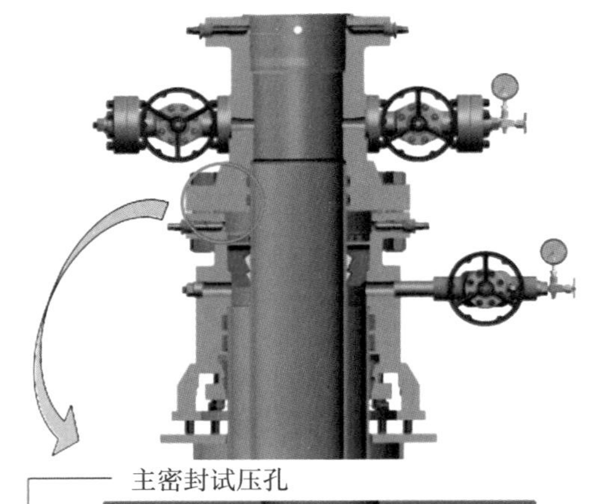

图 2-63　套管头主密封试压

（6）安装防喷器组及试压。

①安装上部升高短接、变压法兰、钻井四通、防喷器组、内孔管线等地面井控设备。

②对套管头和防喷器组进行试压。

③下入防磨套，进行下一步作业。

3. 四开井口的安装

以安装 9⅝in（9⅝in×7in 套管头四通）套管头为例。

（1）安装条件。

①9⅝in 套管下完后，要保证套管有足够的下放空间（推荐下放空间不小于 0.5m，并备用一根 2m 短套管）。

②套管卡瓦悬挂位置及以上 1.5m 以内无套管接箍，以确保套管下放后，卡瓦坐封和套管上部切割长度满足要求，不受接箍的影响。

③套管悬挂吨位要求：悬挂吨位为自由段套管悬重的 1.1 倍，一般为 80~120tf。

（2）W 型卡瓦的安装（13⅜in×9⅝in）。

①固井结束后，打开 13⅜in 套管头旁通阀门，排尽两层套管环空之间的钻井液或固井水泥浆。

②拆卸套管头与升高短接之间的法兰螺栓，并将升高短接及以上的设备上提 0.6m 以上悬挂并支撑牢固。

③上提套管到预坐吨位，即自由段套管重量的 1.1 倍，调整套管中心位置，使套管与套管头中心一致，同轴度小于 2mm。

④清洗 9⅝in 套管外壁及套管头卡瓦坐挂部位。

⑤在 13⅜in 套管头法兰面上放置两块平整的垫块，将 13⅜in×9⅝inW 型卡瓦组装在 9⅝in 套管上，如图 2-64 所示。

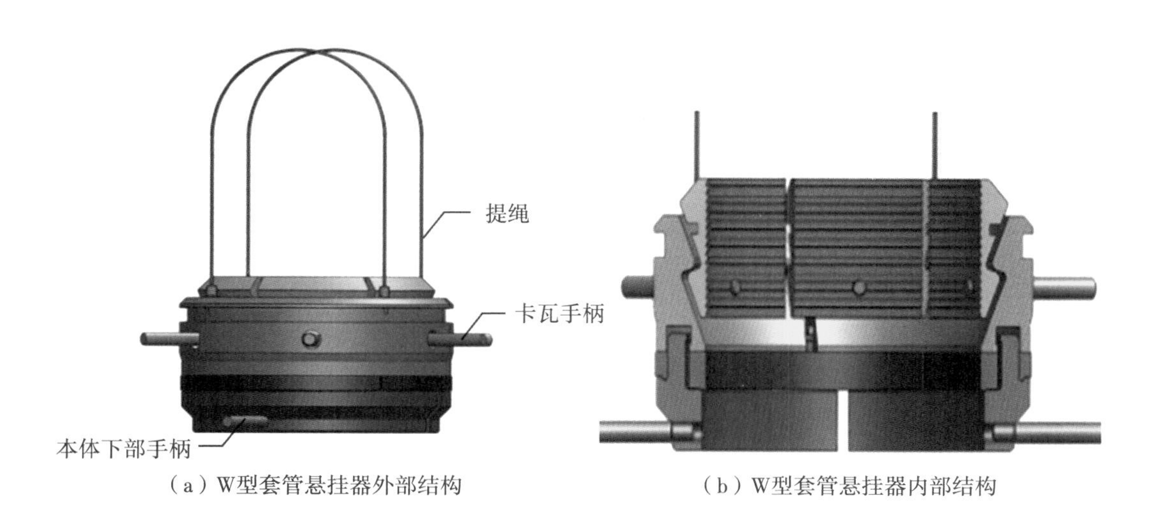

（a）W型套管悬挂器外部结构　（b）W型套管悬挂器内部结构

图 2-64　W 型套管悬挂器结构图

⑥上提卡瓦提环，取垫块，拆卸卡瓦牙固定手柄，将 13⅜in×9⅝inW 型套管卡瓦平稳下放至 13⅜in 套管头内，如图 2-65 所示。

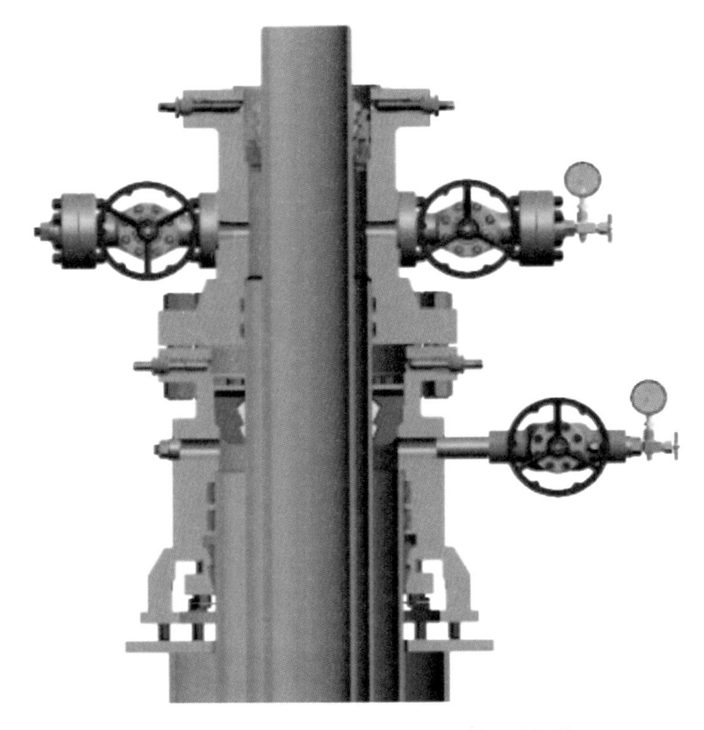

图 2-65　下放 W 型套管坐封悬挂器

⑦缓慢下放套管，让套管坐挂在套管头内，有效坐卡吨位为预定值。若套管没有坐挂好，则重新上提套管重复以上步骤。

（3）套管的切割打磨（9⅝in）。

①从套管头法兰面上 300mm 的位置用气割开孔排放固井水泥浆，并粗割 9⅝in 套管，提出被割断的上部套管。

②将上部 13⅝in-5000psi 升高法兰、防喷器等设备移开吊离井口，清除 9⅝in 套管内切割线 500mm 以下的固井水泥浆。

③从 13⅜in 套管头上法兰端面确定 9⅝in 套管最终切割高度并画线。

9⅝in 套管最终切割高度按照公式（2-4）计算：

$$TG_3 = TC_3 - 5 \tag{2-4}$$

式中　TG_3——9⅝in 套管最终切割高度，mm；

TC_3——9⅝in 套管头下部套管插入深度，mm；

5——$9\frac{5}{8}$in 套管顶部距 $9\frac{5}{8}$in 套管头下部插入台阶的预留间隙，mm。

④使用套管切割机精确切割 $9\frac{5}{8}$in 套管，并核实：$13\frac{3}{8}$in 套管头上法兰面至 $9\frac{5}{8}$in 套管切割面的高度。

⑤使用坡口机对 $9\frac{5}{8}$in 套管进行外倒角，坡口为 5mm×30°，用纱布将坡口倒角过渡处磨成圆弧，并对倒角以下的套管表面打磨光洁，在坡口涂上润滑脂。

（4）安装 $9\frac{5}{8}$in（$9\frac{5}{8}$in×7in 套管头四通）套管头。

①清洗套管头法兰垫环槽，安放 BX160 垫环。

②在 $13\frac{3}{8}$in×$9\frac{5}{8}$in 卡瓦面倒入机油至法兰垫环面。

③将套管头平稳吊至井口并保持水平，缓慢下放，以防止剪坏 $9\frac{5}{8}$inBT 密封圈，校正套管头，使套管头方通阀中心线与放喷管线出口中心线方向一致（图 2-66），注意：在整个操作过程中注意防止落物入井。

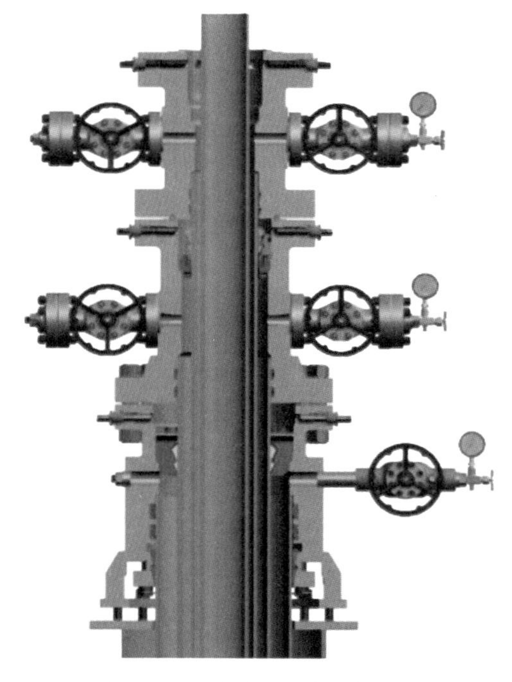

图 2-66　安装 $9\frac{5}{8}$in 套管头

④将 $13\frac{5}{8}$in-5000psi 连接法兰的 16 个 M42mm×3mm×330mm 螺栓上平上紧。

（5）注塑试压。

对 $9\frac{5}{8}$in BT 主密封进行试压：通过套管头四通下法兰试压孔对主密封进行试压，即对悬挂器密封、连接法兰钢圈、BT 密封圈进行试压。试验压力为连接法兰的额定工作压力和套管抗外挤压强度的 80% 两者的最小值计算，稳压 30min，压降不大于 0.7MPa，外观无泄漏为合格。

（6）安装防喷器组及试压。

①安装上部升高短接、变压法兰、钻井四通、防喷器组、内孔管线等地面井控设备。

②对套管头和防喷器组进行试压。

③下入防磨套，进行下一步作业。

4. 完井井口的安装

以安装油管头或特殊四通为例。

（1）安装条件。

①在 7in 套管下完后，要保证套管有足够的下放空间（推荐下放空间不小于 0.5m，并备用一根 2m 短套管）。

②套管卡瓦悬挂位置及以上 1.5m 以内无套管接箍，以确保套管下放后，卡瓦坐封和套管上部切割长度满足要求，不受接箍的影响。

③套管悬挂吨位要求：悬挂吨位为自由段套管悬重的 1.1 倍，一般为 80~120tf。

（2）W 型卡瓦的安装（9⅝in×7in）。

①固井结束后，打开 9⅝in 套管头旁通阀门，排尽两层套管环空之间的钻井液或固井水泥浆。

②拆卸套管头与升高短接之间的法兰螺栓，并将升高短接及以上的设备上提 0.6m 以上悬挂并支撑牢固。

③上提套管到预坐吨位，即自由段套管重量的 1.1 倍，调整套管中心位置，使套管与套管头中心一致，同轴度小于 2mm。

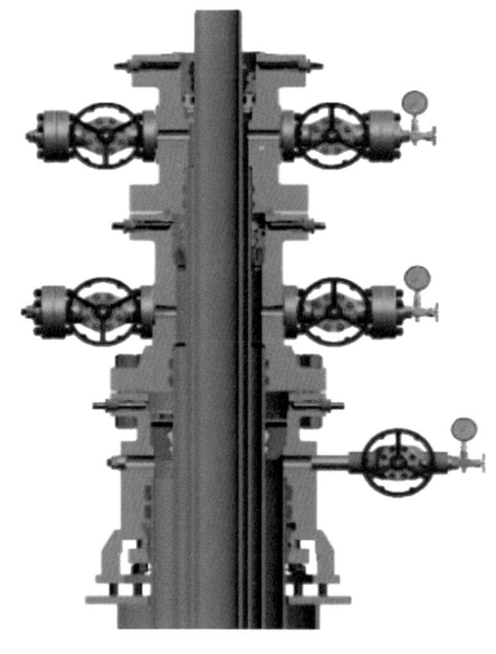

图 2-67　下放 9⅝in×7in W 型套管坐封悬挂器

④清洗 7in 套管外壁及套管头卡瓦坐挂部位。

⑤在 9⅝in 套管头法兰面上放置两块平整的垫块，将 9⅝in×7in W 型卡瓦组装在 7in 套管上。

⑥提卡瓦提环，取垫块，拆卸卡瓦牙固定手柄，将 9⅝in×7in W 型套管卡瓦平稳下放至 9⅝in 套管头内，如图 2-67 所示。

⑦缓慢下放套管，让套管坐挂在套管头内，有效坐卡吨位为预定值。若套管没有坐挂好，则重新上提套管重复以上步骤。

（3）套管的切割打磨（7in）。

①从套管头法兰面上 300mm 的位

置用气割开孔排放固井水泥浆，并粗割 7in 套管，提出被割断的上部套管。

②将上部升高法兰、防喷器等设备移开吊离井口，清除 7in 套管内切割线 500mm 以下的固井水泥浆。

③从 9⅝in 套管头上法兰端面确定 7in 套管最终切割高度并画线。

7in 套管最终切割高度按照公式（2-5）进行计算：

$$TG_4 = TC_4 - 5 \tag{2-5}$$

式中　TG_4——7in 套管最终切割高度，mm；

TC_4——油管头下部套管插入深度，mm；

5——7in 套管顶部距油管头下部插入台阶的预留间隙，mm。

④使用套管切割机精确切割 7in 套管，再次核实上法兰面至套管切割面的高度。

⑤使用坡口机对 7in 套管进行外倒角，坡口为 5mm×30°。

⑥用砂布将坡口倒角过渡处磨成圆弧，并对倒角以下的套管表面打磨光洁，在坡口涂上润滑脂。

（4）安装油管头四通或特殊四通。

①清洗套管头法兰垫环槽，安放 BX158 垫环。

②在 9⅝in×7in 卡瓦面倒入机油至法兰垫环面。

③将油管头平稳吊至井口并保持水平，缓慢下放，以防止剪坏 7in BT 密封圈。

④校正套管头，使套管头方通阀中心线与放喷管线出口中心线方向一致，注意：在整个操作过程中注意防止落物入井。

⑤将连接法兰的螺栓上平上紧。

（5）注塑试压。

对 7in BT 密封（BT 密封、P 密封或金属密封）进行注塑及试压：通过油管头四通下法兰试压孔对主密封进行试压，即对悬挂器密封、连接法兰钢圈、BT 密封进行试压。试验压力为连接法兰的额定工作压力和套管抗外挤压强度的 80%两者的最小值计算，稳压 30min，压降不大于 0. 7MPa，外观无泄漏为合格。

（6）安装防喷器组及试压。

①安装上部升高短接、变压法兰、钻井四通、防喷器组、内孔管线等地面

井控设备。

②对油管头（或特殊四通）和防喷器组或采气树进行试压。

③试压结束后取出试压塞，下入防磨套，进行下一步作业。

至此，油管头四通和采气树安装完成，如图 2-68 所示。

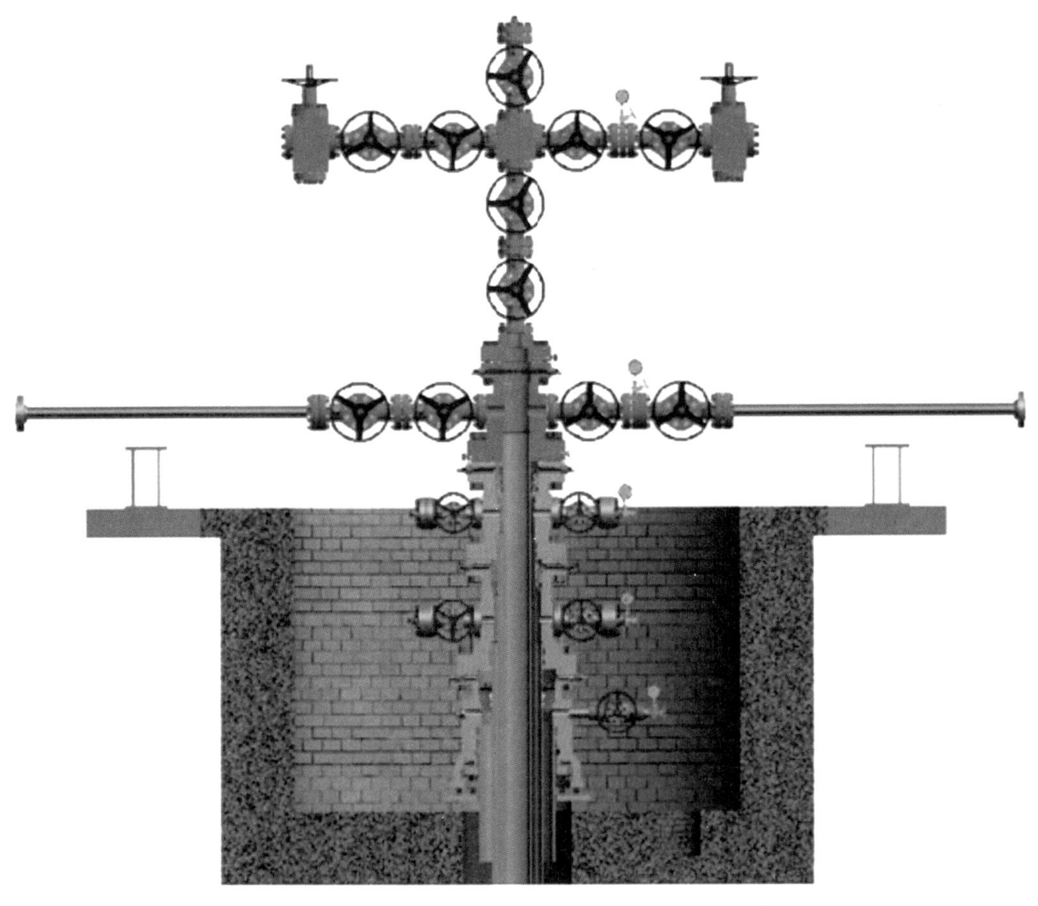

图 2-68　油管头四通和采气树安装完成

（四）螺纹式套管头的安装

以常规的 9⅝in×7in 螺纹式套管头（图 2-69）安装为例。

1. 安装原则

（1）套管头上法兰高出井架基础面（300±50）mm。

（2）套管头安装后，内控管线都能从井架底座内平直接出。

（3）套管下入后，以转盘中心为准对套管进行校正后才进行固井作业。

（4）天车、转盘、表层套管头三者中心线偏差不大于 10mm。

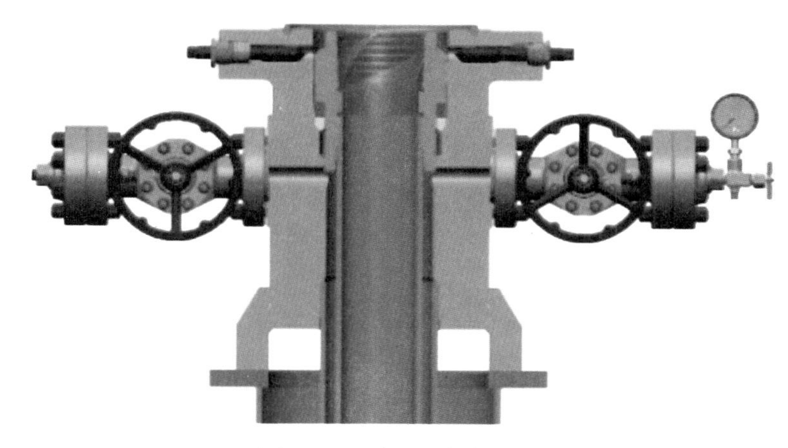

图 2-69 螺纹式套管头

2. 准备工作

（1）测量套管头、套管头下部旋入深度、双公短接（9⅝in 和 7in）去除螺纹后的有效长度、转盘面高度、吊卡高度、套管接箍（9⅝in 和 7in）长度。

（2）清洗、检查套管头的螺纹、钢圈槽、悬挂器坐封部位及双公短接螺纹。

（3）检查相关设备和工具。

3. 相关高度计算

螺纹式表层套管头安装计算示意图如图 2-70 所示，主要计算内容如下。

①确定导管切割高度，按公式（2-6）计算。

$$DG=T_1-D \tag{2-6}$$

式中 DG——导管切割线距井架基础面的高度，mm；

T_1——第一级套管头高度，mm；

D——套管头上法兰端面高出井架基础面高度，mm。

②按照公式（2-7），确定最后一根 9⅝in 套管接箍上端面距井架基础面的高度。

$$TG_1=T_1+SG-TC_1-D \tag{2-7}$$

式中 TG_1——最后一根 9⅝in 套管接箍上端面距井架基础面的高度，mm；

SG——双公短接去除螺纹后的有效长度，mm；

TC_1——螺纹式表层套管头下部套管旋入深度（从托盘计算），mm。

③按照公式（2-8），确定联顶节长度。

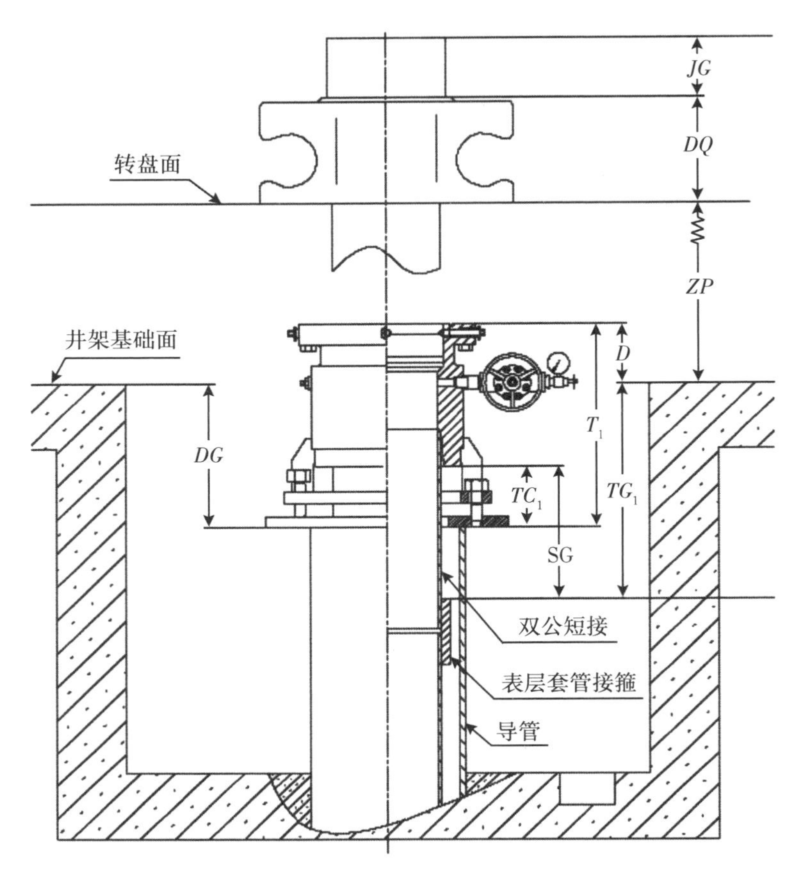

图 2-70　螺纹式表层套管头安装计算示意图

$$LD=T_1+SG-TC_1-D+ZP+DQ+TJ \tag{2-8}$$

即

$$LD=HT+ZP+DQ+TJ \tag{2-9}$$

式中　LD——联顶节长度，mm；

ZP——转盘面高度，mm；

DQ——吊卡高度，mm；

TJ——套管接箍长度，mm；

HT——最后一根套管接箍上端面距井架基础面的距离，mm。

注意：联顶节长度应不小于计算值，大于部分可以通过吊卡或垫铁调节至合适位置。

4. 下套管及固井作业

下套管及固井作业的主要操作有：

①套管下至最后一根时，连接联顶节，确保最后一根套管下到计算位置；

②坐好吊卡后，校正井口；

③固井；

④固井结束后，应及时排尽导管内切割线高度以上的固井水泥浆；

⑤候凝。

5. 导管切割

固井候凝终了后，拆卸并倒出联顶节，清洁导管，按计算高度划线，切割导管。吊出被切割的导管，并打磨导管使切口水平。

6. 螺纹式表层套管头的安装（9⅝in）

①排除 9⅝in 套管接箍以下 500mm 钻井液，清洗干净套管接箍螺纹，并涂上套管螺纹密封脂。

②连接并上紧双公短接后，在上部螺纹涂抹套管螺纹密封脂。

③吊 9⅝in 套管头至适当高度，清洗下部套管连接螺纹。

④旋转套管头上扣，保证螺纹上紧且套管头旁通口中心线与内控管线出口中心线方向一致。

⑤将托盘与导管焊接。

⑥在 9⅝in 套管头上安装转换法兰及防喷器组。

⑦对套管头和防喷器组进行试压。

⑧下入防磨套，进行下一步作业。

7. 油管头（特殊四通）的安装

（1）固井及坐封准备。

①检查保养 10¾in×7in 悬挂器，将套管悬挂器连接在 7in 套管管柱中，用联顶节（联井节）把螺纹式套管悬挂器缓慢送至 9⅝in 套管头悬挂器坐封位置（图 2-71），进行试坐（悬重为零为止），在联顶节上划线标记。

②以标记为参考，上提套管 30~50mm（图 2-72），在此高度坐吊卡。

③安装水泥头，进行固井作业。

④一级固井候凝。

⑤二级固井（或全井一次性固井）结束后，进入坐封程序。

（2）悬挂器坐封（10¾in×7in）。

①拆卸 9⅝in 套管头上法兰处的连接螺栓。

②上提防喷器组 500~550mm，并固定。

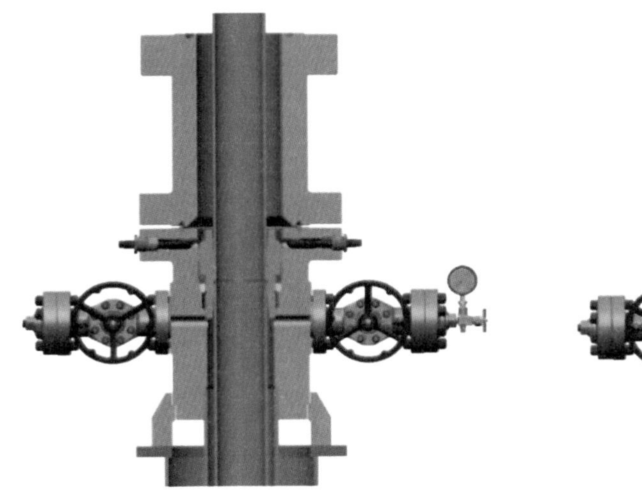

图 2-71　悬挂器试坐　　　　图 2-72　悬挂器上提

③上提 7in 套管，清洗、检查悬挂器和套管头内悬挂器坐封位置。

④下放悬挂器至坐封位置坐封，并按 *DR* 值顶紧顶丝。

（3）安装油管头或特殊四通。

以油管头为例。

①检查上法兰垫环槽，并安放 BX160 垫环。

②在 10¾in×7in 悬挂器面倒入机油至法兰垫环面。

③将油管头平稳吊至井口并保持水平，缓慢下放，以防止剪坏 7in BT 密封圈。

④校正油管头，使油管头旁通阀中心线与放喷管线出口中心线方向一致，注意：在整个操作过程中注意防止落物入井。

⑤将连接法兰螺栓上平上紧。

（4）注塑试压。

对 7in BT 密封的注塑及试压：通过油管头四通下法兰试压孔对主密封进行试压，即对悬挂器密封、连接法兰钢圈、BT 密封进行试压。试验压力为连接法兰的额定工作压力和套管抗外挤压强度的 80%两者的最小值计算，稳压 30min，压降不大于 0.7MPa，外观无泄漏为合格。

（5）安装防喷器组及试压。

①安装上部升高短接、变压法兰、钻井四通、防喷器组、内孔管线等地面井控设备。

②对油管头和防喷器组进行试压。

③下入防磨套，进行下一步作业。

四、套管头的维护和保养

（一）安全预防

操作时应当使用各种醒目的标牌、告示提醒操作者或其他人员注意可能会造成人身伤害的危险。

为尽可能避免人身伤害，工作区域应无化学物质或各种损害的干扰，为确保一个安全的工作场所，必须遵循以下事项：

（1）及时排除工作区域上方、旁边及地面附件的危险干扰因素；

（2）及时排除工作场所附近的可燃物以及泄漏的可燃物；

（3）及时排除或纠正对工作场地可能造成严重伤害的任何情形；

（4）在钻井过程中，必须在套管头上安装钻井四通、防喷器组、钻井液出口管，在钻井四通上安装节流压井管汇，这样可以控制井涌，它们是实施油气井压力控制技术必要的设备。

（二）保养及维护

正常使用中的检查项目见表2-7，月度定期保养按照表2-8执行，季度定期保养按照表2-9执行，年度定期保养项目按照表2-10执行。

表2-7　正常使用中的检查项目

序号	检　查　项　目
1	定期检查管线上的压力表显示，并做好记录
2	定期检查法兰连接螺栓松紧程度和完好情况，检查各处法兰连接是否存在漏气情况
3	定期检查井口下游管线是否存在异常现象
4	定期检查阀门是否存在漏气现象，按照有关操作规程，分期检查每套井口阀门的开关性能

表2-8　月度定期保养项目

序号	保　养　项　目
1	包括正常使用中的检查项目
2	对阀门轴承座上的油杯加注锂基润滑油，保证轴承转动灵活
3	清理井口表面的油污

表 2-9　季度定期保养项目

序号	保　养　项　目
1	包括月度定期保养内容
2	通过阀门阀盖上的密封脂注入阀注入 7903 密封脂，以使阀板和阀座得到润滑，并可密封微小的渗漏，操作方法见阀门使用手册

表 2-10　年度定期保养项目

序号	保　养　项　目
1	包括季度定期保养内容
2	对套管头、套管四通二次密封圈补注 EM08 密封脂，保证二次密封圈的密封性能

五、套管头常见故障及处理

套管头的常见故障及处理方式见表 2-11。

表 2-11　故障判断和处理表

序号	故障名称	发生原因	排除方法
1	BT 密封或 P 密封不稳定	①BT 密封圈或 P 密封圈损坏； ②套管表面不光洁； ③套管圆度不够	①更换 BT 密封圈或 P 密封圈； ②打磨套管密封面； ③测量并车修套管外径
2	注塑困难	①注塑枪故障； ②注塑接口故障； ③注塑脂型号不对； ④冰堵； ⑤异物堵塞	①检修试压枪、注塑泵； ②确保注塑单流阀完好； ③确保注塑孔保护堵头已经拆卸； ④区分冬季、夏季注塑脂； ⑤吹扫疏通注塑通道； ⑥注塑前先注油，后注塑
3	套管无法悬挂	①卡瓦尺寸误差较大； ②卡瓦牙性能差； ③套管尺寸偏差较大； ④悬挂吨位不足； ⑤套管不居中	①检查悬挂器尺寸； ②检查卡瓦牙硬度及磨损情况； ③测量修理套管外径； ④套管外径未清洗干净； ⑤确保预坐吨位； ⑥检查调整套管居中情况； ⑦在卡瓦牙上套管外用电焊点焊数个焊点后再下放卡瓦

续表

序号	故障名称	发生原因	排除方法
4	试压塞试压失效	①试压塞型号不符； ②试压塞主密封圈失效； ③试压塞坐封位置不当； ④未悬挂负重	①检查试压塞型号； ②更换试压塞主密封圈； ③检查试压塞坐封位置； ④悬挂 3~5 柱钻具
5	防磨套无法取放	①防磨套变形损坏； ②顶丝未解锁； ③异物阻卡	①拆卸井口更换防磨套； ②顶丝解锁； ③冲洗套管头清理异物
6	卡瓦密封失效	①密封件老化； ②套管头四通内孔密封面损伤； ③卡瓦坐封不良	①对 BT 注塑补救； ②从法兰试压孔注入堵塞物补救； ③从旁通阀接管线卸压

第三节　油 管 头

一、油管头简介

油管头用来密封油管和油层套管间的环形空间，通常是一个顶部和底部均为法兰连接的四通，它被安装在套管头上法兰上，用以悬挂油管柱，并密封油管柱与油层套管之间的环形空间。它由油管头四通、油管挂、阀门及其配件组成。油管头的结构示意图如图 2-73 所示。

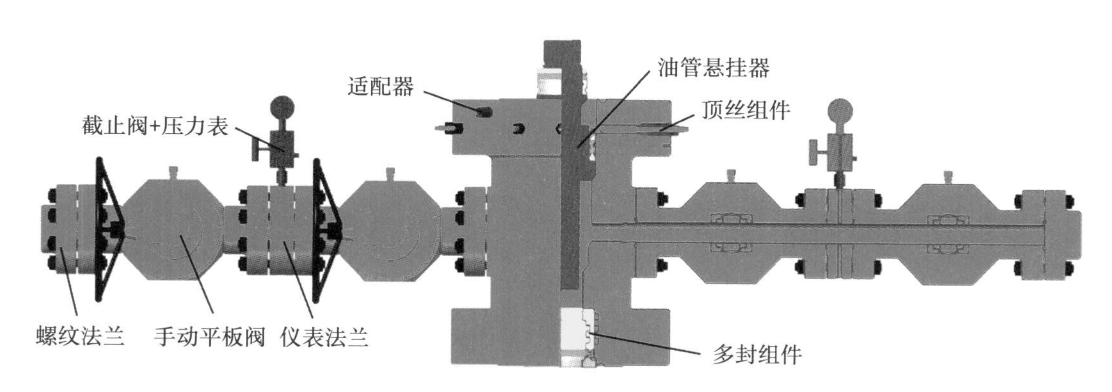

图 2-73　油管头结构示意图

二、油管头主要功能

油管头的功能包括以下几个部分：

（1）是采气树的基座；

（2）悬挂固定油管挂；

（3）封隔套管环形空间；

（4）是套管作业窗口；

（5）为井下安全阀提供控制通道，为电泵电缆提供穿透通道；

（6）通过油管头四通本体的两个侧口，完成注平衡及洗井等作业。

三、油管头的密封工作原理

油管头密封形式可分为橡胶密封（图 2-74），橡胶—金属复合密封（图 2-75）。

（一）橡胶密封

橡胶密封的油管头（图 2-74）的上密封由上法兰、“O”形橡胶密封圈、油管悬挂器、矩形夹布橡胶密封圈、油管头本体构成。油管头下密封由油管头本体、BT 型橡胶密封圈、套管悬挂器、燕尾型橡胶密封圈、套管头本体构成。油管头四通下法兰有 BT 密封圈及相应的注脂孔或试压孔，使用时必须从注脂阀注入高压密封脂，方能使 BT 密封起作用。若密封出现渗漏，应从注脂阀和试压阀分别注入密封脂，使密封继续生效。注脂压力不超过该法兰额定工作压力，如密封套管，则不超过该套管的额定许用挤毁压力。压力试压孔用于套管悬挂器外密封试验。油管头四通内腔下部有与套管悬挂器或是套管匹配的密封

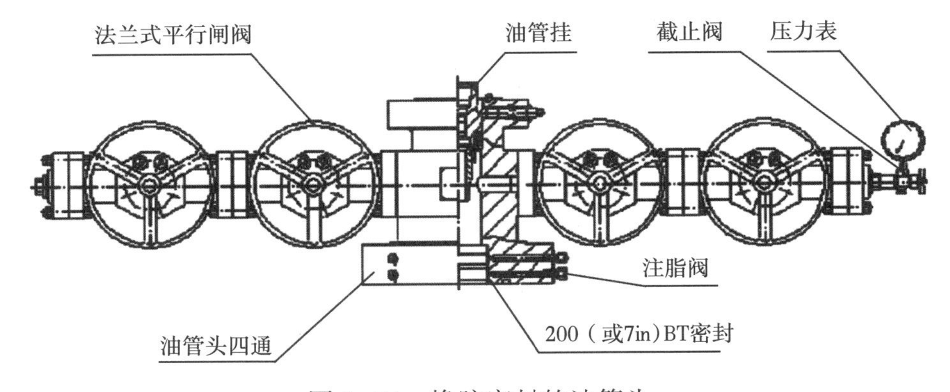

图 2-74　橡胶密封的油管头

面。油管头四通上法兰上有顶丝，用于锁定防磨套（保护密封面），在坐入油管悬挂器后，又能将油管悬挂器锁定。若顶丝处出现渗漏，可拧紧压帽，使密封生效。油管头四通两侧口法兰，一端接平板闸阀，另一端接平板闸阀、螺纹法兰、接头、截止阀及压力表，经压力表可观察套管与油管之间的环空压力。

（二）橡胶—金属复合密封

橡胶—金属复合密封的油管头（图 2-75）上密封由上法兰、“O”形橡胶密封圈、上金属密封环、调节环、油管悬挂器、下金属密封环组件、油管头本体构成，油管头下密封由油管头本体、BT 橡胶密封圈、套管金属密封环、套管悬挂器、套管头本体构成，橡胶—金属复合密封的油管头橡胶部分的工作原理与橡胶密封的油管头相同。

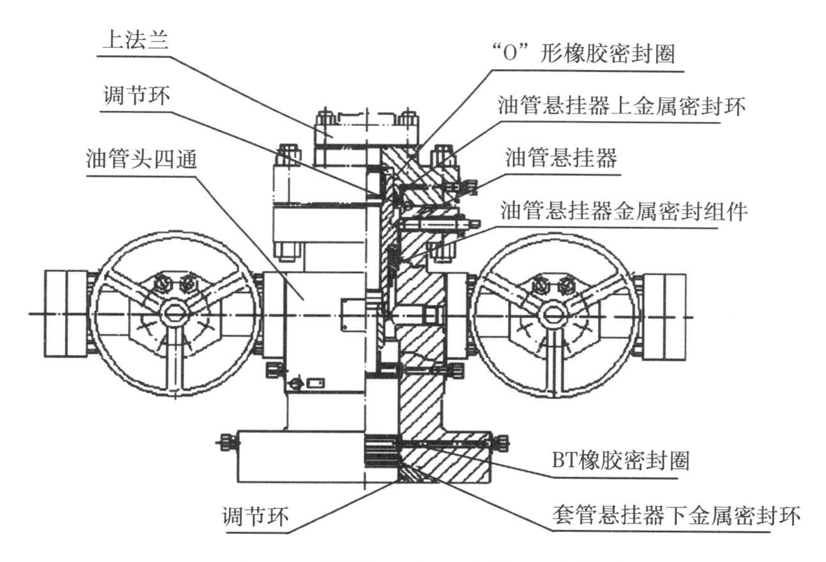

图 2-75　橡胶—金属密封的油管头

油管悬挂器的上金属密封环安装在上法兰前，通过测量上金属密封环在上法兰孔中的位置尺寸，再确定调节环的厚度，使调节环在上法兰孔中冒出一定的过盈量。在上法兰与油管头四通连接时，通过油管头四通压缩调节环，使上金属密封环变形，从而达到密封油管悬挂器的作用。

油管悬挂器的下金属密封环的密封原理是，通过金属密封环和油管头四通、油管悬挂器的设计，保证各零件的几何尺寸，利用顶丝上的45°锥面旋转，使油管悬挂器下行，最终使金属密封环组件变形，从而达到密封油管悬挂器的作用。油管头四通下法兰密封套管的金属密封与油管悬挂器的上金属密封原理相同。

油管头两翼平板闸阀在使用过程中，一般使用单翼，单翼通道上平板闸阀有两只，任意关闭一只平板闸阀就可以截断通道。

四、油管悬挂器

油管悬挂器是支撑油管柱并密封油管和套管之间环形空间的一种装置。油管悬挂器密封方式是油管悬挂器与油管连接，利用油管重力坐入油管挂大四通椎体内而密封。油管悬挂器悬挂井内油管柱，密封油管与油层套管间的环形空间，为下接套管头，上接采气树提供过渡；通过油管头四通体上的两个侧口，完成套管注入及洗井等作业。海上油气井完井一般都有井下安全阀，油管悬挂器都必须有连接液控管线的通道，电潜泵还须有井下放气阀通道和电缆穿越孔。

（一）表示方法

油管悬挂器表示方法如下：

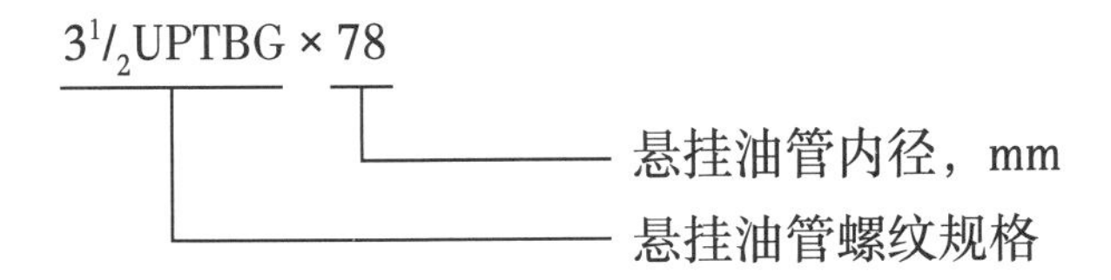

（二）类型

油管悬挂器主要有橡胶密封油管悬挂器和金属密封油管悬挂器两种类型。

1. 橡胶密封油管悬挂器

橡胶密封油管悬挂器的结构如图 2-76 所示，工作时，将橡胶密封油管悬挂器连接到油管柱上，下放油管柱，将悬挂器坐入油管头内，利用油管悬重激发密封件，实现悬挂套管和密封套管头的双重作用。

2. 金属密封油管悬挂器

金属密封油管悬挂器的结构如图 2-77 所示，工作时将金属密封油管悬挂器连接到油管柱上，下放油管柱，将悬挂器坐入油管头内，利用油管悬重激发密封件，实现悬挂套管和密封套管头的双重作用。

金属密封油管悬挂器。下方悬挂油管，密封可靠。特别适用于高温、高含硫、高腐蚀的井口。

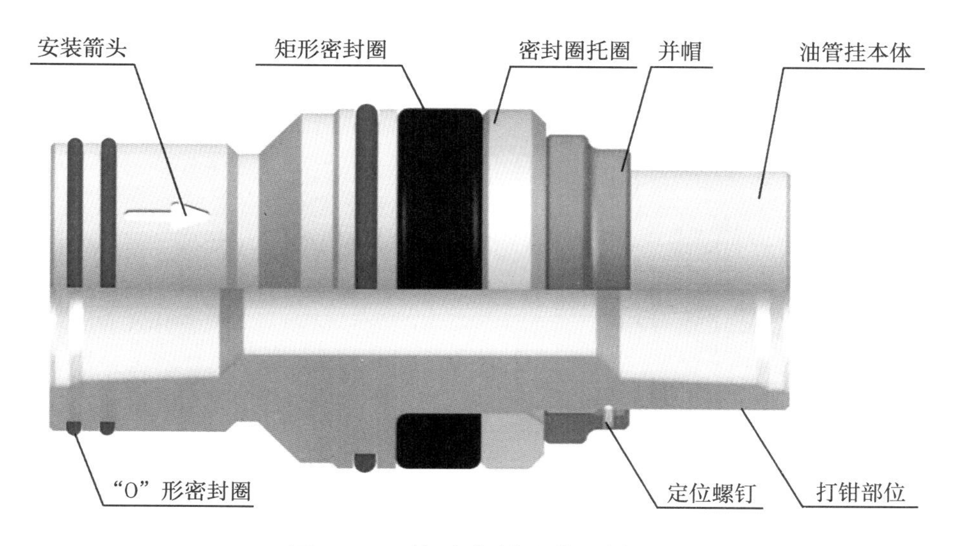

图 2-76　橡胶密封油管悬挂器

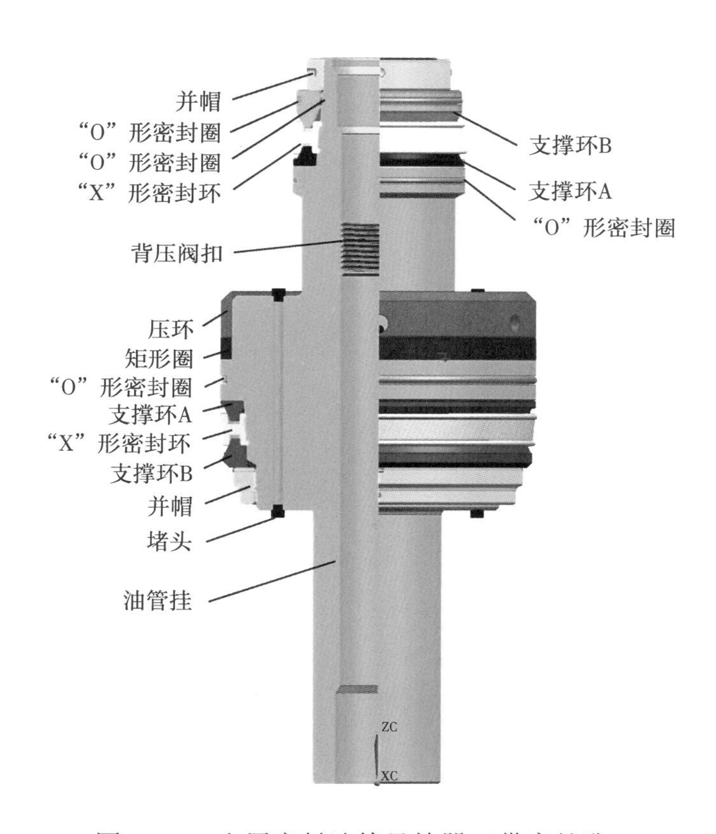

图 2-77　金属密封油管悬挂器（带穿越孔）

第四节　采 气 树

采气树是阀门和配件的组成总成，用于油气井的流量控制，并为生产管柱提供入口。它包括油管头上法兰以上的所有设备。可以对采气树总成进行多种不同的组合以满足任何一种特殊用途的需要。

一、采气树结构及工作原理

如图 2-78 所示，采气树由上法兰、法兰式平行闸阀、可调式节流阀、小四通、连接件、压力显示机构等组成。为安全保险起见，还有上法兰与 1 号阀设计在一起的整体 1 号阀采气树。采气树主平板闸阀为 1 号、4 号、7 号阀，两翼平板闸阀为 8 号、9 号阀，两翼节流阀为 10 号、11 号阀。在使用过程中，一般使用单翼，7 号阀主要用于井口作业。单翼通道上平板闸阀有 3 只，任意关闭一只平板闸阀就可以截断通道，但 1 号阀一般不作为操作阀使用，当其他

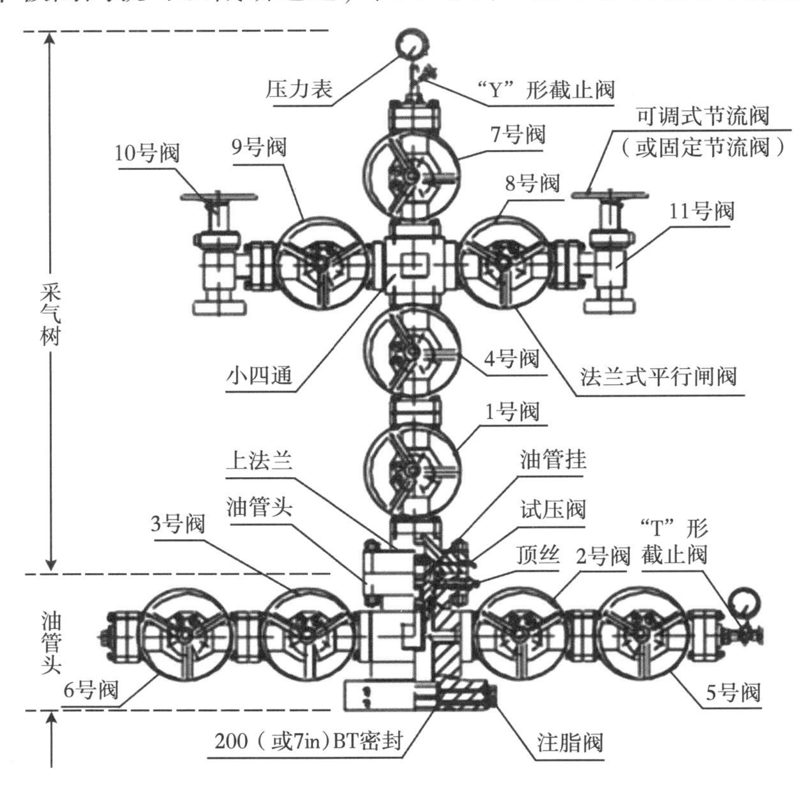

图 2-78　采气树结构图

平板闸阀出现泄漏时截断通道，可以安全地更换泄漏的阀门。所以，对 1 号阀质量要求很高。可调式节流阀用于调节通道流量。特别注意：法兰式平行闸阀不可作为节流用，而可调式节流阀不宜做开关阀用。

二、上法兰

上法兰（图 2-79）顶部连接形式有螺纹式、法兰式或螺柱式，可配液压供应入口用于井下安全阀控制管线。其功能如下：

（1）为油管头和采气树之间提供一个过渡连接；

（2）为悬挂器和封隔器提供一个密封孔；

（3）通常在下入油管后与采气树一同安装；

（4）为油管悬挂器的密封性能提供一个压力测试口；

（5）提供安装油管悬挂器上的井下安全阀控制管线入口，并高压密封控制管线。

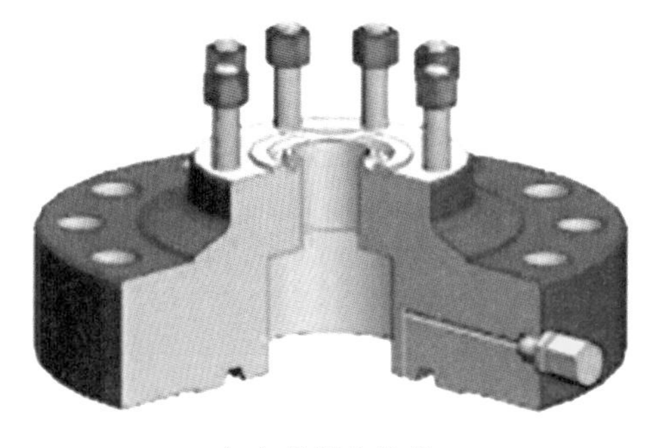

（a）常规上法兰

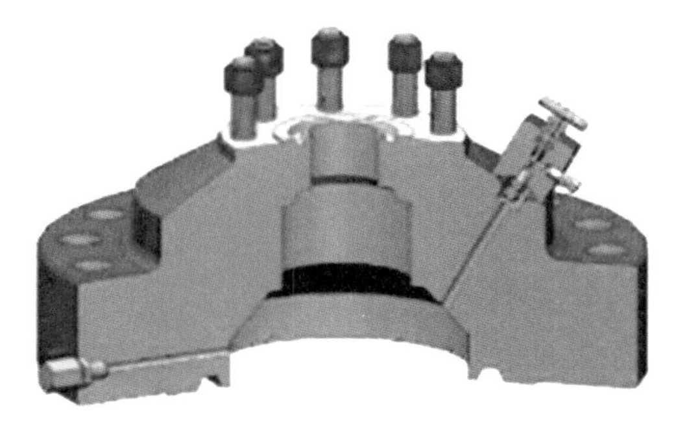

（b）井下管线上法兰

图 2-79　上法兰

三、小四通（三通）

采气树的油管四通和三通与主阀、清蜡阀和翼阀相连接，常见的四通和三通有法兰式和法兰—双头螺栓式（图 2-80）。采用四通的采气树为双翼采气树，采用三通的采气树为单翼采气树。有些采气树的三通与清蜡阀和主阀或井口安全阀组成一体，则成为整体式采气树。采气树的油管四通和三通的尺寸按 API 标准相匹配。

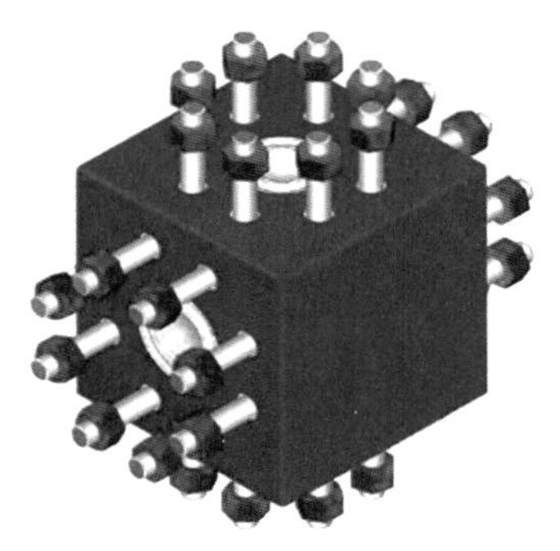

（a）双头螺柱式四通

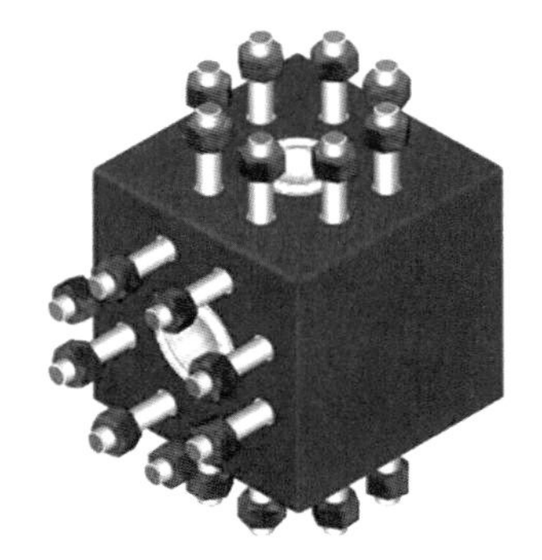

（b）双头螺柱式三通

图 2-80　四通和三通

第五节　阀　门

阀门作为井口装置的重要部件，用来远程和近程控制各种流动介质的切断、导通、流动方向、流量控制等，一般包括：平板闸阀、地面安全阀、节流阀等，阀门代号见表 2-12。

表 2-12　阀门代号

产品名称	代号
明杆法兰式平行闸阀	PFF
暗杆法兰式平行闸阀	PFFA
明杆法兰式液动平行闸阀	PFFY
暗杆法兰式液动平行闸阀	PFFAY
卡箍式平行闸阀	PFK
螺纹式平行闸阀	PFL
法兰式楔型闸阀	XFF
卡箍式楔型闸阀	XFK
螺纹式楔型闸阀	XFL
固定式节流阀	JLG
可调式节流阀	JLK

一、平板闸阀

平板闸阀是利用阀板与阀座之间通孔的位置变化来切断和导通阀门通道的作用，进而控制通道内的石油、天然气、钻井液等可流动介质的截止和导通。

（一）分类

按使用原理，平板闸阀可以分为明杆平板闸阀（PPF）（图 2-81）和暗杆平板闸阀（PFFA）（图 2-82）。

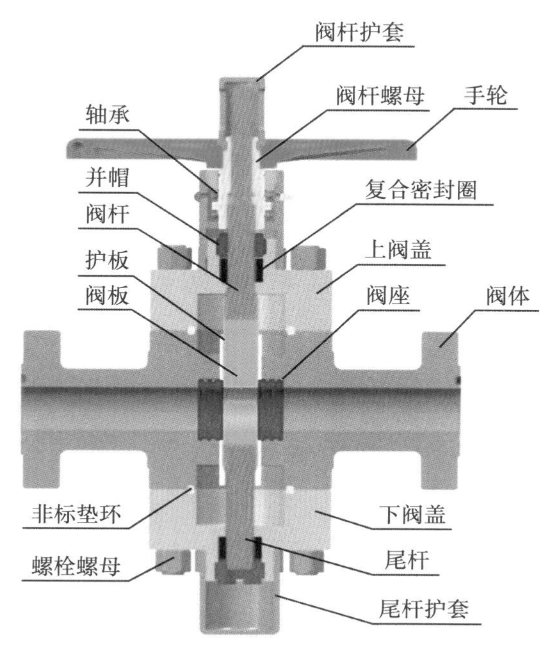

图 2-81　明杆法兰式平板闸阀

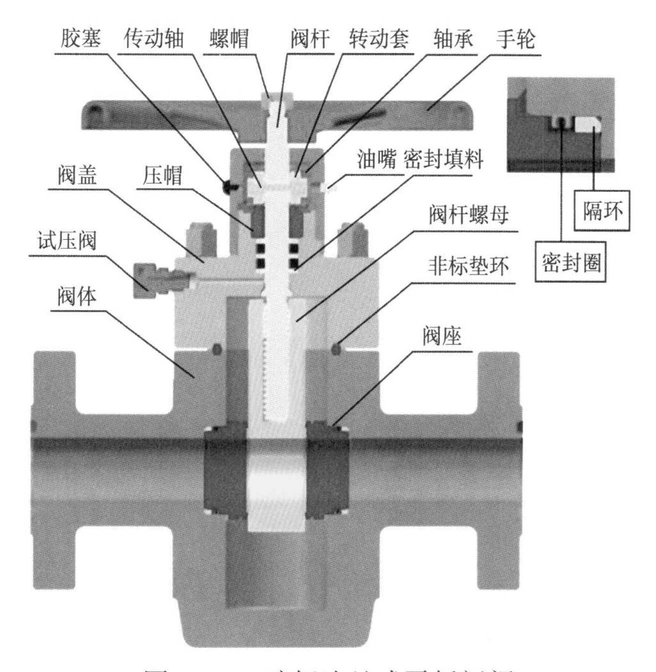

图 2-82　暗杆法兰式平板闸阀

按驱动方式可分为手动平板闸阀（PFF、PFFA）和液动平板闸阀（PFFY、PFFAY）（图 2-83）。

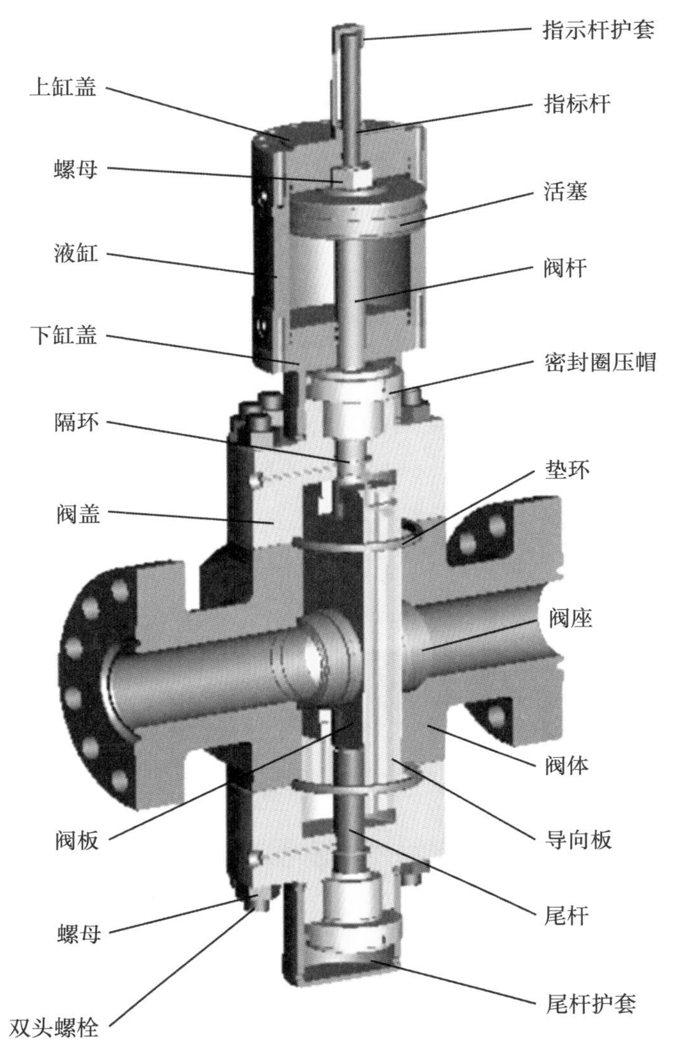

图 2-83　法兰式液动平板闸阀

（二）平板闸阀结构及特点

平板闸阀的结构主要包括：阀体、阀盖、阀杆、阀板、阀座、阀座密封圈、导向装置、手轮、轴承座、轴承、密封填料、密封压帽、注脂单流阀、油杯等部件。

平板闸阀在使用过程中具有以下特点：

（1）闸阀结构设计简洁，操作方便，密封可靠，使用寿命长；

（2）阀板与阀座之间为金属对金属密封和助紧式浮动弹性密封结构，保证超低压和超高温条件下能正常工作，保持良好的密封性能；

（3）阀板、阀座表面喷（堆）焊镍基、钴基合金粉末，具备良好的耐磨、耐冲刷和抗腐蚀能力；

（4）阀杆密封采用弹簧致能密封结构，选用平面滚针轴承，具有密封性能好、开关力矩小的特点；

（5）阀（尾）杆设有金属倒密封结构，允许在现场带压更换阀杆密封件；

（6）轴承座上设有润滑轴承的油嘴，便于现场加注润滑脂；

（7）阀腔内设计有防砂装置，在阀门正常工作或在进行采气酸化时很好地保护阀板阀座密封面。

（三）使用注意事项

平板闸阀在使用过程中要注意以下几点：

（1）平板闸阀只允许两种工作状态，即全开或全关，禁止部分开启用作节流阀，否则将导致闸阀的阀板、阀座在流体的高速冲蚀下过早损坏，影响闸阀的密封性能和使用寿命；

（2）开关过程中，手轮旋转快到终点时，不允许太快，以免损伤阀杆；

（3）闸阀带压更换密封件必须由专业技术人员进行；

（4）定期从闸阀上的黄油嘴向轴承加注黄油，以保持轴承处于良好的润滑状态，每一到二个月加注一次；

（5）运输及使用过程中，闸阀不得碰撞，不能用手轮起吊闸阀，以免损坏。

二、地面安全阀

地面安全阀是利用远程动力源控制系统的开关，控制阀门的驱动装置，带动驱动杆使阀板和阀座通孔的位置发生变化，用来切断和导通阀门的通道，进而控制通道内的石油、天然气、钻井液等可流动介质的截止或导通。

（一）分类

按驱动方式，地面安全阀可分为：液动安全阀和气动安全阀（图 2-84）。

（二）地面安全阀的结构

地面安全阀主要由阀体部分和阀门的驱动部分组成，具体来说：阀门部分由阀体、阀板、阀座、阀座密封圈、阀盖、垫圈、密封填料、密封压帽、注脂单流阀等部件组成；液动驱动器主要由油缸、活塞、上下缸盖、弹簧、驱动

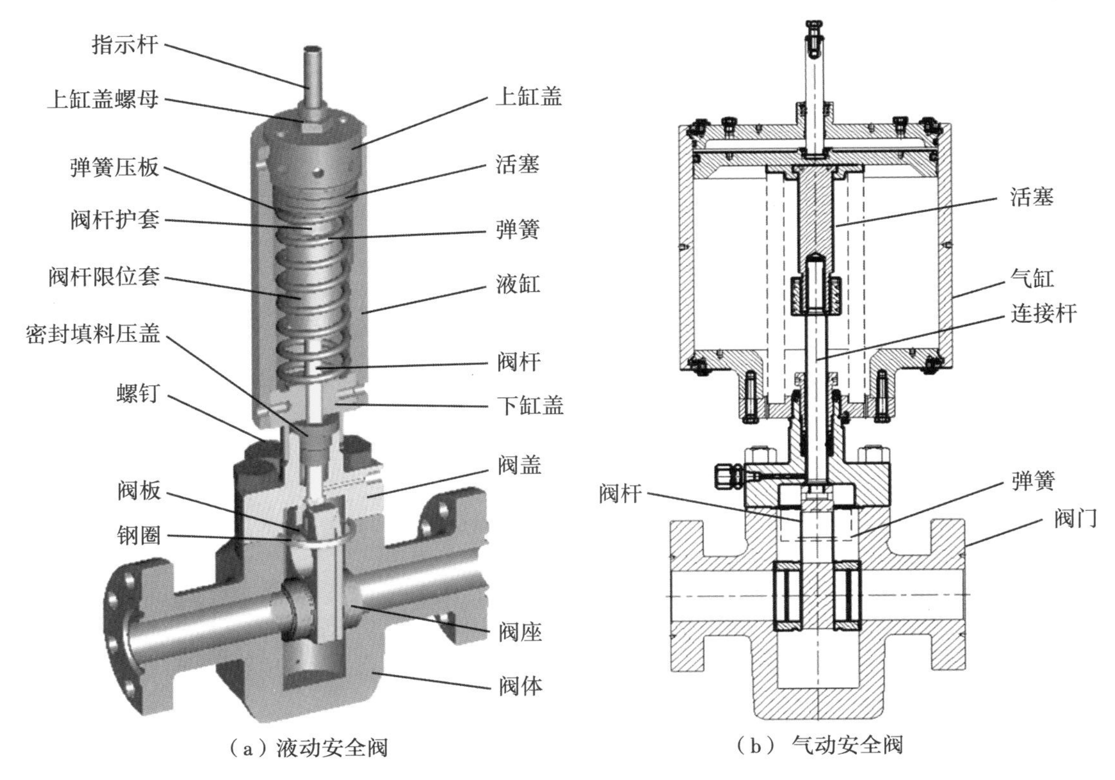

（a）液动安全阀　（b）气动安全阀

图 2-84　地面安全阀

杆、驱动杆指示器、安全泄放阀、活塞密封、指示杆密封等部件组成；气动驱动器主要由气缸、气囊、上下缸盖、弹簧、驱动杆、驱动杆指示器、安全泄放阀、指示杆密封等部件组成。

（三）使用注意事项

地面安全阀在使用过程中要注意以下几点：

（1）使用前要检查动力源的压力是否是驱动器的额定工作压力，如大于或小于额定压力要及时排除，否则不应使用；

（2）通往驱动器的动力源的管线之间的各个接口不允许有跑冒滴漏的现象，有问题及时排除；

（3）严禁对安全泄放阀进行敲击或松动，影响其安全性能。

三、节流阀

（一）分类

节流阀按内部结构和使用方式可分为可调式节流阀（图 2-86）和固定式

节流阀（图 2-87）。可调式节流阀式利用调节手轮，使阀杆带动阀针作上下运动，使阀针与阀座之间的间隙大小发生变化，进而控制通道内的石油、天然气、钻井液等可流动介质的流量；固定式节流阀式通过改变阀门内部通道的大小，进而控制通道内的石油、天然气、钻井液等可流动介质的流量。

（二）节流阀结构及特点

可调式节流阀的结构如图 2-85 所示，主要包括：阀体、阀杆、阀座、阀座密封圈、阀盖、手轮、密封圈、活接头、开关指示器等。

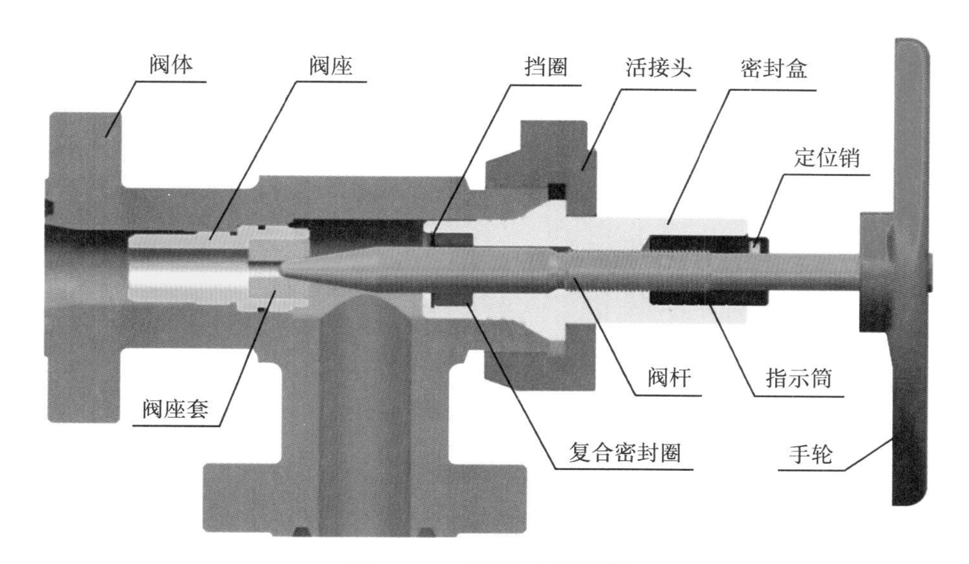

图 2-85　可调式节流阀

可调式节流阀结构特点有以下几点：

（1）阀杆头部采用喷焊耐磨合（或硬质合金头部）材料，可抗高压高速流体冲刷；

（2）密封盒与阀体的连接采用活接头，结构简单，拆装方便；

（3）阀座总成与阀体采用螺纹连接形式，配有专用拆装工具，方便阀座的拆装。

固定式节流阀的结构如图 2-86 所示，主要包括：阀体、阀盖、活接头、固定油嘴等。

固定式节流阀结构特点有以下几点：

（1）油嘴采用耐蚀材料（或硬质合金），可抗高压高速流体冲刷；

（2）油嘴总成与阀体的连接采用螺纹连接形式，并配有专用拆装工具，

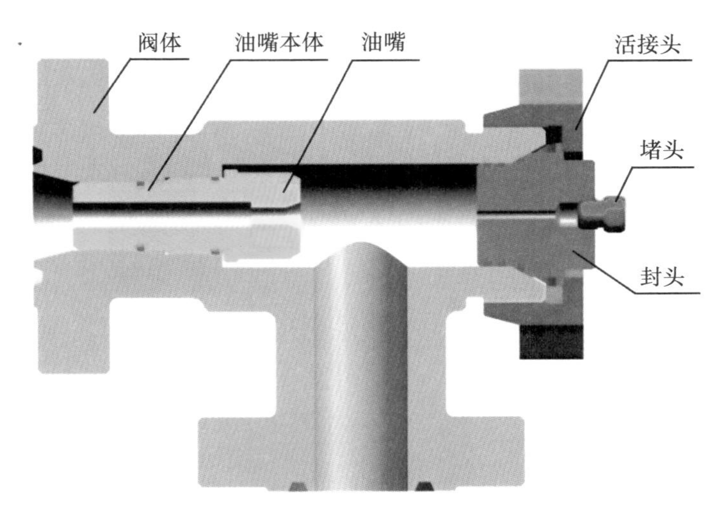

图 2-86　固定式节流阀

方便油嘴的拆装；

(3) 封头与阀体的连接采用活接头，结构简单，拆装方便。

(三) 操作与使用

1. 可调式节流阀

按照可调式节流阀的工作原理和结构的特点，旋转阀杆使针阀作上下运动从而与阀座的间隙大小发生变化，进而控制阀门内流动介质的流量，因此阀门的操作的正确与否对于阀门密封性调节性能和操作的灵活性是很重要的。阀门增大流量调节：采用阀门手轮的逆时针旋转，使阀杆与阀座间隙增大，根据所需的流量确定指示器刻度的读数位置，达到增大流量的目的。阀门减小流量调节：采用阀门手轮的顺时针旋转，使阀杆与阀座间隙减小，根据所需的流量确定指示器刻度的读数位置，达到减小流量的目的。

2. 固定式节流阀

通过更换不同规格的油嘴，使节流通径发生变化，达到调节流体流量的目的。油嘴总成根据用户要求，设有直径 $\phi2 \sim 32$mm 等不同通径的油嘴供用户选择。更换油嘴时，必须切断压力源，卸松封头上的堵头，放掉余压，确认阀腔内无压力后，再取下封头，换上需要的油嘴总成。

(四) 安全注意事项

(1) 节流阀只能作为流量调节的作用，不能起到截止的作用。

(2) 节流阀调节前一定要先将阀杆固定螺母松开，然后进行调节，调节完毕后一定要将阀杆顶丝紧固，防止阀杆松动，避免产生漂移导致流量控制不准确。

对于超高压采气井口，井口装置的改进和发展主要靠阀门来推动，设计的主要关键点为：金属软密封设计、金属硬密封设计、阀板阀座表面喷涂工艺选择、阀体堆焊工艺等，本书后续章节将分别介绍。

第三章　超高压闸板阀金属密封机理及结构设计

本章根据闸板阀金属密封的密封机理和计算机仿真，研究了不同内阀座结构、不同粗糙度以及不同润滑脂对临界泄漏时的影响，拟定了试验方案。设计并制造了可以模拟闸板阀金属密封的实验工装，进行了金属气密封实体试验，获得了接触应力、密封接触面的材质等对密封影响的试验数据。并在此基础上对闸板阀内阀座进行了设计，并进行了闸板阀金属密封配件接触应力以及等效应力等仿真。之后进行了内阀座和阀板喷涂材料磨损以及抗腐蚀性能的研究，最终确定 140MPa 闸板阀金属密封面喷涂材料。研制了闸板阀金属密封配件，并完成闸板阀整阀通过 140MPa 气压试验。

第一节　闸板阀金属密封机理及影响因素

本节介绍了闸板阀金属密封种类以及金属密封配件几种主要失效形式，针对闸板阀金属密封机理，详细探讨了金属密封面的几何参数和性能参数，为金属密封面宽度、粗糙度以及摩擦系数对闸板阀金属密封的影响研究提供一定的理论依据。

一、闸板阀金属密封基本结构及原理

金属密封又被称为端面密封，是指动环与静环两个表面紧密贴合在一起，以防止流体介质发生泄漏。目前国内生产的闸板阀大多数为单阀座闸板阀与楔式闸板阀，其中单阀座闸板阀主要是依靠介质压力作用于闸板上，使得闸板紧紧贴合在内阀座上以达到密封的作用。这种闸板阀金属密封的优点为结构简单，同时其缺点也十分明显，无论闸板阀是打开还是关闭的情况，都会产生阀门行业内属于内漏现象的闸板阀阀腔带有高压的情况。在这种情况下便对阀杆密封提出了更高的要求，同时也增加了阀体被冲蚀的概率。而楔式闸板阀密封

原理则是靠楔形闸板上的两密封面和阀体上的两密封面楔入时的紧密贴合在一起实现密封。

目前存在双浮动阀座平行式闸板阀，其金属密封是依靠闸板阀入口端进行密封。闸板阀入口端密封主要分为两种形式，第一种常用的双浮动阀座平行式闸板阀阀座上带有弹簧，这种带弹簧式的浮动阀座闸板阀依靠弹簧所产生的作用力，使得其满足入口端密封。第二种则是少部分厂家将阀座分为内外阀座，去掉了通常情况下浮动阀座上所使用的弹簧。这种无弹簧结构在当高压介质通入闸板阀时，由于压力的作用使得内阀座与外阀座相互分离，外阀座紧紧贴合在阀体上，而内阀座紧紧贴合在闸板上，从而达到之前浮动阀座添加弹簧的效果，实现闸板阀入口端密封。与国内常用的单阀座闸板阀和楔式闸阀相比，双浮动阀座平行式闸板阀结构降低了阀杆密封圈组合泄漏的风险，同时也降低了阀体被冲蚀的概率，从而增加了闸板阀的使用寿命。若入口端金属密封出现泄漏的现象，双浮动阀座平行式闸板阀同样可以依靠出口端的金属密封进行密封。

若采用非浮动闸板，当介质压力作用于闸板上，阀杆将会受力变形，从而影响闸板阀的开关，甚至会影响到阀杆密封圈密封性能。因此考虑到以上问题，将针对双浮动阀座平行式闸板阀进行研究。图 3-1 为双浮动阀座平行式闸板阀金属密封示意图。

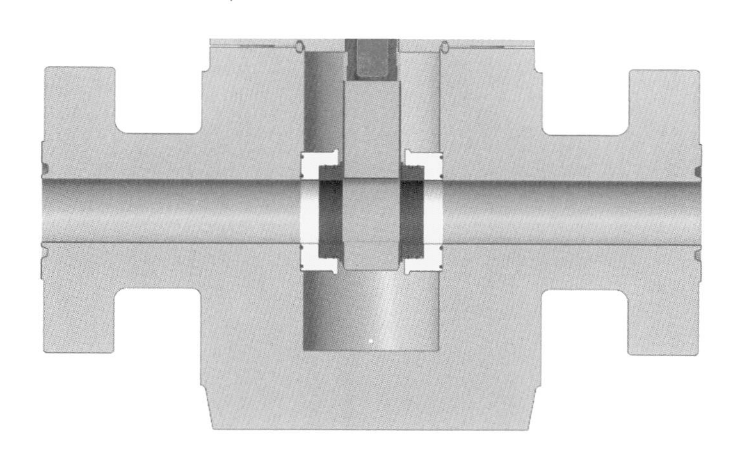

图 3-1　双浮动阀座平行式闸板阀金属密封示意图

（一）闸板阀金属密封种类

通常情况下闸板阀根据介质压力不同，可将金属密封分为以下三种情况。

1. 自动密封

自动密封是指依靠介质的压力作用在闸板上，闸板作用于出口端阀座上进行密封。因此只有当介质的压力大于密封所需要的压力时才可以使用这种密封。目前国内大多数厂商生产的高压闸板阀均为自动密封。

2. 单面密封

这种形式闸板阀结构简单，闸板阀入口端不起密封作用，在闸板阀出口端阀座与闸板之间的密封是依靠阀杆轴向力强制密封的（姚翠翠，2014）。当闸板阀中没有介质时，金属密封面的比压必须高于密封所需的比压。当介质压力小于所需的密封压力时，需要采取一种强制密封的措施。

3. 入口端密封

这种闸板阀采用的是双浮动阀座式闸板阀，由于内阀座与外阀座间存在间隙，当介质压力进入时，内阀座与外阀座发生微小的分离，内阀座紧贴在闸板上，而外阀座紧贴在阀体上（刘亮等，2014）。内外阀座间由密封圈进行密封，这种密封保证闸板阀不会发生内漏的情况。目前大多数入口端密封闸板阀是依靠内阀座上安装弹簧，并设计初始预紧力来实现的。目前国外存在一种内阀座不安装弹簧，利用阀座与闸板上的压力比进行密封的闸板阀。

（二）闸板阀密封示意图

双浮动阀座平行式闸板阀阀座结构如图 3-2 所示，当闸板由开调至全关时，入口端保持有高压气体，而出口端为低压。当有压差存在时，闸板在压差

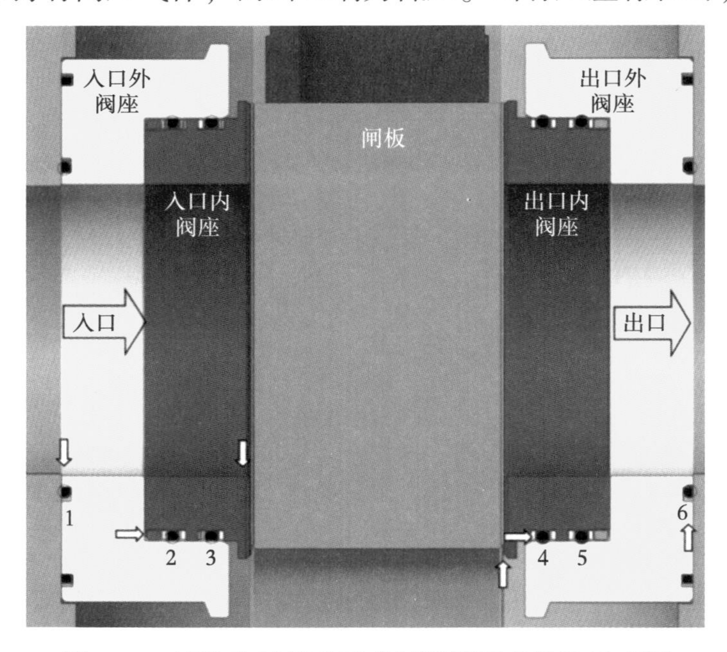

图 3-2　双浮动阀座平行式闸板阀阀座结构示意图

的作用下向右移动，紧紧地压在出口内阀座上，闸板与出口内阀座的密封面压紧后实现密封，出口内阀座与出口外阀座之间的通路由4号、5号密封圈实现密封，出口外阀座与阀体之间的通路由6号密封圈密封。由于阀腔在关闭瞬间是带次高压，在入口和阀腔之间也存在压差，1号密封将密封住阀体与入口外阀座之间的通路、2号、3号密封圈密封住入口内阀座与出口外阀座之间的通路，同时入口与出口之间的压差将入口内阀座紧紧地压到闸阀上，从而入口内阀座与闸阀之间实现密封。

（三）闸板阀金属密封失效因素

闸板阀金属密封的失效因素主要包括磨损失效和腐蚀失效（陈浩等，2004）。

1. 磨损失效

磨损失效按照其产生的原因，可以分为粘着磨损失效和磨粒磨损失效。

（1）粘着磨损。

闸板与阀座、密封圈与阀杆间存在着相对运动，粘着磨损实际上是摩擦副两个表面间的微凸起的相对运动。在这种情况下，两个配合表面只有部分表面发生了接触，造成了局部应力过高，出现应力集中的现象，同时出现严重的塑性变形并使得固体杂质牢固地黏附或焊合在内阀座或闸板金属密封面处。在闸板阀开关时，金属密封面的相对运动产生切应力，粘合部位中强度较差部位的材料被撕裂，致使零件表面形成粗糙的凹坑，最终致使闸板阀密封失效。

（2）磨粒磨损。

天然气井口处的高压气流中常常带有许多的固体杂质，当较硬的颗粒进入闸板与阀座间金属密封面时，使得内阀座及闸板处的密封表面发生塑性变形，造成密封失效（图3-3）。

2. 腐蚀失效

（1）电化学腐蚀。

发生化学反应时有电流产生的腐蚀被称为电化学腐蚀。对于采气树上的闸板阀来说，硫化氢、二氧化碳等气体在湿润的环境下，形成电解质溶液，极易致使金属密封发生电化学腐蚀。

（2）气体腐蚀。

井口气中常伴有腐蚀性的硫化氢、二氧化碳等气体，这些腐蚀性气体对闸板以及内阀座产生腐蚀，其产生的化合物在闸板开关的过程中会掉落，如此往

图 3-3　闸板与阀座间磨损失效

复加速了闸板与阀座的腐蚀速率，最终导致闸板阀金属密封失效，闸板阀座腐蚀失效如图 3-4 所示。

图 3-4　闸板阀座腐蚀失效

磨损失效和腐蚀失效是闸板阀主要的失效形式，因此对闸板阀金属密封件材料进行抗腐蚀及抗磨损试验研究有着重要意义。

二、金属密封主要参数

在设计闸板阀金属密封配件时，应满足金属密封参数，而其主要分为几何参数以及性能参数（孙玉霞等，2014）。其中几何参数主要包括密封面宽度、动静环密封间隙、面积比，而性能参数主要分为端面比压、摩擦系数、磨损量等。

（一）几何参数

1. 密封面宽度

由于金属密封面之间存在着摩擦热的问题，且产生的摩擦热与密封宽度成正比（李珂，2013），所以如果密封端面过宽，产生过大的热量会使得密封面温度过高，从而导致密封失效；如果密封端面过窄，则会使得密封面产生较大的接触比压，造成密封面受到磨损，从而增大机械密封的泄漏量，同时还会使得密封面变形量增大。因此，在设计金属密封面宽度的时候要综合考虑以上因素的影响。选取合适的密封宽度，将使介质由内沿泄漏到外缘所经过的路径增加，流阻增加，容易形成闭塞，从而有利于密封。

通常情况通过经验公式（3-1）来选取液体端面环状金属密封的密封面宽度。

$$b_f = 0.0025 + 0.022f \tag{3-1}$$

式中　b_f——密封面宽度，m；

　　f——轴径，m。

然而，闸板阀金属密封起作用到稳定密封的过程中，实际接触面积在不断变化，此时的接触面积与理论上的接触面积存在差异（Bonnaire and Weber 2003），实际接触面积 A_r 的计算公式为

$$A_r = A_f \int_{\lambda}^{\infty} (1/\sqrt{2\pi}) \exp(-z^2/2) \mathrm{d}z \tag{3-2}$$

式中　A_f——金属密封理论接触面积；m^2；

　　A_r——金属密封实际接触面积；m^2；

z——粗糙面波峰到波谷的高度，μm；

λ——相对流体膜厚。

2. 动静环密封间隙

动静环密封面间隙是重要的几何参数，其数值大小决定了金属密封面泄漏量的多少。金属密封在工作时，闸板阀处于高压情况下，内阀座与闸板之间有密封脂作为介质，通过计算式（3-3）来计算动静环密封间隙（顾永泉，1981）。

$$h = \left[\left(\frac{R_{y1}}{C_1} + \frac{R_{y2}}{C_2}\right)/2\right] + kR_Z(\mu V/p_g R_Z)^n \tag{3-3}$$

式中 k——无差数；

μ——流体动力黏度，Pa·s；

R_{y1}，R_{y2}——密封端面的外形算数均匀偏差；

V——动环平均转速，r/s；

p_g——动静环密封面比载荷；

R_Z——动静环密封面的表面粗糙度，Ra；

h——密封面间隙，mm；

C_1，C_2——常数。

3. 面积比（平衡比）

金属密封流体压力作用的有效面积与密封面名义接触面积之比，被称为金属密封的面积比，同时又被称为金属密封的平衡比（卢美亮，2017）。当闸板阀金属密封的密封面载荷小于或等于密封面承载能力时，会导致密封介质泄漏的现象，因此金属密封的平衡比应大于该密封面开启失效的临界面积比。金属密封的面积比计算公式如式（3-4）、式（3-5）所示。

内装式密封：

$$B_2 = A_2/A_f = (D_2^2 - d_B^2)/(D_2^2 - D_1^2) \tag{3-4}$$

外装式密封：

$$B_1 = A_1/A_f = (d_B^2 - D_1^2)/(D_2^2 - D_1^2) \tag{3-5}$$

式中 A_1——外装式金属密封流体压力作用的有效面积，m^2；

A_2——内装式金属密封流体压力作用的有效面积，m^2；

A_f——密封面名义接触面积，m^2；

B_1——外装式金属密封面积比；

B_2——内装式金属密封面积比；

D_1——密封动静环界面的外径，m；

D_2——密封环动静环截面的内径，m；

d_B^2——平衡直径，m。

（二）性能参数

在工作环境恶劣的情况下，存在着闸板阀内漏的现象。闸板阀内漏存在则会导致以下三种危害（郭晓宇等，2010）：

（1）闸板阀停止使用后阀腔仍处于带压状态；

（2）阀腔中充斥着超高压的井口气，井口气中的腐蚀性气体对阀体以及阀座闸板等部件进行腐蚀，影响闸板阀的使用寿命；

（3）增大了闸板阀阀杆处橡胶密封的失效概率，致使闸板阀泄漏的概率增大大于3‰（褚艳霞，2008）。

尽量避免闸板阀内漏的产生是提高闸板阀使用寿命的重要措施，保证密封可靠性是避免内漏产生的重要条件。为保证闸板阀密封更加可靠，目前的相关研究重点是端面比压、摩擦系数、磨损量三个主要性能参数。

1．端面比压

端面比压是指在密封的状态下闸板与内阀座相接触处的单位面积上的密封力（姚翠翠，2014）。通过试验可知，当加大密封配合面的比压值，密封面之间的微观凸峰会产生不同程度的弹性变形和塑性变形，密封配合面之间形成犬牙交错的状况，阻塞介质泄漏的通道，从而减少泄漏量。若密封比压过大会造成密封面划伤，影响金属密封效果，同时阀门的使用寿命会减小。密封比压越小，闸板阀的使用寿命越长，但会出现在介质压力较低时闸板阀无法封住的现象。所以，选择合适的密封比压是保证闸板阀使用寿命以及密封性能的关键所在。

端面比压的相关计算按公式（3-6）计算：

$$q_{MF}=(3.5+p)/\sqrt{b_m/10} \tag{3-6}$$

式中　p——计算压力，MPa；

b_m——密封面宽度，mm；

q_{MF}——密封面端面比压，MPa。

密封面上密封力计算按照公式（3-7）计算：

$$F_{MF}=\pi(D_{MN}+b_m)b_m q_{mF} \tag{3-7}$$

式中 F_{MF}——密封面上密封力，N；

D_{MN}——密封面内径，mm。

密封面处介质作用力按照公式（3-8）进行计算：

$$F_{MJ}=\frac{\pi}{4}(D_{MN}+b_m)^2 p \tag{3-8}$$

式中 F_{MJ}——密封面处介质作用力，N。

密封面上总作用力计算：

$$F_{MZ}=F_{MJ}+F_{MF} \tag{3-9}$$

式中 F_{MZ}——密封面上总作用力，N。

密封面计算比压计算：

$$q=F_{MZ}/\pi(D_{MN}+b_M)b_m \tag{3-10}$$

式中 q——密封面计算比压，MPa。

因此，在保证其他可变因素不发生改变的情况并满足 $q_{mf}\leqslant q\leqslant[q]$，密封面的计算比压越小，闸板阀的使用寿命越长。上文的比压公式均是将金属密封面理想化为光滑的平面，但现实加工的过程中不可能加工出理想光滑的平面。因此求解出的密封比压只能作为理论参考对比项。

2. 摩擦系数

摩擦系数是机械密封的一个很重要的性能参数。密封端的摩擦状态通常有边界摩擦、流体摩擦以及混合摩擦三种（顾永泉，2002）。在通常状态下，混合摩擦状态是机械密封的常见状态，因此，摩擦系数主要包含流体摩擦系数 f_f 以及接触摩擦系数 f_c。在计算机械密封的热量、功耗等问题时都需要用到摩擦系数这个参数。选用合适的摩擦系数时，除了运用模拟试验、材料试验等试验研究，还需要参考一定的经验公式对机械密封密封面摩擦系数进行选择。

金属密封的摩擦系数计算公式为

$$f=F/P_g=F/W=(F_f+F_c)/W \tag{3-11}$$

式中　F——总摩擦力，包含流体黏性剪切摩擦力 F_f 和微凸体接触摩擦力 F_c，N；

P_g——总载荷，N；

W——在平衡状态下总承载能力，包含流体膜承载能力以及微凸体接触承载能力，N。

混合状态下机械密封的摩擦系数为

$$f = x_f \cdot f_f + x_c \cdot f_c = x_c f_c + (1 - x_c) f_f \tag{3-12}$$

式中　x_f——流体膜承载比；

x_c——微凸体解除承载比；

f_f——流体膜剪切黏性摩擦系数；

f_c——微凸体接触摩擦系数。

流体剪切黏性摩擦力为

$$F_f = \int_A \tau_f \mathrm{d}A = \frac{1}{R_m}\int_0^{2\pi}\int_{R_1}^{R_2}\left[\mu rw/h - (h/2r)\frac{\partial p}{\partial \theta}\right] r^2 \mathrm{d}r\mathrm{d}\theta \tag{3-13}$$

其中，$\tau_f = \mu v/h - (h/2)\partial p/\partial x$，指作用在流体上的剪切应力。

微凸体接触摩擦力为

$$F_c = \int_A \tau_c \mathrm{d}A = \frac{1}{R_m}\int_0^{2\pi}\int_{R_1}^{R_2} \tau_c r^2 \mathrm{d}r\mathrm{d}\theta \tag{3-14}$$

其中，$\tau_c = p_c f_c = \tau_c(r,\ \theta)$，指由于微凸体接触产生的剪切应力。

3. 磨损量

在混合摩擦状态下机械密封面之间存在着摩擦、磨损，而机械密封的寿命在正常状况下主要取决于密封面的磨损。单位时间内的磨损量称为磨损率。

磨损率计算公式为

$$\gamma = \mathrm{d}h_\omega/\mathrm{d}t = K_\omega p_c v/H \tag{3-15}$$

式中　γ——磨损率；

K_ω——磨损系数，其值越小，磨损越少；

H——密封副软材料的硬度（屈服限），MPa；

h_ω——试验得出的线度磨损量，m。

第二节　闸板阀金属密封结构设计及关键参数试验

根据闸板阀金属密封原理，设计并制造了可以模拟闸板阀金属密封的试验工装。研究了不同内阀座结构、不同粗糙度以及不同润滑脂对临界泄漏时的影响，拟定了试验方案，进行了金属气密封实体试验，获得了试验接触应力等对密封影响性的试验数据。同时结合计算机仿真分析了闸板阀金属密封泄漏原因，验证计算机仿真对金属密封面密封研究的可行性，通过试验测试了密封脂材料对阀座—闸板金属密封性能的影响。

一、内阀座—闸板金属密封最小接触应力

（一）内阀座—闸板金属密封最小接触应力试验

为了测试金属密封面在满足密封时所需要的接触应力，根据闸板阀金属密封原理将闸板阀工装设计成活塞缸的形式。

其金属密封与闸板阀密封一致，同样存在内阀座、闸板等部件，通过内阀座以及闸板进行金属密封。为了测得内阀座—闸板金属密封临界泄漏最小接触应力，工装将采用活塞缸的形式，活塞缸上部设计密封沟槽并与内阀座相连接，活塞底部打入液压，侧边打入气压。为保证工装在试压试验时的安全性，用螺纹压帽的形式以降低工装顶部出现应力集中的现象。工装的工作原理为：在阀体 1 底部打入液压，在活塞 2 处打入气压，直至工装发生泄漏，测试金属密封面（图 3-5 中 3、4 接触面处）的密封性能，并找出工装泄漏的临界压力值，发现金属密封规律。

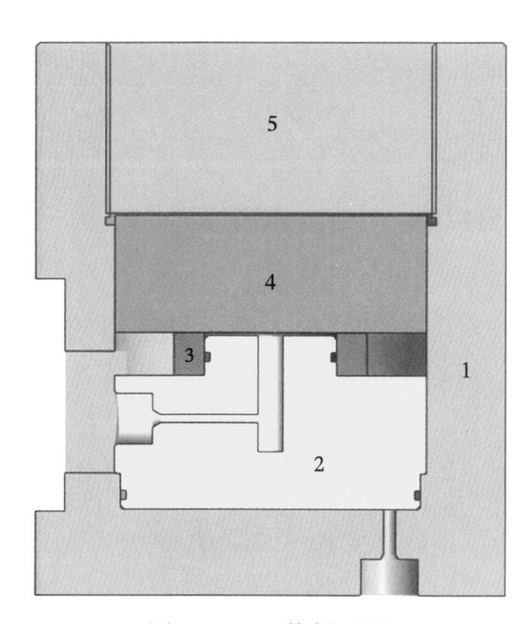

图 3-5　工装剖面图

1—工装阀体；2—活塞；3—内阀座；4—闸板；5—螺纹压帽

1. 最小接触应力试验

本试验工装底部活塞液压等级为 2~14MPa，试验过程中在活塞侧面打入气压，研究内阀座—闸板金属密封最小

接触应力规律。将工装金属密封面打磨至粗糙度为 0.03μm 时进行此次试验，将金属密封试验工装按图 3-5 依次进行安装，并将丁腈橡胶“O”形密封圈安装于工装的活塞密封槽处，安装内阀座，如图 3-6 所示。工装底部与手动液压泵相连接，而活塞侧边孔将与空气压缩机进行连接，将其置于水中，试验时观察是否有气泡产生。测试打压装置是否安装到位后方可进行工装金属密封试验，试验设备安装后如图 3-7 所示。

图 3-6　工装内阀座安装

试验时将手动液压泵分别打压至不同压力（2MPa、4MPa、6MPa、8MPa、10MPa、12MPa 及 14MPa）后，开启空气压缩机向工装内注入压缩空气，同时关注气瓶上的压力表以及工装是否有气泡产生。当工装刚刚开始泄漏时（产生气泡），迅速记录下对应压力下气瓶上压力表压力值，并关闭空气压缩机。工装开始泄漏时情况如图 3-8 所示，金属密封试验数值记录如图 3-9 所示。

图 3-7　金属密封最小接触应力试验

2. 最小接触应力试验结果

由于最小接触应力试验是在工装底部打入液压，液压压力 p_1 作用在工装活塞上，活塞上所受到的压力 F_1 作用于内阀座上，而活塞内部有气压 p_2 充

图 3-8　工装开始泄漏

图 3-9　金属密封试验数值记录

入，使得活塞端面受到气压向下的力 F_2，内阀座上的压力为 F_2-F_1，并作用于闸板上，即内阀座初始接触应力，以此分析工装开始泄漏时的压力。内阀座受力分析如图 3-10 所示。

活塞底部所受液压压力：

$$F_1=\pi R_1^2 p_1\times 10^6 \tag{3-16}$$

式中　F_1——活塞底部加压时所受的压力，N；

R_1——活塞底部端面半径，m；

p_1——活塞顶部所受密封气压压力，Pa。

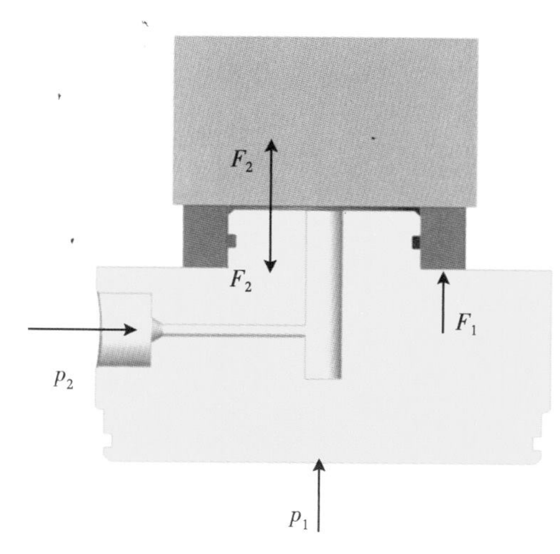

图 3-10　内阀座受力分析图

$$F_2=\pi R_2^2(p_2/145)\times10^6 \tag{3-17}$$

式中　F_2——活塞端面加压时所受的压力，N；

R_2——活塞顶部承受气压的半径，m；

p_2——活塞内部所受气压压力，Pa。

内阀座受力：

$$F_3=F_1-F_2 \tag{3-18}$$

式中　F_3——内阀座受力，N。

金属密封接触应力：

$$E=F_3/(\pi R_3^2-\pi R_2^2) \tag{3-19}$$

式中　E——金属密封接触压力，Pa；

R_3——阀座金属密封面直径，m。

通过最小接触应力试验测得，当金属密封面粗糙度为 0.03μm 时在不同液压压力（2MPa、4MPa、6MPa、8MPa、10MPa、12MPa 及 14MPa）情况下测试工装开始泄漏时的气压压力，根据内阀座受力分析及公式（3-16）至公式（3-19）计算出相应金属密封临界接触应力。表 3-1 为粗糙度为 0.03μm 时金属密封的临界接触应力。

从表 3-1 中可以发现接触应力要大于密封气体的压力，接触应力与开始泄漏时临界气压之比在 1.46～1.73 之间。金属密封开始泄漏时临界气压与接触应力拟合曲线如图 3-11 所示。

表 3-1 粗糙度 0.03μm 时金属密封的临界接触应力

液压 p_1 MPa	接触应力 MPa	工装开始泄漏时气压 p_2，MPa	接触应力与开始 泄漏时气压之比
2	5.96	3.45	1.728
4	11.93	6.90	1.729
6	17.29	11.03	1.568
8	23.85	13.79	1.730
10	29.22	17.93	1.630
12	34.58	22.07	1.567
14	39.35	26.90	1.463

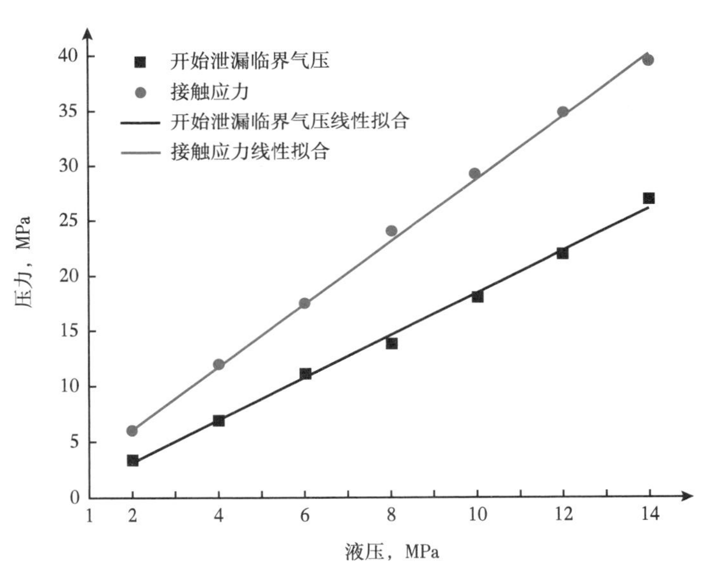

图 3-11 开始泄漏临界气压与接触应力拟合曲线图

开始泄漏时气压线性拟合方程为

$$y = -0.78818 + 1.92118x \tag{3-20}$$

其残差 R^2（COD）为 0.99574。

接触应力线性拟合方程为

$$y = 0.68286 + 2.811071x \tag{3-21}$$

其残差 R^2（COD）为 0.9985。

R^2 为拟合曲线相关系数，R^2 的数值越接近于 1，其吻合程度越高。通过图 3-11 可以发现，随着液压的增加，工装密封对应气压所需要的接触应力随之增加，接触应力增加的速率相对于气压较快。通过拟合方程（式 3-20、式 3-21）计算得出，不带边沿式内阀座当开始泄漏时临界气压为 140MPa 时，活塞缸液压应打压至 73.28MPa，此时接触应力为 206.658MPa。

（二）内阀座—闸板金属密封仿真验证

1. 仿真概述

随着当代科学技术的飞速发展，工程界对于以有限元为主的计算机辅助工程（CAE）技术的认识不断提升。因此，CAE 技术得到了越来越多行业的关注，各行各业在不同领域都开始引入 CAE 仿真软件技术，从而提高研发水平（黄志新，2013）。

ANSYS Workbench 就是在这种背景下所诞生的有限元仿真软件。该仿真软件是将完整的结构分解为若干个小的单元，然后用一定的节点将各个单元串联在一起，构成一个新的结构。根据静力等效原理将外载荷均匀分配到各个单元的节点上，最终得出等效应力，然后结合实际约束情况判断节点的约束情况。基于弹性力学的虚功原理明确各个节点之间的相关性，然后得到各个节点的总和，并在此基础上列出相对应的方程组，在方程组中，未知量为结构位移，只需要将这些未知量求出便可以得到离散节点发生的位移情况。之后再求解各个单元的应变量时，需要用到几何方程以及物理方程。结合约束条件，对有限元构成的方程组进行求解，没有发生位移的单元跳过。得出最终求解所得到的结果后，将其带入物理几何方程中便可以计算出有限元各个单元的应力情况。运用这样的原理，使得 ANSYS 仿真软件在“仿真驱动产品设计”（SDPD，Simulation Driven Product Development）上达到了新的高度。

通过后处理可以查看想要得出的结果（应力、应变等）。对结果进行相应的分析，可以判断出应力集中等存在的问题，最后通过对模型应力集中部位进行改进，得出理想的闸板阀模型。

2. 内阀座—闸板金属密封仿真验证

仿真时应先对工装内阀座—闸板金属密封配件进行网格无关性验证，见表 3-2。

表 3-2　网格无关性验证

网格大小，mm	2		1.5		1		0.5
最大等效应力，MPa	11.259		12.059		13.725		13.806
最大值，相对误差	2~1.5mm，7%			1.5~1mm，13.8%		1~0.5mm，0.5%	

表 3-2 可以看出工装在 1~0.5mm 时最大等效应力相对误差仅为 0.5%，因此将选用 1mm 的网格进行仿真计算。

对工装内阀座及闸板进行金属密封仿真，金属密封面间接触设置为摩擦接触。在内阀座底部施加活塞总用于内阀座上的力，并在闸板上施加气压压力，固定闸板另一面，其液压为 2MPa 时，具体施压部位如图 3-12 所示。

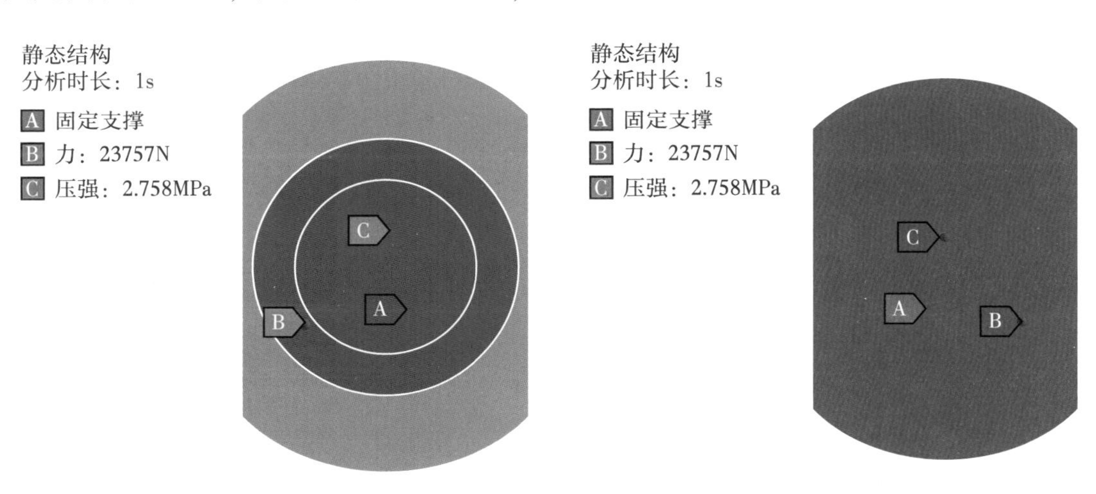

图 3-12　液压 2MPa 时压力施加面选择位置示意图

求解不同液压、气压下金属密封面接触应力，液压为 2MPa 时金属密封接触应力如图 3-13 所示。

从图 3-13 中可以发现金属密封应力集中于内阀座外边缘处，其接触应力达到 13.725MPa，随着向内阀座内边缘移动，金属密封接触应力逐渐减小，最终减小至 4.9405MPa。与前文中金属密封最小接触应力试验得出的数据相符，因此证明运用仿真计算金属密封接触应力的可行性。通过金属密封面接触应力仿真分析得出最小接触应力以及最大接触应力，见表 3-3。

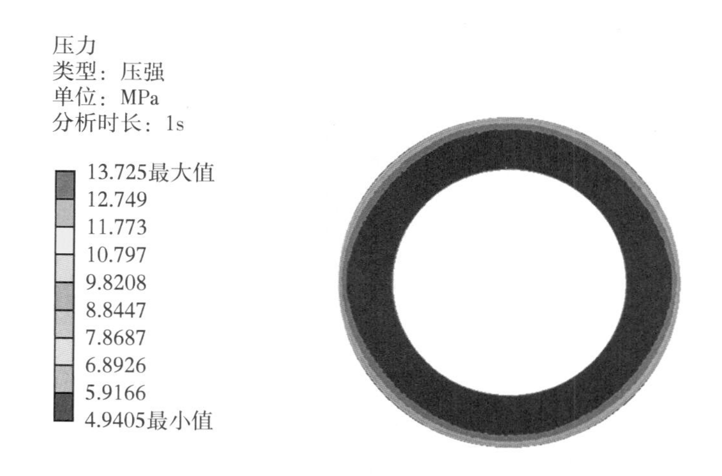

图 3-13　液压 2MPa 时金属密封接触应力

表 3-3　金属密封仿真的最小接触应力和最大接触应力

液压压力 MPa	开始泄漏时气压 MPa	最大接触应力 MPa	最小接触应力 MPa	试验接触应力 MPa
2	3. 45	13. 725	4. 9405	5. 96
4	6. 90	27. 450	9. 8811	11. 93
6	11. 03	40. 028	14. 2500	17. 29
8	13. 79	54. 903	19. 7620	23. 85
10	17. 93	67. 481	24. 1360	29. 22
12	22. 07	80. 060	28. 5000	34. 58
14	26. 90	91. 492	32. 2280	39. 35

对工装最大接触应力、最小接触应力进行非线性曲线拟合，其拟合曲线如图 3-14 所示。

最大接触应力拟合曲线：

$$y=4.30735+3.37991x \tag{3-22}$$

其残差 R^2（COD）为 0. 99054。

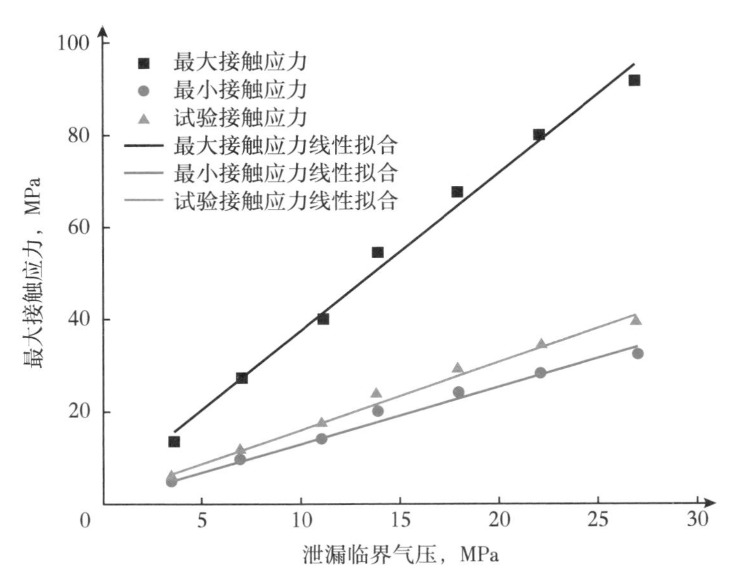

图 3-14　最大接触应力、最小接触应力拟合曲线

最小接触应力拟合曲线：

$$y=1.7468+1.9007x \tag{3-23}$$

其残差 R^2（COD）为 0.98742。

从图 3-10 可以发现随着开始泄漏压力的增加，最小接触应力增加较为缓慢，而最大接触应力增加速率较为快速。各组数据均与闸板阀金属密封工装试验数据相符合，验证了运用 ANSYS Workbench 对闸板阀金属密封接触应力仿真的可行性。当开始泄漏时临界气压为 140MPa 时，液压压力为 73.28MPa，试验需要的接触应力为 206.658MPa，根据试验拟合公式，金属密封能够密封时最小接触应力为 168.36MPa，而最大接触应力为 477.49MPa，仿真试验最小接触应力略小于试验所需的接触应力。同时验证了利用仿真试验模拟接触应力的可行性。

二、不同形式内阀座对密封效果的影响

内阀座的形式不同其产生的接触应力也有所不同，其密封效果也有所差异，本部分针对不同类型的内阀座进行试压试验，研究不同形式的内阀座密封效果。

（一）不同形式内阀座工装打压试验

前述工装试验设计选择的阀座为不带边沿式内阀座，但从仿真结果发

现，阀座金属密封外边缘接触应力相对较高。在闸板阀开关的过程中，这种内阀座结构会导致闸板阀开关力矩增加，同时还会造成金属密封面划伤，影响金属密封性能。因此将圆环形阀座设计加工成带边沿式阀座，不改动金属密封面宽度，带边沿型阀座如图 3-15 所示，并对带边沿型内阀座工装进行打压试验。

图 3-15　带边沿型内阀座

选择 2MPa、4MPa、6MPa 以及 8MPa 等几种工况进行试验。试验数据见表 3-4。

表 3-4　带边沿型内阀座临界接触应力

液压，MPa	接触应力，MPa	开始泄漏时临界气压，MPa
2	5.960	3.448
4	9.536	9.655
6	11.318	17.930
8	14.890	24.138

对不同液压下临界压力以及接触应力进行曲线拟合，其拟合曲线如图 3-16 所示。

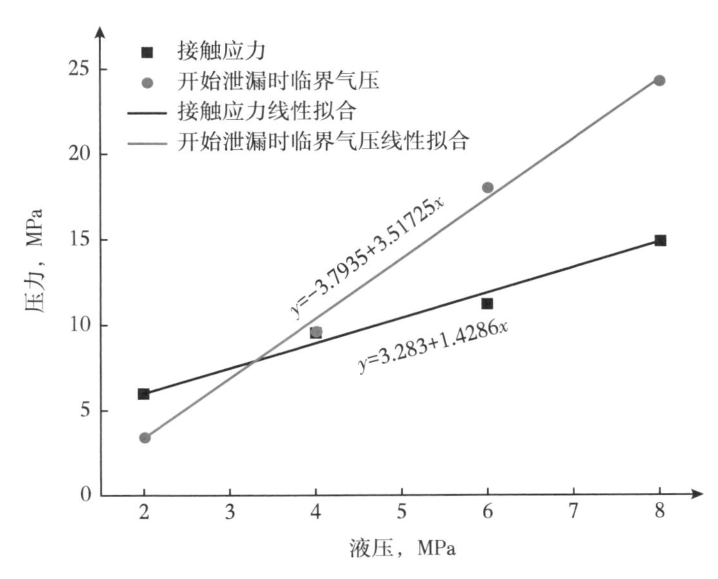

图 3-16　不同液压力下临界压力以及接触应力拟合曲线

开始泄漏时临界气压拟合曲线：

$$y=-3.7935+3.51725x \tag{3-24}$$

其残差 R^2（COD）为 0.99656。

接触应力拟合曲线：

$$y=3.283+1.4286x \tag{3-25}$$

其残差 R^2（COD）为 0.98451。

试验结果发现当液压大于 3.5MPa 时，接触应力小于临界泄漏气压。而不带边沿型内阀座接触应力高于临界泄漏气压 1.4~1.7 倍。因此可以看出带边沿式内阀座相较而言有更好的密封效果。当开始泄漏时临界气压为 140MPa 时，根据试验结果拟合公式得出，在金属密封能够密封 140MPa 气压的情况下，所需要的液压为 40.88MPa，此时内阀座—闸板之间的平均接触应力为 61.69MPa。

（二）不同形式内阀座接触应力仿真

对带边缘型内阀座进行仿真试验，其仿真步骤及施压位置与图 3-8 一致，液压为 2MPa 时金属密封接触应力仿真结果如图 3-17 所示。

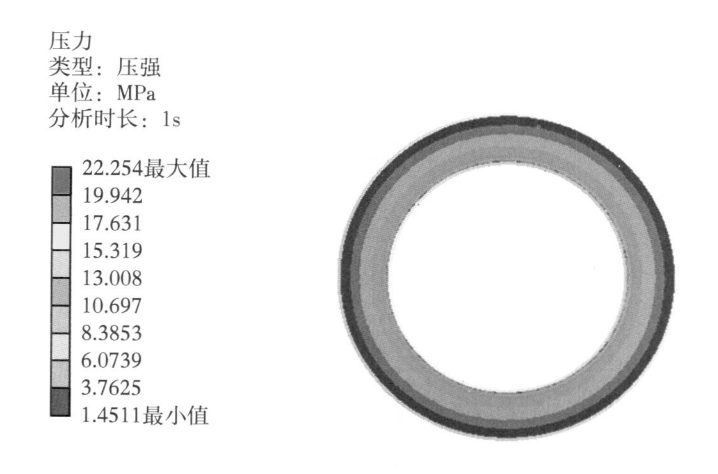

图 3-17　液压 2MPa 时金属密封接触应力

从图 3-17 中可以发现其最大接触应力出现在内阀座内圈处，接触应力由内圈向外圈逐渐减小，与不带边缘内阀座接触应力相反。由于外边沿的接触应力较小，因此内阀座选取这种阀座形式相较于无边沿内阀座开关时密封面划伤概率更小。同时内阀座金属密封面内圈承受高压介质，不带边沿型内阀座内圈接触应力较小，密封效果远低于带边沿型内阀座。不同压力开始泄漏时临界气压仿真试验数据见表 3-5。

表 3-5　带边沿型内阀座仿真数据

开始泄漏时临界气压，MPa	最大接触应力，MPa
3. 448	22. 254
9. 655	31. 755
17. 930	31. 698
24. 138	41. 205

将带边沿型内阀座与不带边沿型内阀座最大接触应力仿真数据进行对比，如图 3-18 所示。

带边沿型内阀座最大接触应力：

$$y=20.84982+0.78869x \tag{3-26}$$

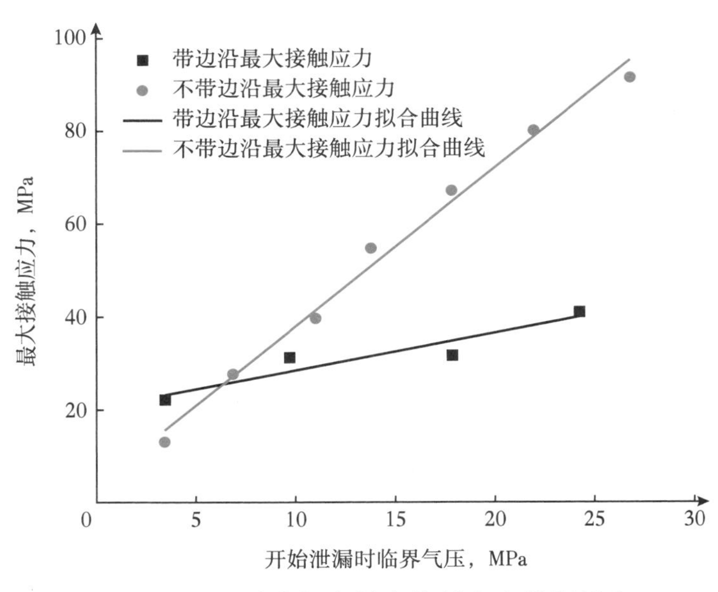

图 3-18　两种内阀座最大接触应力数据拟合

其残差 R^2（COD）为 0.86002。

通过图 3-18 可以发现两种内阀座在不同的临界气压下，带边沿式内阀座最大接触应力增长速率相对较低，而不带边沿式内阀座最大接触应力增长速率较快。开始泄漏时临界气体压力较低时，带边沿式内阀座最大接触应力相对较大，但当开始泄漏时临界气压大于 7MPa 时，不带边沿式内阀座最大接触应力相对较大。考虑到闸板阀开关对金属密封面影响，可以看出在介质压力相对较高的情况下，优先选择带边沿式内阀座。对比试验数据发现带边沿式内阀座密封效果更好，与仿真结果接触应力内圈较高相对应，因此证明了对金属密封接触应力进行仿真的可行性。在开始泄漏时临界气压为 140MPa 时，带边沿式内阀座最大接触应力为 131.27MPa。因此当带边沿内阀座最大接触应力大于 132MPa 时可以满足入口端金属密封。

三、粗糙度对金属密封面密封的影响

粗糙度等级越高，闸板阀金属密封配件耐磨性越好，金属密封效果也更好，出现泄漏的概率越小，同时其抗腐蚀性能也越好。但是随着表面粗糙度等级的增加，金属密封配件的加工成本越高，加工时间越长。通常情况下增加粗糙度等级应选择统一基准，避免多次装夹。选择合理的切削参数并降低加工过程中出现振动的现象都是增加表面粗糙度等级的有效方法。对于一些零件来说，通常可以采用滚光、喷丸等表面强化工艺技术以提高金属材料表面强度，降低金属表面粗糙度（姚瑞，2013）。

金属材料在经过冷热加工之后，都会存在残余应力，而残余应力会影响到金属密封配件的使用寿命、加工尺寸的稳定性以及零件的使用性能等（胡忠辉等，1989）。在进行磨削等加工工艺时，许多零件在加工完成之后，零件表面会存在着残余拉应力（张文勇等，1995），残余拉应力会促使零件表面的裂纹扩大，导致金属零件断裂现象的发生。

通常情况下对金属表面进行精加工，需要使用到研磨与抛光两道加工程序（李养良等，2010），可以使得零件表面达到极高的粗糙度等级。但这些工艺效率极低，同时磨削所需要的砂轮、砂带、抛光剂等寿命极低，需经常更换，从而增加了加工成本。

保证闸板阀金属密封性能，同时避免金属密封面划伤等问题的情况下，适当降低加工闸板阀金属密封面粗糙度成本是十分重要的环节。因此，选择合适的金属密封面粗糙度至关重要。本部分通过对不同粗糙度情况下保证金属密封所需要的压力进行研究，为闸板阀金属密封结构设计提供依据。

（一）金属密封面粗糙度测量

金属表面粗糙度测量有比较法、印模法、触针法、干涉法以及光切法等五种测量方法。通过使用触针法对闸板阀内阀座金属密封面粗糙度进行测量，利用针尖式金刚石触头在内阀座金属密封面上进行滑动，金刚石触头上下位移量由仪器上所带有的长度传感器转化为电信号，经过放大等一系列步骤，显示出金属密封面粗糙度。不同金属密封面粗糙度测量如图 3-19 所示。

分别对 3 种不同粗糙度平面进行检验，各 5 组试点进行测量，并最终取平均值。测得第一组金属密封面粗糙度为 0. 03μm，第二组金属密封面粗糙度为 0. 415μm，第三组金属密封面粗糙度为 0. 774μm。

（二）不同粗糙度金属密封试验

将不同粗糙度的工装闸板以及内阀座依次装入工装中，重复内阀座—闸板金属密封最小接触应力试验，对试验所得数据进行整理，寻找金属密封面粗糙度规律。不同粗糙度下金属密封开始泄漏时的临界气压见表 3-6。

试验发现随着金属密封面粗糙度等级的降低，金属密封效果逐渐减弱。对不同粗糙度下临界气压进行数据拟合，拟合曲线如图 3-20 所示。

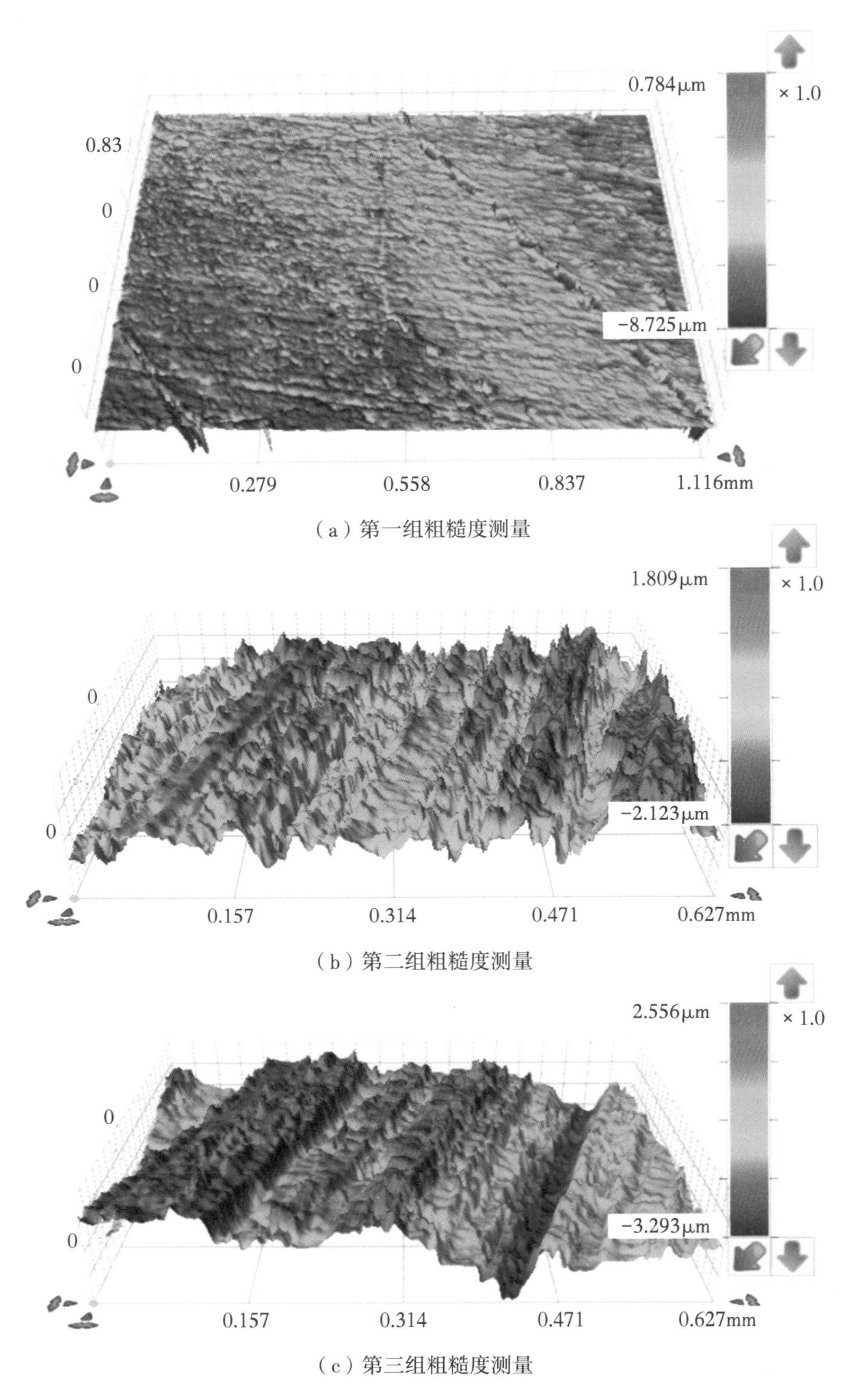

（a）第一组粗糙度测量

（b）第二组粗糙度测量

（c）第三组粗糙度测量

图 3-19　不同金属密封面粗糙度测量

表 3-6　不同粗糙度下金属密封开始泄漏时的临界气压

液压 MPa	粗糙度 0.03μm 开始泄漏时临界气压 MPa	试验接触应力 MPa	粗糙度 0.415μm 开始泄漏时临界气压 MPa	试验接触应力 MPa	粗糙度 0.774μm 开始泄漏时临界气压 MPa	试验接触应力 MPa
2	3.45	5.96	1.70	7.50	1.38	7.80
4	6.90	11.93	2.07	16.10	1.60	16.50
6	11.03	17.29	2.80	24.40	2.30	24.90
8	13.79	23.85	2.76	33.40	2.60	33.50
10	17.93	29.22	4.14	41.20	2.76	42.40
12	22.07	34.58	5.52	48.90	2.76	51.30
14	26.90	39.35	5.90	57.50	3.00	60.00
20			6.90	83.50	4.14	85.90
30					5.52	129.50

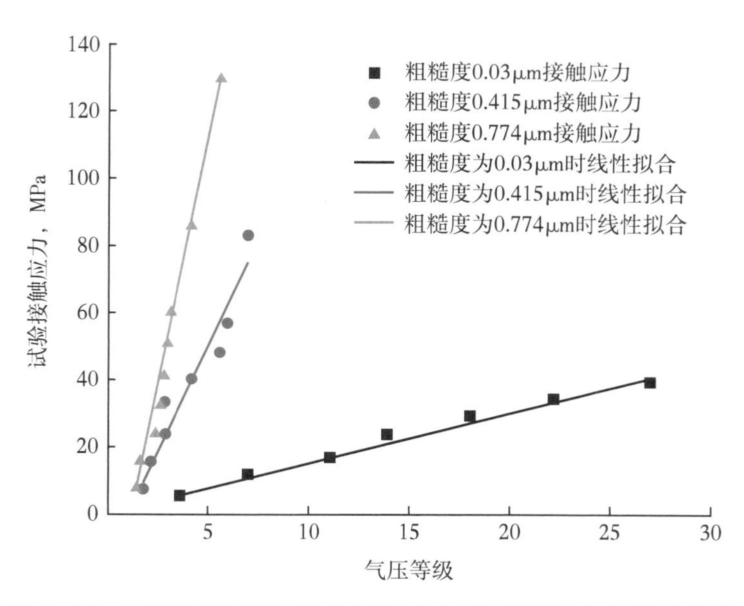

图 3-20　不同粗糙度密封临界压力与试验接触应力线性拟合

粗糙度为 0.03μm 时打压试验拟合公式：

$$y = 1.99113 + 1.45278x \tag{3-27}$$

其残差 R^2（COD）为 0.989。

粗糙度为 0.415μm 时打压试验拟合公式：

$$y = -0.932203 + 12.17604x \tag{3-28}$$

其残差 R^2（COD）为 0.93267。

粗糙度为 0.774μm 时打压试验拟合公式：

$$y = -35.62468 + 29.64014x \tag{3-29}$$

其残差 R^2（COD）为 0.97934。

从图 3-20 拟合曲线可以看出随着粗糙度等级减小，金属密封面密封能力逐渐降低。粗糙度为 0.03μm 的开始泄漏时临界气压等级比粗糙度为 0.415μm 时高 6 倍，而粗糙度相差 13 倍，粗糙度为 0.415μm 时的开始泄漏时临界气压等级比 0.774μm 时高 2.18 倍，而粗糙度仅相差 1.87 倍。因而可以看出随着金属密封面粗糙度等级的增加，金属密封效果提升速率降低。根据拟合曲线算出，气体压力为 140MPa 时，0.03μm 所需要的试验接触应力为 205.4MPa。对 140MPa 情况下三种不同粗糙度仿真曲线拟合，如图 3-21 所示。

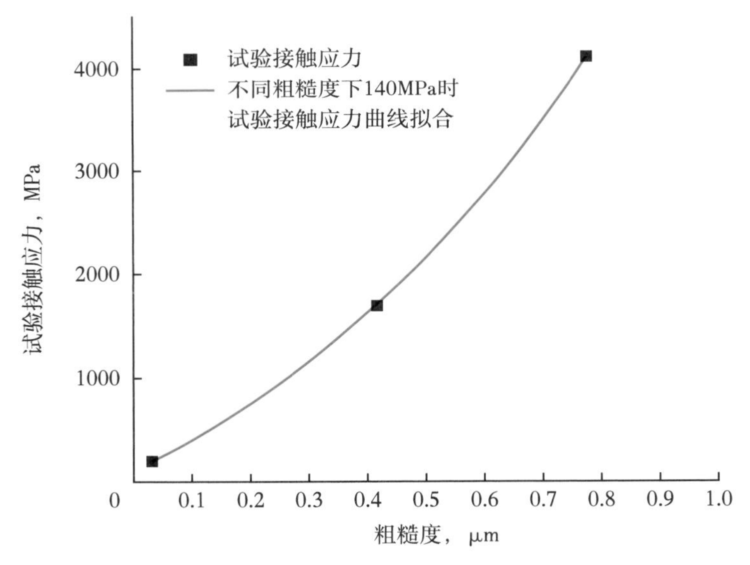

图 3-21　不同粗糙度 140MPa 时试验接触应力曲线拟合

140MPa 情况下不同粗糙度 140MPa 时试验接触应力拟合曲线为

$$y = 1840.3399 \times \exp(x/0.67094) - 1719.09455 \tag{3-30}$$

其残差 R^2（COD）为 1。

由图 3-21 可以发现，金属密封配件在介质压力为 140MPa 时，随着金属密封面粗糙度等级的降低，达到密封效果时所需要接触应力逐渐增加，其增长速率逐渐增大。通过拟合曲线公式计算，在材料屈服极限 980MPa 时，金属密封面临界泄漏其粗糙度为 0.257μm。因此确定在闸板阀金属密封配件加工时，金属密封面粗糙度等级应高于 0.2μm，才能保证闸板阀可以实现金属密封。随着金属密封表面粗糙度的提升，金属密封效果提升速率将逐渐缓慢，其制造成本增长速率将呈指数增加，因此选择合适的粗糙度等级尤为重要。

四、不同润滑脂对金属密封性能的影响

在闸板阀安装时，金属密封面通常会涂抹润滑脂，同时会在阀腔中充满润滑脂。润滑脂具有优异的气密性、润滑性、化学和机械稳定性，还具有良好的耐压密封性。金属密封面涂抹润滑脂除了密封作用外还可以保护金属密封面，延长金属密封面的使用寿命。润滑脂不会与井口气发生反应，在温度变化的情况下可以使得闸板阀开关力矩保持稳定，同时润滑脂具有较好的兼容性，可与多种橡胶相容，延长闸板阀中软密封的使用寿命。闸板阀金属密封主要使用两种润滑脂，一种是密封脂，而另外一种为工业上常用的黄油，如图 3-22 所示。

（a）工业用黄油　　（b）密封脂

图 3-22　润滑油密封脂

对金属密封面涂抹密封脂、接触面间干密封以及黄油三组不同的材料进行密封试验研究，探究不同润滑脂对金属密封性能的影响，以确定合适的闸板阀金属密封面润滑脂材料。金属密封涂抹黄油以及密封脂如图 3-23 所示。

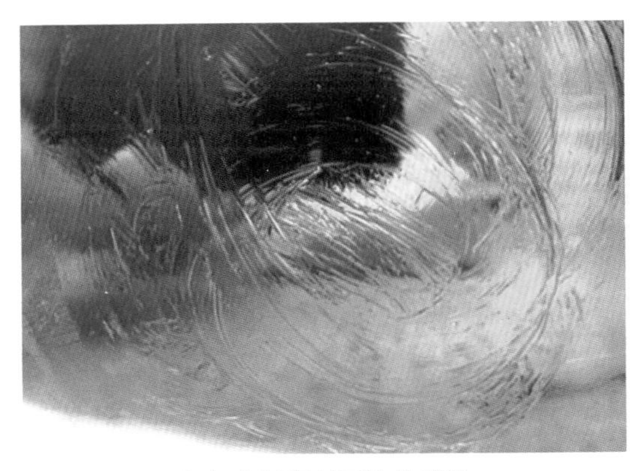
（a）金属密封面涂抹黄油

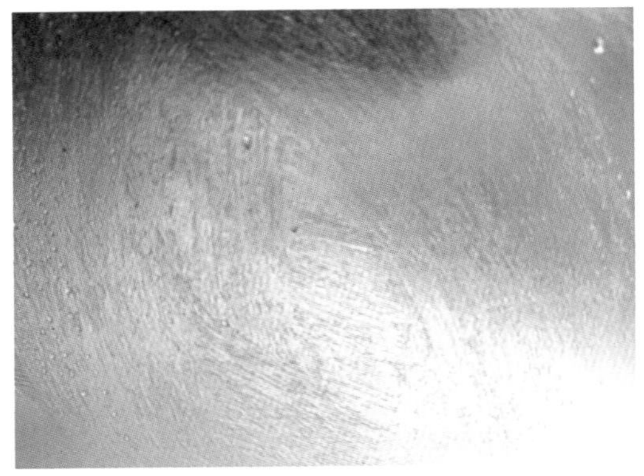
（b）金属密封面涂抹密封脂

图 3-23　金属密封面涂抹润滑脂

在保证金属密封面粗糙度一致的情况下，分别将两种不同的润滑脂材料涂抹于工装闸板以及阀座金属密封面上。在试验开始泄漏时，金属密封配件涂抹黄油以及密封脂的位置会发生流失的现象。同时在工装卸压的过程中两种材料会迸射出来，迸射后密封脂如图 3-24 中圆圈所示。

图 3-24　卸压后密封脂迸射后示意图

涂抹密封脂的金属密封面在卸压时密封脂都会迸射出来，因此每次进行完试验均需要将工装重新拆装，并重新涂抹密封脂进行试验。同时选取液压在12MPa 情况下进行多组试验，试验结果见表 3-7。

表 3-7　液压为 12MPa 时不同粗糙度下不同密封脂密封开始泄漏时临界气压

粗糙度 μm	干密封时开始泄漏时临界气压 MPa	涂抹黄油开始泄漏时临界气压 MPa	涂抹密封脂开始泄漏时临界气压 MPa
0. 03	22. 07	27. 59	28. 97
0. 415	5. 52	26. 90	28. 27
0. 774	2. 76	26. 21	28. 97

由表 3-7 可以看出在未涂抹密封脂的情况下随着粗糙度等级减小，金属密封效果下降明显，而涂抹黄油以及密封脂后金属密封的密封效果提升巨大。同时在不同的粗糙度情况下涂抹黄油以及密封脂其密封效果基本相同，而涂抹密封脂的密封效果优于涂抹黄油时密封效果。

第三节　140MPa 闸板阀金属密封结构设计和性能分析

内阀座端面直径将直接影响到闸板阀金属密封接触应力大小，密封面宽度将直接影响到闸板阀密封效果，本节对带边沿式内阀座在 140MPa 工况下两组重要参数进行研究，确定合适的闸板阀金属密封配件尺寸。

一、入口端密封型闸板阀金属密封配件结构设计

双阀座浮动闸板式闸板阀，其核心部位由外阀座、内阀座以及闸板构成。目前现场使用的采气树闸板阀通径多为 65mm 及 78mm，而压力等级为20000psi（约为 137. 8MPa）的闸板阀通径多为 78mm，本例以通径为 78mm 的闸板阀进行研究。

已知所选用材料的许用比压为 250MPa，密封面内径 D_{MN} 为 78mm，根据闸板阀金属密封比压计算公式（式 3-6 至式 3-10）进行反推可得密封面宽度，算出当密封面宽度 b_m 大于 24mm 时可以满足密封比压设计要求。

根据压力理论计算，当内阀座端面直径上的压力大于阀座密封面宽度上的

压力时可以使得闸板阀实现入口端密封，密封面内径 D_{MN} 为 78mm，介质压力 P_1 为 140MPa。内阀座结构及主要参数如图 3-25 所示。

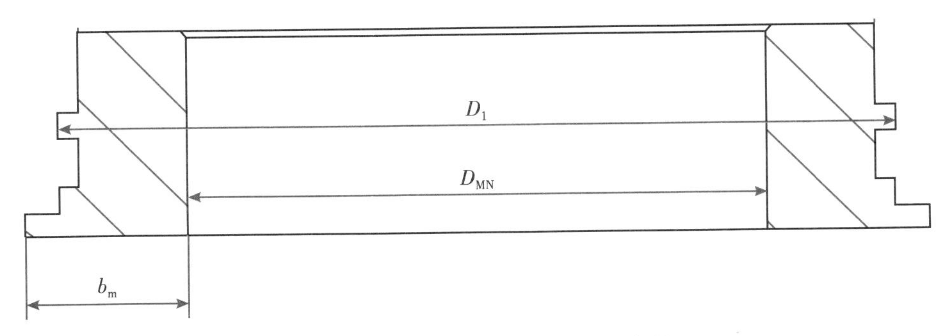

图 3-25　内阀座结构及主要参数

D_1—内阀座端面直径，mm；D_{MN}—密封面内径，mm；b_m—密封面宽度，mm

根据式（3-25）带边沿式内阀座拟合曲线计算所得，在 140MPa 气压临界密封时所需要的接触应力 p_2 为 62MPa。为保证密封，选择安全系数为 1.5 倍。根据公式（3-31）计算内阀座密封面面积。

$$p_1S_1 > p_2S_2 \tag{3-31}$$

式中　S_1——内阀座密封面面积，mm^2；

S_2——金属密封面面积，mm^2。

计算出 S_1 应大于 $0.003404m^2$

开始泄漏时临界气压式内阀座端面直径 D_1 应大于 102mm。取安全系数为 1.5 倍时，内阀座密封端面直径 D_1 为 112mm。

闸板阀闸板厚度：

$$F_T = \sqrt{\frac{3(3+\nu)p}{32 \times [\sigma_w]}} D_{MP} \tag{3-32}$$

式中　F_T——闸板厚度，mm；

ν——材料泊松比，取 0.3；

D_{MP}——闸板密封面平均直径，mm；

$[\sigma_w]$——闸板材料的许用弯曲应力。

$$D_{MP} = D_{MN} + b_m \tag{3-33}$$

式中　D_{MN}——阀座内径，mm；

b_m——密封面宽度，mm。

最终计算得到718材料的闸板最小厚度为66.54mm，圆整为67mm。

二、金属密封模型建立及材料选择

（一）金属密封模型建立

考虑到内阀座以及外阀座处在实际使用情况下需要安装橡胶密封，为了模拟实际工况下闸板阀阀座的状况，因此参考设计标准并在内阀座以及外阀座上预留出密封沟槽，最终选取的金属密封组合的模型如图3-26所示，并对该部分进行仿真试验验证。

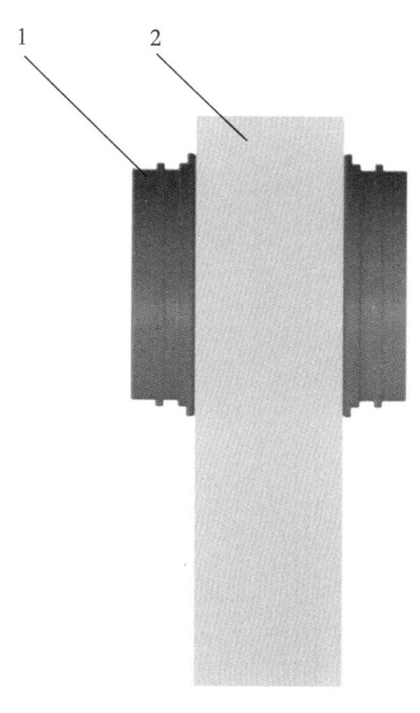

图3-26　金属密封组合模型建立

1—内阀座；2—闸板

（二）密封配件基材材质参数设置

闸板阀设计要求为HH级，选取基材为718不锈钢以满足设计需求。718不锈钢在不同温度下的力学性能，其弹性模量、泊松比以及屈服强度等具体参数见表3-8。

表3-8　718不锈钢在不同温度下的力学性能

温度,℃	弹性模量，10^6psi	泊松比	屈服强度，MPa
-188.89	31.3	0.254	
-65.56	30.6	0.299	
20.00	30.0	0.284	980
63.89	29.7	0.307	
108.33	29.3	0.303	
160.00	28.9	0.308	
200.00			925
400.00			775

对表3-8中718不锈钢的泊松比参数进行数据拟合，得到如图3-27所示的拟合曲线。

其中，不锈钢718材料泊松比数据拟合公式为

$$y=0.30457-0.00584\times0.98869^{x} \tag{3-34}$$

其残差 R^2（COD）为 0.8397。

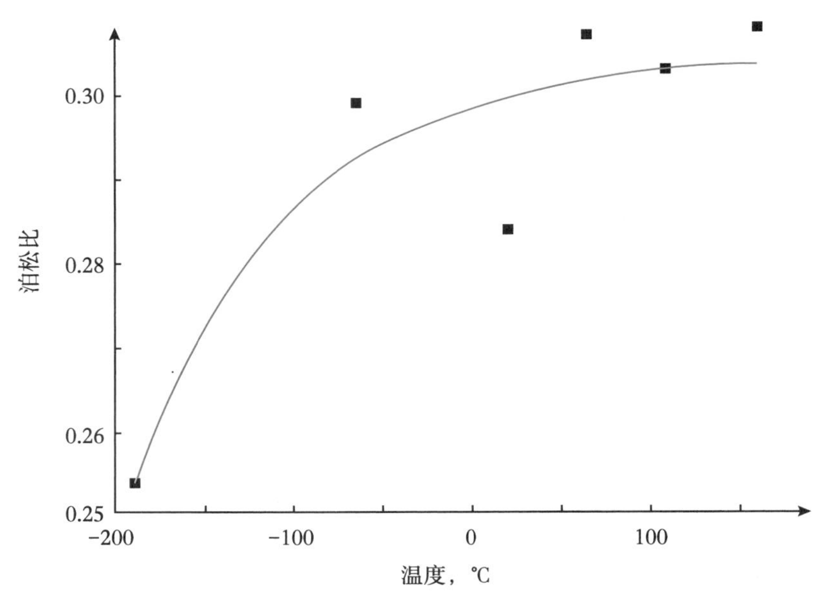

图 3-27　718 不锈钢泊松比拟合曲线

对表 3-8 中 718 不锈钢弹性模量进行数据拟合，得出如图 3-28 所示的拟合曲线。

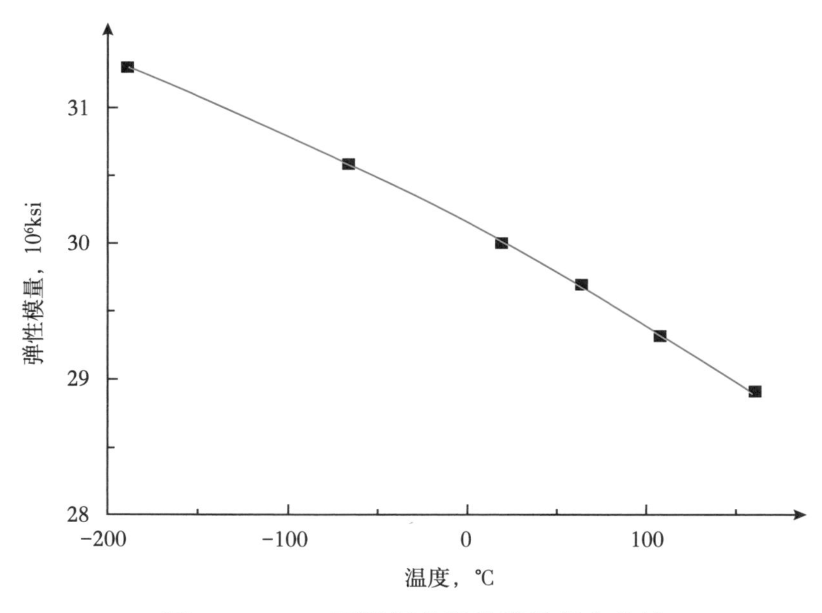

图 3-28　718 不锈钢的弹性模量拟合曲线

其中，718 不锈钢的弹性模量数据拟合公式为

$$y = 30.15254 - 0.00707x - (5.18821E - 6)x^2 \tag{3-35}$$

其残差 R^2（COD）为 0.99942。

对表 3-8 中 718 不锈钢的屈服强度进行数据拟合，得出如图 3-29 所示的拟合曲线。

其中，718 不锈钢的屈服强度数据拟合公式为

$$y=-0.0012x^2-0.0482x+981.43 \tag{3-36}$$

其残差 R^2（COD）为 1。

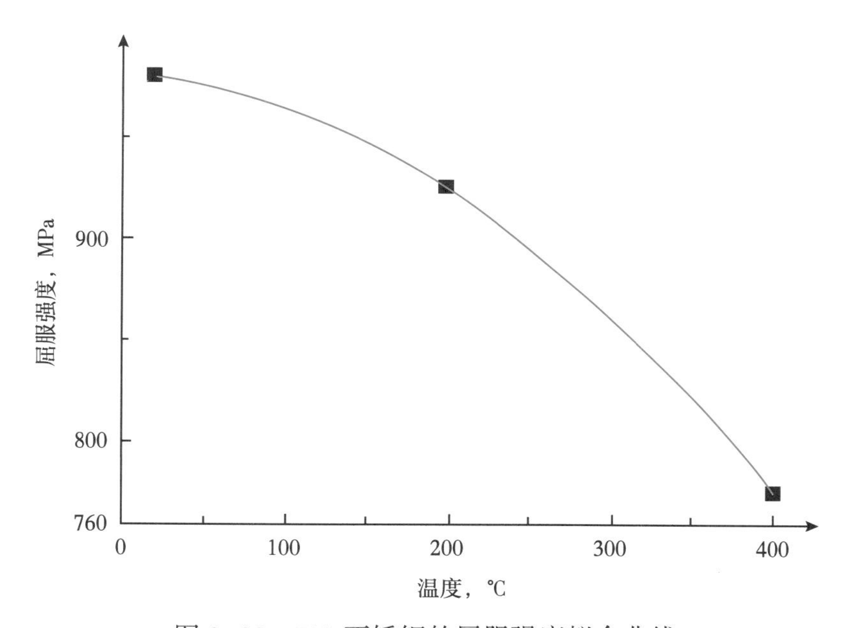

图 3-29　718 不锈钢的屈服强度拟合曲线

三、有限元仿真分析

（一）接触设置

在 ANSYS Workbench 软件中，材料接触有五种方式，其中包括绑定（Bonded）、不分离（No Separation）、无摩擦（Frictionless）、摩擦（Frictional）以及粗糙（Rough）。由于闸板与内阀座之间存在相对移动，同样接触表面可能存在分离的现象，并且密封接触面存在摩擦。因此在设置接触类型时选择摩擦接触（Mijar，2000），并根据摩擦系数测量选定摩擦系数为 0.08。此设

置可以较为准确地表现闸板阀实际情况。接触设置如图 3-30 及图 3-31 所示。

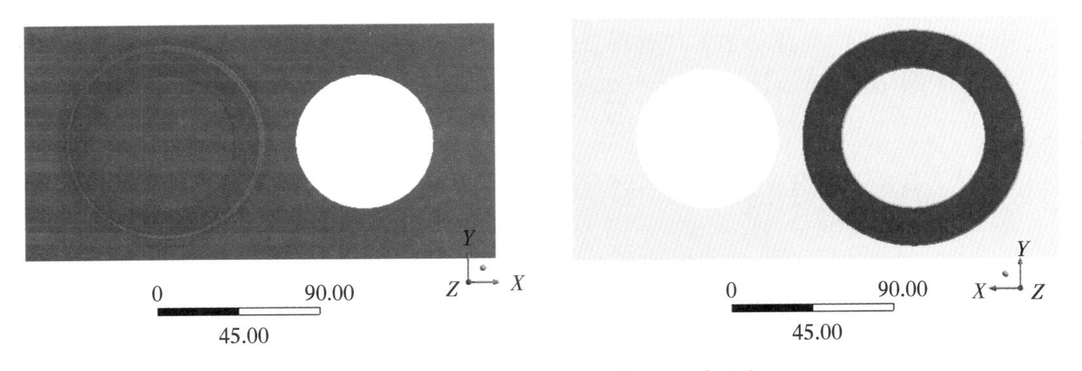

图 3-30　阀座—闸板接触面选择图

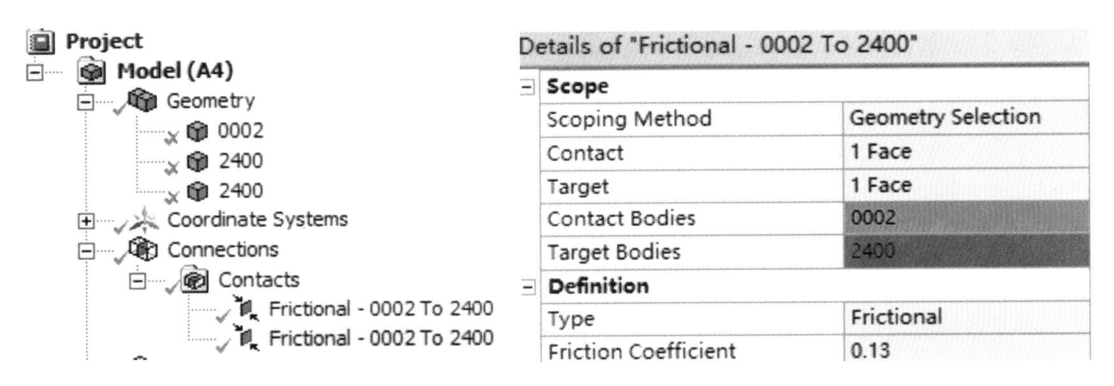

图 3-31　金属密封接触设置

project—项目；model—模型；geometry—几何结构；coordinate systems—坐标系；connections—连接；contacts—接触；frictional—摩擦力；scope—范围；scoping method—范围界定方法；geometry selection—几何图形选择；target—目标；target bodies—目标物体；contact bodies—接触体；definition—定义；type—类型；frictional coefficient—摩擦系数

（二）网格无关性验证

ANSYS Workbench 软件中网格类型的选取以及网格尺寸的大小设置至关重要，它直接影响到仿真结果的准确性。网格划分主要分为自由划分、四面体划分、六面体划分等划分形式。由于考虑到闸板—内阀座间金属密封的重要性，网格划分类型选用四面体形式进行划分（陈艳霞，2018）。

闸板、阀座的网格尺寸选取 2mm、1.5mm、1mm 以及 0.8mm 四组数据，最终得到节点数、网格数以及平均网格质量，见表 3-9。

表 3-9　网格无关性验证表

网格大小	2mm		1.5mm		1mm	0.8mm
节点数	1100212		1143033		2102481	3301439
网格数	661868		711281		1340431	2159866
平均网格质量	0.57807		0.64064		0.72342	0.75104
最大等效应力，MPa	452.23		446.74		445.83	445.18
最大值，相对误差	2~1.5mm，1.21%		1.5~1mm，0.2%		1~0.8mm，0.14%	

由表 3-9 可知，网格大小由 2mm 缩减 1mm 时，网格质量提升较大，而从 1mm 缩减至 0.8mm 时，网格数量增加了约 1 倍，达到了 216 万。1.5~1mm 以及 1~0.8mm 时最大值相对误差均在 0.5%以内，因此网格大小为 1.5mm、1mm 以及 0.8mm 时尺寸设置均为合理。考虑到计算机及运算时间等因素的影响，选用网格大小为 1mm 的网格进行仿真，并采用正四面体的网格划分形式。此时节点数为 2102481，网格数量为 1340431，平均网格质量为 0.72342。图 3-32 为网格大小为 1mm 时的网格划分图。

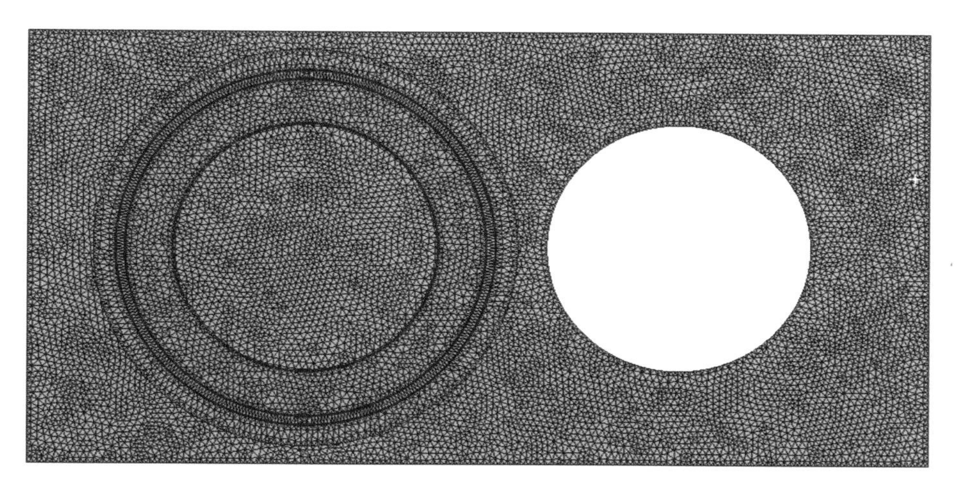

图 3-32　网格划分图

（三）边界条件设定

1. *压力施加*

当闸板阀关闭时，由于内阀座与外阀座之间存在间隙，高压介质由内阀座与外阀座之间相接触的端面进入。而由于内阀座选择了双重“O”形密封圈，理论上正常工作情况下第二道“O”形密封圈不起密封作用，故介质压力应设置在第一道“O”形密封圈处。压力施加在闸板阀入口端，其压力大小为140MPa，其具体压力施加面选择位置如图 3-33 所示。

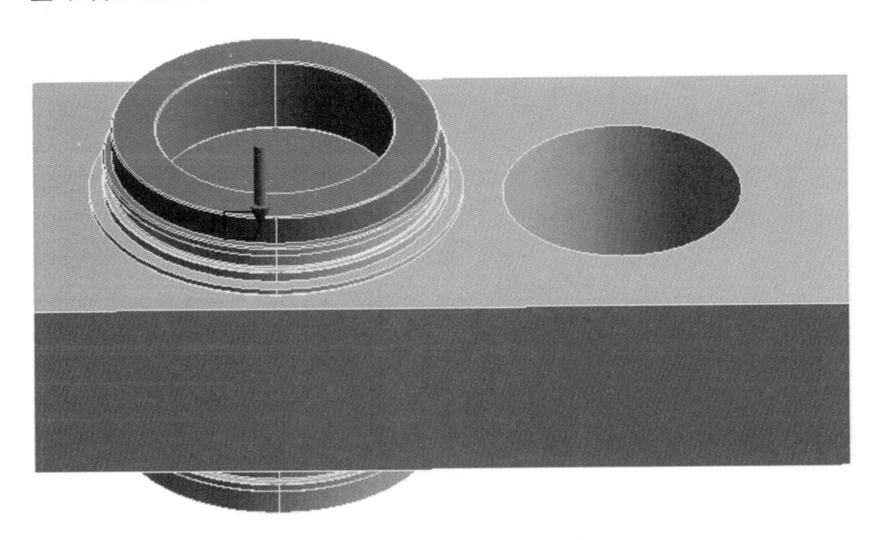

图 3-33　压力施加面选择位置示意图

2. 固定约束设定

对于闸板阀，在闸板阀其他密封均能保证的情况下，理论上只有闸板阀内阀座端面受到压力作用。故选取出口端内阀座与内阀座相接触的端面为固定面，其固定约束面选择位置如图 3-34 所示。

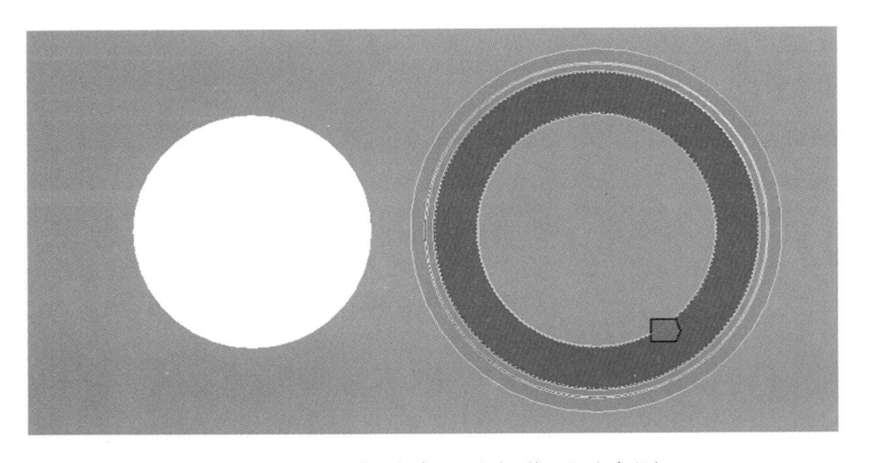

图 3-34　固定约束面选择位置示意图

四、不同尺寸因素对金属密封性能的影响

闸板阀内阀座尺寸决定了闸板阀金属密封性能，而内阀座的端面直径以及金属密封面宽度是金属密封的两个重要指标。针对内阀座的端面直径以及金属密封面宽度进行研究，探索两种因素对金属密封面接触应力以及有效密封面宽度的影响，从而确定内阀座的两个重要尺寸。并对金属密封配件最大等效应力进行研究，以验证设计尺寸的可行性。

（一）内阀座端面直径对最大接触应力的影响

闸板阀金属密封面宽度保持 24mm，当端面直径为 102mm 时，材料已发生屈服，因此取安全系数计算所得的端面直径 112mm 为基准进行接触应力仿真。当端面直径为 112mm 时，仿真结果如图 3-35 所示。不同端面直径出入口最大接触应力仿真结果见表 3-10。

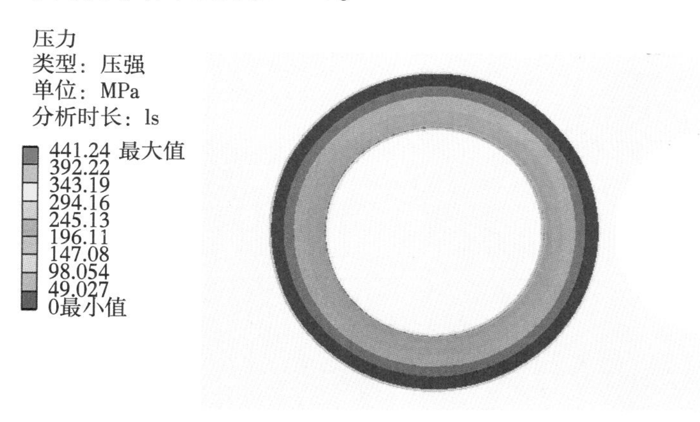

（a）入口端接触应力

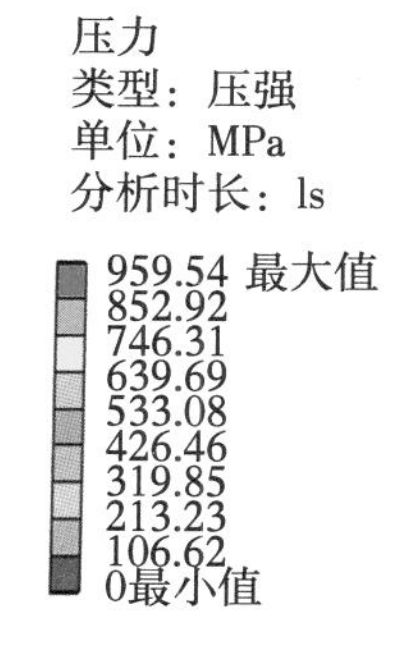

（b）出口端接触应力

图 3-35　端面直径为 112mm 时出入口端接触应力

表 3-10　不同端面直径出入口最大接触应力仿真结果

端面直径，mm	出口端最大接触应力，MPa	入口端最大接触应力，MPa
104.5	1201.10	445.98
105.0	1188.50	422.63
105.5	1117.80	419.08
106.0	1111.00	418.61
106.5	1086.30	415.10
107.0	1107.70	421.81
107.5	1086.60	419.75
108.0	1094.50	419.17
108.5	1004.40	396.39
109.0	1061.30	414.29
109.5	986.70	365.14
110.0	952.09	394.29
110.5	968.08	391.23
111.0	947.84	387.57
111.5	1006.30	393.29
112.0	959.54	441.24
112.5	952.87	382.71
113.0	916.35	374.81
113.5	930.02	371.75
114.0	914.72	373.49
114.5	906.35	371.14
115.0	944.44	363.78
115.5	902.33	362.70
116.0	894.84	358.81
116.5	908.65	354.40
117.0	883.96	352.26
117.5	906.42	351.06

对仿真数据进行数据拟合，如图 3-36 所示。

出口端最大接触应力拟合方程：

$$y=847.42578+314.0572\times\exp[-(x-105.21754)/6.26865] \qquad (3-37)$$

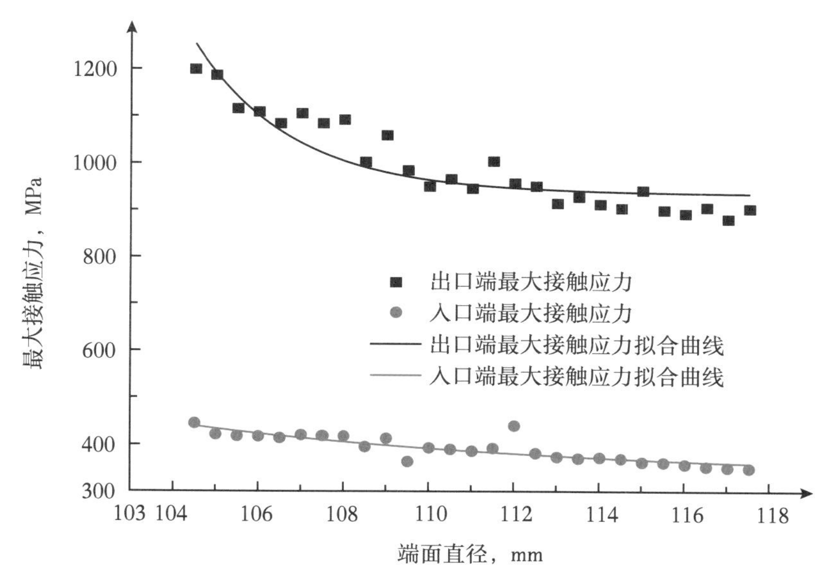

图 3-36　不同端面直径出入口最大接触应力拟合曲线

R^2（COD）为 0.93796。

入口端最大接触应力拟合方程：

$$y=-101570.19+38924.8746\times\exp[-(x-15970.31583)/16469.2029] \tag{3-38}$$

R^2（COD）为 0.90963。

从仿真结果可以看出，当内阀座端面直径大于 114mm 时，出口端金属密封最大接触应力趋于稳定，在 880~910MPa 之间波动，同时入口端最大接触应力趋于稳定。因此在设计内阀座时，应保证内阀座端面直径大于 114mm。

（二）内阀座端面直径对有效密封面宽度的影响

在 ANSYS Workbench 软件中，有效密封面宽度是通过测量网格节点之间的距离进行的。其具体测量方式为对闸板—阀座模型中设立路径，并对路径进行设置求解，最后对自定义的路径进行应力查看，并测得应力大于 140MPa 的宽度。

对不同内阀座端面直径进行仿真，金属密封面宽度选择 24mm 进行模型设置。通过寻找当接触应力大于 140MPa 时节点间的宽度，最终得出表 3-11 所示的出入口有效密封面宽度。并对有效密封面宽度进行曲线拟合，得出的拟合曲线如图 3-37 所示。

表 3-11　出入口端有效密封面宽度仿真结果

端面直径，mm	出口端有效密封面宽度，mm	入口端有效密封面宽度，mm
104. 5	11. 648611	5. 811978
105. 0	11. 286421	5. 965200
105. 5	12. 119280	6. 135640
106. 0	12. 314500	6. 291340
106. 5	12. 186995	6. 200733
107. 0	12. 660000	6. 600100
107. 5	12. 813020	6. 729540
108. 0	13. 081320	6. 891670
108. 5	12. 903711	7. 197000
109. 0	13. 416500	7. 169500
109. 5	13. 695200	7. 348625
110. 0	13. 760308	7. 404169
110. 5	14. 030933	7. 566926
111. 0	14. 295961	7. 655189
111. 5	14. 256322	7. 719827
112. 0	14. 458661	7. 832524
112. 5	14. 517815	8. 347830
113. 0	14. 993650	8. 375448
113. 5	15. 132985	8. 728988
114. 0	15. 392912	8. 767382
114. 5	15. 643796	8. 942125
115. 0	15. 702664	9. 051404
115. 5	15. 876419	9. 320640
116. 0	16. 079377	9. 632926
116. 5	16. 267563	9. 842973
117. 0	16. 589419	9. 775462
117. 5	16. 620151	10. 051484

从拟合曲线可以发现，随着内阀座端面直径的增加，出入口端的有效密封面宽度增长速率基本上相同，出口端有效密封面宽度始终比入口端密封面宽度大 6~7mm。

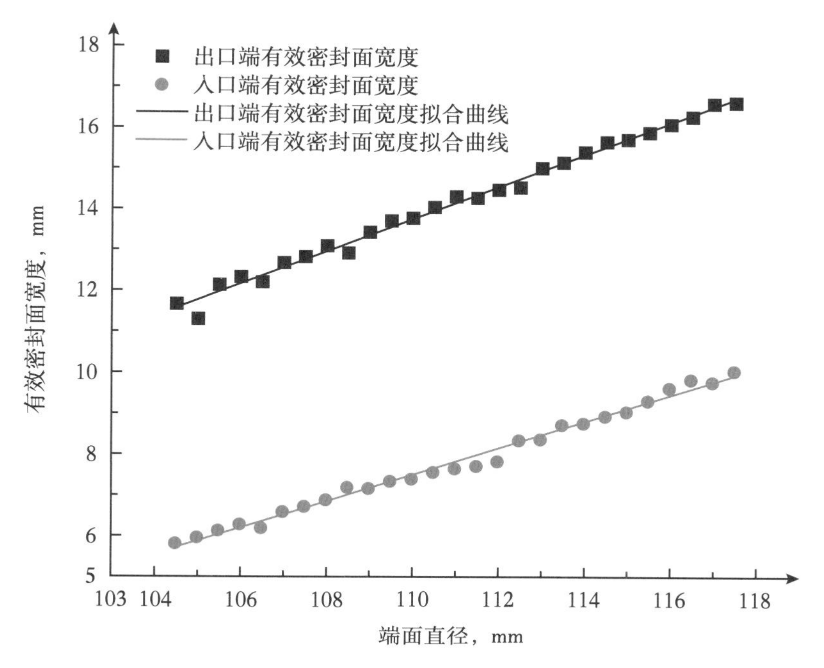

图 3-37　端面直径对有效密封面宽度的影响

其中，出口端拟合曲线方程为

$$y=-26.06538+0.36192x \tag{3-39}$$

其 R^2（COD）值为 0.9773。

入口端拟合曲线方程为

$$y=-25.58825+0.30069x \tag{3-40}$$

其 R^2（COD）值为 0.98318。

通过仿真结果可以发现随着端面宽度的增加，出入口端的有效密封面宽度按比例增加，出口端有效密封面宽度增加稍微较快一些。随着有效密封面宽度增大，闸板阀金属密封可靠性增大。

（三）密封面宽度对最大接触应力的影响

根据密封比压的计算，当密封面宽度大于 24mm 时，满足闸板阀金属密封的需求。以内阀座端面宽度 114mm 为基准进行仿真，对闸板阀内阀座以及闸板重复进行接触设置、网格划分以及施加载荷等设置并进行后处理设置后，求解得到了闸板—阀座间的接触应力云图。当密封面宽度为 25mm 时，其出入口最大接触应力如图 3-38 所示。

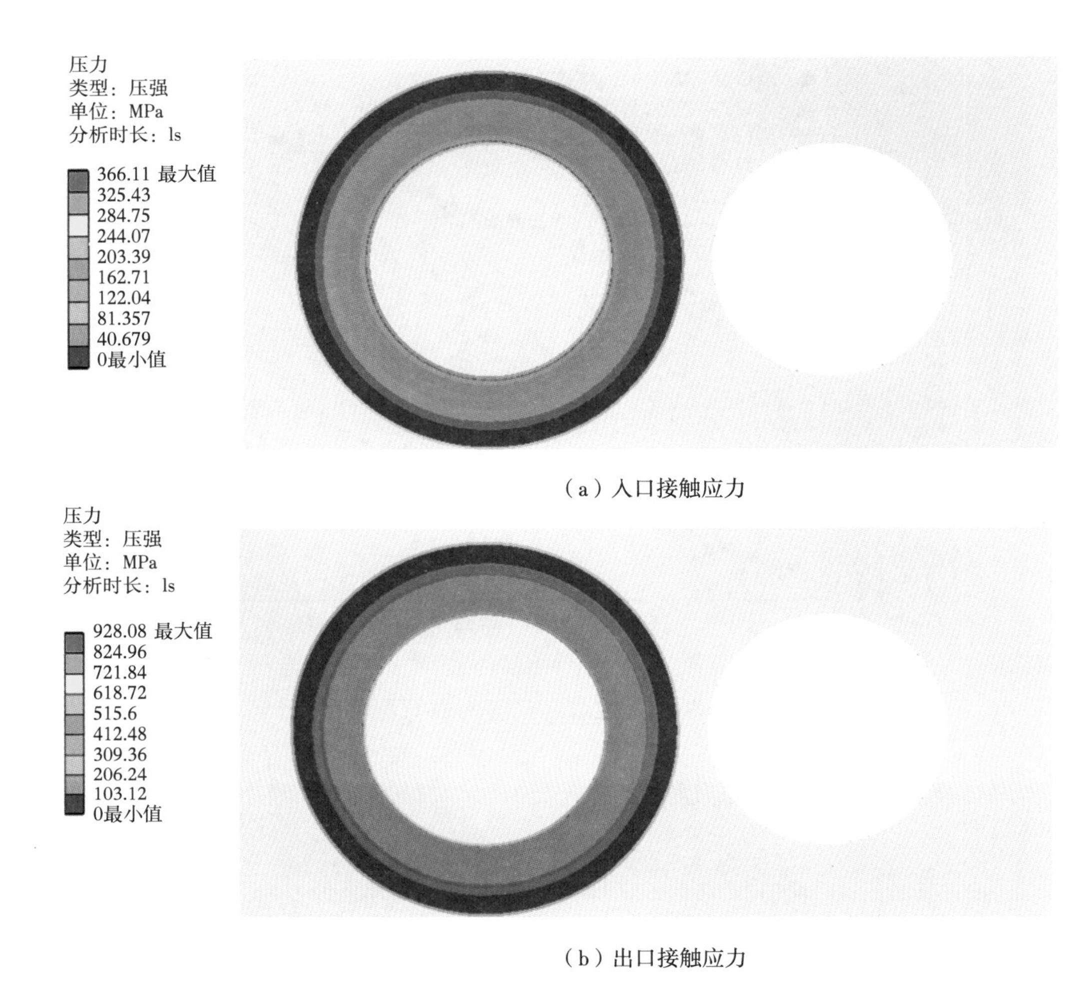

（a）入口接触应力

（b）出口接触应力

图 3-38　密封面宽度 25mm 时出入口接触应力云图

不同密封面宽度时出入口端面最大接触应力仿真结果见表 3-12。

表 3-12　不同密封面宽度时出入口端面最大接触应力仿真结果

密封面宽度，mm	入口最大接触应力，MPa	出口最大接触应力，MPa
24.0	361.74	915.60
24.5	368.11	922.89
25.0	366.11	928.08
25.5	367.82	943.57
26.0	355.15	919.31
26.5	362.16	942.33
27.0	359.70	893.83

从图 3-39 可以看出，随密封面宽度增加，出入口端最大接触应力变化较小。入口端最大接触应力在 350~370MPa 之间波动，而出口端最大接触应力基本上在 900MPa 左右波动。因此得出结论，最大接触应力并不随密封面宽度增加而发生改变。由于闸板阀内部空间限制，闸板阀金属密封配件优先选择较小尺寸，因此选择金属密封面宽度为 24mm 的内阀座。

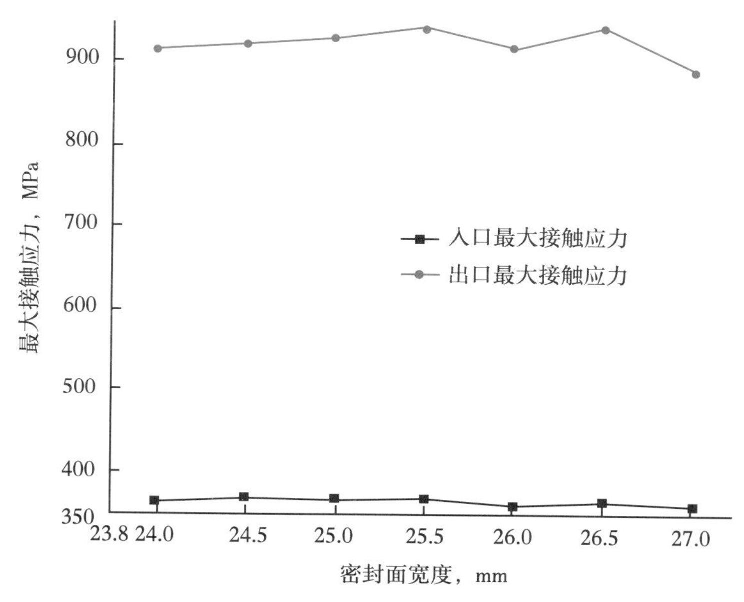

图 3-39　不同密封面宽度出入口最大接触应力

（四）密封面宽度对有效密封面宽度的影响

当内阀座被压紧在闸板上时并不意味金属密封起作用，只有当被压紧部位的接触应力大于要求密封介质的压力时金属密封才会真正意义上起密封作用。真正能起密封作用的密封面宽度被称为有效密封宽度。当有效密封宽度过窄时，密封件失效的概率则较大。

对金属密封件进行接触应力仿真，内阀座端面宽度选取 114mm 为基准，以 0.5mm 为间隔，对 24~27mm 内阀座端面宽度进行仿真，仿真得出出入口有效密封面宽度，见表 3-13。

表 3-13　不同密封面宽度下有效密封面宽度仿真结果

密封面宽度，mm	入口端有效密封面宽度，mm	出口端有效密封面宽度，mm
24.0	8.501038	15.570000
24.5	8.637232	15.608710

续表

密封面宽度，mm	入口端有效密封面宽度，mm	出口端有效密封面宽度，mm
25.0	8.515545	15.688810
25.5	8.616303	15.610393
26.0	8.315562	15.595662
26.5	8.586377	15.686656
27.0	8.554038	15.730352

对七组出口端有效密封宽度数据进行线性拟合，其拟合曲线如图 3-40 所示。

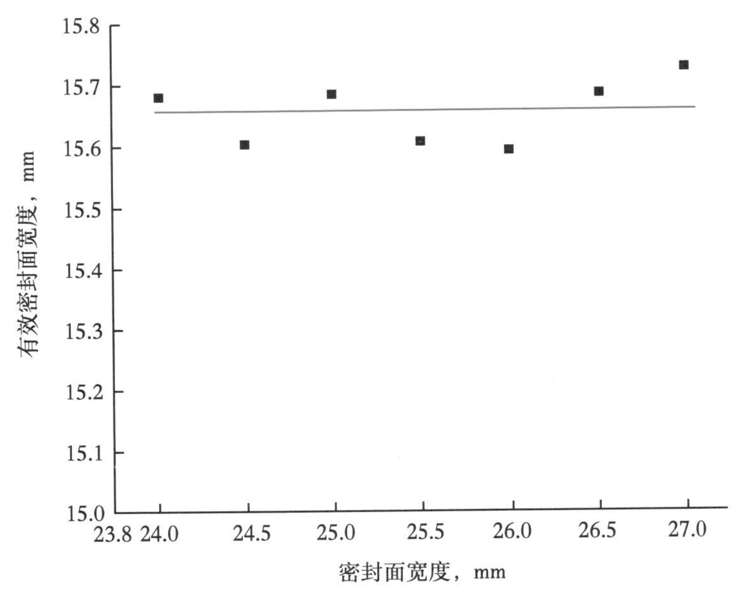

图 3-40　出口端密封面宽度对有效密封面宽度影响

对出口端内阀座与闸板的接触应力数据拟合发现，其有效密封面宽度的拟合值约为 15.66mm。数据随着密封面宽度的增加有效密封面宽度稳定在一定的范围内。

对七组入口端有效密封宽度数据进行线性拟合，其拟合曲线如图 3-41 所示。

通过对金属密封配件进行仿真，可以得出结论，出入口端的有效密封面宽度不会随着金属密封面宽度的改变而发生改变。所以金属密封有效密封面宽度只与内阀座端面直径有关。

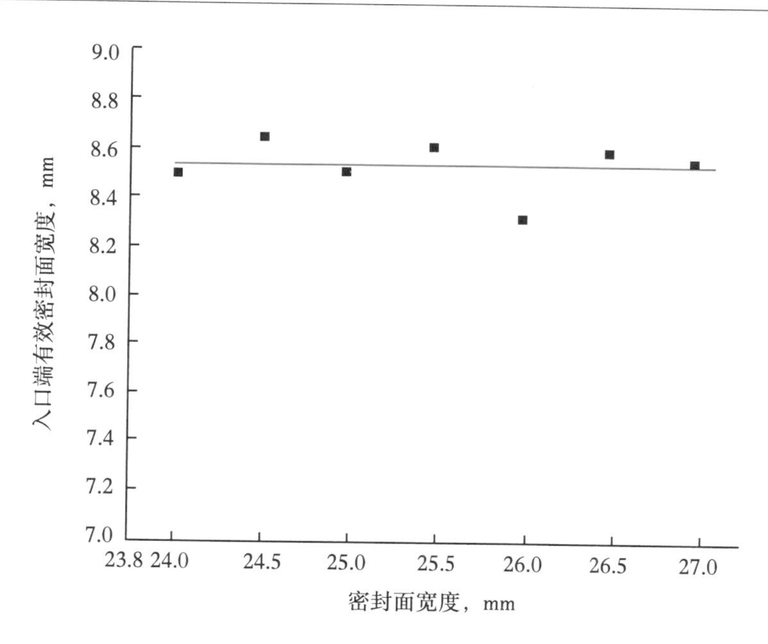

图 3-41　入口端密封面宽度对有效密封面宽度影响

（五）端面直径对等效应力的影响

图 3-42 为闸板阀座间的金属密封应力云图。从图 3-42 中可以看出应力主要分布在内阀座以及闸板承受压力的部分，并发现应力集中出现在内阀座出口端密封槽处，当内阀座端面直径为 112mm 时，金属密封组合等效应力最大值达到 947. 12MPa。闸板阀入口端的压力通过闸板传递到内阀座出口端的端面上，此处应力集中的现象并不会影响闸板阀金属密封性能，因此证明了这种内阀座形式的可行性。

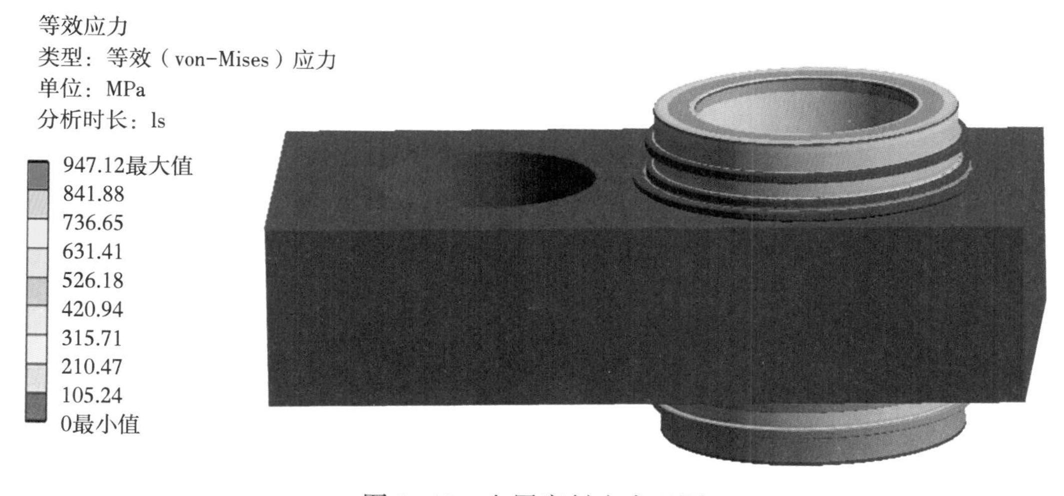

图 3-42　金属密封应力云图

由于采用的是浮动闸板的形式，金属密封面属于浮动接触。气体介质流向的不确定性因素会导致内阀座以及闸板处所承受的载荷不均匀，同时可能会致使出口端内阀座应力集中、应力过高的现象，使得闸板阀内阀座失效。因此，降低金属密封件的等效应力有着重要的实际意义，为增加闸板阀的使用寿命、降低闸板阀失效的概率等方面提供重要的理论依据。

以内阀座端面直径 112mm 为基准，以 0. 5mm 为间隔，共设置 27 组不同的端面直径，并对 27 组内阀座端面直径进行仿真，最终得出表 3-14 和图 3-43 所示的最大等效应力参数。

表 3-14　端面直径对最大等效应力的影响

编号	端面直径，mm	最大等效应力，MPa
1	104. 5	1221. 10
2	105. 0	1199. 20
3	105. 5	1181. 50
4	106. 0	1162. 00
5	106. 5	1121. 10
6	107. 0	1118. 10
7	107. 5	1121. 40
8	108. 0	1176. 10
9	108. 5	1092. 10
10	109. 0	1062. 50
11	109. 5	1048. 30
12	110. 0	1031. 80
13	110. 5	992. 62
14	111. 0	986. 75
15	111. 5	976. 98
16	112. 0	947. 12
17	112. 5	950. 31
18	113. 0	963. 25
19	113. 5	958. 59
20	114. 0	959. 31

续表

编号	端面直径，mm	最大等效应力，MPa
21	114.5	951.57
22	115.0	948.52
23	115.5	944.27
24	116.0	952.77
25	116.5	951.52
26	117.0	956.46
27	117.5	959.15

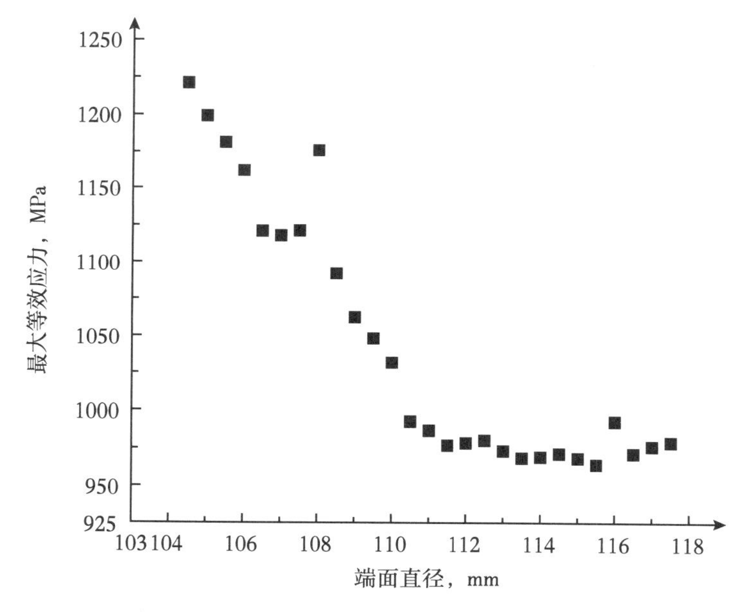

图 3-43　端面直径对最大等效应力的影响

从图 3-43 中可以发现当端面直径过小时，内阀座的最大等效应力过大，此时内阀座早已发生屈服现象。当端面宽度大于 111mm 时，闸板与内阀座间最大等效应力均出现在闸板阀出口端的内阀座与外阀座接触的端面处，其最大等效应力稳定在 950MPa 左右。因此在设计内阀座端面宽度时应保证端面的宽度大于 111mm。此时最大等效应力并未达到材料的屈服极限。同时证明内阀座端面宽度为 114mm 时的可行性。

对仿真数据进行数据拟合，为通径为 78mm 的闸板阀金属密封结构进行优化提供参考依据。

五、不同温度下材料的接触应力分析

在我国部分油田现场存在着极端温度的工况，以塔里木油田为例，最低温度可达-46℃，而最高温度则达到121℃，针对718不锈钢材料进行不同温度仿真分析，测试在不同温度下材料的接触应力变化情况。将温度-50~130℃分别带入拟合方程式（3-35）和式（3-36），得出不同温度下718不锈钢的材料参数。重复仿真步骤，同时在仿真时添加Thermal Condition（温度条件），并设置材料温度如图3-44所示。

图3-44　温度设置

718不锈钢在不同温度下出入口接触应力仿真结果见表3-15。

表3-15　718不锈钢在不同温度下出入口接触应力

温度,℃	入口端接触应力，MPa	出口端接触应力，MPa
-50	362.88	915.73
-40	362.86	915.70
-20	362.82	915.66
0	362.79	915.62
30	361.70	915.55
40	361.68	915.51
60	361.62	915.44
80	361.58	915.38
100	361.52	915.32
120	361.50	915.26
130	361.48	915.22

由图 3-45 可以看出在-50~130℃工况下，材料受到温度的影响很小。因此综合温度以及屈服强度的影响，在极端工况下建议使用 718 不锈钢作为闸板阀金属密封配件。

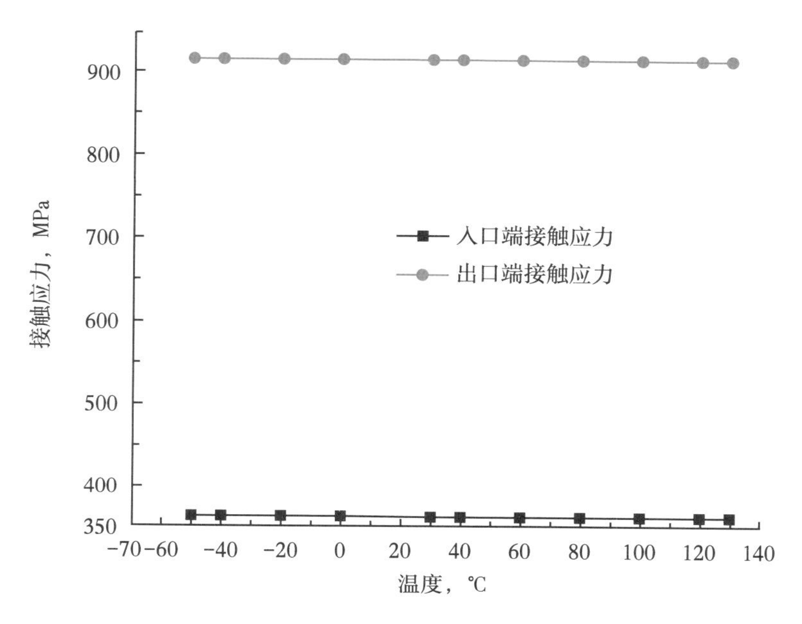

图 3-45 718 不锈钢在不同温度下出入口接触应力的拟合曲线

六、低压时不同密封面宽度接触应力分析

在实际工程中闸板阀在高压情况下不易出现泄漏，而出现泄漏的情况基本上是在低压的状态下。低压时，入口端可能会出现内阀座未贴紧在闸板上，同时闸板也贴紧在出口端内阀座上，导致闸板阀出现泄漏。另一种可能为低压时，发生外漏的原因是压力过低阀杆密封处的泛塞封密封未张开，从而导致闸板阀发生泄漏现象。为了避免低压时闸板阀发生泄漏，在研究闸板阀金属密封性能时应考虑到闸板阀在低压时的接触应力情况。通常情况下 140MPa 级别闸板阀低压试验时压力为 1.8~2.2MPa。因此闸板阀金属密封低压仿真时选择的压力为 2.2MPa，网格划分、具体施加位置与固定约束位置与前文一致。

通过图 3-46 可以发现在低压情况下，金属密封最大接触应力出现在闸板阀出口端内圆处，并达到了 15.235MPa，且有效密封面宽度较大，因此保证了闸板阀金属密封不会出现外漏的现象。

图 3-46　密封面宽度为 24mm 时出口端金属密封接触应力

通过图 3-47 可以发现，在低压时入口端最大接触应力为 5. 6898MPa，最大接触应力出现在内圈处，内圈至外圈金属密封接触应力逐渐减小，且有效密封面宽度较宽。理论上不会出现闸板阀入口端泄漏的现象。证明了这种内阀座结构的可行性。

图 3-47　密封面宽度为 24mm 时金属密封接触应力

从图 3-48 可以发现当密封面宽度为 24. 5mm 时入口端最大接触应力最大，达到 5. 799MPa，而当密封面宽度为 27mm 时，最大接触应力最小，为 5. 6275MPa。但都满足入口端密封的条件，因此当闸板阀金属密封面宽度大于 24mm 时，闸板阀在低压情况下都能满足入口端密封。在低压工况下不同密封

面宽度最大接触应力见表 3-16。

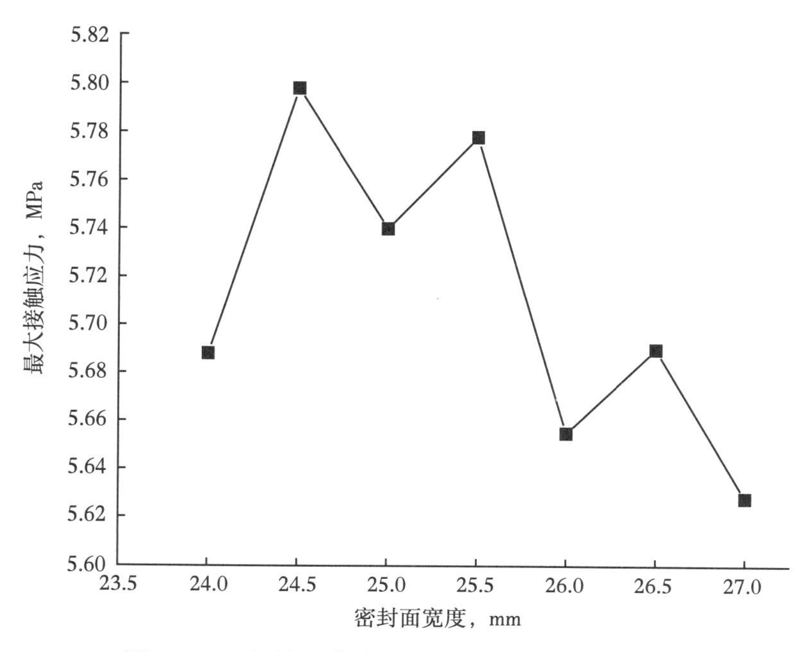

图 3-48　密封面宽度对入口端接触应力的影响

表 3-16　低压工况下不同密封面宽度最大接触应力

密封面宽度，mm	入口端最大接触应力，MPa	出口端最大接触应力，MPa
24. 0	5. 6898	15. 235
24. 5	5. 7990	15. 499
25. 0	5. 7395	15. 638
25. 5	5. 7772	15. 667
26. 0	5. 6514	15. 407
26. 5	5. 6903	15. 800
27. 0	5. 6275	15. 297

从表 3-16 可以看出，当密封面宽度为 26. 5mm 时出口端最大接触应力最大，达到 15. 8MPa，而当密封面宽度为 24. 5mm 时入口端最大接触应力最大，为 5. 799MPa。当密封面宽度大于 24mm 时，出入口端均满足密封条件。因此在满足比压的条件下，设计的闸板阀内阀座结构具有可行性。

第四节 试验验证

通过对140MPa闸板阀进行整阀打压试验发现，闸板阀超高压140MPa以及低压2.5MPa时均无可见气泡产生，同时压降均较小，验证了内阀座及闸板设计的正确性。

一、闸板阀整阀进行试验研究

通过对设计的闸板阀金属密封件的接触应力仿真，718不锈钢可以满足在高低温情况下的金属密封要求，同时材料并未发生屈服现象。但是ANSYS Workbench软件数值模拟是基于公式原理的基础之上进行设计模型的应力应变分析，同时模型也过于理想化。仿真结果可以给设计提供一定的理论参考，但实际上并不能完整地体现真实高压情况下的实际情况。因此，需要对闸板阀金属密封件进行高低压打压试验，以验证设计的闸板及内阀座金属密封性能。试验时将对闸板阀整阀进行打压试验。金属密封配件均采用不锈钢718材料，对设计出的闸板阀金属密封配件进行加工，并对金属密封面喷涂硬质合金WC。加工出的闸板阀金属密封配件如图3-49所示。

（a）内阀座

（b）闸板

图3-49 金属密封配件

最终将各个金属密封配件装配在140MPa的闸板阀阀体上。并对闸板阀进行水压、气压测试试验。闸板阀安装顺序：需先将密封圈密封部件安装于内阀座以及外阀座上，并将内阀座安装于外阀座内，需涂抹密封脂，务必安装到位，否则将会出现密封划伤的现象。将内外阀座安装于闸板阀阀体部位。将

“T”形螺纹安装于闸板上，并在闸板阀金属密封面处均匀涂抹薄薄一层密封脂，闸板安装于两个内阀座之间。最后将阀杆及闸板阀阀盖等部件安装到位，同时将阀盖上的紧定螺栓固定到位。闸板阀安装示意图如图 3-50 所示。

图 3-50　闸板阀阀座与闸板安装

二、闸板阀高低压气密性试验

气压试验又被称为气密性试验，判断闸板阀金属密封是否失效的标准就是看浸入水中的闸板阀周围是否有气泡产生。闸板阀在安装的过程中，需要注意金属密封面不要落入杂质，同时应避金属密封面被划伤，密封件同样应注意杂质划伤等问题；安装各个密封部件时应特别注意，避免在密封件安装过程中出现损坏；各位置的密封件要装齐，每次安装时注意清点密封件个数，以及确保密封面无划伤现象出现，若密封部件出现损坏，应重新准备新加工的金属密封配件，以保证试验正常进行。

试压分为高压以及低压，试压方案如下：将闸板阀各部件安装到位，闸板阀出入口两端用法兰连接，并将闸板阀进口一端通入与高压打压设备相连接，出口端打开，并放入水中，如图 3-51 所示。高压端引入气源，加压范围为 0~140MPa，采取慢速加压的方式。加压时，试验高压端，每个加压阶段的加压过程要求进气均匀。

加压过程确定为：加压范围 0~140MPa，在 70MPa 稳压 3min，在无泄漏的前提下继续加压至 140MPa，稳压 15min。再将气体压力升至 2. 5MPa，稳压

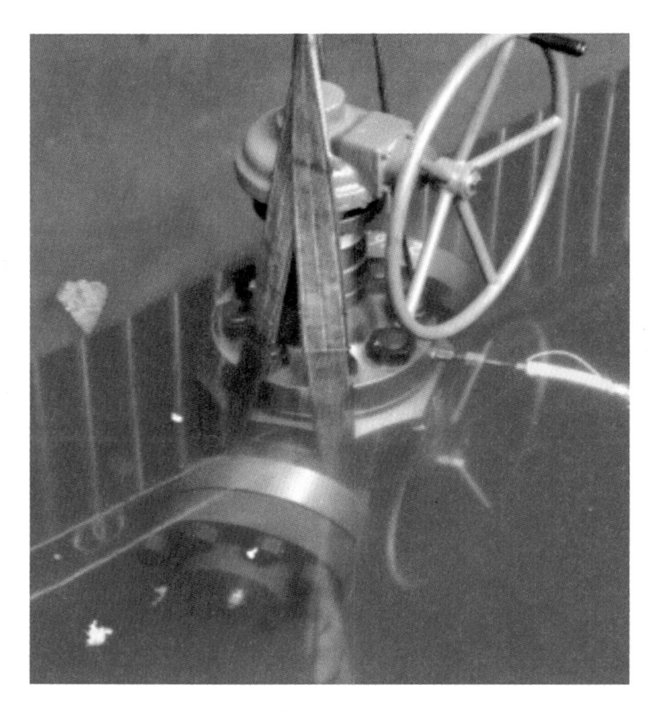

图 3-51 闸板阀气密性试验

15min 后无可见气泡产生即为合格。验收标准为：保压期间，水池中应无可见气泡，同时高压试验压力降低不超过 2MPa，低压试验压力降低不超过 0.2MPa。最终试验结果显示，第一次试压试验压降为 0.97MPa，第二次压降为 0.14MPa，两次试验均无可见气泡产生。

第四章　采气井口高温高压非金属密封件分析与设计

广义来讲，密封件的作用是防止流体或固体微粒从相邻结合面间泄漏以及防止外界杂质如灰尘与水分等侵入机器设备内部的零部件。密封件所使用的材料是密封件的重要组成部分，近年来，人工橡胶、天然橡胶、石墨烯材料、复合性材料、新型陶瓷材料等密封材料不断涌现，为密封设计和提高密封件的可靠性打下了坚实的基础（许游等，2006）。

密封件虽小，但它在高温高压采气井口中是非常重要的一部分，本章针对非金属密封件，结合实物调研、产品设计、数值分析和实物试验，进行设计及相关分析。

第一节　高压闸阀密封原理及密封件

一、高压闸阀非金属密封机理

防止泄漏是密封的目的，在机械设备中，由于零件之间间隙的存在，设备内部的物质可能泄漏出设备，外部的物质也可能进入设备，这样可能会对设备平稳安全运行造成影响，因而密封就十分必要。对于高压闸阀来讲，一旦内部气体漏出阀门，后果十分严重。密封的主要对象是流体，若设备出现外漏，则表示存在流体从设备内部流到设备外部，泄漏是流体运动的结果。所以，明白流体受力和流体运动规律是研究密封机理的主要内容。

（一）静密封机理研究

密封的本质是产生一个能够分布于两种不同的流体之间的压强，使一种流体不向另一种流体发生泄漏，或泄漏量较低。在工程上，往往依靠一种零件、装置或措施来对一个缝隙或一对接合面进行有效密封，防止流体通过该缝隙或接合面。泄漏形式分为穿漏、渗漏和扩散三种。穿漏是指在密封圈两侧的流体介质，在高低压力差的作用下，穿过密封面的间隙而产生泄漏，泄漏方向从高压指向低压。渗漏是指高压密封流体介质在流体表面张力的影响下而产生毛细管现象，从而产生泄漏，泄漏方向为单向。扩散是指密封流体介质与外界流体介质之间存在浓度差，在浓度差的影响下，密封流体通过密封面间隙由高浓度流体向低浓度流体传递流体介质从而产生泄漏。对于高压闸阀而言，密封泄漏的主要方式是超高压力作用下导致的穿漏，高压闸阀密封件要实现稳定可靠的密封，需要在密封面上形成一个可靠的压强分布以阻止介质泄漏。对于密封机理的研究，主要是针对流体受力和流体运动规律两方面进行。一般而言，为保证密封的可靠性，在对密封表面（密封沟槽）和密封圈进行加工时，对二者的表面粗糙度均有较为严格的要求，但事实上，绝对的光滑只存在于理想状态，无论机械加工的技术和工序多么精湛，密封面或密封圈表面都不可能达到绝对光滑，如图 4-1 所示，在微观状态下，二者的表面依然存在着大小不等、分布不均的凸起或凹陷。

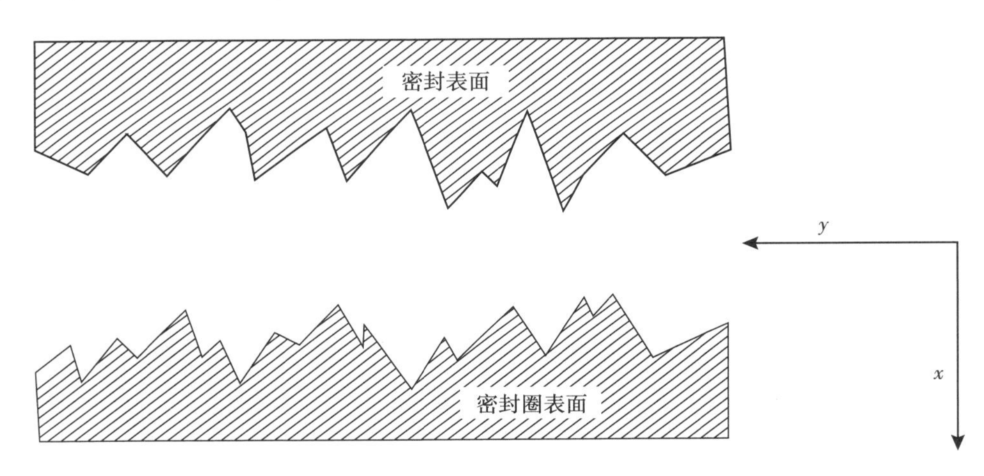

图 4-1　密封圈表面、密封表面微观形貌示意图

由于密封圈表面和密封面的凹凸不平，二者之间存在着一条微小的缝隙，所密封的流体介质可能通过该缝隙流动而产生泄漏。流体力学中，流体在流道中流动时，与流道边界会产生类似于固体之间摩擦力的流体内摩擦力，该内摩擦力与流体流动速度在沿图 4-1 中所示 y 方向上的变化率成正比，即：

$$F = \pm \mu S \frac{\mathrm{d}\mu}{\mathrm{d}y} \tag{4-1}$$

式中　F——内摩擦力，N；

S——流体与接触面的接触面积，m^2；

μ——流体黏性比例常数，即流体的动力黏度，N·s/m^2 或者 Pa·s；

μ——流体在水平方向上的速度，m/s。

当密封两端的压力差能够克服密封面和密封圈之间流体的内摩擦力时，则发生穿漏，根据公式（4-1），增加流体内摩擦力，可以从以下三个方面进行着手。

（1）动力黏度：流体的动力黏度与内摩擦力成正相关，当动力黏度越大，发生穿漏的概率就越低，在高压井口的闸阀中，被密封介质为高压采出气，相比于液体，气体的动力黏度极小，二者相差达数千倍，故而气压密封的难度远大于液压密封。同时，温度对于流体介质动力黏度的影响也十分明显，对气体而言，其动力黏度产生的主要原因为气体分子的无规则热运动，当气体温度升高时，气体分子无规则热运动变得更加剧烈，其动力黏度随之增强，反之减小。

（2）所密封的流体与密封圈、密封面的接触面积：接触面积与内摩擦力成正相关，接触面积越大，发生穿漏的概率就越低，目前有些产品采用多个“V”形密封圈串联进行密封，就是根据该原理。

（3）密封圈与密封面间的间隙：密封圈与密封面间的微小间隙只能在微观层面上进行观察，显然，密封圈与密封面间的间隙越大，发生穿漏的概率就越大。为了减小二者之间的微小间隙，第一种方式是增加密封圈的预变形量，预变形量越大，即意味着密封圈所受到密封面的挤压越大，发生的形变就越大，二者之间的间隙就越小；第二种方式是在加工条件允许的情况下，选择尽量小的表面粗糙度。

（二）动密封机理研究

在高压闸阀正常工作中，阀杆的轴向移动属于往复式动密封，虽然静密封可以看作动密封在速度为零的状态，但动静密封机理却完全不同。在阀杆静止状态时可以有效密封的密封件，在阀杆移动时有可能无法完全密封住压力介质。从摩擦、寿命等技术角度考虑，密封件需要润滑物质配合使用，即在接触面建立一层油膜，以缓解摩擦磨损。

关于往复式动密封的密封机理，学术界从不同的角度出发，做了大量的理论研究和探讨，总结出许多较为正确可靠的密封机理，如往复式流体表面张力理论、边界润滑理论和流体动力密封理论等。在众多的密封机理中，学术界应用最多，更为公众所接受的是流体动密封理论（张振英，1994；顾伯勤，2003）。

雷诺方程是作为流体静动润滑和密封理论的最基本方程，该方程表达式如下：

$$\frac{\partial}{\partial x}\left(\frac{\rho h^3}{\eta}\frac{\partial p}{\partial x}\right)+\frac{\partial}{\partial y}\left(\frac{\rho h^3}{\eta}\frac{\partial p}{\partial y}\right)=6v\frac{\partial h}{\partial y} \tag{4-2}$$

式中 ρ—流体密度，g/cm^3；

h—— 油膜厚度，m；

η—— 流体黏度，Pa · s；

p—— 油膜压力，Pa；

v—— 管柱匀速运动速度，m/s。

在高压闸阀密封件往复动密封中，密封圈截面为轴对称图形，当密封圈轴向运动时，选取某一时刻动密封截面，可得该时刻动密封截面的一维雷诺方程（此处不考虑动密封截面间油膜的相互作用关系），其表达式如下：

$$\frac{h^3}{\eta}\frac{dp}{dy}=6vh+C \tag{4-3}$$

式中 v——阀杆匀速运动速度，m/s；

C——积分得到的常数。

如图 4-2 所示，阀杆以速度 v 向右运动时，高压闸阀内部介质压力为 p_0，油膜厚度为 h（y），压强为 p（y）。其中点 M 是油膜流体靠近高压一侧的接触压力梯度拐点$\left(\frac{d^2p}{dy^2}\right)_M=0$；点 N 是外侧靠近低压一侧的压力梯度拐点$\left(\frac{d^2p}{dy^2}\right)_N=0$。假设 p（y）最大时，薄膜厚度为 h_0^*，则某一动密封截面的一维雷诺方程为

$$\frac{h^3}{\eta}\frac{dp}{dy}-6v(h-h_0^*)=0 \tag{4-4}$$

式中 h_0^*——p（y）最大时的油膜厚度，m。

根据弹性流体动压模型的假设可知：界面间油膜压力的分布规律 p（y）与接触应力的分布规律是一致的。通过有限元软件可以得到接触应力分布，也就可以得到油膜的压力分布规律。因此可以把界面间流体膜压力的分布规律当作已知量。基于此，接触面之间油膜厚度分布规律 h（y）可以根据一维雷诺方程求出。

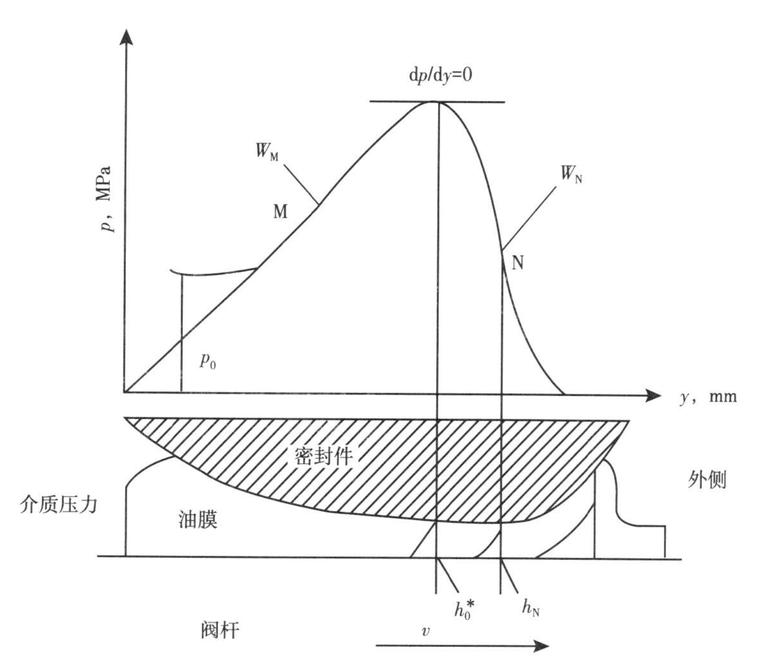

图 4-2　阀杆右移时密封截面的压力分布和油膜速度分布

对式（4-4）微分可得

$$\frac{h^3}{\eta}\frac{\mathrm{d}^2p}{\mathrm{d}y^2}-\frac{\mathrm{d}h}{\mathrm{d}y}\left(3h^2\frac{\mathrm{d}p}{\mathrm{d}y}-6\eta v\right)=0 \tag{4-5}$$

由图 4-2 可以得出 M 点是油膜流体靠近高压一侧的接触压力梯度最大值处，设压力梯度值为 w_M。由于 $\left(\frac{\mathrm{d}^2p}{\mathrm{d}y^2}\right)_M=0$，得

$$\left(\frac{\mathrm{d}h}{\mathrm{d}y}\right)_M\left[3h_M^2\left(\frac{\mathrm{d}p}{\mathrm{d}y}\right)_M-6\eta v\right]=0 \tag{4-6}$$

由于 $\left(\frac{\mathrm{d}h}{\mathrm{d}y}\right)_M\neq0$，由式（4-6）可得

$$h_M=\sqrt{\frac{2\eta v}{w_M}} \tag{4-7}$$

式中　v—速度，m/s。

将上式代入 $\frac{2}{3}h_M$ 中得

$$h_0^*=\frac{2}{3}h_M=\sqrt{\frac{8\eta v}{9w_M}} \tag{4-8}$$

在最大压力点处速度分布从 v 线性减小到 0，接触面在靠近低压一侧，油膜的速度与阀杆的运动速度一致，均为 v。因油膜的质量守恒定律，靠近低压一侧的膜厚 h_0 为最大压力处膜厚的一半：

$$h_0 = \frac{1}{2}h_0^* = \frac{1}{3}h_M = \sqrt{\frac{2\eta\mu_0}{9w_M}} \tag{4-9}$$

直径为 D 的阀杆带出流体流量为

$$V_0 = \pi D h_0 v \tag{4-10}$$

在参数 D、v 和 η 一定的前提下，某一动密封截面阀杆带出的流体流量由最大梯度 w_M 决定。该参数主要取决于密封结构的几何模型与材料力学性质。

阀杆向左运动与向右运动时相似，当阀杆速度为 v_1 时，其膜厚 h_1 为

$$h_1 = \frac{1}{2}h_1^* = \frac{1}{3}h_N = \sqrt{\frac{2\eta\mu_0}{9w_N}} \tag{4-11}$$

式中 h_1——阀杆向左运动时，最大压力梯度处的油膜厚度，m；

h_N——靠近低压一侧压力拐点处的油膜厚度，m。

直径为 D 的阀杆向左运动带入流体流量为

$$V_1 = \pi D h_1 v_1 \tag{4-12}$$

式中 D——阀杆直径，m；

h_1——膜厚，m；

v_1——阀杆速度，m/s。

综上，关于高压闸阀密封件动密封是否可靠的问题，只需通过有限元分析得到高压闸阀密封件的密封面上接触应力分布情况，分析其在高压工作时，在高压闸阀开启或关闭过程中，其泄漏量是否满足工程要求。由上述分析可知，高压闸阀密封圈的接触应力大于井内介质压力是高压密封圈实现可靠动密封的前提条件。

二、“O”形密封圈

（一）“O”形密封圈结构

顾名思义，“O”形密封圈是一种横截面为圆形的密封圈。如图 4-3 所示，

图中 d_1 为“O”形密封圈内径，d_2 为“O”形密封圈截面直径，即线径。一般情况下，“O”形密封圈选用丁腈橡胶或含氟橡胶作为母材。作为机械行业中运用范围最广、应用数量最多的密封圈，其具有良好的密封性能和较好的自密封能力。“O”形密封圈常用于机械静密封，在动密封中也有一定的应用，当作为往复运动的密封圈时，往复运动速度一般不得超过 300mm/s，当作为旋转动密封时，不适宜用作高速旋转密封，速度越大，密封可靠性越低。“O”形密封圈的密封压力介于 0.133～400MPa 之间，其动密封可封住 35MPa 高压（古年年等，1997），当动密封工作压力超过 5MPa 时，需要添加挡圈共同工作（张骏，2016）。“O”形密封圈对温度的耐受范围取决于其使用的材料，当使用一些耐高低温材料，如含氟橡胶时，其工作温度范围在−60～316℃之间。

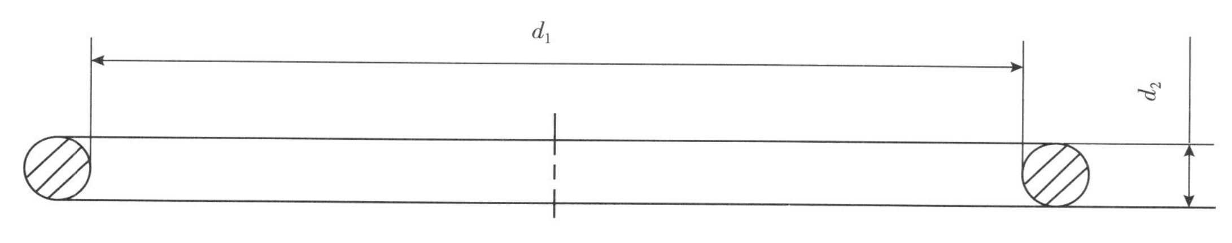

图 4-3　“O”形密封圈结构参数

“O”形密封圈与其他形式密封圈比较，具有以下优点：

（1）结构简单，易于设计，便于安装；

（2）无论动静密封，都可使用；

（3）因其径向对称结构，对两侧流体均可密封；

（4）加工工序简单，成本较低。

（二）“O”形密封圈的安装及密封过程

“O”形密封圈通常安装在外圆或者内圆截面为矩形的沟槽内，根据安装位置可分为轴向密封和径向密封，图 4-4（a）为径向活塞密封，图 4-4（b）为径向活塞杆密封。

“O”形密封圈尺寸的选择以及其与密封沟槽配合情况的好坏，直接关系到“O”形密封圈的密封性能，我国国标对不同形式的“O”形密封圈尺寸和密封沟槽都有明确的规定。在设计“O”形密封圈时，若过盈量选择过大，虽然有较高的预紧力，但是不便于安装，且过大的变形量会减短“O”形密封圈的使用寿命，造成密封圈过快地老化失效。若过盈量选择过小或密封沟槽加工粗糙度较差，则可能导致密封圈无法有效密封，造成泄漏。

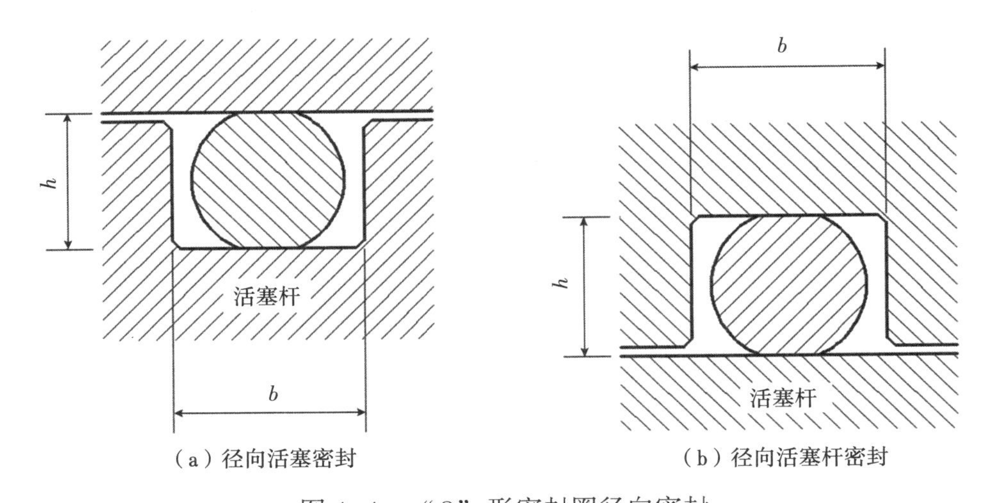

(a)径向活塞密封

(b)径向活塞杆密封

图 4-4 “O”形密封圈径向密封

b—“O”形密封圈安装空间的宽度，mm h—“O”形密封圈安装空间的高度，mm

“O”形密封圈的拉伸率 α 和压缩率 ε 可按式（4-13）和式（4-14）计算：

$$\alpha=\frac{D_2+d_2}{D+d_2} \tag{4-13}$$

$$\varepsilon=\frac{D-h}{D}\times 100\% \tag{4-14}$$

式中 d_2——“O”形密封圈截面直径，mm；

D——“O”形密封圈内径，mm；

D_2——安装“O”形密封圈沟槽的小径，mm；

h——“O”形密封圈安装空间的高度，mm。

“O”形密封圈安装空间的高度按公式（4-15）计算。

$$h=\frac{D_1-D_2}{2} \tag{4-15}$$

式中 D_1——安装“O”形密封圈沟槽的大径（若沟槽形式为图 4-4a 中的形式，则 D_1 为孔的内径；若沟槽形式为图 4-4b 中的形式，则 D_1 为沟槽底径）。

“O”形密封圈的拉伸量和压缩率的选用范围见表 4-1。

表 4-1　"O"形密封圈的拉伸量和压缩率

密封形式	密封介质	拉伸量，mm	压缩率，%
静密封	液压	1.03~1.05	15~25
	气压	<1.01	15~25
往复式动密封	液压	1.02	12~17
	气压	<1.01	12~17
旋转动密封	液压	0.95~1	2~10

"O"形密封圈使用范围较广，不仅被用于静密封，也被用于动密封中，但是其在动密封中的使用具有一定的局限性。当"O"形密封圈被用于转速较高的密封工件时，发生泄漏的可能性则较大。如果密封圈闲置过久，橡胶材料老化，则"O"形密封圈易与密封工件粘连，若设备重新启动，"O"形密封圈易产生撕裂破坏。某些采用"O"形密封圈往复运动密封设备，停机再启动时会发生机器无法启动的情况，这是由于"O"形密封圈与密封面之间的启动摩擦力较大所致，最大摩擦阻力可达动摩擦力的 4 倍。当其他密封条件保持不变时，动密封启动阻力跟"O"形密封圈压缩率成正相关，这是因为"O"形密封圈的压缩率越大，则"O"形密封圈与密封面挤压产生的力也越大，气动阻力就越大。

三、"Y"形密封圈

（一）"Y"形密封圈结构

"Y"形密封圈的截面呈"Y"形（图 4-5），故被称为"Y"形密封圈，是一种典型的唇形密封圈。按其截面的高、宽比例不同，可分为宽型、窄型、Yx 型等几类（张振英，1994）。若按两唇口的高度是否相等，则可分为轴、孔通用型的等高唇"Y"形密封圈，不等高唇的轴用"Y"形密封圈和孔用"Y"形密封圈。

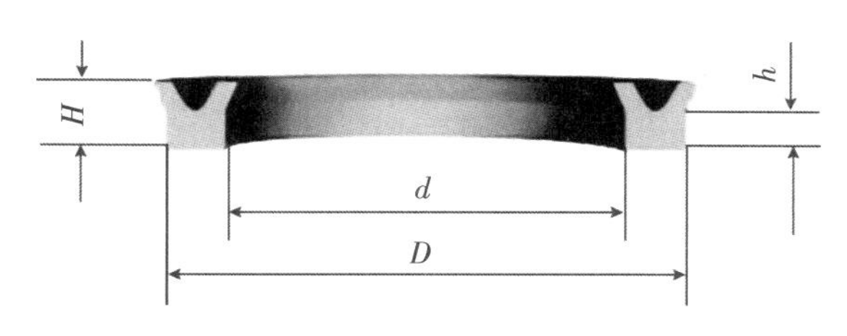

图 4-5　"Y"形密封圈结构示意图

“Y”形密封圈一般用于动密封中，且密封效果和使用寿命都高于“O”形密封圈。“Y”形密封圈具有以下特点：

（1）密封性能可靠；

（2）摩擦阻力小，运动平稳；

（3）耐压性能好，使用压力范围广；

（4）价格低廉，安装方便。

（二）“Y”形密封圈安装及密封过程

当“Y”形密封圈装进密封槽内时，张开的密封圈内外唇口会紧贴于密封面上，随之产生的接触应力即为初始应力，能起到一定的密封效果。当周围介质压力上升，“Y”形密封圈唇口在压力介质的作用下，与密封面的接触应力也随之上升，具有一定的自补偿能力。设计和选用“Y”形密封圈时需要注意其唇口过盈量的选择，若唇口过盈量选择过大，则容易导致密封圈在安装时较为困难，并且若“Y”形密封圈被用作动密封，过大的唇口过盈量还会造成较大的密封唇磨损，严重时会导致密封圈报废；若唇口过盈量选择过小，则会导致初始应力以及后续加压过程中的接触应力过小，影响密封性能（张振英，1997）。

需要注意的是，与“O”形密封圈不同，安装“Y”形密封圈时，其密封唇口须对应高压一侧，否则密封圈将无法产生密封作用。“Y”形密封圈的工作压力一般不超过40MPa。其工作温度和速度主要由组成材料决定，一般“Y”形密封圈工作温度介于-30~80℃之间，当使用丁腈橡胶作为母材时，其工作速度介于0.01~0.6m/s之间，当使用含氟橡胶作为母材时，其工作速度介于0.05~0.3m/s，当使用聚氨酯橡胶作为母材时，其最大工作速度可达1m/s以上。

四、“V”形密封圈

（一）“V”形密封圈结构

“V”形密封圈的截面呈“V”形，同“Y”形密封圈一样，“V”形密封圈也属于唇形密封圈的一种。多数情况下，其主要适用于液压缸或活塞的往复式运动密封，而不适于用作转动密封。

“V”形密封圈两侧的密封唇口成一定的夹角，其底端面也非平面，在密封沟槽内无法平稳安装，多数情况下需要与压环和支撑环配合使用，其组合示意图如图4-6所示。

图 4-6　“V”形密封组合示意图

1—压环；2—“V”形密封圈；3—支撑环

“V”形密封圈具有以下特点：

（1）耐压性能好，使用寿命长；

（2）可根据密封介质压力大小，合理选择“V”形密封圈的串联个数，以满足密封要求，并可调整压紧力来获得最佳综合效果；

（3）根据密封装置不同的使用要求，可以交替安装不同材质的“V”形密封圈，以获得不同的密封特性和最佳的综合效果；

（4）维修和更换密封圈方便。

（二）“V”形密封圈密封原理

作为唇形密封，“V”形密封圈密封机理与“Y”形密封圈类似，不同之处在于，“V”形密封圈可采用多个密封圈相重叠的方式使用，当高压介质穿过第一道密封圈时，其压力大大下降，若还能够穿过第二道密封圈，则其压力会被再次降低，如此往复，高压介质终将消耗殆尽，达到密封效果。

“V”形密封圈和“Y”形密封圈一样，都属于单方向密封件，在安装时也应注意密封件的凹口应面向介质压力高的一侧，这样才能起到密封作用。“V”形密封圈一般用于液压缸和活塞的往复动密封中，与“Y”形密封圈相比，其运动摩擦阻力更大，但其密封性能却比“Y”形密封圈更可靠，使用寿命也比“Y”形密封圈长。“V”形密封圈的工作速度与其所采用的母材有关，若使用丁腈橡胶作为母材，其工作速度在 0.02～0.3m/s 之间，若使用夹布橡胶作为母材，其工作速度在 0.005～0.5m/s 之间。一般的“V”形密封圈的工作压力高于 60MPa，使用工作温度在-30～80℃之间，但当选用高性能材料如聚四氟乙烯时，其最高使用温度可达 200℃，并且可根据介质压力情况，选择不同数量和材质的“V”形密封圈。

五、泛塞封

（一）泛塞封结构

泛塞封是在“Y”形密封圈的唇口内槽中加上弹簧的密封件，属于“Y”形密封件的一种衍生密封，如图 4-7 所示。

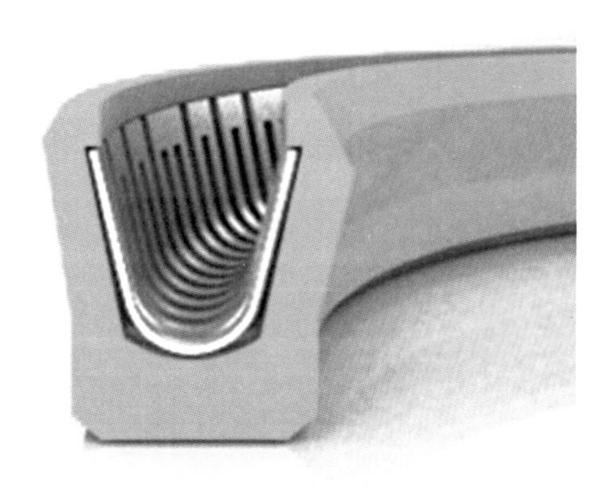
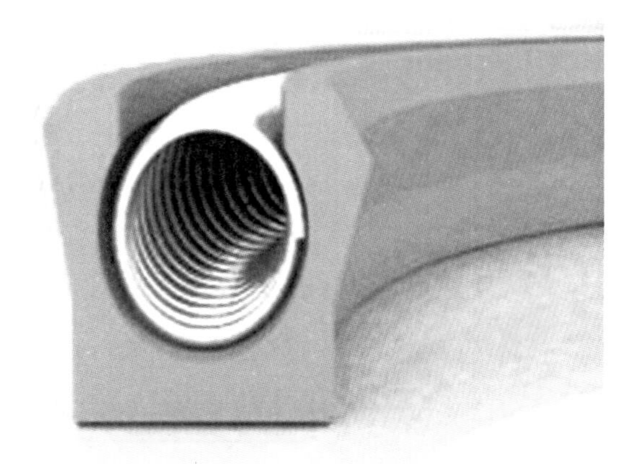

图 4-7　泛塞封

为了方便后续对泛塞封的情况阐述，现对其各部位命名以及其作用进行说明（轴对称平面简化图形）。支撑和唇口各部位命名如图 4-8 所示。

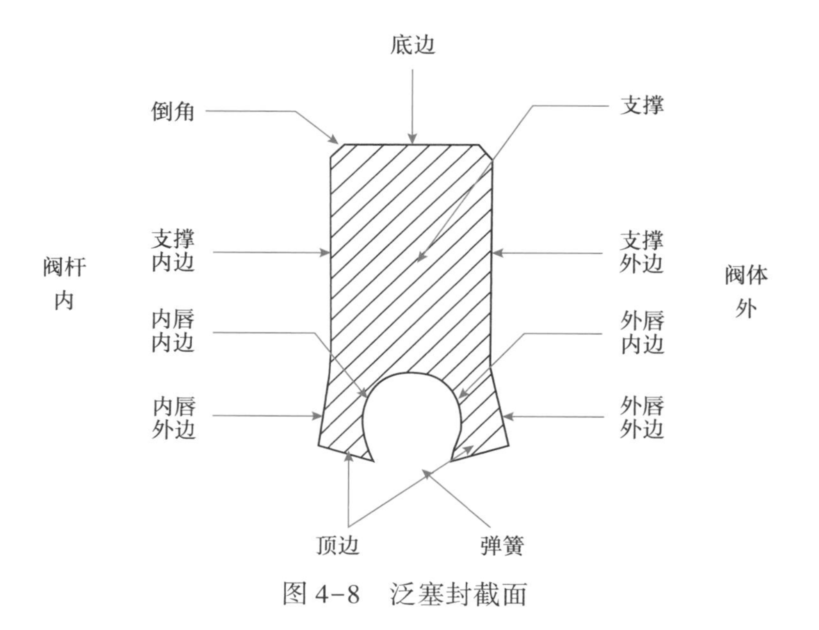

图 4-8　泛塞封截面

泛塞封主要由弹簧、唇口和支撑组成，其有效密封接触部位为唇口，唇口正对来气方向，气压力会不断扩张唇口使其贴紧密封槽，气压力越大贴紧的接触压力就越大，具有很好的自密封效果。

金属弹簧是将螺旋弹簧或扁平弹簧片通过模压等加工方式制造成与密封件沟槽类似的形状，安装在密封件沟槽内，为密封件提供支撑力，以保证密封件在工作时能产生高弹性和磨损自动补偿功能，从而形成优异的动密封（兰晓冬，2014）。具体来讲，弹簧在密封装入密封槽的预紧阶段，由适当的弹簧力和唇口本身的过盈设计，使密封唇压在被密封的面上，且在安装时有效支撑密封唇，防止两瓣唇向密封件轴线法向被压溃。在气压力加上过后，唇口在气压作用下张开，弹簧辅助密封作用就逐渐减小并趋于无（注：后文中与泛塞封相关图中省略弹簧）。

支撑段起改善受力支撑唇口的作用，支撑厚度要合适，太厚会导致密封件无法装入密封槽，太薄则无法有效支撑唇口受压时的轴向形变，出现失稳然后被破坏掉。为了使泛塞封容易装进密封槽，通常在其底端开有倒角。泛塞封是单向密封，安装时唇口要对向高压力一侧。

（二）泛塞封的密封过程

泛塞封的安装、密封过程接触应力变换示意图，如图 4-9 所示。

泛塞封从装入到受压完全变形的过程可由图 4-9 的（a）、（b）、（c）、（d）4 张图分别来表示。图 4-9 中，打剖面线的为密封件，未打剖面线的为与之配合的阀杆和闸阀腔体部分，箭头表示密封件对壁面的作用力，箭头长短反映了作用力的大小。

图 4-9（a）中，密封件准备装入密封槽内，支撑段先进入密封槽，唇口的截面尺寸大于密封槽的配合尺寸，为过盈配合，需要施加外力助其进入密封槽。此过程中，注意保护泛塞封的唇口。图 4-9（b）中，密封件已经装入密封槽内，唇口在弹簧和过盈配合的共同作用下，与密封壁面紧紧贴住产生一定的预紧密封力。此时，与密封壁面接触的只有密封件的唇口和底端。图 4-9（c）中，压力开始作用于唇口表面，唇口与密封壁面进一步贴近，接触作用力进一步增大。与此同时，密封件在垂直方向被压缩，密封件的支撑段开始横向扩展，有与密封壁面接触的趋势。图 4-9（d）中，随着气体压力的进一步增加，密封件支撑段和唇内、外表面均与密封槽壁面贴住，再加上顶端部分直接与气压力作用，密封件呈全面受压的状态。

泛塞封一旦进入图 4-9（d）阶段，密封件被破坏的可能性就大大降低，密封件的关注重点就从是否被破坏转移到是否能完成密封了。

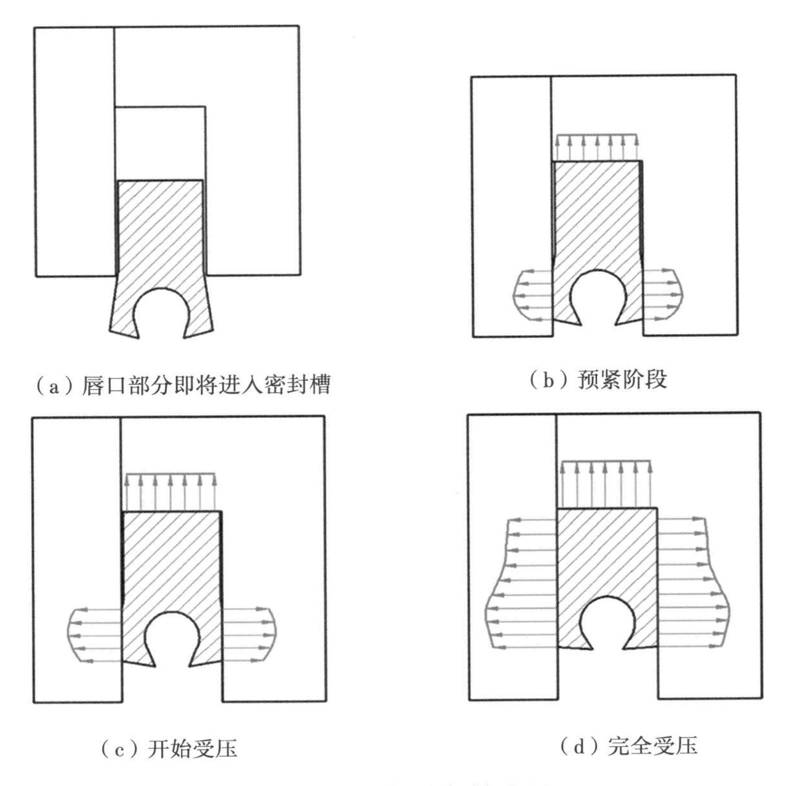

（a）唇口部分即将进入密封槽　（b）预紧阶段

（c）开始受压　（d）完全受压

图 4-9　泛塞封密封过程

（三）泛塞封的改进设计

通常来讲，密封件的材质多为聚氨酯橡胶或是丁腈橡胶，这类材料的硬度和刚度都不够高。当其被用于往复运动密封时，如高压闸阀杆处，压力一旦过高，密封件的根部会被挤入阀杆和阀门腔体的间隙而增加被破坏的可能性，这是密封的通病。在高压闸阀应用时压差可达到 140MPa，这就需要在阀杆密封处对密封组件结构进行改进，防止其被挤入缝隙而引起密封件失效的可能。

泛塞封根部的改进一般采用在密封件底部添加刚度和硬度较大材料制成的垫环来完成，垫环的截面形状有：矩形、方形、三角形、“L”形、“U”形等，有的还带有棱边，某些情况垫环也起到一定辅助密封作用。如图 4-10 所示，该泛塞封是采用三角形的挡圈和圆环形垫圈的组合来消除密封件被挤入的现象。

挡圈和垫圈的材料为聚醚醚酮（PEEK）。聚醚醚酮树脂是一种性能优异的特种工程塑料，与其他特种工程塑料相比具有更多显著优势，耐高温达

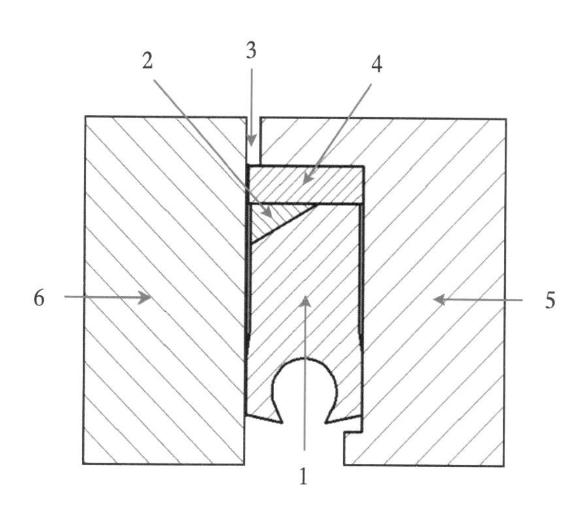

图 4-10　泛塞封底端改进示意图

1—泛塞封；2—三角挡圈；3—阀杆与阀体间隙；4—圆环垫圈；5—阀杆；6—阀体

260℃，机械性能优异，自润滑性好，耐化学品腐蚀，阻燃，耐剥离性，耐磨性，不耐强硝酸、浓硫酸，抗辐射，超强的机械性能可用于高端的机械、核工程和航空等科技。此外，密封件在受高压时还会出现滑移、变形不均匀等，挡圈能起限位和定位的作用。图 4-11 为泛塞封底端改进后的产品。

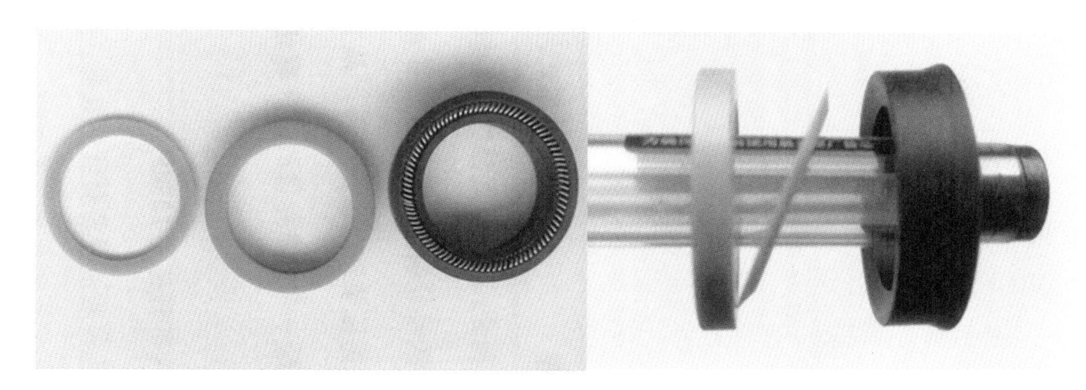

图 4-11　泛塞封底端改进产品

第二节　高压闸阀密封件材料的选择

对于合格的密封件来说，需要合理的尺寸设计和材料选择。高压闸阀密封件的工况为高温高压，由于其使用环境苛刻，更需要设计出精确的配合尺寸和选用满足条件的材料。通常评价一个密封件是否合格时，首先要看是否能满足所使用的工况压力，判定指标是密封件与密封面的接触应力应大于工况的最大压差，特别是在运用仿真软件来判定其密封性能优劣时，这一准则体现得更为明显。不过，要设计一款成熟的密封件产品，考虑的不能仅仅只是目标压力和接触应力的关系，需要将密封件的整个密封过程中的可能失效原因进行理论分析，再配合实物试验来对理论设计进行验证和修正，两者相辅相成，最终研制出一款合格的密封件产品。

高压闸阀的非金属密封件使用时的极限工况可达120℃和140MPa，根据现场调研和对密封件的理论分析，高压闸阀密封件的材料需要满足温度、强度、刚度等各方面的要求。

一、高压闸阀非金属密封件材料要求

（一）温度要求

密封件在使用过程中若温度发生变化，便会引起密封件材料属性发生变化进而影响到密封件的密封性能，严重时会造成泄漏等现象，起不到密封作用，导致设备无法正常使用（张继华，2011）。耐温性表示橡胶物理机械性能对温度的敏感性，即在高温条件下，橡胶力学性能基本不下降这种性质。丁腈橡胶（NBR）制品虽然在较高温度下仍具有优异的耐油性能，但因其力学性能会随使用温度的升高而变差，使其制品在苛刻条件下的使用受到限制。

研究的极限工况是120℃，这个温度对于一般的非金属材料来说已经不适合用作密封材料了。在这个温度条件下，如同常用的丁腈橡胶这类材料已经高于其最适合的密封温度，不能发挥出其材料的最优密封性能。将丁腈橡胶加热至90℃时材料发出异味，加热至120℃时材料开始与加热炉壁面发生少部分粘连。就密封件工况来讲，虽然高压闸阀中大部分密封件是处于静密封的状态，但是与阀杆配合的密封件还是会有动密封、静密封两种状态。在高压闸阀开启或关闭时，阀杆会上下移动，与阀杆接触的密封件材料若使用丁腈橡胶会导致密封件被破坏。这是因为长时间处于高压工作状态的丁腈橡胶材料会和阀杆粘接，无法在阀杆运动时与阀杆发生有效的相对运动，导致密封件被破坏掉。如果工况再有高温，粘接现象将更为明显，由阀杆移动所带来的破坏必将更为明显。

所以，高温高压工况下不能选用常用的软橡胶，应该向耐温较大且不易发生粘接的工程塑料方向考虑。

（二）强度要求

高压闸阀使用的泛塞封，由于其独特的“Y”形截面设计和自密封特性，在静密封时，如果进行缓慢加压（静载），在此过程中会出现拉伸、剪切和压缩这三类主要的变形方式，压缩将成为最主要变形，拉伸和剪切在泛塞封完全贴满密封槽前出现，其后迅速减弱但不可忽视；如果对密封件唇口施加瞬时高压（冲击载荷），拉伸和剪切变形将更为明显。

在高压闸阀的实际使用中，几乎不存在缓慢加载的情况。这是由于安装在采气树后是关闭状态，采气树闸阀一打开气体迅速进入阀腔后，压力迅速增大至井口压力水平。此时高压气体将充满闸阀阀腔，与其接触的密封件都将承受高压。作业区的高压采气树上，只要密封件能直接与气压接触，其承受的压力会迅速上升到 80MPa 的水平。在阀杆移动的动密封状态时，由于密封面摩擦力的存在，加剧了阀杆移动方向对唇口的剪切，摩擦力越大剪切越明显，越容易使密封失效。

（三）刚度要求

材料受力变形的情况，对刚度描述最经典的表达式就是虎克定律。非金属材料大多具有超弹性变形特征，即受力与变形是正相关而且呈高度非线性，也叫材料的非线性特征（王友善等，2009）。所以采用数值模拟时，需选取超弹性模型来表征所选的非金属材料。

高压闸阀使用的泛塞封，其截面形状为“Y”形，“Y”形上部分叉部位为唇口，下部“I”形为支撑部位。当密封件处于正常工作状态时，即完全压缩状态，它要求密封件除唇口气压作用区外的其他部分的各个外表面都要与密封槽表面紧紧接触。“I”形部位变形后要能支撑唇口，让唇口部位压在“I”形支撑上，较大的应力也分摊到支撑上，改善唇口应力状态。如果支撑未完全膨胀而导致唇口部位悬空的话，将有破坏密封件的可能，是密封件发生低压破坏的原因。所以，如果密封材料刚度过大，变形不能协调同步于唇口，那么在压力逐渐增加的某个时刻，密封要被破坏。此外，密封件能够完全与密封槽贴合还能改善其受力状态，使其所有外表面都受压，将其等效应力控制在一个低的水平，尽可能使密封件不被破坏。

所以，合适的形变要求合适的刚度是对高压闸阀密封件材料的刚度要求，它与密封件的尺寸也有较大联系。

（四）预紧密封力要求

密封圈的工作状态主要有预压缩、承载密封压力、上下滑动等（刘占军等，2010）。泛塞封唇口和密封槽的配合是一个过盈配合，这是为了使密封件在装进密封槽后能与密封壁面产生一个初始的接触密封应力，以辅助初期的密封和便于密封唇规则地展开，从而有利于后续对高压气体的密封。预紧力由密封材料、过盈尺寸和弹簧决定，其产生的原因是密封槽壁面压缩密封件唇口和密封件唇口反抗密封槽壁面压缩的一对作用力与反作用力，是应变产生应力，密封应力主要关注其大小。

在选择材料之前，由于密封相关部件的尺寸和弹簧已经确定，决定预紧密封力大小的就只有材料属性了。也就要求在同等过盈量条件下，选取能产生更大预紧力的材料。唇口部位的过盈挤压变形，不能单纯用拉伸、压缩和弯曲等来解释，它的形变是个复合形变。不过可以通过拉伸、压缩应力—应变关系曲线来大致定性地分析出何种材料更能满足预紧力的要求，重点关注小应变受压的应力变化情况。

图 4-12 和图 4-13 为 10%碳纤维改性聚四氟乙烯工程塑料与丁腈橡胶的拉伸和压缩应力—应变曲线，从两图中都可以得出：10%碳纤维改性聚四氟乙烯在低应变时不管是拉伸还是压缩都需要施加远大于丁腈橡胶的力。就从预紧密封力产生的原因来看，同样的泛塞封唇口压缩量的条件下，压缩 10%碳纤维改性聚四氟乙烯材料明显要难于丁腈橡胶。所以，前者的预紧密封力要明显大于后者。

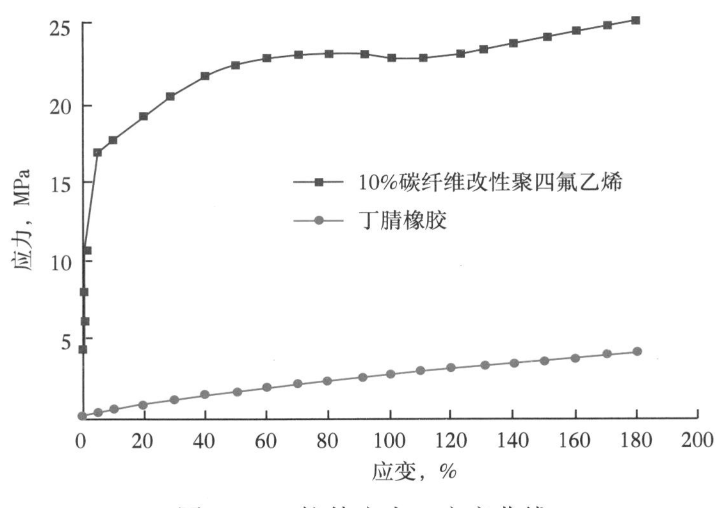

图 4-12　拉伸应力—应变曲线

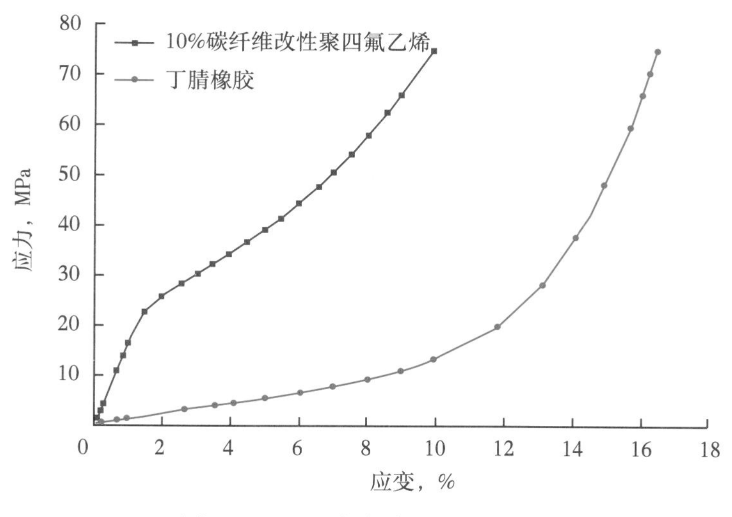

图 4-13　压缩应力—应变曲线

所以，在非金属材料中选择一款在同样密封件尺寸条件下能产生较大初始接触应力的材料是密封件的预紧力要求。

（五）高低压密封要求

通常来说，密封件如果能封住高压，那么它也应当适用于低压。但是，对于具有自密封效果的泛塞封来说，它独特的设计更适合密封高压。泛塞封的有效密封部位为唇口，气体压力越大越利于唇口的张开，迫使唇口与密封壁面紧密贴合，从而产生出能够满足密封要求的接触应力（有效密封应力）和接触带（有效密封接触带）。相反的是，低压力情况下这个效果就不够明显，唇口无法足够张开与密封壁面贴合产生足够的接触应力。再如果密封件材料、弹簧和唇口尺寸选择与设计得不够合理，使初始预紧接触应力不够，会导致密封件封不住低压的情况出现。因此，验证密封件高低压密封性能也是十分必要的。

所以，对于高低压都能有效密封也是对密封件的一个要求。

（六）记忆变形要求

对于密封件的记忆变形就是指密封件在受压后产生一定的变形，压力撤去后密封能够恢复到最初的形状，当相同气压力再次施加后，又能够很好地变回上次受压的形状。这就是密封件的记忆变形要求，考察材料的流变性。

高压闸阀不同于封隔器这种“一次性”密封的设备，它会配合生产需要多次开启或关闭阀门，密封件承受的气压会起伏变化多次，相当于弱化版的密封件重复使用，特别是采气树截止阀关闭再开启，闸阀内的密封件承受的压力波动最大。如果材料变形恢复能力不够，此类“重复使用”必将导致密封件失效。而且，作业区现场不可能每次关开井都为闸阀更换新的密封件，这样不仅耗时费力且成本巨大。此外，对于井口压力波动较大的井，密封承受的气压始终是处于动态变化的状态，这也需要密封件材料有满足要求的记忆变形能力。

所以，材料的记忆变形能力也是实际工况对密封件材料的变形要求。

（七）装配要求

合理地进行闸阀密封件装配对密封效果具有重大影响，在安装过程中，必须要时刻保持金属密封面和密封件的完整光洁。如果在安装过程中出现密封面和密封件被划伤，如图 4-14 所示，该泛塞封在使用过程中就容易密封失效导致泄漏。金属密封面由于硬度高且部分还处于阀门内部不容易损坏，密封件是人工装入密封槽内且非金属材料较软，在安装时要特别小心。

所以，具有足够的表面硬度也是对密封件材料的一项要求。

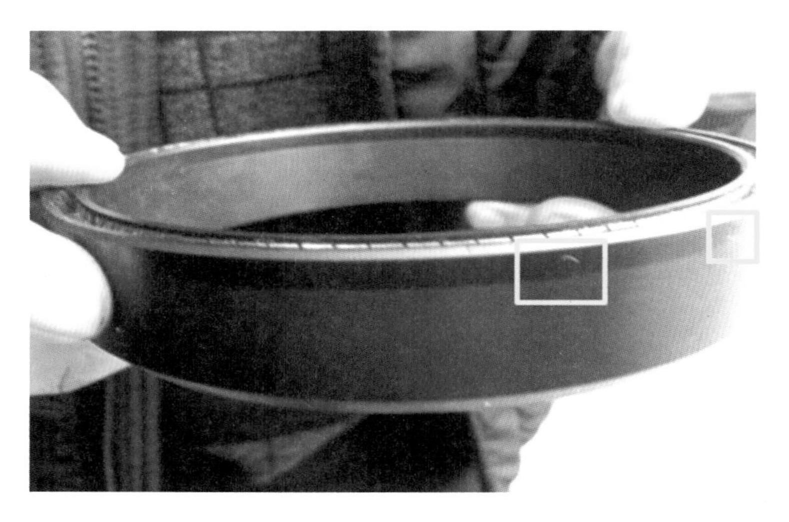

图 4-14　泛塞封唇口被划伤

二、聚四氟乙烯

通过以上分析，非金属密封件材料需要具有高温稳定的材料属性和足够高的强度，其次是合适的刚度和低的摩擦系数，再次需要具备“小应变大应力”的材料特征和稳定的记忆变形能力，最后要求材料有一定的表面硬度。经过筛选，满足以上要求的“工程塑料王”聚四氟乙烯进入研究者的眼中，而其碳纤维的改性材料由于在硬度、抗压强度和承载能力上更优于纯聚四氟乙烯，也适合做高温高压密封件的材料，所以将其碳纤维改性材料也一并纳入考虑的范围内。

（一）聚四氟乙烯材料概述

氟树脂近年来发展迅速，其有诸多优点，比如：耐腐蚀、耐热性、低摩擦性、自润滑性和耐高低温性，是目前广泛应用的密封材料（邱永福，2005）。国产氟树脂主要用于高科技和军工行业，但随着我国科技的迅猛发展，氟树脂的产量逐年增多，其应用领域开始扩展到国民生产的各个行业中来。氟树脂有多种聚合物，其中适用范围最高的当属拥有塑料王之称的聚四氟乙烯，它的产量占每年氟树脂各类产品产量总和的90%。

国内外许多研究机构正着手研制性能优异的密封材料，而聚四氟乙烯具有很高的化学稳定性，无毒、无污染，适用于各种复杂形状的密封面等特性，因而在密封行业得到了广泛应用，成为食品、医药和强腐蚀场合的首选密封材料。

（二）聚四氟乙烯的优缺点

聚四氟乙烯的分子结构如图4-15所示，该分子链的组成为：主链是由碳原子相互连接而成，侧链上的氢原子由氟原子取代，这样的高聚链结构给聚四氟乙烯带来了以下优点（李大武等，2009）：

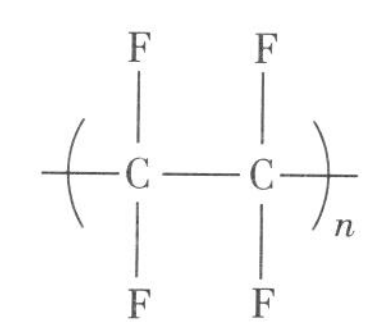

图4-15　四氟乙烯分子式

（1）具有高熔点和高耐热性，这是因为由碳原子做骨架主链和氟原子相互紧密结合，使整个分子链的刚性很大，同时该材料又高度结晶，使其获得了高的熔点和高的耐热性；

（2）电绝缘性能和极优异的介电性，这是由于分子链中，一碳两氟的单元结构高度对称所导致的；

（3）聚四氟乙烯分子内原子的结合十分牢固，使其化学性质稳定，难以与其他的物质发生化学反应；

（4）极高的熔融黏度，这是由异常巨大且刚性高的分子链产生；

（5）耐高低温，可长时间在250℃的温度环境下使用，当温度降到零下260℃时，仍然具有一定的韧性；

（6）耐腐蚀性，表现出良好的化学惰性，在王水中也不会发生腐蚀；

（7）耐气候性，不吸潮、不燃，对氧、紫外线和温度具有最佳的耐老化性；

（8）高润滑性，摩擦系数非常小，是目前发现的摩擦系数最低的材料；

（9）无黏性，是目前发现的表面能最小的材料，表面张力为0.019N/m，固体几乎都无法粘在其表面。

聚四氟乙烯材料有以上的诸多优点，当然它也具有一定的缺点，避开缺点尽可能地使用其优点，才能达到物尽其用，满足生产需要，节约成本的要求。其缺点有（古年年等，1997）：

（1）非金属材料中不算高的机械强度，一般为 20~30MPa；

（2）线性热膨胀系数较大，在-50~250℃之间，其线性热膨胀系数大约为钢铁的 13 倍；

（3）二次加工和成型困难；

（4）耐蠕变性差，蠕变受载荷大小、形变方式和作用时间、温度等影响较大（张骏，2016），聚四氟乙烯若在长期高负荷作用下，会发生较大的蠕变，出现“冷流”现象（冷流是指在常温下，塑料、橡胶、金属等固体在负荷下发生形变，去负荷后不能恢复原形的变形现象），这是限制其广泛应用的主要原因之一；

（5）耐磨性差，非金属材料表面硬度普遍不高，这就要求与其配合的面必须光滑，而且相对运动速度尽可能的低，摩擦时间也不应过长；

（6）导热性差，聚四氟乙烯的导热系数为 0.24kcal/(m·h·℃)，易出现热变形、热疲劳和热膨胀；

（7）价格比其他塑料贵。

三、碳纤维改性聚四氟乙烯

聚四氟乙烯（PTFE）以其优异的性能被广泛地应用于石油、化工和医药领域。但作为密封材料时，存在易冷流、耐蠕变性能差、导热性差、强度不足等缺点。因此，通过在聚四氟乙烯中加入不同的填料制成填充聚四氟乙烯，能有效地改进其性能。常用的填料有碳纤维、玻璃纤维、青铜粉、石墨、二硫化钼以及一些聚合物填剂（张振英，1997）。

复合材料是由两种或两种以上不同性质的材料，通过物理或化学的方法，在宏观（微观）上组成具有新性能的材料。各种材料在性能上互相取长补短，产生协同效应，使复合材料的综合性能优于原组成材料而满足各种不同的要求。复合材料的基体材料分为金属和非金属两大类。金属基体常用的有铝、镁、铜、钛及其合金（徐滨士，2008）。非金属基体主要有合成树脂、橡胶、陶瓷、石墨、碳等。增强材料主要有玻璃纤维、碳纤维、硼纤维、芳纶纤维、碳化硅纤维、石棉纤维、晶须、金属丝和硬质细粒等。

碳纤维（Carbon Fiber，简称 CF），是一种含碳量在 95%以上的高强度、高模量纤维的新型纤维材料（王晓刚，2016）。它是由片状石墨微晶等有机纤维沿纤维轴向方向堆砌而成，经碳化及石墨化处理而得到的微晶石墨材料。碳纤维“外柔内刚”，质量比金属铝轻，但强度却高于钢铁，并且具有耐腐蚀、高模量的特性，在国防军工和民用方面都是重要材料。它不仅具有碳材料的固有本征特性，又兼备纺织纤维的柔软可加工性，是新一代增强纤维。

碳纤维具有许多优良性能，碳纤维的轴向强度和模量高，密度低、比性能高，无蠕变，非氧化环境下耐超高温，耐疲劳性好，比热及导电性介于非金属和金属之间，热膨胀系数小且具有各向异性，耐腐蚀性好，X 射线透过性好，良好的导电导热性能、电磁屏蔽性好等（李军，2010）。碳纤维与传统的玻璃纤维相比，杨氏模量是其 3 倍多；它与凯夫拉纤维相比，杨氏模量是其 2 倍左右，在有机溶剂、酸、碱中不溶不胀，耐蚀性突出。

国内的学者经过多年研究得出以下结论（师延龄等，2005）：

（1）碳纤维对 PTFE 力学性能有一定影响，碳纤维填充量增加，其拉伸强度、伸长率有所下降，硬度和抗压强度增加；

（2）碳纤维对 PTFE 摩擦磨损性能有一定影响，随着碳纤维填充量的增加，摩擦系数略有减小，磨痕宽度下降；

（3）采用碳纤维—石墨填充 PTFE，碳纤维填充量 15%左右、石墨填充量 3%~5%生产的复合材料，用于制作组合密封件、导向支撑环等，在往复运动和旋转运动工况下使用，其在水润滑的条件下优于其他 PTFE 复合材料；

（4）制品的综合性能良好，磨损性能优良、寿长，碳纤维粒子刚硬，优先承载能力强，所以碳纤维填充量越大，PTFE 复合材料硬度、抗压强度随之增大。

综上，碳纤维改性聚四氟乙烯材料在保有纯聚四氟乙烯耐高低温、低摩擦、化学惰性等优点的情况下，具有更大的强度，是作为高温高压密封件的优秀材料。本书后续研究中将聚四氟乙烯、10%聚四氟乙烯和 20%聚四氟乙烯作为密封材料，从密封件破坏和接触密封特性上分析，从三种材料中选择一款最为合适的作为泛塞封的确定材料。

第三节　高压闸阀密封件材料的本构模型

基于密封件材料的材料非线性和密封件变形时的接触非线性特征，可以看出这类材料不能像金属材料那样仅用几个参数就能进行表征，需要借助本构模型，而适合非金属密封材料的本构模型是超弹性模型。

本节利用单轴拉伸试验数据表征材料非线性行为，对三种材料（聚四氟乙烯、10%聚四氟乙烯和20%聚四氟乙烯）在20℃、60℃、90℃和120℃条件下进行单轴拉伸，并将试验数据代入ABAQUS软件进行拟合，得出了各材料在各温度下的二阶多项式模型、Mooney-Rivlin模型和Yeoh模型。通过判定试验应力—应变曲线与各模型的应力—应变曲线的重合程度，选择二阶多项式模型作为三种材料的超弹性本构模型，并得出各材料在各温度条件下的二阶多项式模型常数。为密封件的仿真分析提供各研究温度下各材料的本构模型数据。

一、超弹性体理论

超弹性材料是指储存在材料中的能量（功）仅取决于变形的初始状态和最终状态，并且是独立于变形（或载荷）路径的材料，最常见的就是工业橡胶（李云鹏，2013）。通常来讲，满足弹性非线性大变形的材料就是超弹性材料。

超弹性体材料的力学行为复杂，不同于金属材料仅需要几个参数（密度、弹性模量、泊松比、屈服强度等）就可以描述材料特性。从大范围来讲：超弹性体材料在受力以后，出现的变形伴随着大位移和大应变，其本构关系是非线性的，并且在变形过程中体积几乎保持不变。

非金属密封件材料其在受力变形上具有超弹性体变形的一般特征。密封槽与密封件的密封接触变形问题是包含在非线性接触问题的范围内，由接触变形所带来的一系列应力和应变情况是密封件能否保证密封的重点。

因为对密封件的变形受力情况分析需要涉及力学、摩擦学、材料学以及公差配合等多领域的知识，所以需要对其进行精确分析研究存在诸多困难。不管是采用解析解还是数值解，求解问题的难度和计算工作量都非常的巨大而且繁琐，而且还会出现许多新的问题需要解决和进一步探索。总体来说，结构力学的本质没有发生大的变化，但是其表达形式已经变得复杂，原来的力学理论和研究方法，可以借鉴参考，但是已经不能完全适用（徐同江，2012）。

超弹性本构模型基于唯象理论，唯象理论只考虑宏观观测到的材料特性，不涉及微观组织结构和分子特性，在工程实际应用中，建立起来的数学表达式能够准确地描述碳纤维聚四氟乙烯复合材料变形的一般性质。这种方法把目标材料看成连续的、各向同性的、均匀变形的超弹性体。高聚物分子随机分布，且伸张改变分子的分布，基于连续介质力学，构造出描述目标材料力学性能的框架（严永明，2016）。这样，聚四氟乙烯及其碳纤维改性复合材料的属性就可以用应变势能密度函数来描述。

二、应变势能函数相关的基础术语

（一）工程应力与真实应力

在单轴拉伸的应力—应变曲线中，应力又叫工程应力或名义应力，由式（4-16）计算得出，应变又叫工程应变或名义应变，由式（4-17）计算得出。

$$\sigma = F/A_0 \tag{4-16}$$

$$\varepsilon = (L-L_0)/L_0 \tag{4-17}$$

式中　σ——工程应力，Pa；

ε——工程应变；

F——载荷，N；

A_0——拉伸试件原始截面积，m^2；

L_0——拉伸前的原始长度，m；

L——拉伸后的长度，m。

根据式（4-17），可得

$$1+\varepsilon = 1+(L-L_0)/L_0 = L/L_0$$

假设被拉伸的材料拉伸前后体积不变，即

$$V = V_0$$

可得

$$AL = A_0L_0 \Rightarrow L/L_0 = A_0/A$$

所以，有

$$1+\varepsilon = A_0/A \Rightarrow \frac{F}{A_0}(1+\varepsilon) = \frac{F}{A_0}\times\frac{A_0}{A} = \frac{F}{A} \Rightarrow \sigma(1+\varepsilon) = t \Rightarrow \sigma\lambda = t \tag{4-18}$$

式中　A——拉伸后横截面面积，m^2；

t——真实应力，Pa；

λ——延伸率；

σ——工程应力，Pa。

（二）延伸率

延伸率定义为

$$\lambda = \frac{L}{L_0} = \frac{L_0 + \Delta\mu}{L_0} = 1 + \varepsilon \tag{4-19}$$

式中　ε——工程应变。

工程上有3个主伸长比（主延伸率）λ_1、λ_1、λ_3，它们既用来度量变形，也用于定义应变能。

（三）应变不变量的定义

3个Green应变不变量I_1、I_2、I_3一般用于定义应变能函数。

$$I_1 = \lambda_1^2 + \lambda_2^2 + \lambda_3^2 \tag{4-20}$$

$$I_2 = \lambda_1^2\lambda_2^2 + \lambda_2^2\lambda_3^2 + \lambda_3^2\lambda_1^2 \tag{4-21}$$

$$I_3 = \lambda_1^2\lambda_2^2\lambda_3^2 \tag{4-22}$$

$$\lambda_i = 1 + \gamma_i \tag{4-23}$$

式中　γ_i——第i个主方向的主应变。

（四）体积比的定义

体积比J定义为

$$J = \lambda_1\lambda_2\lambda_3 = \frac{V}{V_0} \tag{4-24}$$

式中　V_0——未变形前的体积，m^3；

V——变形后的体积，m^3。

（五）应变势能的定义

应变势能通常表达为W，单位为J；它通常是应变不变量或者主伸长率的函数。

$$W = W(I_1, I_2, I_3) \tag{4-25}$$

$$W = W(\lambda_1, \lambda_2, \lambda_3) \tag{4-26}$$

对于应变势能的特殊形式，决定采用延伸率或者应变不变量。W 对应变分量的偏微分就能得到对应的应力分量，计算公式如式（4-27）所示。

$$S_{ij} = \frac{\partial W}{\partial E} \tag{4-27}$$

式中　S_{ij}——第二类 Piola-Kirchoff（皮奥拉—基尔霍夫）应力；

W——单位体积应变能函数；

E——Cauchy-Green（柯西—格林）应变张量。

考虑到材料的不可压缩性，应把应变势能函数式（4-25）、式（4-26）分解为偏差项（下标 d）和体积项（下标 b），体积项仅是体积比的函数，得到公式（4-28）和公式（4-29）。

$$W = W_{\mathrm{d}}(\bar{I}_1, \bar{I}_2) + W_{\mathrm{b}}(J) \tag{4-28}$$

$$W = W_{\mathrm{d}}(\bar{\lambda}_1, \bar{\lambda}_2) + W_{\mathrm{b}}(J) \tag{4-29}$$

定义偏差不变量和偏差主延伸率为

$$\bar{\lambda}_P = J^{1/3}\lambda_P \tag{4-30}$$

$$\bar{I}_P = J^{-2/3} I_P \tag{4-31}$$

式中　P——取 1，2，3。

J——材料压缩系数，取 0~1。

如果把目标材料视为不可压缩材料，则 $J=1$，那么有式（4-30），式（4-31）转化为

$$\bar{\lambda}_P = \lambda_P \tag{4-32}$$

$$\bar{I}_P = I_P \tag{4-33}$$

三、基于唯象论常见的本构模型

（一）多项式模型

多项式模型为

$$W = \sum_{i+j=1}^{N} C_{ij}(I_1 - 3)^i (I_2 - 3)^j + \sum_{i=1}^{1} \frac{1}{D_i}(J - 1)^{2i} \tag{4-34}$$

当 $N=1$ 时，得出 Mooney-Rivilin 模型为

$$W = C_{10}(I_1 - 3) + C_{01}(I_2 - 3) \tag{4-35}$$

常用的还有 $N=2$ 的表达式，即为

$$W = C_{10}(I_1 - 3) + C_{01}(I_2 - 3) + C_{20}(I_1 - 3)^2 + C_{11}(I_1 - 3)(I_2 - 3) + C_{02}(I_2 - 3)^2 \tag{4-36}$$

式中　C_{ij}——材料常数；

D_i——材料的不可压缩系数；

J——材料压缩系数，取 0~1；

I_1，I_2，I_3——应变不变量。

（二）减缩多项式模型

减缩多项式模型表达式为

$$W = \sum_{i=1}^{N} C_{i0}(I_1 - 3)^i + \sum_{i=1}^{N} \frac{1}{D_i}(J - 1)^{2i} \tag{4-37}$$

对于不可压缩材料 $J=1$，其 2 参数（$N=2$）表达式为

$$W = C_{10}(I_1 - 3) + C_{20}(I_1 - 3)^2 \tag{4-38}$$

Yeoh 模型为减缩多项式 $N=3$ 时的表达式为

$$W = C_{10}(I_1 - 3) + C_{20}(I_1 - 3)^2 + C_{30}(I_1 - 3)^3 \tag{4-39}$$

式中　C_{i0}，D_i——材料常数，由材料试验确定。

初始剪切模量 $\mu=2C_{10}$。

四、单轴拉伸状态下的模型形式

主应力 t_i 与主伸长率 λ_i 的关系如下：

$$t_i = \lambda_i \frac{\partial W}{\partial \lambda_i} + p = 2\left(\lambda_i^2 \frac{\partial W}{\partial I_1} + \frac{1}{\lambda_i^2}\frac{\partial W}{\partial I_2}\right) + p \tag{4-40}$$

式中　p——未知的静水压力，Pa；

t_i——主应力，Pa。

主应力体现了超弹性体的不可压缩性以及对应力的不敏感性。由式（4-

40）可以得到3个主应力的差值为

$$t_1 - t_2 = 2(\lambda_1^2 - \lambda_2^2)\left(\frac{\partial W}{\partial I_1} + \lambda_3^2 \frac{\partial W}{\partial I_2}\right) \tag{4-41}$$

$$t_2 - t_3 = 2(\lambda_2^2 - \lambda_3^2)\left(\frac{\partial W}{\partial I_1} + \lambda_1^2 \frac{\partial W}{\partial I_2}\right) \tag{4-42}$$

$$t_3 - t_1 = 2(\lambda_3^2 - \lambda_1^2)\left(\frac{\partial W}{\partial I_1} + \lambda_2^2 \frac{\partial W}{\partial I_2}\right) \tag{4-43}$$

在单轴拉伸的状态下，设1方向为拉伸的轴向，则，$\lambda_1\lambda_2^2=\lambda_1\lambda_3^2=1\Rightarrow\lambda_2^2=\lambda_3^2=1/\lambda_1$。

因此，得出材料单轴拉伸方向的主应力与伸长率的关系式：

$$t_1 = 2\left(\lambda_1^2 - \frac{1}{\lambda_1}\right)\left(\frac{\partial W}{\partial I_1} + \frac{1}{\lambda_1}\frac{\partial W}{\partial I_2}\right) \tag{4-44}$$

（一）$N=1$ 或 2 多项式模型的单轴拉伸方程

由 Mooney-Rivilin（$N=1$）基础方程式（4-35）分别对 I_1、I_2 求偏导，得

$$\frac{\partial W}{\partial I_1} = \frac{\partial[C_1(I_1 - 3) + C_2(I_2 - 3)]}{\partial I_1} = C_1 \tag{4-45}$$

$$\frac{\partial W}{\partial I_2} = \frac{\partial[C_1(I_1 - 3) + C_2(I_2 - 3)]}{\partial I_2} = C_2 \tag{4-46}$$

联立式（4-45）、式（4-46）并将其一般化，令 $\lambda_2^2=\lambda_3^2=1/\lambda_1=\lambda$：

$$t=2\left(\lambda^2-\frac{1}{\lambda}\right)\left(C_1+\frac{1}{\lambda}C_2\right) \tag{4-47}$$

由力学公式，真实应力 t 和工程应力 σ 的关系为

$$t=\lambda\sigma \tag{4-48}$$

得出工程应力与工程应变的关系为

$$\sigma = t\frac{1}{\lambda} = 2\left(\lambda - \frac{1}{\lambda^2}\right)\left(C_1 + \frac{1}{\lambda}C_2\right) \tag{4-49}$$

式（4-49）即是单轴拉伸试验确定 Mooney-Rivlin 模型常数 C_1、C_2 的方

法：以 $1/\lambda$ 为横坐标，以 $\sigma/[2(\lambda-1/\lambda^2)]$ 为纵坐标，拟合出一条直线，C_1 为这条直线的截距，C_2 为这条直线的斜率。

（二）Yeoh 模型的单轴拉伸方程

由 Yeoh 模型的 $N=3$ 基础方程式（4-39）分别对 I_1、I_2 求偏导：

$$\frac{\partial W}{\partial I_1}=C_{10}+2C_{20}(I_1-3)+3C_{30}(I_1-3)^2 \tag{4-50}$$

$$\frac{\partial W}{\partial I_2}=0 \tag{4-51}$$

联立式（4-44）得

$$t_1=2\left(\lambda_1^2-\frac{1}{\lambda_1}\right)[C_{10}+2C_{20}(I_1-3)+3C_{30}(I_1-3)^2] \tag{4-52}$$

又 $\lambda_2^2=\lambda_3^2=1/\lambda_1$，$I_1=\lambda_1^2+\lambda_2^2+\lambda_3^2$，可得

$$I_1=\lambda_1^2+\frac{2}{\lambda_1} \tag{4-53}$$

将式（4-53）代入式（4-52）得

$$t_1=2\left(\lambda_1^2-\frac{1}{\lambda_1}\right)\left[C_{10}+2C_{20}\left(\lambda_1^2+\frac{2}{\lambda_1}-3\right)+3C_{30}\left(\lambda_1^2+\frac{2}{\lambda_1}-3\right)^2\right] \tag{4-54}$$

联立式（4-44）和式（4-52），并一般化：

$$\frac{\sigma}{2(\lambda-\frac{1}{\lambda^2})}=C_{10}+2C_{20}\left(\lambda^2+\frac{2}{\lambda}-3\right)+3C_{30}\left(\lambda^2+\frac{2}{\lambda}-3\right)^2 \tag{4-55}$$

式（4-55）即为单轴拉伸确定 Yeoh 模型常数 C_{10}、C_{20}、C_{30} 的方法：以 $\lambda^2+2/\lambda-3$ 为横坐标参数，以 $\sigma/[2(\lambda-1/\lambda^2)]$ 为纵坐标参数，拟合成一条二次曲线。C_{10} 为零次项系数，C_{20} 为 1/2 一次项系数，C_{30} 为 1/3 二次项系数。

五、单轴试验

由前述理论可知，仅由单轴拉伸数据可以得到材料的本构模型，仿真软件

可根据试验数据补充材料的其他各方面的材料属性特征。在拉伸试验中，仪器设备为万用材料试验机、恒温加热炉、红外测温仪等，如图 4-16 所示。

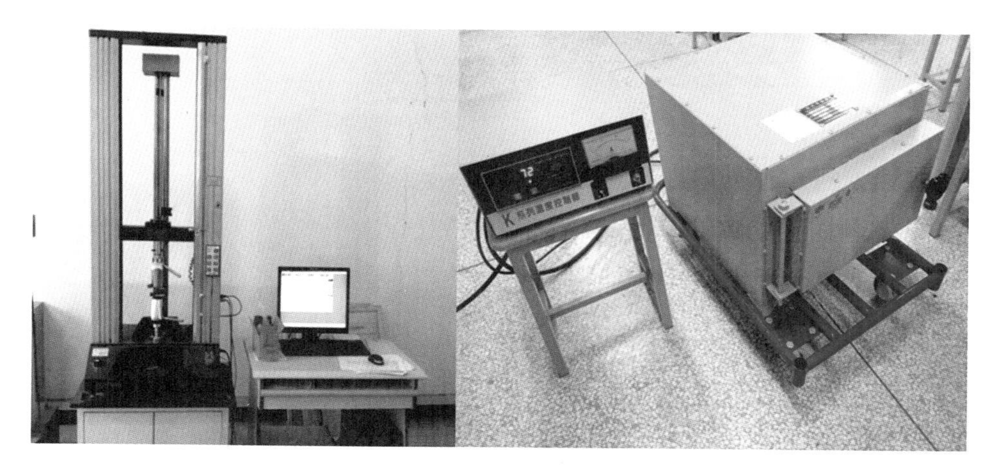

图 4-16　万用材料试验机和加热恒温炉

试验条件为，在 20℃、60℃、90℃和 120℃的条件下进行拉伸；试验材料为聚四氟乙烯（简称为四氟）、10%碳纤维改性聚四氟乙烯（简称为 10%碳纤维四氟）和 20%碳纤维改性聚四氟乙烯（简称为 20%碳纤维四氟），每种材料在每个温度下备样 3 个（图 4-17），共计 36 件，试件参考国标做成哑铃形；拉伸速度选取 100mm/min，拉断试件则停止试验。拉伸试样如图 4-17 所示，拉伸试件尺寸如图 4-18 所示，拉伸试验结果所得的各材料在各温度下的拉伸强度和拉断伸长率见表 4-2。

图 4-17　拉伸试样

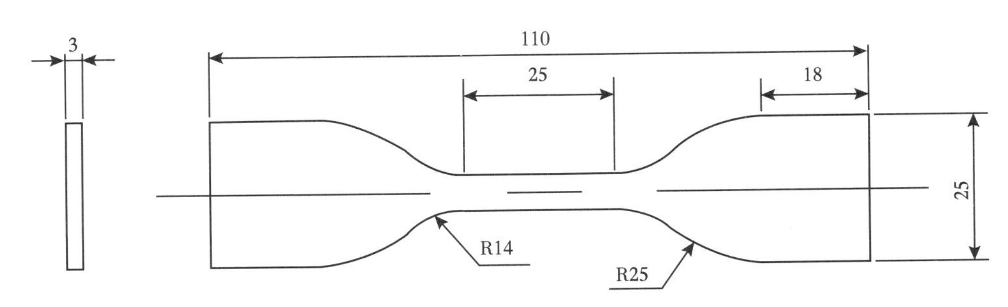

图 4-18 拉伸试样尺寸

表 4-2 不同温度下材料拉伸强度和拉断伸长率

温度	20℃	60℃	90℃	120℃
聚四氟乙烯	28. 2MPa 81%	25. 0MPa 253%	22. 3MPa 266%	21. 8MPa 286%
10%碳纤维 四氟	25. 1MPa 184%	24. 6MPa 274%	23. 0MPa 297%	22. 3MPa 391%
20%碳纤维 四氟	22. 7MPa 90%	21. 7MPa 205%	21. 0MPa 226%	19. 1MPa 263%

表 4-2 是不同温度下三种材料的拉断伸长率和拉伸强度。通过单轴拉伸试验数据，可以得出：对于同一种四氟或其改性材料来说，随着温度的增加，其拉断伸长率会增加而拉伸强度降低。纯聚四氟乙烯材料表现最为明显，碳纤维改性的四氟材料则要稳定得多。对于聚四氟乙烯本身的材料性能参数，如拉伸强度、延伸率和热膨胀系数等都会随着温度的变化而变化，呈现出一种流变性（姚翠翠，2014），这种效果也会反映在由其制成的密封件上。此外，在 120℃时，10%碳纤维改性四氟具有最大的拉断伸长率和拉伸强度，是高温条件下三种材料中最优异的，而高温正是本文研究的重点。而且，10%碳纤维改性四氟材料在各个温度下，都具有最大的拉断伸长率。从单轴拉伸试验的结果来看，10%碳纤维改性四氟应当是泛塞封的首选材料。

万用材料试验机也可以做单轴压缩试验，在应力达到 140MPa 后停止加压，除了试件压扁以外无法观察到其他破坏等迹象，可知道三种材料都非常耐压。在图 4-19 中，（a）、（b）、（c）分别为聚四氟乙烯、10%碳纤维四氟和 20%碳纤维四氟的单轴压缩应力—应变图，压缩试件尺寸如图 4-19（d）所示，压缩试件试验前后如图 4-20 所示。图 4-20 中，上排为试件压缩之前而下排为压缩之后，从左到右依次是纯四氟、10%碳纤维四氟和20%碳纤维四氟。

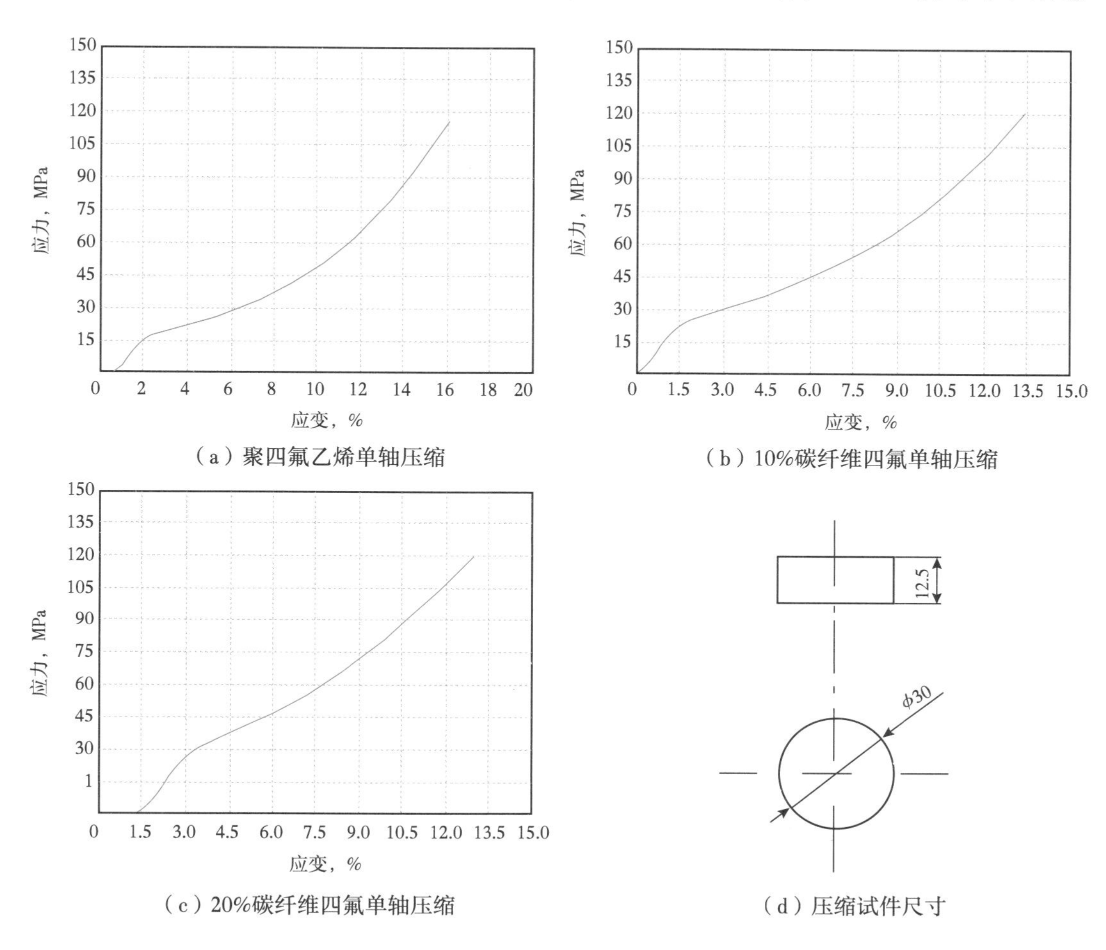

（a）聚四氟乙烯单轴压缩　（b）10%碳纤维四氟单轴压缩

（c）20%碳纤维四氟单轴压缩　（d）压缩试件尺寸

图 4-19　三种材料压缩应力—应变与压缩试件尺寸

图 4-20　试件压缩前后

通过单轴试验揭示了三种材料抗压而不抗拉的材料特性，取得了本构模型所需要的试验数据（单轴拉伸的应力—应变数据，压缩试验仅对其抗压性能进行测试）。

六、确定本构模型

前文介绍了常用的三种模型：多项式两种（Mooney-Rivilin 模型和二阶多项式模型）和减缩多项式模型一种（Yeoh 模型），将单轴拉伸数据代入 Abaqus 软件进行拟合，通过对比模型曲线和试验曲线的契合程度来判定哪个模型作为材料的本构模型更为合适。在输入单轴数据后，Abaqus 会自动生成剪切和双轴数据。在对超弹性材料的仿真模拟中，通常将材料视为不可压缩，所以不考虑材料相关的体积数据。此外，对于不可压缩材料，等双轴压缩试验可以等效为单轴拉伸试验，等双轴拉伸试验可以等效为单轴压缩试验，平面压缩试验可以等效为平面拉伸试验（赵琦璘，2015）。

三种材料在 4 种温度下一共要生成 12 个拟合数据，取聚四氟乙烯材料 120℃的单轴拉伸数据作代表来拟合三种模型应力—应变曲线，三种模型的拟合曲线与试验曲线如图 4-21 所示。图 4-21 中，绿色线表示二阶多项式模型，黄色线表示 Yeoh 模型，蓝色线表示 M-R 模型，红色线是试验数据曲线。通过观察 3 条模型曲线与试验曲线的契合度可以得出：Yeoh 模型为“S”形曲线，它与 M-R 模型一样，在低应变区间与试验曲线切合度很低，而密封件的工作

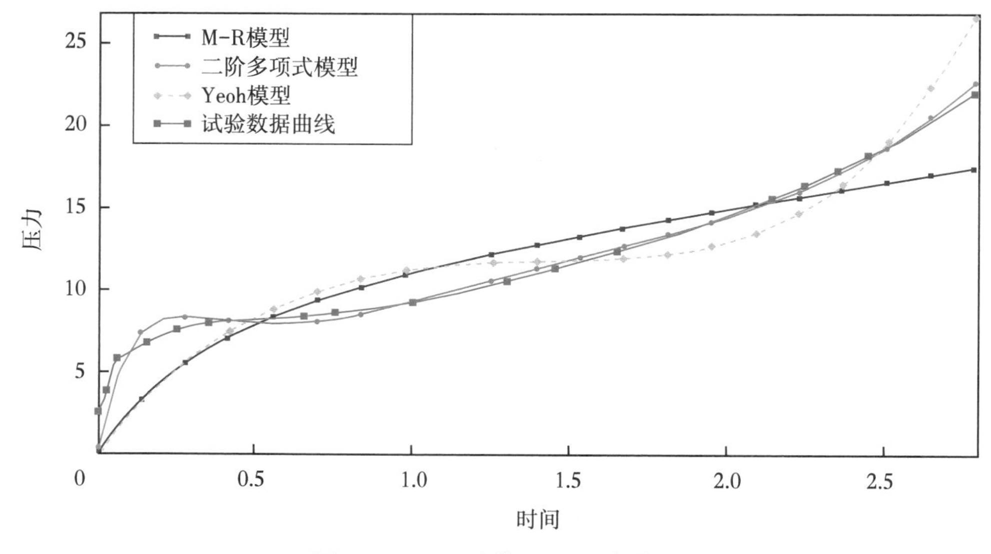

图 4-21　三种模型的拟合曲线

变形就是集中在低应变区域，在高应变区域与试验曲线的契合度也不高。

二阶多项式模型曲线却能够较好地反映低应变时材料的属性，且在整个拟合区间上与试验数据曲线有更高的重合度。所以，取二阶多项式模型作为仿真的本构模型，其模型见式（4-36）。

采用与聚四氟乙烯材料在120℃本构模型相同的方法可得出各材料在各温度下的本构模型，在后续数值模拟中，温度条件对聚四氟乙烯及其碳纤维改性材料的影响就包含在本构模型中。

第四节　“O”形密封圈的仿真分析及性能试验

一、“O”形密封圈的仿真分析

据密封所在零部件的尺寸范围，参照GB/T 3452.3—2005《液压气动用“O”形橡胶密封圈》，确定密封圈线径，从而查表确定密封沟槽的宽度、深度和沟槽倒角。选择合适的密封沟槽内径，继而查表确定密封圈的内径。

采用ABAQUS软件对“O”形密封圈进行Mises应力和密封面接触应力分析，以判断“O”形密封圈材料和密封性能是否满足设计要求。ABAQUS是一套功能强大的工程模拟有限元软件，除一般线性问题外，在解决很多非线性问题时有较好的收敛性。

在进行仿真之前对数值模拟做以下基本假设：

（1）不考虑密封圈重量对密封仿真的影响；

（2）由于所设计的所有密封件以及与密封件相配合的密封沟槽均为回转体，故而可将整个密封结构作为理想的轴对称模型来进行研究；

（3）聚四氟乙烯及其改性材料具有较广的温度使用范围，线膨胀系数极小，不考虑温度变化对密封圈的尺寸影响；

（4）不考虑蠕变对两种密封材料的影响。

与其他仿真软件类似，ABAQUS也是按照模型建立、材料设置、设置边界条件、施加载荷、网格划分、数值计算、数据后处理的流程进行分析。

（1）建立模型：安装在密封沟槽内的密封件为轴对称三维模型，仿真计算时，为减小计算量，用密封圈截面以及密封沟槽截面形状代替原三维模型。

（2）材料设置：聚四氟乙烯材料和添加10%碳纤维的改性聚四氟乙烯材

料，均在属性—力学—超弹性中输入单轴拉伸试验数据（表 4-2），并选择 Ogden 应变势能，其余设置保持默认。

（3）接触设置：“O”形密封圈仿真模型共设置两组接触对，分别为阀体底面与“O”形密封圈下半部分接触，密封沟槽与“O”形密封圈左上部分接触。阀体以及密封沟槽表面作为主接触面，密封件表面作为从接触面。由于密封圈与密封沟槽和阀体底座的过盈配合，在干涉调整选项中选择“在方向过程中逐渐删除从表面的过盈结点”，离散化方法选择“结点—表面”。

（4）约束和载荷：由于阀体底座与阀盖上的密封沟槽均始终保持静止，故将二者进行全约束，介质压力如图 4-22 所示沿着由外部向轴心的方向分步施加载荷，直至 140MPa。

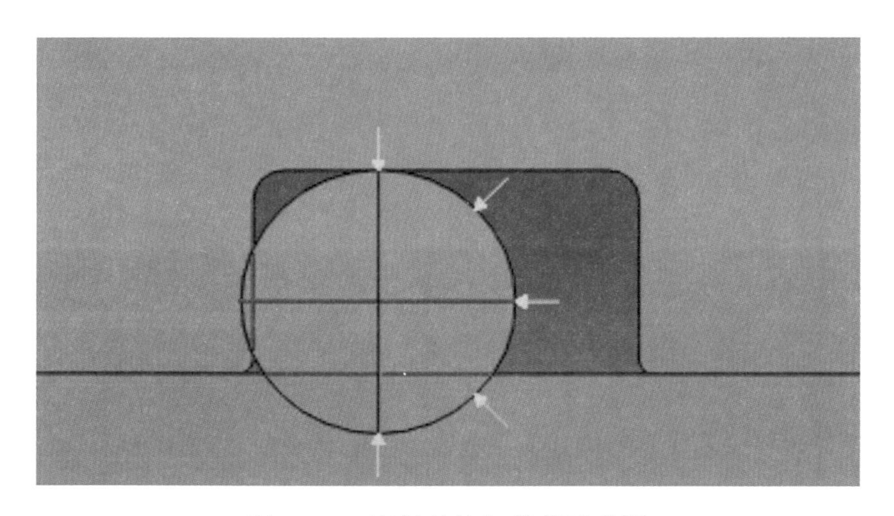

图 4-22　密封件施加载荷示意图

（5）网格划分：由于聚四氟乙烯仿真分析属于大变形非线性分析，对密封圈划分网格时，指派的单元类型选择适用于非线性分析的杂交单元，其余部件均使用缩减积分。网格类型控制中选择以四边形为主，对各部件进行网格划分。在接触设置中，往往将刚体面设置为主面，密封件接触面设置为从面，为了提高收敛性，在为各个部件进行网格划分时，密封件的网格尺寸略小于刚体的网格尺寸。

图 4-23、图 4-24 所示为聚四氟乙烯和 10%碳纤维改性聚四氟乙烯两种材料作为“O”形密封圈时的 Mises 应力云图，ABAQUS 软件中的 Mises 应力即为冯·米塞斯应力，又称等效应力，反映了材料内部的应力分布情况，通常根

据 Mises 应力云图对材料进行强度校核，Mises 应力表达式为

$$\sigma_m = \{[(\sigma_1 - \sigma_2)^2 + (\sigma_2 - \sigma_3)^2 + (\sigma_3 - \sigma_1)^2]/2\}^{1/2}$$

通常情况下，同种材料，Mises 应力越大的地方，材料出现裂纹的可能性就越大，密封圈出现密封失效的可能性就越大。

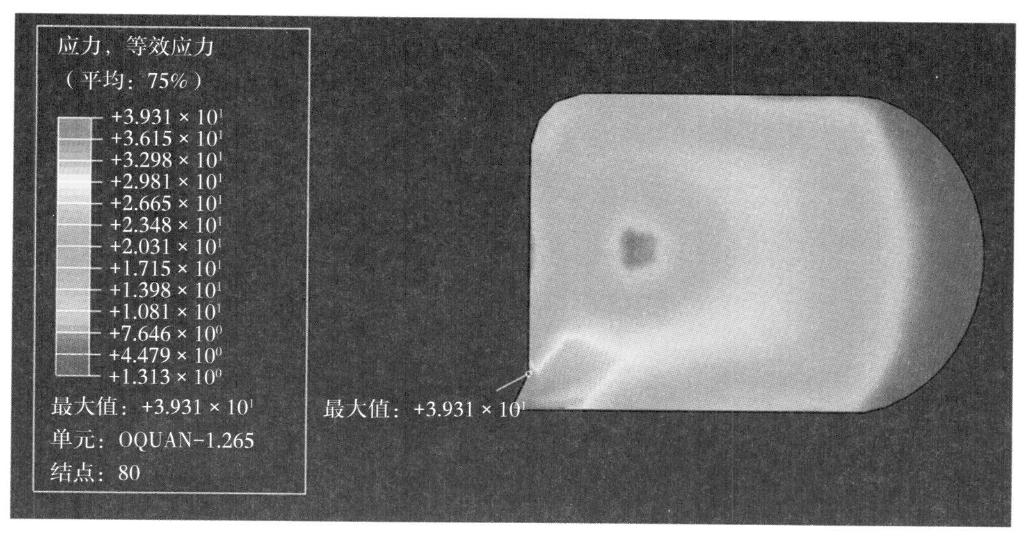

图 4-23　聚四氟乙烯材料“O”形密封圈 Mises 应力分布图

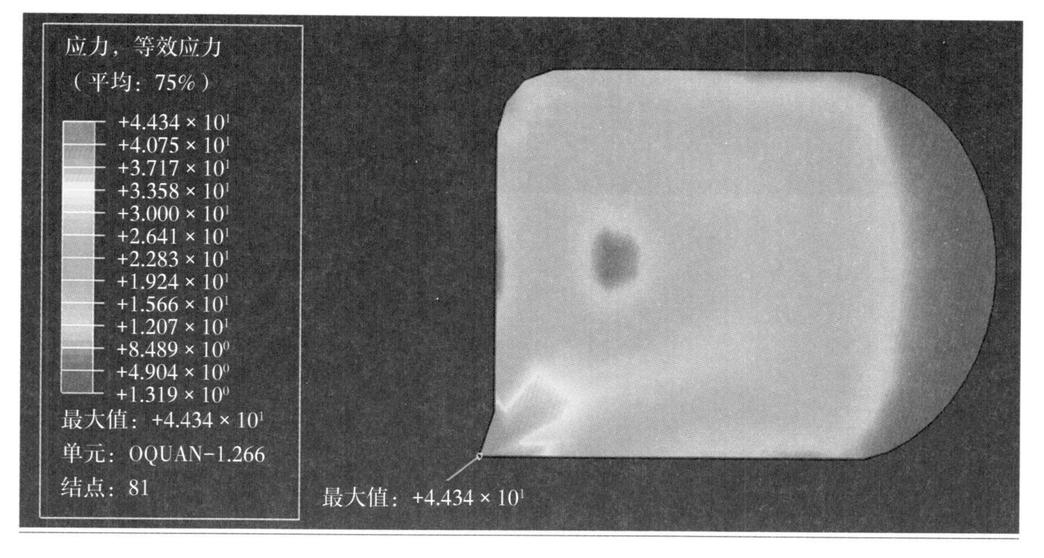

图 4-24　10%碳纤维聚四氟乙烯材料“O”形密封圈 Mises 应力分布图

从图 4-23 和图 4-24 中可以看出，两种材料的最大等效应力均出现在密封槽和阀体底面附近的倒角处，初步分析原因为该处的形状突变，在超高压的作

用下，在该处产生应力集中。对比两种材料，纯四氟“O”形密封圈的最大等效应力为39.3MPa，改性四氟“O”形密封圈的最大等效应力为44.3MPa。

当材料不发生破坏时，接触应力和有效接触宽度是用来衡量密封件的密封性能的两个关键参数。接触应力是由密封件自身过盈量以及密封件与密封耦合面在介质压力的共同作用下所产生。当接触应力大于介质压力时，密封件可以实现有效密封，反之则不能。有效接触宽度是当密封件实现有效密封时，密封件上接触压力大于介质压力的部分的宽度，当有效接触宽度过窄时，密封件失效的概率则较大。故而判断所设计的“O”形密封圈能否实现有效密封的两个充分必要条件为：(1) 接触应力大于介质压力；(2) 有一定的有效接触宽度，此处，有效接触宽度是指密封圈上接触应力大于介质压力的宽度。

两种密封材料的接触应力云图如图4-25、图4-26所示，由于只有当接触应力高于介质压力（140MPa）时才能实现有效密封，故图4-25和图4-26中仅显示出接触应力高于140MPa之处。

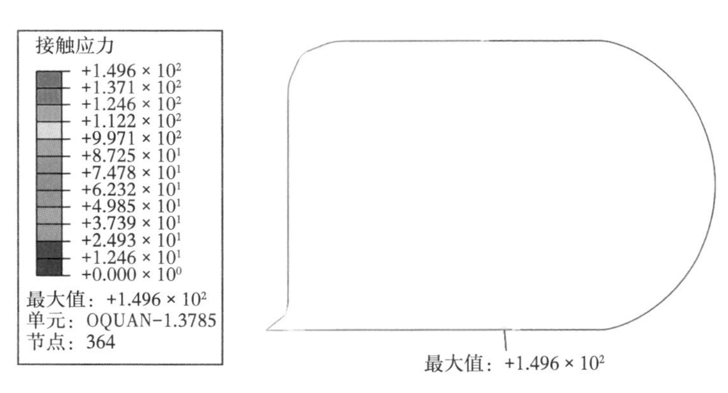

图4-25 聚四氟乙烯材料接触应力云图

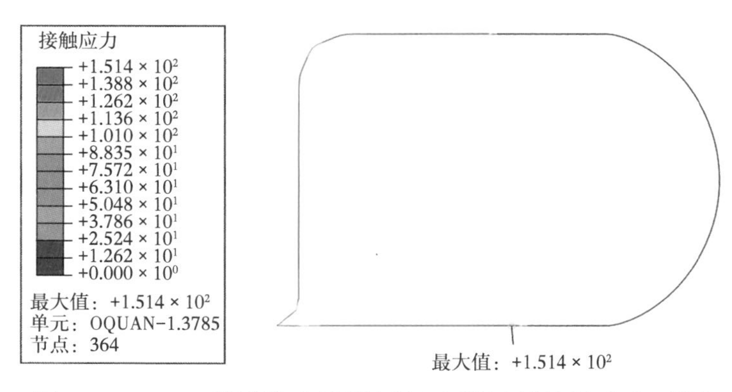

图4-26 10%碳纤维改性聚四氟乙烯材料接触应力云图

从图 4-25 和图 4-26 中可以看出，聚四氟乙烯“O”形密封圈的最大接触应力为 149. 6MPa，改性四氟“O”形密封圈的最大接触应力为 151. 4MPa，二者最大接触应力的位置均出现在“O”形密封圈与阀体底座的接触面上。

图 4-27、图 4-28 分别为两种密封材料的接触应力与接触宽度分布曲线图。

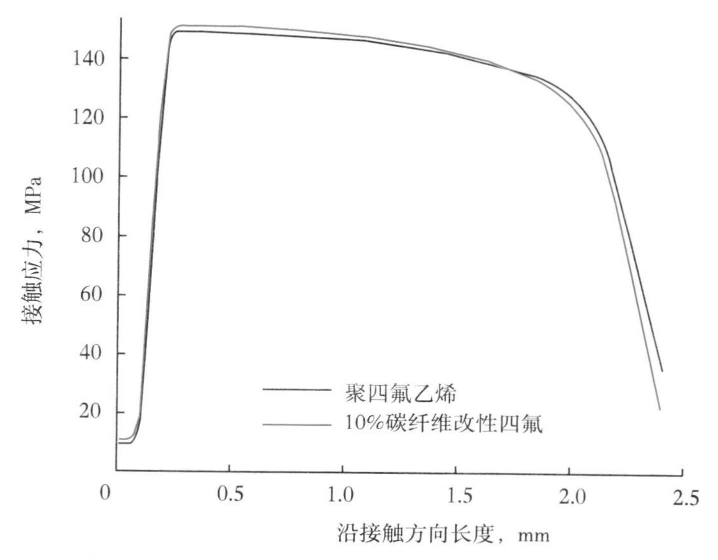

图 4-27　密封件与阀体表面接触宽度示意图

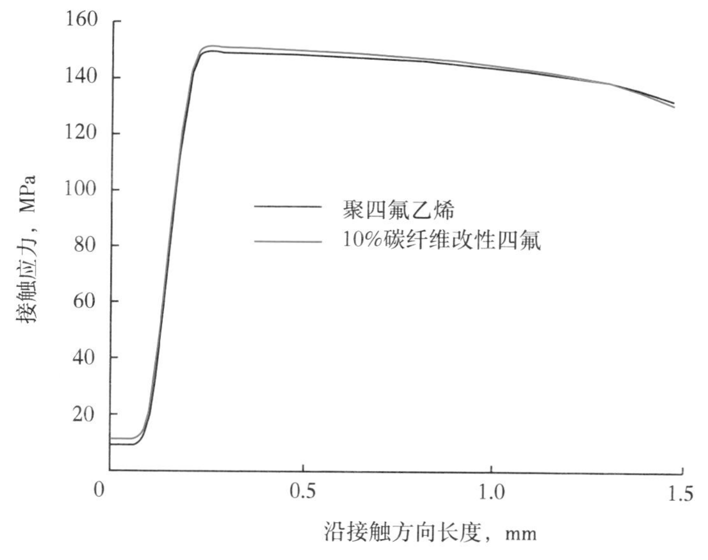

图 4-28　密封件与密封沟槽表面接触宽度示意图

从图 4-27 和图 4-28 中可以看出，两种材料的密封圈均有一部分接触区域宽度的接触应力大于 140MPa。聚四氟乙烯材料“O”形密封圈与阀体接触面的有效接触宽度在 1.40mm 左右，与密封沟槽接触面的有效接触宽度在 1.03mm 左右；10%碳纤维改性四氟材料“O”形密封圈与阀体接触面的有效接触宽度在 1.40mm 左右，与密封沟槽接触面的有效接触宽度在 1.03mm 左右。在超过 140MPa 的接触区域中，10%碳纤维改性四氟材料的接触应力值均大于聚四氟乙烯材料的接触应力。

通过数值模拟结果对比，可以发现，纯四氟材料的最大等效应力略小于改性四氟的最大等效应力。二者的接触应力和接触宽度相差不大，最大接触应力仅相差 1.8MPa，且均远远大于介质压力 140MPa，在材料不发生破坏的情况下，都可以实现有效密封。考虑到改性四氟材料成本及生产工序复杂程度均高于纯四氟材料，故高压采气井口通常选择纯四氟材料作为“O”形密封圈的密封材料。

二、密封圈的压力试验

（一）试验样本的制造

聚四氟乙烯及其改性材料的制造，与粉末冶金工艺有相似之处，首先将聚四氟乙烯或其改性材料与助推剂相混合，在室温下静置 1d，而后在 40℃温度下压制成型并在 200℃温度下烘干 2~3h，最后在 375℃温度下烧结 4h，完成整个材料制造工艺。其中，助推剂通常选用易挥发、无残留的石化产品，其作用为增加压制过程中材料的黏滞力。在材料制备完成后，对母材在车床上进行机加工，部分密封圈样本展示如图 4-29 所示。

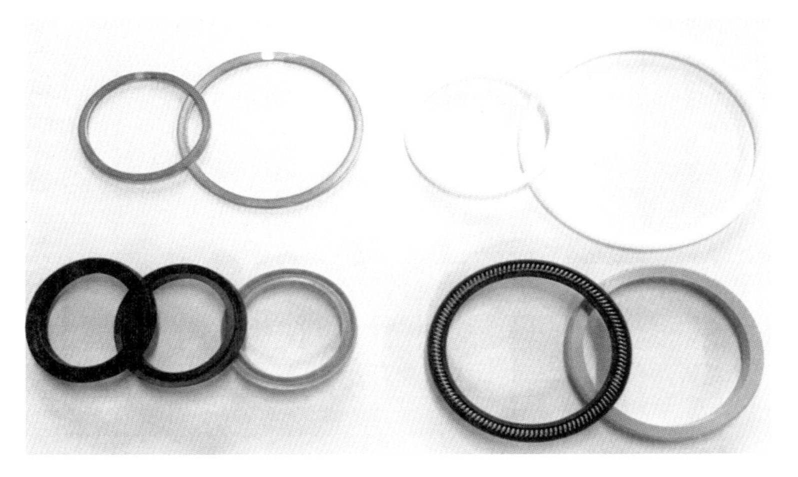

图 4-29　部分密封圈产品展示

（二）性能试验

1. 性能试验装置的设计

合格的密封件除依靠 ABAQUS 仿真软件进行密封性能校核之外，还需要对实物进行 140MPa 的性能试验，通过仿真与压力试验的双保险，保证所设计密封圈工作的可靠性。压力试验可直接将密封圈及其配合件安装在高压闸阀内进行，但是考虑到高压闸阀本身体积和质量较大，平时存放和运输都较为不便，且高压闸阀的制造成本很高，故而，设计一个压力试验装置用以代替高压闸阀进行压力试验，该装置可以反复使用，便于密封圈投入批量生产后的质量检测。

对密封圈压力试验装置的设计有以下几条原则：

（1）试验装置仅有一个气体入口，用于模拟节流阀的高压进气端；

（2）尽量减小气体腔室的体积，一方面可以在气体打压过程中尽快将压力建立起来，另一方面，从安全角度看，较大体积的高压气体危险性也较高；

（3）压力试验装置的设计力求能够试验出每个密封件的密封性能；

（4）密封沟槽的相关尺寸均与原阀门沟槽尺寸一致；

（5）设计多个泄漏观察点，以便于观察及针对性地改进。

分析高压闸阀内部结构可知，除隔套外，其余零部件上均安装有密封件，故在试验装置设计时可不用设计隔套，节流阀柱塞与笼套之间不需要密封，故而将柱塞与笼套作为一个整体进行设计。同时，用试压接口代替节流阀的入口，试验装置内部零件尺寸可参照节流阀内部零件设计，初步设计的试验装置结构如图 4-30 所示，各零部件的命名上，由于原节流阀的柱塞与笼套被合二

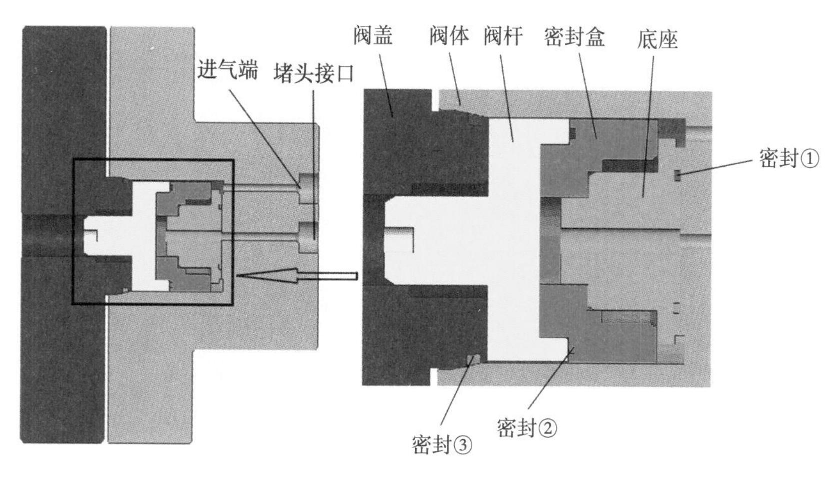

图 4-30　压力试验装置结构图

为一，形成的新零部件命名为底座，其余零部件名称均与节流阀内部零件保持一致。

2. 压力试验装置的结构分析和改进

整个试验装置所有安装有密封件的零件均安装于该装置壳体的内腔室内，阀体法兰和阀盖法兰通过 8 只长度为 230mm 的 M36 高强度螺栓连接，用于所有零件的轴向固定以及承受施压时产生的横向载荷。在阀体底端设计有高压气体（140MPa）接口，以及可以安装堵头的低压气体出口，接口结构尺寸选用 ⅛in UNF-2B 12 牙螺纹。

从图 4-30 中可知，若试压过程中出现了泄漏情况，通过密封处泄漏出的气体均会通过堵头接口处泄漏至装置外，这就无法在短时间内判断具体是哪一处密封失效。为了能够更加准确快速地判断具体的泄漏位置，对装置内部做以下 3 处结构改进。

（1）如图 4-31 红线所示，在底座密封①位置的内侧再开一个环形槽和一段水平槽，命名为辅助通道 1。在试压之前，将密封脂涂满于槽内，若密封①在试压过程中出现泄漏，则高压气体将快速流过环形槽和水平槽，通过小孔泄漏至大气环境，同时，会将槽内的密封脂带出。

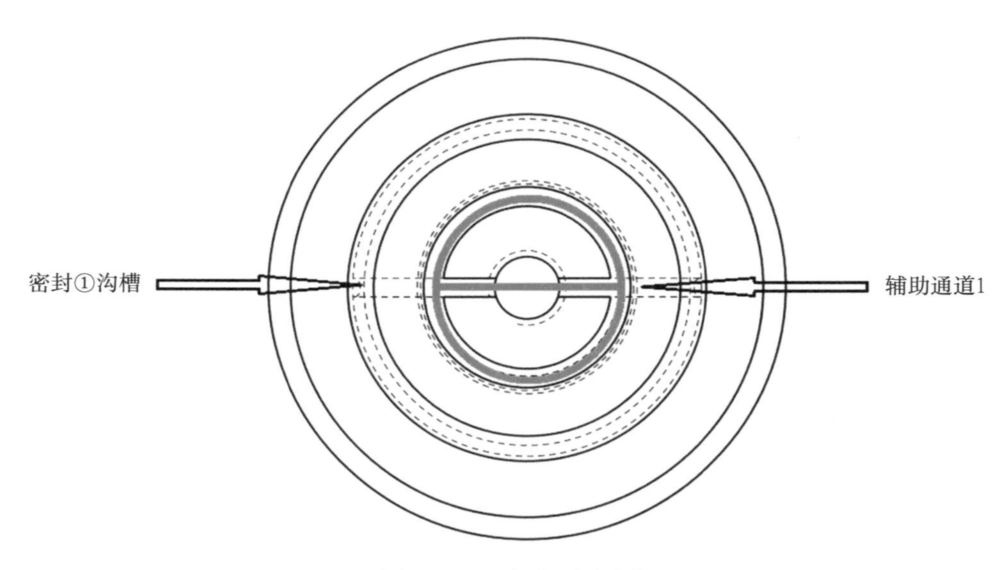

图 4-31　底座示意图

（2）与之前的原理相同，在密封盒靠上的位置开一个贯穿孔，命名为辅助通道 2，孔内涂满密封脂，同时在孔上端设计一处辅助密封，若密封②出现泄漏，由于辅助密封的作用，高压气体将通过该贯穿孔最终流至堵头接口，同时，会将贯穿孔内的密封脂带出。

（3）在底座的靠上部位开一个贯穿孔，命名为辅助通道3，同时设计一处辅助密封。

（2）和（3）中两处辅助密封以及与其相配合的密封沟槽的尺寸设计，均参考GB/T 3452.3—2016《液压气动用“O”形橡胶密封圈沟槽尺寸和设计计算准则》。最终设计的压力试验装置结构如图4-32所示。

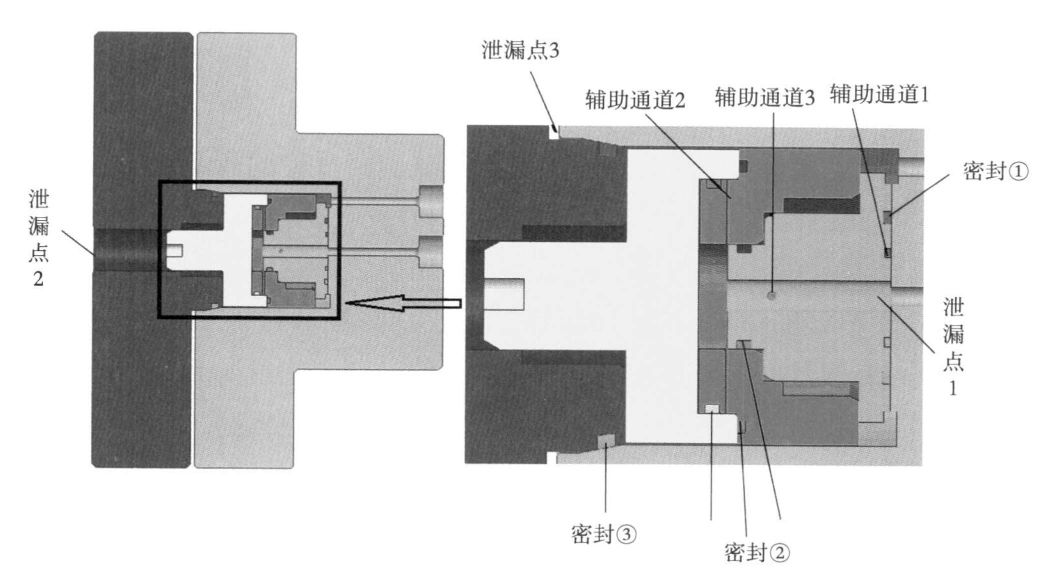

图4-32 压力试验装置最终结构图

3. 压力试验装置的密封泄漏分析

在气压试验时，该装置会被放置于水中，若密封件泄漏，则可通过冒泡位置判断出泄漏点，从而推断出失效的密封件。如图4-32所示，该装置中总共有3处泄漏点，即除高压气体接口外，该装置另有3处可与外界大气连通之处，分别位于与底座相连的堵头接口处（简称为泄漏点1）；阀杆与阀盖法兰相接处（简称为泄漏点2）以及阀盖法兰与阀体法兰相接处（简称为泄漏点3）。通过这些泄漏点和辅助通道内密封脂的冲蚀情况，可具体确定到是某个密封件或某个密封组发生密封失效，便于有针对性地改进。密封件泄漏判断方法见表4-3。

表 4-3 密封件泄漏判断方法

泄漏密封件	泄漏判断方法
密封①	泄漏点 1 冒泡同时辅助通道 1 中的密封脂被冲出
密封②	泄漏点 1 冒泡同时辅助通道 2 中的密封脂被冲出
密封③	泄漏点 3 冒泡
密封④	泄漏点 1 冒泡同时辅助通道 3 中的密封脂被冲出
密封⑤	泄漏点 2 冒泡

（三）压力试验装置强度仿真校核

根据国家高压密封件试验要求的相关规定，非标准件在进行高压气体检测之前，必须先经过高于 1.5 倍气体压力的水压试验，以检测所设计非标准件的整体强度。试验装置的强度主要是壳体的强度校核，因为壳体是整个试验装置的重要承压件。根据压力试验要求，进行气压试验之前，须对该装置主要承压件做 1.5 倍于气压的水压强度试验，强度试验从高压端打入 210MPa 的水压，同时假设密封无泄漏，故强度校核时，施加力的表面为密封①和密封③之间的圆周面以及高压进气口通道。建立该装置的阀体以及阀盖模型，阀体以及阀盖通过 8 颗螺栓进行连接，设置螺栓的初始预紧力，见式（4-56）。

$$F = \frac{S \times 157.5 \times 10^6 \times 2}{8} \tag{4-56}$$

式中 F——初始预紧力，N；

S——阀盖密封面所围成的圆形面积，mm^2。

将模型代入 ANSYS 数值模拟软件，所得等效应力云图如图 4-33 所示，通过等效应力云图可知，壳体内部空腔等效应力基本在 280MPa 左右，最大应力出现在高压入口与空腔相接位置，最大等效应力为 455.27MPa，远小于 30CrMo 屈服强度 785MPa。

外壳的变形结果云图如图 4-34 所示，由图 4-34 可知，对壳体施加 210MPa 压力后，壳体最大形变为 0.21mm，壳体空腔形变基本在 0.04mm 左右，在密封③沟槽处形变仅为 0.02mm。

综合对压力试验装置的等效应力分析和形变分析，该装置可满足 210MPa 的压力试验。

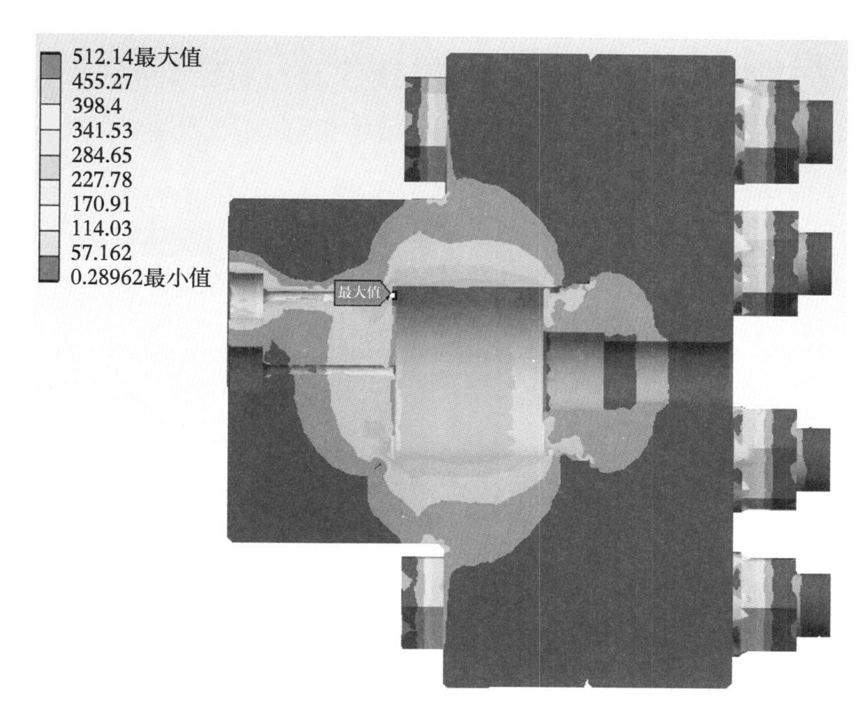

图 4-33 试验装置等效应力云图

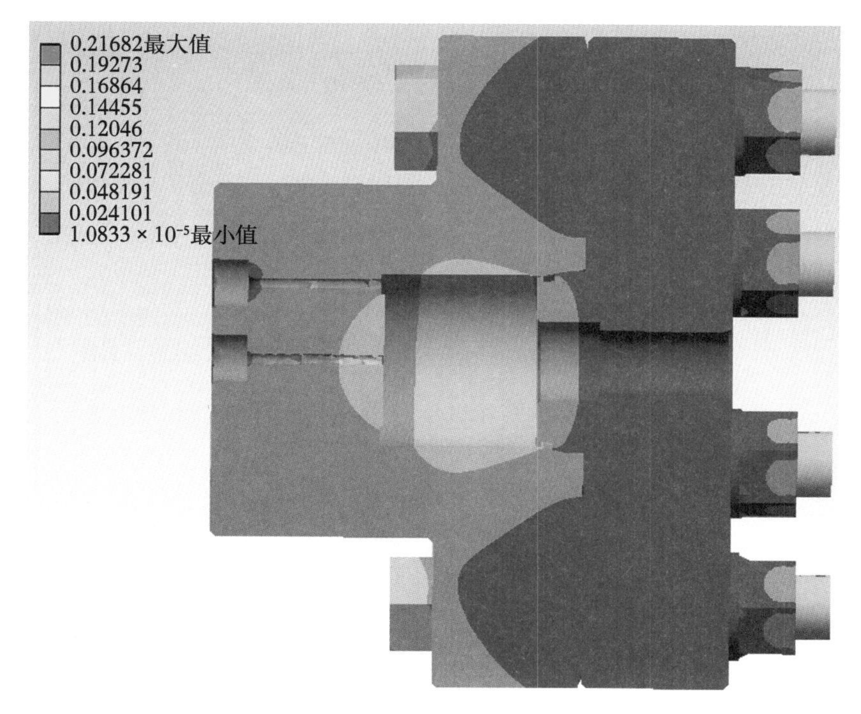

图 4-34 试验装置形变云图

（四）压力试验装置的制造

压力试验装置的材料选用30CrMo不锈钢，该材料经淬火回火处理，具有较高的强度、韧性以及良好的耐蚀性，同时该材料的机加工性能也十分优良。加工试验装置的阀体法兰时，首先将棒材切割成合适的长度，随后锻造成锻件毛坯，而后对毛坯进行粗加工和热处理，最后进行精加工，完成整个阀体法兰的加工过程。加工成型的压力试验装置以及内部各零部件实物图如图4-35所示。

（a）压力试验装置外观

（b）阀体

（c）阀盖

（d）密封盒，底座，阀杆

图4-35　试压装置成品图

（五）密封圈压力试验

1. 压力试验装置水压试验

将密封件安装于试验装置内，送至四川省某检测机构进行检测。在水压试验时，将低压气体出口用堵头堵住，水压从试验装置高压接口接入，打压至210MPa，稳压10min，若无泄漏，则说明该装置整体承压能力达到要求，图4-36所示设备为水压试压所用柱塞泵，该水泵最大工作压力达260MPa，检验结果满足要求。

图 4-36　水压试验柱塞泵

2. 压力试验装置气压试验

图 4-37 所示为气压试验现场，气压试验接入方式与水压试验类似，首先打紧试验装置螺栓，将高压气源的气嘴与试压装置高压入口相连接，而后用行车吊起该试验装置置入水池当中，通入 140MPa 的气体压力，稳压 15min，若全程无可见气泡漏出，则说明密封圈密封性能良好。

图 4-37　气压试验

第五节 泛塞封的应力及性能分析

高压闸阀的泛塞封唇口部位是密封件最为核心的部分，既是起有效密封的实质部位又是最容易被破坏的部位。通过ABAQUS有限元分析软件对泛塞封的动、静密封过程进行仿真，分析比较不同材料的密封件在不同压力和温度的动、静密封过程中最可能破坏部位的最大Mises应力和最小等效应力，并关注密封件在形变过程中的拉压状况，分析泛塞封唇口部位产生破坏的位置和原因。

一、泛塞封的应力

（一）仿真设置

高压闸阀的密封仿真中不涉及密封件尺寸的改变，采用轴对称简化的平面模型，主要变量为不同温度下不同材料的本构模型。密封件材料采用超弹性材料，因其材料形变大、非线性特征非常明显，施加140MPa的仿真压力不易收敛。仿真采用二维轴对称模型、压强加载方式，仿真模型如图4-38（a）和（b）所示。在利用ABAQUS仿真时，取“Y”形密封截面的二维轴对称平面模型来进行模拟，为了使仿真更容易收敛，将真实的截面模型处理成：将阀杆和阀体接触面重合去掉间隙，但阀杆和阀体仍然是两个独立的实体，方便后续动密封仿真，间隙尺寸由阀体来填补，保证密封槽的尺寸不变。如果保留密封槽和阀杆的间隙，在高压情况下会导致模型进入间隙，仿真不容易收敛。

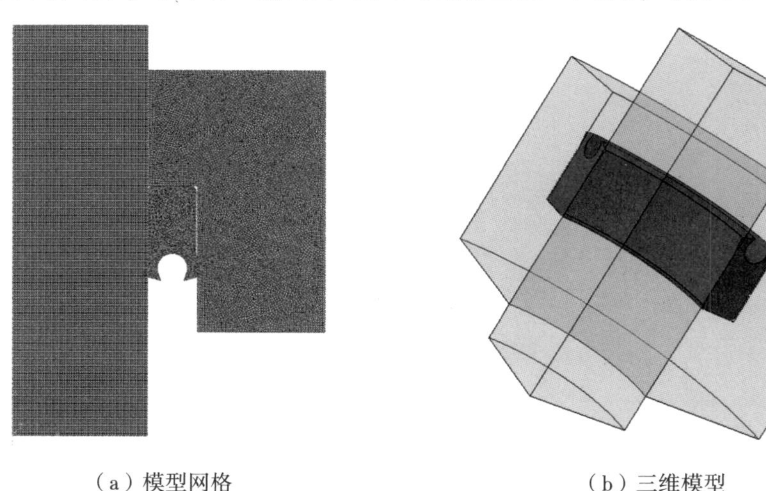

（a）模型网格　　（b）三维模型

图4-38　仿真模型

可以这样简化的原因是：由于泛塞封特殊的构造，其起密封作用的是唇口部位，而且在上文中也提到，通过对泛塞封靠近间隙处的面开倒角并添加三角垫圈和方环垫圈来支撑的优化处理方法大大缓解了泛塞封支撑底端挤入缝隙的情况，等效于密封件直接密封间隙无限小的两个零件。故通过此类方法处理后，可以不考虑密封间隙的影响。同样，由于密封间隙的消除，密封件支撑端部的三角垫圈和方环垫圈也可忽略，这样泛塞封就在理想状态下完成对阀杆和阀体的密封。模型中，密封件左边长杆状为阀杆，右边部位为阀体密封槽。在做密封分析时，会将阀杆和阀体密封槽隐藏，单独分析密封件的情况。

分析步中要打开几何非线性开关，压力加载面为唇口与压力接触的部位，压力简化为垂直于接触面的均布压力。模拟高压闸阀密封件工况，加载时设置平滑分析步加载，唇口加载方式如图 4-39 所示，140MPa 压力垂直作用在唇口。分成 2MPa、10MPa、20MPa、40MPa、70MPa、105MPa 和 140MPa，这样能使每步的材料能够在压力梯度较小的情况下进行缓慢的充分变形，便于收敛。泛塞封的网格用杂交单元，三种研究材料的摩擦系数十分接近，将密封件与阀杆之间的摩擦系数统一为 0.19。在模拟过程中，阀体部分全程固定，如果阀杆也全程固定，就是全程模拟静密封状态；如果阀杆有移动，就有动密封产生。密封件受压变形后靠与阀体密封槽的接触面来约束，未接触的部位有压强作用。

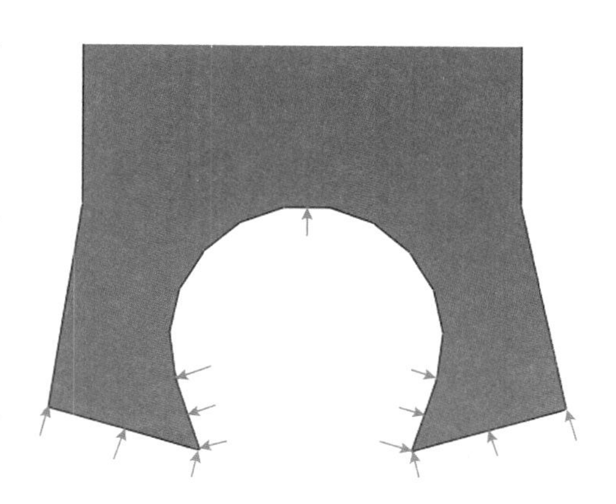

图 4-39 唇口压强加载方式

对于高温高压的密封件，不仅试验困难、成本高，而且一旦密封件不合格导致高压、高温流体介质泄漏，很容易造成安全事故，而数值仿真的手段可以避免这些安全方面的问题，还能得出较为可信的结果。在数值模拟过程中，需要尽可能地模拟实际的生产或试验工况。在高压闸阀开启关闭过程中，阀杆相对于阀体产生上下的相对运动，因此在仿真过程中不仅要对密封件的静密封进行仿真，还需要考虑密封件在动密封状态下的模拟。在进行动密封仿真设置时，设置阀杆进行位移为 0.9mm 的往复运动，在 3、4 分析步进行 140MPa 下的上、下行程往复移动，其余步骤固定，阀体全程固定。通过数值模拟的手段，从密封件破坏的角度，可以比较说明不同材料的泛塞封在受压过程中的特点，为泛塞封材料选择提供依据。

（二）密封件静密封 Mises 应力分析

Mises 应力是等效意义上的合应力，是一种换算应力，换算理论依据是第四强度理论，Mises 应力的主要作用是判断材料在复杂应力状态下是否产生塑性变形。它的表达形式是用应力等值线来表示模型内部的应力分布情况，可以清晰描述出一种结果在整个模型中的变化，从而使分析人员可以快速地确定模型中的最危险区域。通常来说，Mises 应力越大越集中分布的地方，物体也就越容易发生破坏，这个部位也往往是模型变形最大的地方。

在三维状态下，把物体中的微元单独拿出来研究，其受 3 个轴向拉应力和 3 个切应力，分别是 σ_x、σ_y、σ_z、τ_{xy}、τ_{xz}、τ_{zy}，其表达式为

$$(\sigma_x - \sigma_y)^2 + (\sigma_y - \sigma_z)^2 + (\sigma_z - \sigma_x)^2 + 6(\tau_{xy}^2 + \tau_{yz}^2 + \tau_{zx}^2) = 2\sigma_s^2 = 6K^2 \tag{4-57}$$

用主应力表示为

$$(\sigma_1 - \sigma_2)^2 + (\sigma_2 - \sigma_3)^2 + (\sigma_3 - \sigma_1)^2 = 2\sigma_s^2 = 6K^2 \tag{4-58}$$

式中　σ_s——材料的屈服强度，MPa。

密封件在受气压力变形过程中，由于其外表面不断与密封槽壁面贴合，接触面积不断增加，其约束条件和受力状态一直在变。密封件从最初装入到完全与密封槽壁面贴合，密封件会经历拉伸、剪切和压缩，最后到全面压缩的状态。Mises 应力大小和分布也会随着密封件受外力和约束的变化而变化，在密封件全面受压缩后，其形变趋于缓和，Mises 应力的分布状况会逐渐趋于稳定。由于试验中密封件的破坏是发生在外唇口附近，从未有过密封件的支撑部分发生破坏，而且密封件的有效密封部位也是在唇口，所以在仿真过程中需重点关注密封件的唇口部位 Mises 应力状态。

取室温的 10%碳纤维改性聚四氟乙烯材料的泛塞封为代表，以图片的形式来展示密封件从初始装入到完全受压贴合密封槽壁面，再到 140MPa 这个过程中的 Mises 应力变化（大小和分布）情况。由于三种材料同源且密封结构尺寸相同，对它们构成的密封件进行仿真的结果，比如 Mises 应力，在分布趋势上是相似的，最大的区别就在于数值上。当对某个仿真结果进行图文表述时，选择三种材料中的一个作为代表进行定性阐述，而研究数值差异时，则会对三种材料都进行归纳总结。本文 Mises 应力单位为 MPa。仿真结果如图 4-40 所示。

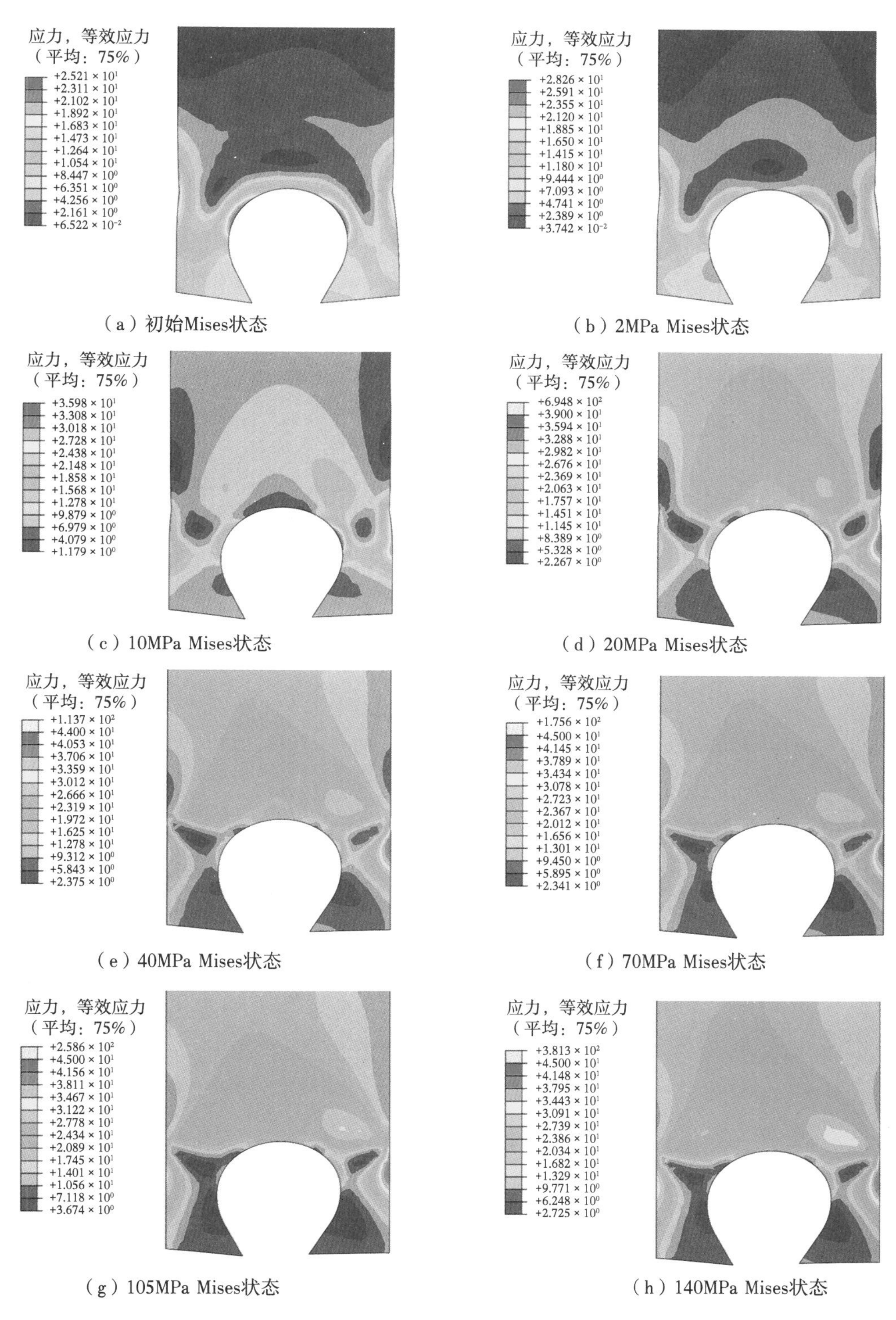

（a）初始Mises状态　（b）2MPa Mises状态

（c）10MPa Mises状态　（d）20MPa Mises状态

（e）40MPa Mises状态　（f）70MPa Mises状态

（g）105MPa Mises状态　（h）140MPa Mises状态

图 4-40　20℃ 10%碳纤维改性聚四氟乙烯 Mises 应力云图

图 4-40 中，(a) ~ (h) 为泛塞封在装配受压变形到最后在 140MPa 气压力下的 Mises 应力云图。从图 4-40 可以看出：除密封件安装进密封槽内 [图 4-40 (a)，未施加压力] 时 Mises 应力最大集中唇口槽底部两侧，其余各压强下的密封件 Mises 应力分布类似，最大值都集中在密封件外唇外部靠近唇口与支撑过渡处 [图 4-40 (h) 红框部位]，在内唇外部和支撑过渡处 [图 4-40 (h) 紫框部位] 也有一定的较高应力出现，但没有外唇和支撑过渡处的应力大。高 Mises 应力表示密封件发生破坏的可能性高，所以密封件外唇外部与支撑过渡位置发生破坏的可能性最高，在实物试验过程中出现泛塞封外唇大面积脱落，如图 4-41 所示，也验证了数值仿真的可行性。

图 4-41　泛塞封外唇大面积脱落

为了分析泛塞封外唇失效部位的最大 Mises 应力与气压力的关系，利用 ABAQUS 后处理计算泛塞封外唇失效部位在每个工况压强下最大 Mises 应力数值。具体操作为：在外唇外部失效部位做一条路径，如图 4-42 所示。

输出该路径上的最大 Mises 应力数值，并选取各压强下的最大 Mises 应力数值拟合出压差与最大 Mises 应力曲线。同样在室温（20℃）条件下分别以聚四氟乙烯和 20%碳纤维改进聚四氟乙烯材料制成的密封件为仿真对象进行有限元分析，由于三种材料同源且密封结构尺寸相同，对它们构成的密封件进行仿真的结果，比如 Mises 应力，在分布趋势上是相似的，只是由于材料性能的改变而导致应力数值有所不同，在此不一一例举。其压差与最大 Mises 应力曲线如图 4-43 所示，横坐标为压差，纵标为最大 Mises 应力。

作图点为：(0, 20.35)、(2, 22.12)、(10, 29.73)、(20, 38.99)、(40, 43.69)、(70, 44.18)、(105, 45.47)、(140, 45.78)。采用相同的方

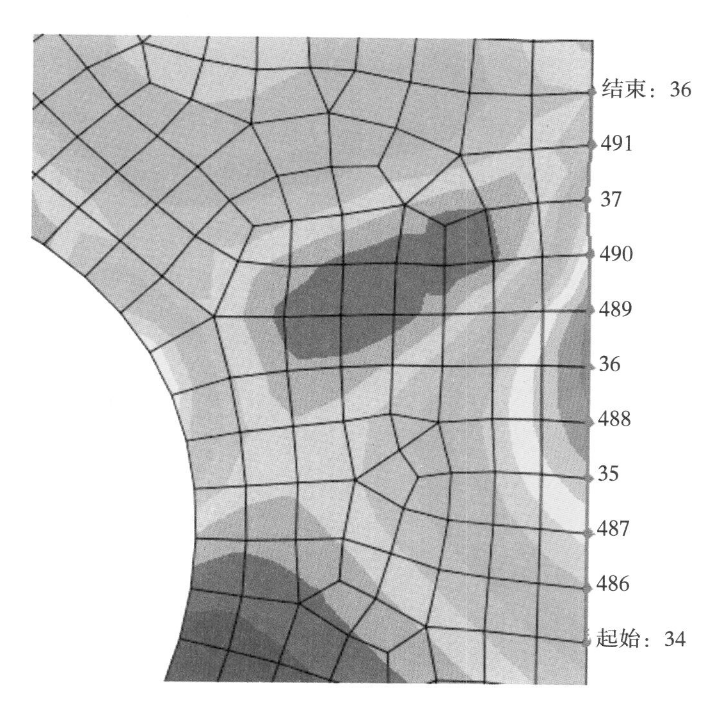

图 4-42　泛塞封外唇失效部位路径分析

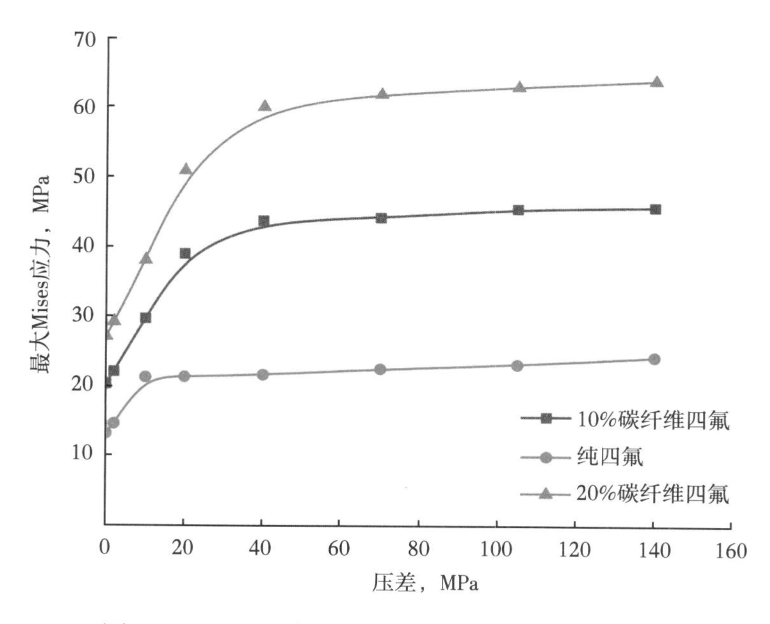

图 4-43　20℃时压差与最大 Mises 应力关系图

法得出其他两种材料在 20℃下的压差和与其对应的最大 Mises 应力并组成坐标点。对于纯四氟有：(0，13.22)、(2，14.64)、(10，21.31)、(20，21.39)、

(40, 21.68)、(70, 22.55)、(105, 23.18)、(140, 24.31)。对于20%碳纤维四氟有：(0, 27.14)、(2, 29.23)、(10, 38.06)、(20, 50.90)、(40, 60.05)、(70, 61.95)、(105, 63.08)、(140, 64.06)。

60℃时，纯四氟图点数据为：(0, 10.44)、(2, 12.43)、(10, 19.51)、(20, 21.766)、(40, 22.23)、(70, 22.63)、(105, 23.08)、(140, 23.26)。10%碳纤维四氟图点数据为：(0, 12.02)、(2, 14.04)、(10, 21.96)、(20, 24.89)、(40, 25.46)、(70, 25.89)、(105, 26.39)、(140, 26.58)。20%碳纤维四氟图点数据为：(0, 14.28)、(2, 16.32)、(10, 23.99)、(20, 30.06)、(40, 30.80)、(70, 31.35)、(105, 31.94)、(140, 32.15)。外唇的最大 Mises 应力与压差的关系如图 4-44 所示。

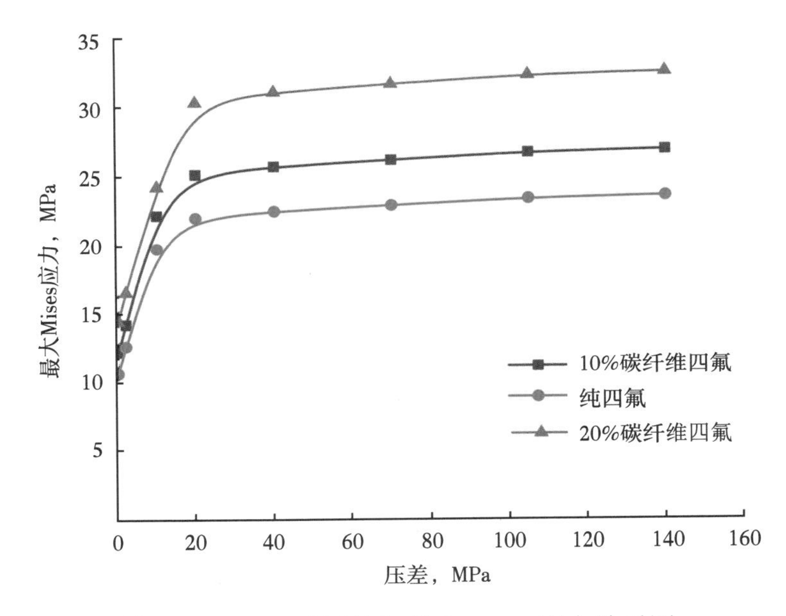

图 4-44 60℃时压差与最大 Mises 应力关系图

90℃时，纯四氟图点数据为：(0, 8.28)、(2, 10.20)、(10, 16.68)、(20, 17.20)、(40, 17.52)、(70, 17.85)、(105, 18.22)、(140, 18.36)。10%碳纤维四氟图点数据为：(0, 10.88)、(2, 12.87)、(10, 20.09)、(20, 22.51)、(40, 22.99)、(70, 23.39)、(105, 23.86)、(140, 24.04)。20%碳纤维四氟图点数据为：(0, 12.23)、(2, 14.28)、(10, 22.53)、(20, 25.66)、(40, 26.26)、(70, 26.71)、(105, 27.23)、(140, 27.41)。外唇的最大 Mises 应力与压差的关系如图 4-45 所以。

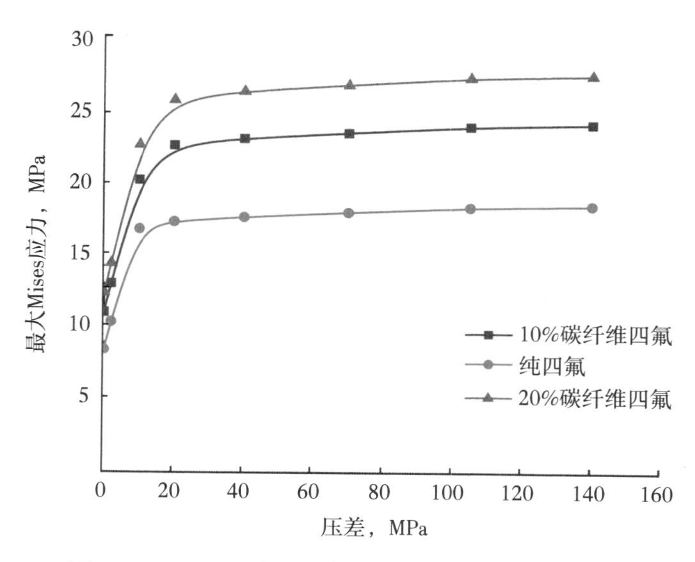

图 4-45　90℃时压差与最大 Mises 应力关系图

120℃时，纯四氟图点数据为：（0，6.12）、（2，7.89）、（10，12.39）、（20，12.63）、（40，12.83）、（70，13.10）、（105，13.36）、（140，13.43）。10%碳纤维四氟图点数据为：（0，8.98）、（2，10.91）、（10，17.65）、（20，18.44）、（40，18.79）、（70，19.14）、（105，19.53）、（140，19.64）。20%碳纤维四氟图点数据为：（0，9.32）、（2，11.27）、（10，18.36）、（20，19.34）、（40，19.74）、（70，20.10）、（105，20.51）、（140，20.64）。外唇的最大 Mises 应力与压差的关系如图 4-46 所示。

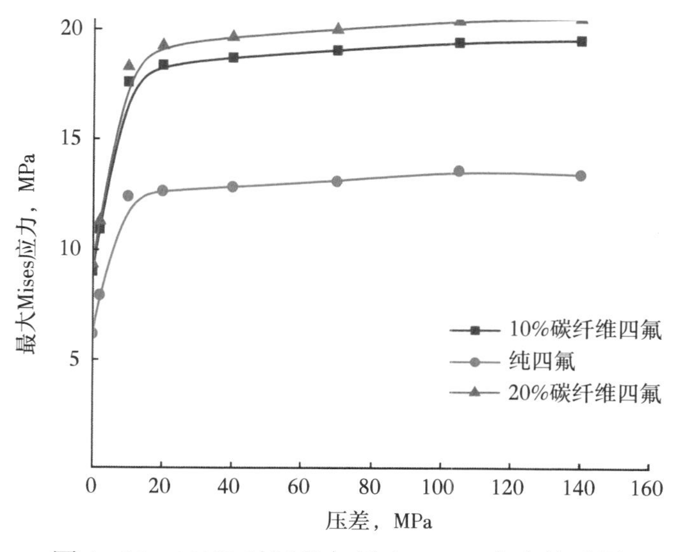

图 4-46　120℃时压差与最大 Mises 应力关系图

比较图 4-43、图 4-44、图 4-45 及图 4-46 可以得出最为直观的三点：

（1）4 张图中，三种材料的曲线走势完全一样，初始时是最大 Mises 应力随压力增加迅速升高，在 10~20MPa 时到达拐点，然后随着压力的升高其趋势逐渐平缓；

（2）随着温度的升高，各材料制成的密封件其最大 Mises 应力单调下降；

（3）碳纤维含量越高的材料，最大 Mises 应力值也越大。

总结以上压差与外唇最大 Mises 应力关系图可知，三种材料外唇的最大 Mises 应力增大到一定时会出现明显拐点，拐点前最大 Mises 应力随压差的增加增幅明显，拐点过后 Mises 应力增加量逐渐减小，最终使密封件内部的 Mises 应力维持一个低的、安全的水平。

（三）密封件静密封等效压力分析

Mises 应力虽然经典，对判定材料屈服、破坏等非常有参考意义，但是它所表达出来的应力云图只有大小而没有方向，无法反应应力状态且其产生公式复杂，不利于研究人员直观、简单地判断产品屈服或是破坏到底是由什么原因导致的，也无从验证自己对产品破坏原因的看法。在 ABAQUS 的后处理中，Pressure（等效压力）这个后处理参考量仅考虑 3 个沿坐标轴的拉应力，产生公式（4-59）简单，能反映密封件拉、压情况，比 Mises 应力更加直观，其云图中压缩为正、拉伸为负。

$$p=\frac{1}{3}(\sigma_x+\sigma_y+\sigma_z) \tag{4-59}$$

式中　σ_x，σ_y，σ_z——3 个沿坐标轴的拉应力，MPa。

这里是将密封件模型进行轴对称简化来研究的，并非平面模型。密封件受压形变可以大致概括为两个阶段：（1）从受压开始变形到完全压缩；（2）完全压缩阶段。通过对密封件材料的单轴拉、压试验可以得知本文研究的聚四氟乙烯及其两种碳纤维改性材料在 20℃ 时其抗拉强度都在 23~28MPa 之间，而且温度越高抗拉强度还稍有下降（表 4-2），但是三种材料的抗压强度却非常大。所以，在等效压力云图中可首先不考虑密封件压缩区域，先关注拉伸区域，即负等效压力值区域。图 4-47（a）为试验中外唇开裂的情况，图 4-47（b）最易破坏位置的研究路径。

由图 4-47（a）初步分析得出此破坏是以拉伸破坏为主。下面证明密封件在静密封时的破坏主要是由拉伸导致的，以 20℃ 10% 碳纤维改性聚四氟乙烯材

（a）外唇开裂

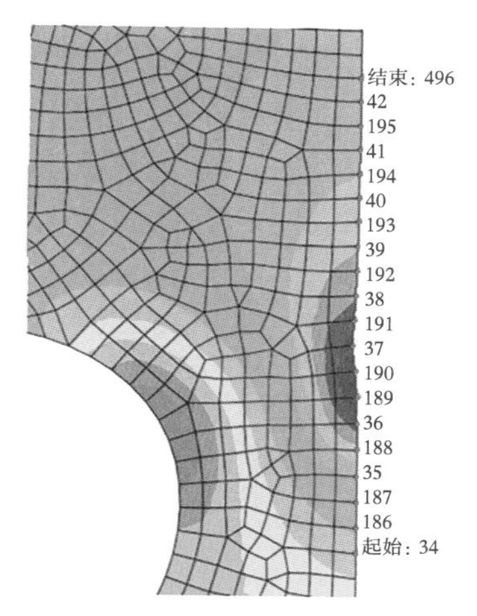

（b）等效压力研究路径

图 4-47　等效压力外唇研究

料为例，来说明密封件受压过程中等效压力的变化情况。等效压力云图中的单位为 MPa。

图 4-48（a）至图 4-48（h）为以 10%碳纤维改性聚四氟乙烯为材料的泛塞封通过 ABAQUS 有限元软件在室温（20℃）条件下分别施加 0MPa、2MPa、10MPa、20MPa、40MPa、70MPa、105MPa、140MPa 压差后分析得到的等效压力云图。

由图 4-48（a）至图 4-48（h）可以看出，密封件在变形前期拉伸和压缩两个状态都具备，外唇外部与支撑过渡的部位呈现出拉伸状态，其余位置呈压缩状态，且呈拉伸的部位相较于 Mises 应力描述的可能破坏部位更加符合实际破坏的位置情况。密封件在完全变形后就呈现全压缩状态了。

同理，在室温（20℃）条件下对聚四氟乙烯和 20%碳纤维改性聚四氟乙烯材料制成的泛塞封进行有限元分析，泛塞封在 20℃时压差与最小等效压力曲线如图 4-49 所示。纯四氟作图点的数据为：（0，-5.57）、（2，-6.52）、（10，-7.49）、（20，-3.97）、（40，12.11）、（70，42.88）、（105，73.88）、（140，96.30）。10%碳纤维四氟作图点的数据为：（0，-11.71）、（2，-13.078）、（10，-16.29）、（20，-17.18）、（40，-10.77）、（70，0.078）、（105，44.43）、（140，65.98）。20%碳纤维四氟作图点的数据为：（0，-14.84）、（2，-16.29）、（10，-20.57）、（20，-22.96）、（40，-20.37）、（70，-7.90）、

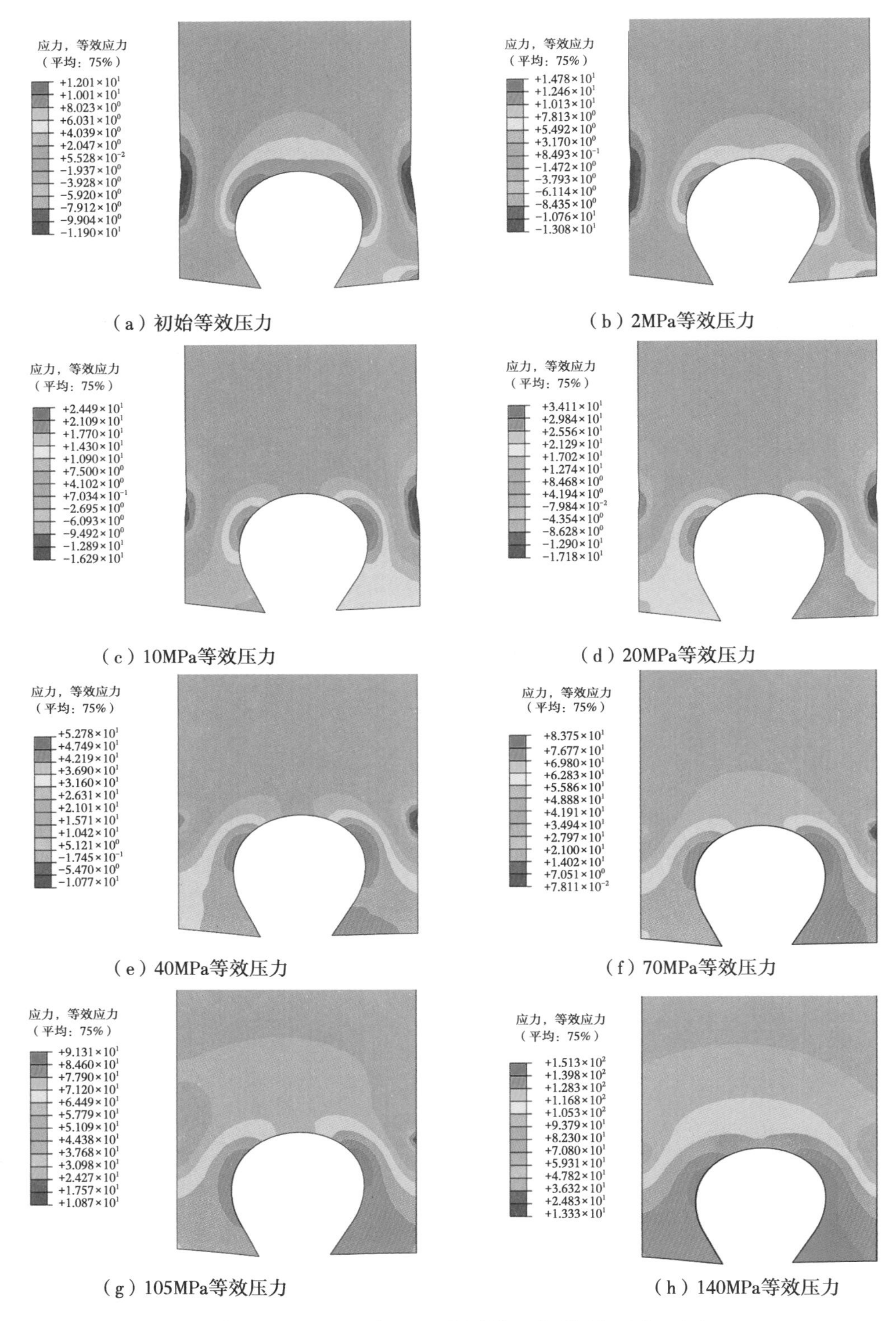

（a）初始等效压力　（b）2MPa等效压力

（c）10MPa等效压力　（d）20MPa等效压力

（e）40MPa等效压力　（f）70MPa等效压力

（g）105MPa等效压力　（h）140MPa等效压力

图 4-48　20℃时 10%碳纤维四氟等效压力云图

（105，18.234）、（140，42.46）。

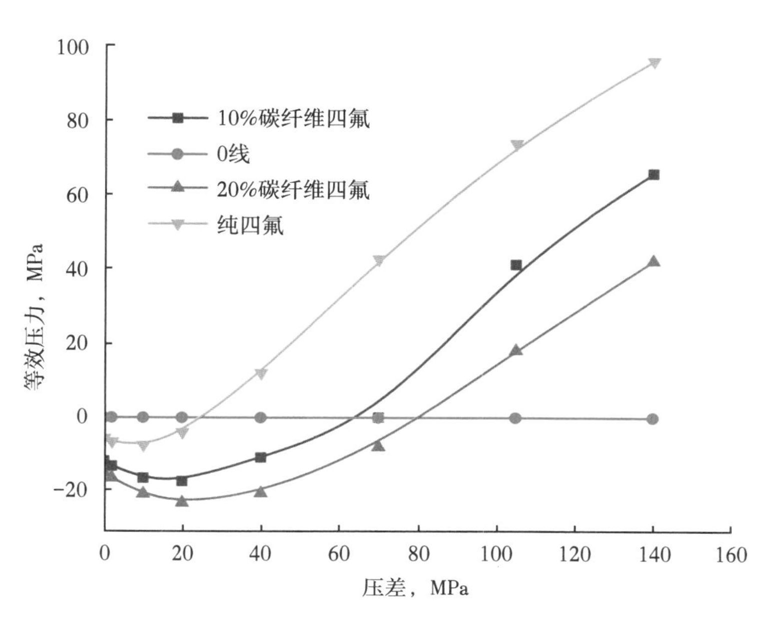

图 4-49　20℃时压差与最小等效压力曲线

静密封 60℃的最小等效压力值随压差增加的变化曲线图如图 4-50 所示。纯四氟作图点的数据为：（0，-5.65）、（2，-6.84）、（10，-8.16）、（20，-4.57）、（40，11.10）、（70，38.41）、（105，72.80）、（140，97.03）。10%碳纤维四氟作图点的数据为：（0，-6.87）、（2，-8.11）、（10，-9.84）、

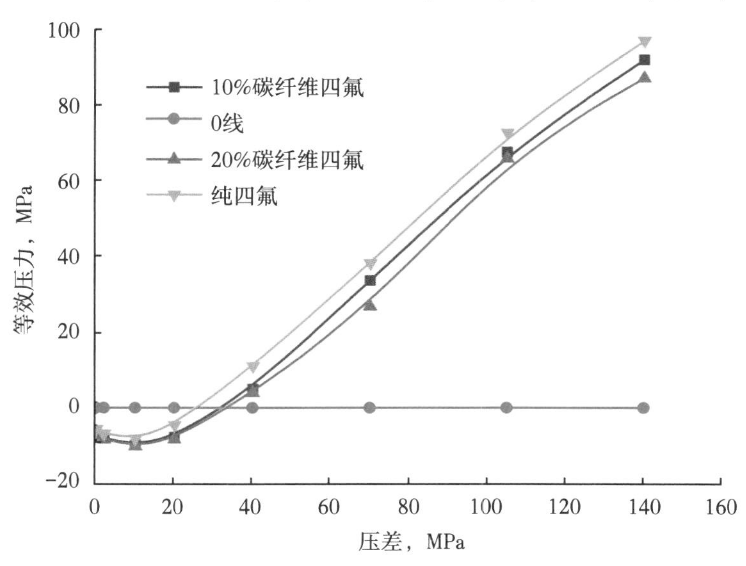

图 4-50　60℃时压差与最小等效压力曲线

（20，-7.76）、（40，4.98）、（70，33.83）、（105，67.72）、（140，92.05）。20%碳纤维四氟作图点的数据为：（0，-7.09）、（2，-8.33）、（10，-10.23）、（20，-8.34）、（40，3.99）、（70，26.89）、（105，66.11）、（140，87.26）。

静密封90℃的最小等效压力值随压差增加的变化曲线图如图4-51所示。纯四氟作图点的数据为：（0，-4.74）、（2，-5.87）、（10，-6.60）、（20，-1.96）、（40，15.60）、（70，44.79）、（105，79.02）、（140，106.49）。10%碳纤维四氟作图点的数据为：（0，-6.23）、（2，-7.43）、（10，-9.01）、（20，-6.11）、（40，8.20）、（70，37.16）、（105，71.14）、（140，95.74）。20%碳纤维四氟作图点的数据为：（0，-7.02）、（2，-8.27）、（10，-10.16）、（20，-8.26）、（40，4.23）、（70，33.05）、（105，66.90）、（140，91.08）。

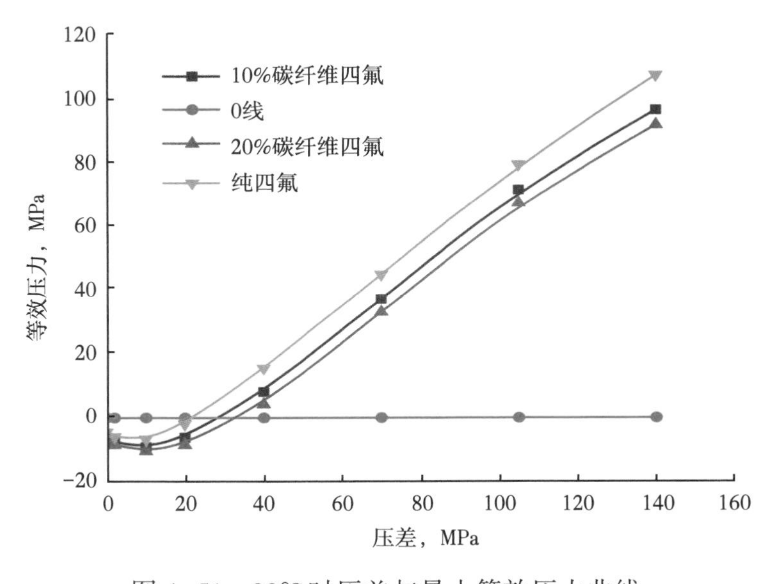

图4-51　90℃时压差与最小等效压力曲线

静密封120℃的最小等效压力值随压差增加的变化曲线图如图4-52所示。纯四氟作图点的数据为：（0，-3.49）、（2，-4.51）、（10，-3.95）、（20，2.39）、（40，21.83）、（70，51.23）、（105，85.67）、（140，116.428）。10%碳纤维四氟作图点的数据为：（0，-5.13）、（2，-6.28）、（10，-7.28）、（20，-3.02）、（40，13.71）、（70，42.85）、（105，77.02）、（140，105.04）。20%碳纤维四氟作图点的数据为：（0，-5.33）、（2，-6.50）、（10，-7.71）、（20，-3.65）、（40，12.63）、（70，41.74）、（105，75.86）、（140，104.13）。

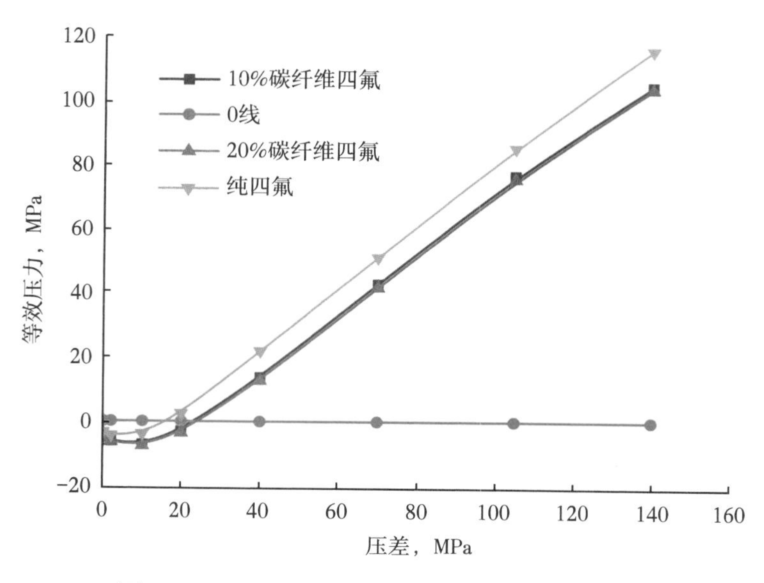

图 4-52　120℃时压差与最小等效压力曲线

由图 4-49 至图 4-52 可以看出：

（1）三种材质的密封件在 20℃时聚四氟乙烯和 10%碳纤维改性聚四氟乙烯的最小等效压力在 20MPa 以内，小于材料的抗拉强度，而 20%碳纤维改性聚四氟乙烯的最小等效压力则达到 24MPa 左右，易发生密封件拉伸失效；

（2）随着温度升高，三种材料的密封件最小等效压力逐渐降低，说明密封件的柔韧性随温度升高而改善，使得密封件更不容易发生拉伸破坏；

（3）碳纤维含量越少，受拉伸程度越小；

（4）等效应力表征下的密封件最易破坏位置与实际破坏位置基本吻合。

所以采用等效压力来分析密封件静密封破坏可能性是可行的，而且较 Mises应力更加直观。

（四）密封件动密封 Mises 应力分析

泛塞封的内唇密封阀杆的唇边，其由于在尺寸设计上几乎不存在空隙，不易出现如外唇边那样的撕裂破坏。但是，由于接触密封的关系，阀杆与密封件会直接产生摩擦力，虽然聚四氟乙烯及其碳纤维的改性材料摩擦系数小，但由于密封压力高，摩擦力仍会对密封件产生影响。下面选择 3 个时刻点：开始移动时刻、上行程结束时刻和下行程结束时刻，以研究密封件动密封 Mises 应力的变化情况。

选择这 3 个时刻点来分析动密封 Mises 应力的原因是：从动密封开始时刻

到上行程结束时刻，最大 Mises 应力的数值是单调递增的。而从上行程结束时刻到下行程结束时刻，最大 Mises 应力是单调递减的。所以，上行程结束时刻和下行程结束时刻的密封件 Mises 应力状态都是各自行程内的最值，选择这 3 个时刻来研究密封件的 Mises 应力的变化情况，有一定价值。

设定的压差条件为 40MPa 和 140MPa，仍以 10%碳纤维改性聚四氟乙烯材料密封件作为代表来研究在 20℃条件下、动密封时的密封件形变和 Mises 应力云图变化情况。图 4-53 和图 4-54 分别为 20℃时，40MPa 和 140MPa 工况下密封件动密封的 Mises 应力云图，其中 3 个分图分别为：（a）行程起始时刻、（b）上行程结束时刻和（c）下行程结束时刻。在锁定了最大显示 Mises 应力的前提下，可以很好地比较在相同压差下，由阀杆移动导致密封件等效应力的变化情况。

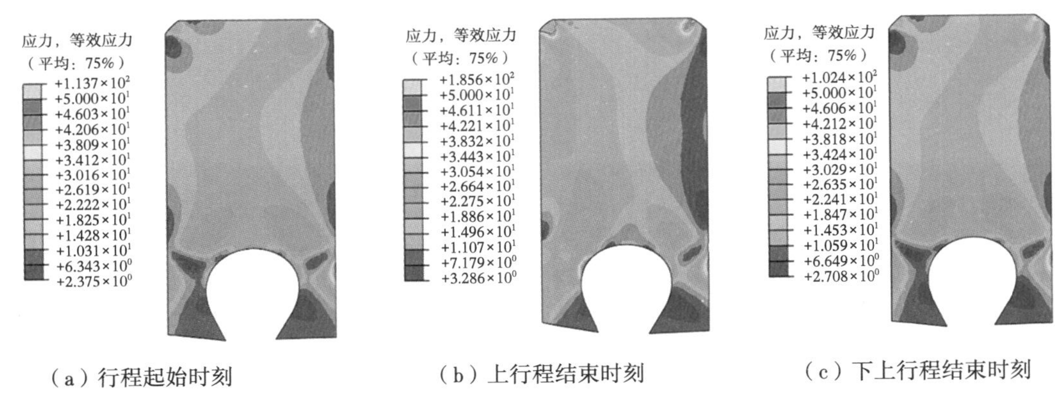

（a）行程起始时刻　（b）上行程结束时刻　（c）下上行程结束时刻

图 4-53　20℃时 10%碳纤维四氟 40MPa 动密封 Mises 应力云图

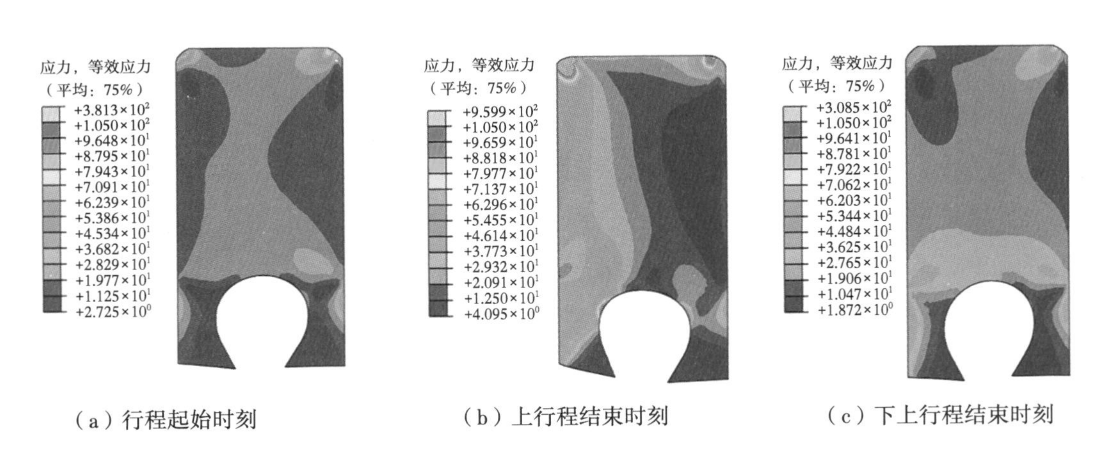

（a）行程起始时刻　（b）上行程结束时刻　（c）下上行程结束时刻

图 4-54　20℃时 10%碳纤维四氟 140MPa 动密封 Mises 应力云图

由图 4-53 和图 4-54 可以看出：

（1）同一压差条件内，行程起始时刻和下行程结束时刻的 Mises 应力状态是不同的，应力云图的分布和最大应力值都不一样，而这两个时刻阀杆在相同位置且压差条件也不一样；

（2）上行程结束时刻，泛塞封密封阀杆内侧部分的 Mises 应力明显大于外侧，且有明显的剪切形变，压差越大剪切效果越明显，如图 4-53（b）和图 4-54（b）所示；

（3）内唇的内边出现应力集中区，其应力值是唇口区域最大值。

下面将采用与静密封研究相同的研究方法，在应力集中边上作一条研究路径，如图 4-55（a）所示，并提取其结点的最大 Mises 应力值，反映在图 4-55（b）中。

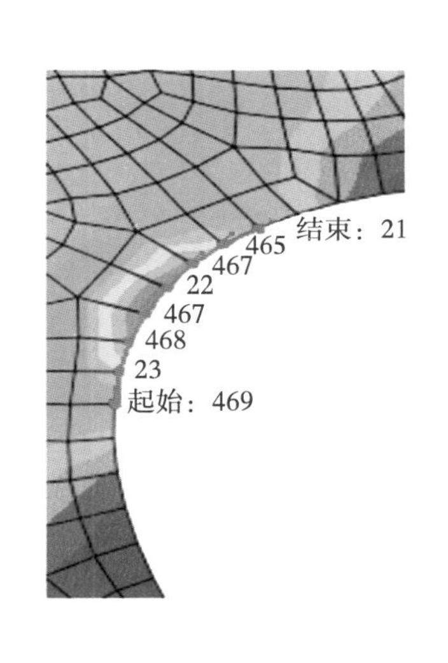

（a）研究路径

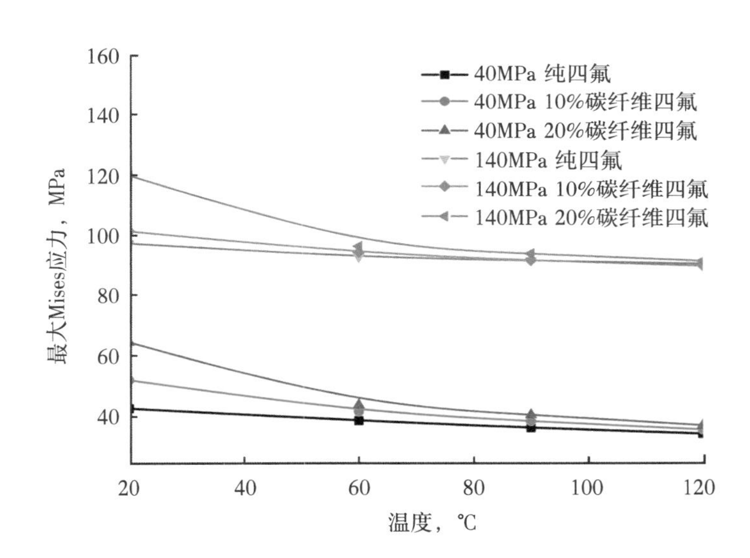

（b）动密封密封件唇口最大Mises应力与温度关系

图 4-55　动密封凹槽最大 Mises 分析

可以看出：

（1）在 140MPa 压差下，以相同温度作为参照，各材料构成的密封件在内唇口内边位置的最大 Mises 应力数值是 40MPa 时的 2 倍左右；

（2）三种材料在两种压差条件下，温度越高，最大 Mises 应力越小；

（3）碳纤维含量越高，最大 Mises 应力最大；

（4）动密封最大 Mises 应力区域以压缩为主。

二、泛塞封的密封性能分析

高压闸阀密封件影响密封性能的主要指标有：（1）密封件与接触密封面的接触应力，常规对于能够密封住的评判标准为，密封部位的接触应力要大于外加压力；（2）具有足够满足接触应力要求的接触长度。本部分通过有限元仿真对泛塞封密封性能进行分析，包括不同材料的泛塞封在初始安装时的预紧接触应力分析、泛塞封的动、静密封性能分析及泛塞封内外唇泄漏路径分析，揭示了高压闸阀在使用过程中密封件密封性能的客观规律。

（一）初始预紧接触应力

由于泛塞封唇口在配合尺寸上的过盈和唇口内弹簧的关系，在密封件初始安装后会产生一定的预紧力，以保证在不带压和低压时的密封性能，这个预紧力是必要的。在密封件装入密封槽的这个过程中，要注意对密封接触表面的保护，防止划痕的产生和杂物颗粒嵌入接触面中，使密封失效。由于密封件的安装阶段是在常温下进行，所以有限元仿真分析的温度设置为20℃。图4-56（a）~（c）分别为聚四氟乙烯、10%碳纤维改性聚四氟乙烯和20%碳纤维改性聚四氟乙烯材质密封件仿真后的预紧接触应力云图。

由图4-56可以看出，泛塞封的非对称设计在接触应力云图上体现得非常明显。密封件内唇外边（a）为纯四氟，其最大接触应力为18.33MPa，（b）为10%碳纤维四氟，其最大接触应力为10.65MPa，（c）为20%碳纤维四氟，其最大的接触应力为12.61MPa。初始接触应力最大的为纯四氟，最小的为10%碳纤维四氟，具有一定的预紧密封能力。

（二）动、静密封内唇密封性能仿真分析

高压闸阀在正常工作时，其内部的密封组件在大多数时候都处于静密封状态，当要开启或关闭阀门时，与阀杆接触的密封件就会处于动密封状态。当泛塞封处于动密封状态时，密封件会受阀杆移动的影响，有很大的泄漏可能。所以，泛塞封的动密封研究十分必要。

在轴对称简化研究密封性能时，密封性能主要受有效密封应力和有效密封长度影响，有效密封应力是指大于压差的接触应力部分，有效密封长度是指满足有效密封应力条件的接触密封带。对于泛塞封，虽然其会在高压下完全贴合密封槽壁面，但是实际起密封作用的还是在唇口与密封槽壁面接触的部位，其余地方虽然也有接触应力产生，但其值小于需要密封的压差。

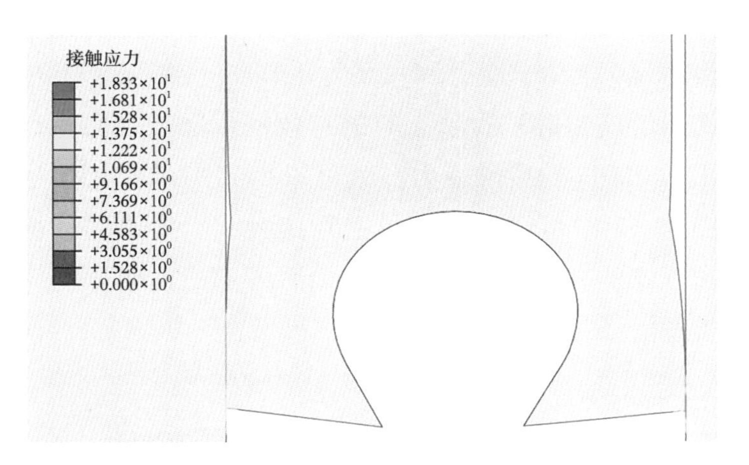

（a）聚四氟乙烯材料密封件预紧接触应力

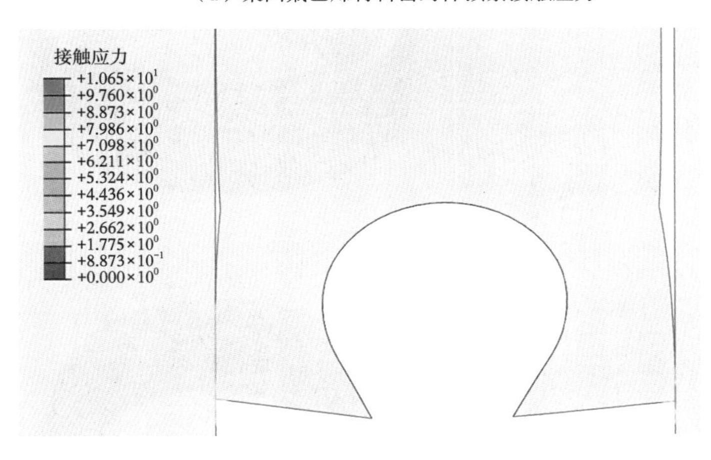

（b）10%碳纤维四氟材料密封件预紧接触应力

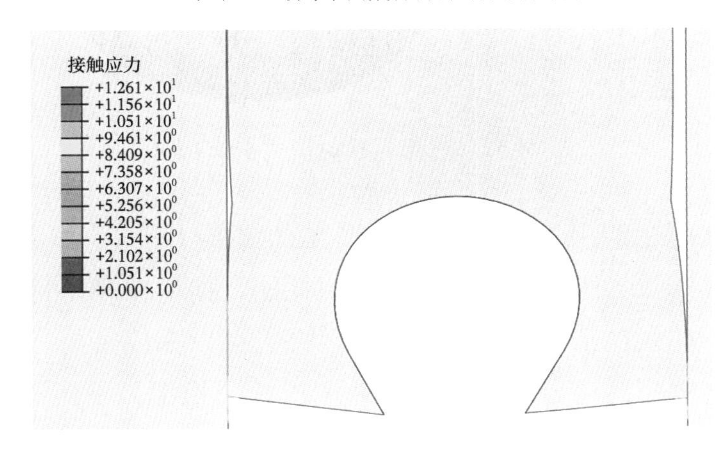

（c）20%碳纤维四氟材料密封件预紧接触应力

图 4-56　三种材料密封件预紧接触应力云图

图 4-57 为 120℃、140MPa 压差下的 10%碳纤维改性聚四氟乙烯泛塞封静密封状态时的接触应力分布图，图 4-58 为 120℃、140MPa 压差下的 10%碳纤维改性聚四氟乙烯泛塞封静密封状态时的有效密封部位平面图。在仿真结果中设置不显示小于 140MPa 的接触应力，就可以得到满足密封接触应力要求的有效密封带。从图 4-58 中可以看出满足密封接触应力要求的接触部分在唇口和底部位置，而阀杆侧的有效密封部位只有内唇外部，说明了泛塞封的密封主要依靠其唇口来实现。

图 4-57　静密封接触应力分布图

针对高压闸阀在使用过程中的极端工况（温度 120℃、压差 140MPa）条件，仿真分析泛塞封与阀杆配合位置的密封性能，如果在该条件下泛塞封能够满足密封要求，那么在其他工况条件下密封件也可以完成密封。由于密封性能分析需要输出有效密封应力和有效密封长度这两个指标，不同于 Mises 应力更多在定性分析上发挥作用，故需要更加精细的分析，且接触应力云图显示效果远没有 Mises 应力云图形象。

对于密封性的分析需要在同一时刻进行，首先要确定研究时刻。在仿真模

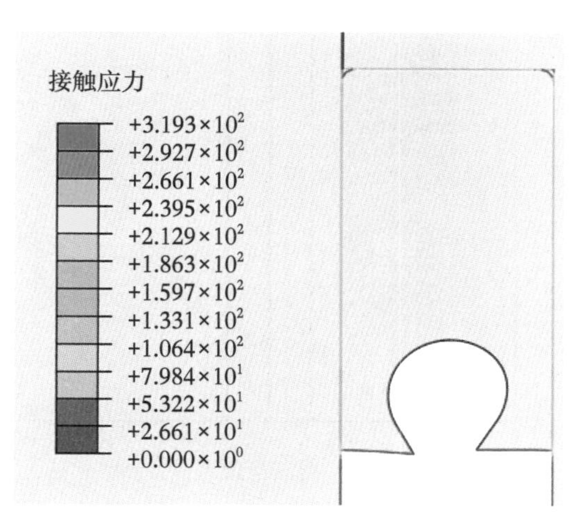

图 4-58　有效密封部位平面图

型密封唇边上取 3 个节点来历程输出其接触应力，找出其变化分布规律。这 3 个节点接触应力的变化规律就能在宏观上代表密封部位接触应力的变化情况。取点位置如图 4-59 所示，节点编号由下到上依次是：430、434 和 5。三种材料在 120℃ 条件下密封阀杆边 3 个节点接触应力历程变化情况如图 4-60、图 4-61 和图 4-62 所示，以 3 条黑线和紫线分割 40MPa 和 140MPa 的两个行程。

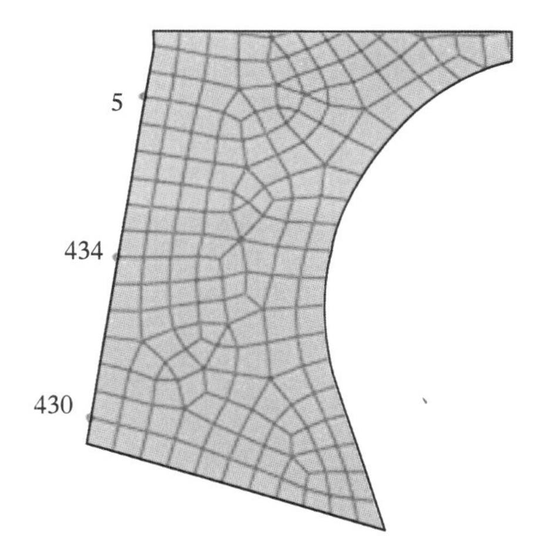

图 4-59　内唇 3 点位置

由图 4-60、图 4-61 和图 4-62 可以得出：三种材料的泛塞封密封阀杆的内唇部位在 40MPa 或 140MPa 的压差下，随着阀杆移动其接触应力变化均可分为三个阶段。第一阶段是即将进入动密封的时刻，也就是上行程起点时刻，这时密封状态可被认为是密封件的静密封状态；第二阶段是阀杆上行阶段，此阶段的接触应力相较于即将进入动密封时是逐渐增加的，在阀杆上行程某个时刻点达到最大，而这个时刻点可以用结束时刻来表示；第三阶段是阀杆下行阶段，此阶段接触应力先从上行程结束时刻的最大值开始下降，随着下行程的进行，某些节点的接触应力会小于静密封时刻。在 40MPa 压强下，下行程结束时刻节点的接触应力可以表征下行程中的最小值。而在 140MPa 压强下，这个应力值在某些节点上是最小值，比如 430 号节点；但是在其他节点上，应力值有回弹但数

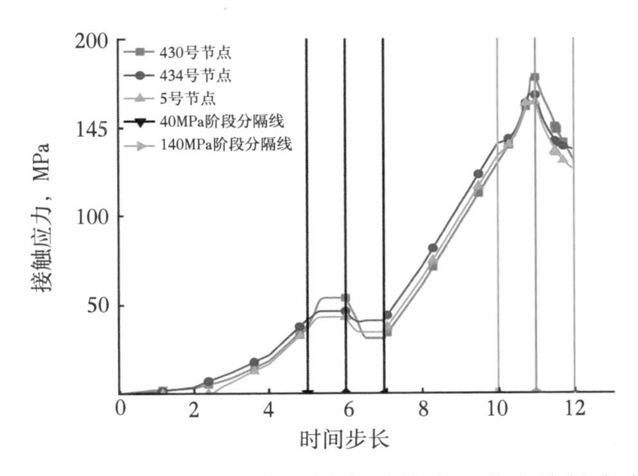

图 4-60　120℃聚四氟乙烯内唇外边 3 节点接触应力

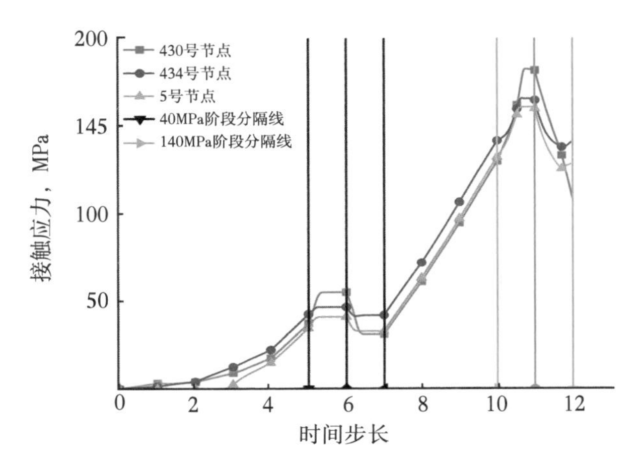

图 4-61　120℃10%碳纤维改性聚四氟乙烯内唇外边 3 节点接触应力

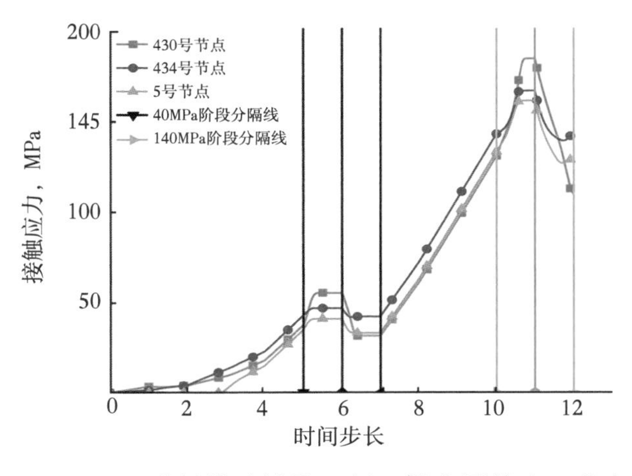

图 4-62　120℃20%碳纤维改性聚四氟乙烯内唇外边 3 节点接触应力

值非常小，比如434号节点和5号节点，也可以视为是下行程接触应力的最小值。所以，下行程结束也可以近似地看作是下行程接触应力的最小时刻点。

这样，行程的接触应力变化可视为是个单调的过程，上行程在静密封的基础上单调递增并在上行程结束时刻达到最大值，下行程在上行程的最大值基础上单调递减至下行程结束时刻。如此，动密封的接触应力变化规律和Mises变化规律大致一样。由于研究密封件接触应力必须是在同一时刻点进行研究以及完成密封首先要满足接触应力条件，根据3节点接触应力变化规律，同样选择和本章第四节密封件动密封Mises应力分析时一致的3个时刻点进行研究：即将进行动密封的初始时刻、上行程结束时刻和下行程结束时刻。

密封件能完成密封只需要参与密封作用的边上存在一个节点的接触应力满足密封条件，但是想要准确地找到这个接触应力最大的节点直接加以分析将非常困难，需要划分网格结点的位置刚好和实际最大接触应力点相重合才能找出这点。而且，单独研究这一点虽然能够确定密封件能满足密封要求但不能得到有效的密封长度。为了解决这个问题，可以先得出密封边上现有网格条件下所有节点的接触应力，接触应力数据采集路径如图4-63所示，再用平滑曲线将它们连接起来，通过用数学的方法得出这条曲线的符合接触应力要求的接触长度。这样，不仅研究了密封件是否能完成密封，还能找出符合密封要求的接触应力分布情况。

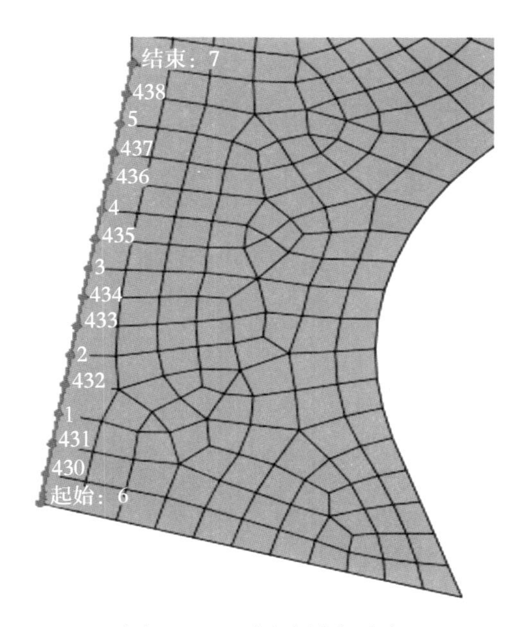

图4-63　内唇研究路径

然后绘制三种材料在极端工况（120℃和140MPa压差）条件下的内唇外边在初始时刻（静密封）、上行程结束时刻和下行程结束时刻的接触应力和接触长度的曲线关系图，如图4-64、图4-65和图4-66所示。图4-64和图4-65由于三种材料都满足完成密封的接触应力要求，对其接触应力只显示超过140MPa的有效部分。而图4-66由于聚四氟乙烯材料无法达到密封应力要求，另作一水平的140MPa线来作为有效密封接触应力的分界线。

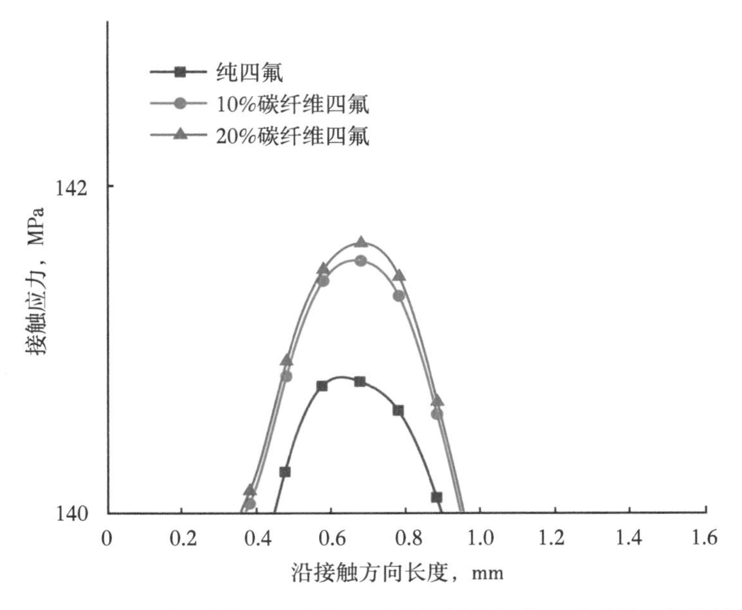

图 4-64　初始时刻内唇密封的有效接触应力和密封长度曲线

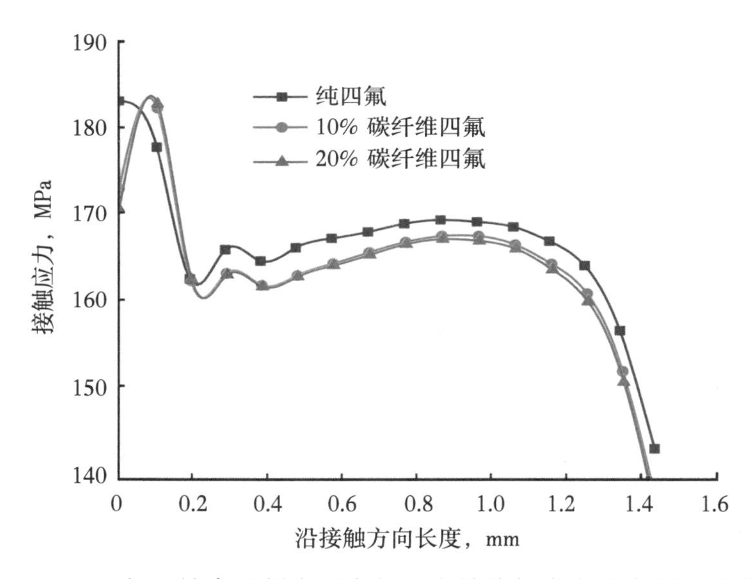

图 4-65　上行程结束时刻内唇密封的有效接触应力和密封长度曲线

由图 4-64 可知：静密封时，三种材料泛塞封内唇都能完成密封。其中，聚四氟乙烯材质的密封件其最大接触应力和有效密封长度分别为 140. 806MPa、0. 41mm。10%碳纤维改性聚四氟乙烯材质的密封件其最大接触应力和有效密封长度分别为 141. 542MPa、0. 45mm。20%碳纤维改性聚四氟乙烯材质的密封件其最大接触应力和有效密封长度分别为 141. 65MPa、0. 50mm。

由图 4-65 可知：密封件在 120℃、140MPa 条件下，动密封上行程结束时刻能满足密封要求。又因为上行程的接触应力值是在静密封的基础上单调递增的，这说明上行程过程中任何时刻点，泛塞封的内唇都能封住阀杆。此外，上行程结束时刻还在有效密封接触长度上超过了静密封。这说明阀杆的上行程有加强密封的作用。上行程结束时刻，聚四氟乙烯材质的密封件其最大接触应力和有效密封长度分别为 169.21MPa、1.43mm。10%碳纤维改性聚四氟乙烯材质的密封件其最大接触应力和有效密封长度分别为 167.342MPa、1.35mm。20%碳纤维改性聚四氟乙烯材质的密封件其最大接触应力和有效密封长度分别为 166.989MPa、1.34mm。

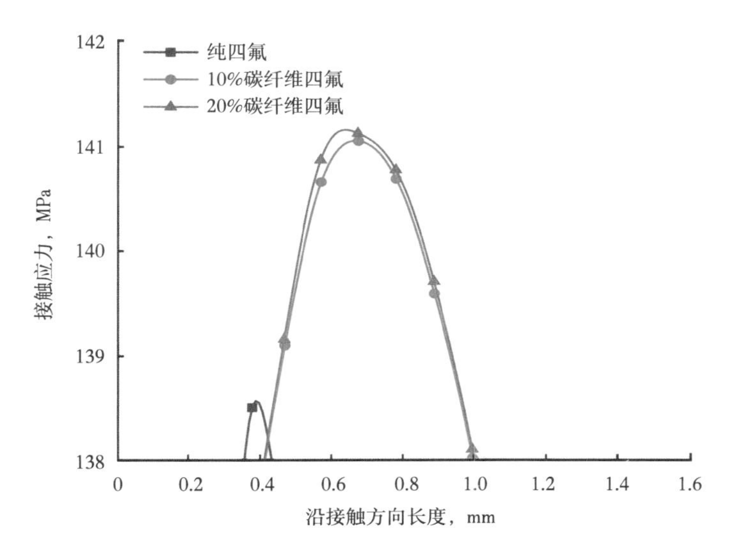

图 4-66　下行程结束时刻内唇密封的有效接触应力和密封长度曲线

由图 4-66 可知：纯聚四氟乙烯材料在 120℃、140MPa 工况的下行程结束时刻无法完成密封任务，10%和 20%碳纤维改性四氟密封件的密封性能则不分伯仲，虽然都能达到密封要求，但盈余量不多。此工况下，聚四氟乙烯密封件不能完成密封。10%碳纤维改性聚四氟乙烯密封件其最大接触应力和有效密封长度分别为 141.0461MPa、0.21mm。20%碳纤维改性聚四氟乙烯密封件其最大接触应力和有效密封长度分别为 141.121MPa、0.20mm。

（三）动、静密封外唇密封性能仿真分析

对泛塞封密封性能进行研究时，需要研究内唇、外唇。在研究完泛塞封内唇在动、静密封的密封情况后，接着继续研究其外唇边的密封情况。对外唇动、静密封性能做研究采用的方法和内唇相同，即在外唇上与内唇对应的位置取3个节点，历程输出其在120℃条件下10%碳纤维改性四氟密封件的接触应力情况。外唇边取点和外唇研究路径如图4-67所示，3节点编号如图4-67所示从下到上依次是：482、34和489，以3条黑线和紫线分割40和140MPa的两个行程。

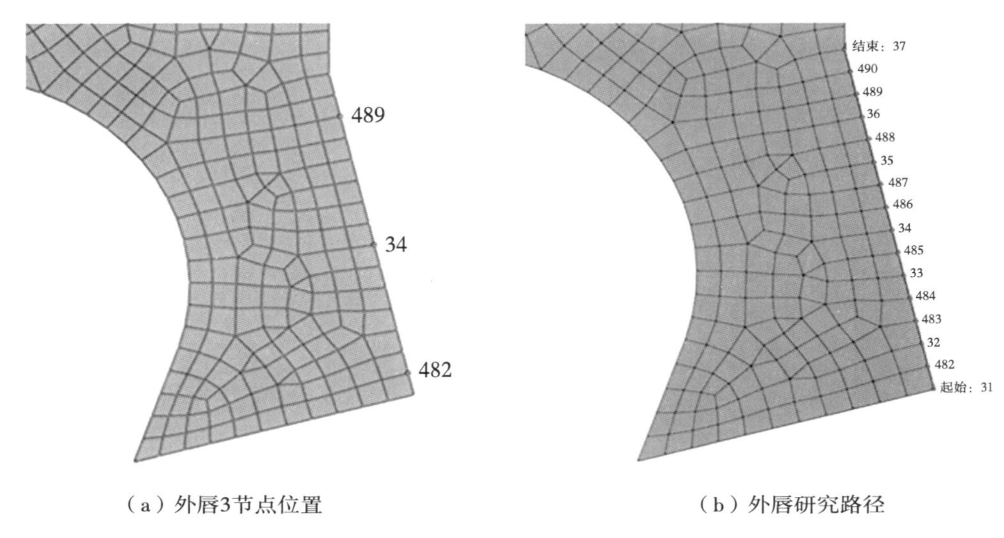

（a）外唇3节点位置　　（b）外唇研究路径

图4-67　外唇密封研究

由图4-68、图4-69、图4-70和上节内唇外边节点的历程接触应力比较可知，外唇部分在动密封时仍然会受阀杆移动的影响，在上、下行程内的接触应力和静密封变化趋势大致和内唇一样，但是变化幅度比内唇部分缓和得多，而且140MPa下行程结束时刻没有发生接触应力值回弹的现象。外唇接触区域在即将进入动密封（静密封）、上行程和下行程的接触应力变化趋势和内唇相同：上行程的接触应力在静密封基础上增加，下行程的接触应力在静密封的基础上减小，并达到各自行程内的极值，行程内依旧有水平接触应力线段。

接下来将绘出三种材料在120℃、140MPa压差条件下，外唇外边在初始时刻（静密封）、上行程结束时刻和下行程结束时刻的接触应力和接触长度的曲线关系图，如图4-71、图4-72和图4-73所示。图的绘制处理方法和内唇相同。

由图4-71所示，外唇密封部分在静密封时能够封住120℃和140MPa的工况，静密封时，纯四氟密封件的最大接触应力和有效密封长度分别为

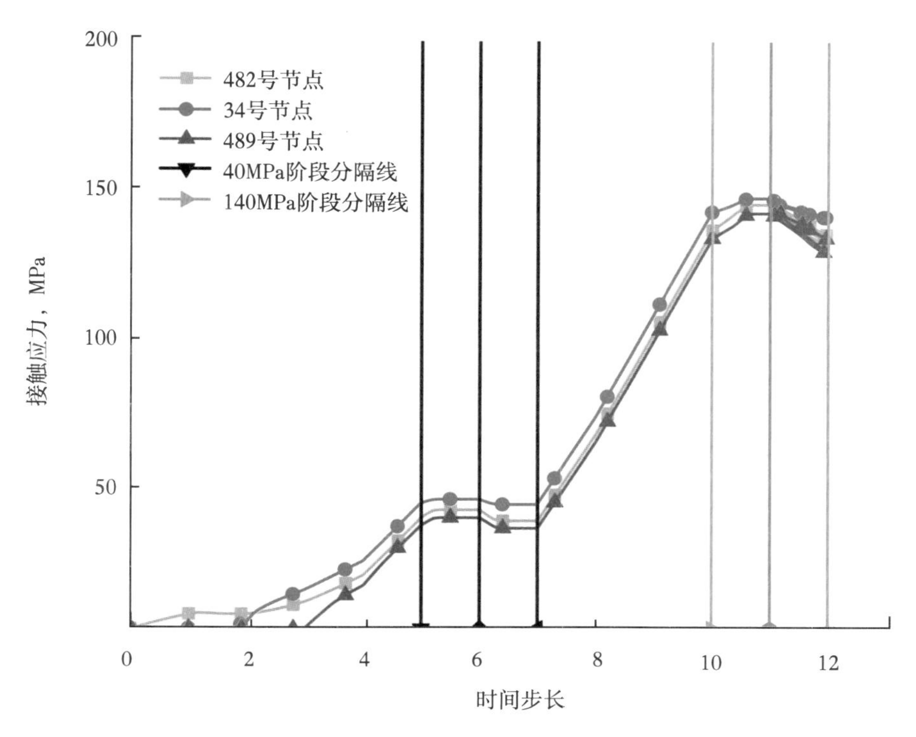

图 4-68　120℃纯四氟密封件外唇外边 3 节点接触应力

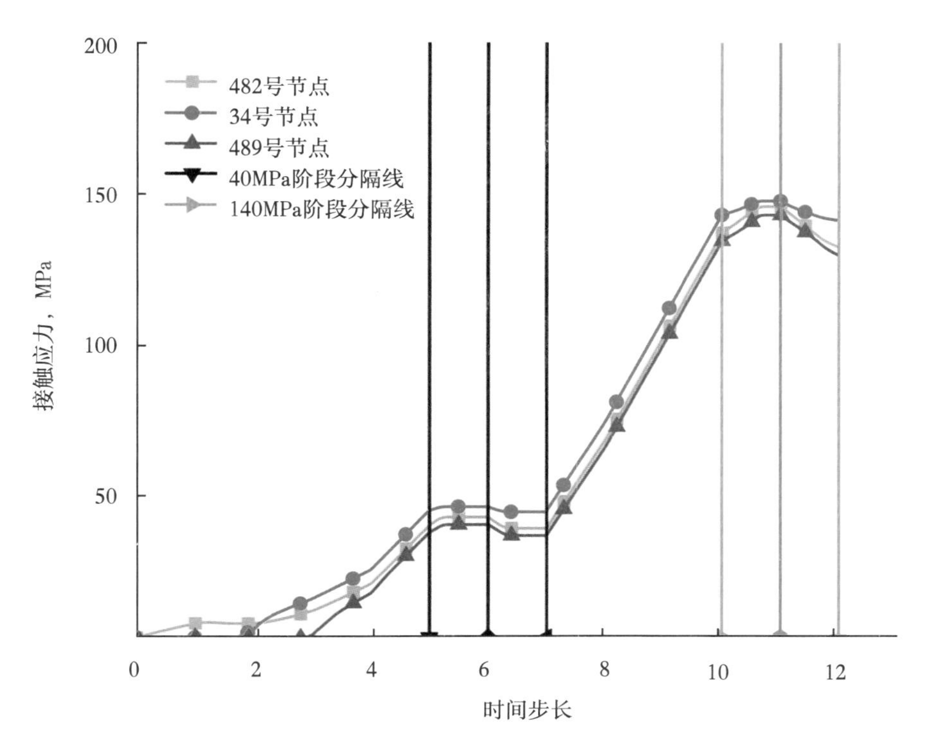

图 4-69　120℃10%碳纤维四氟密封件外唇外边 3 节点接触应力

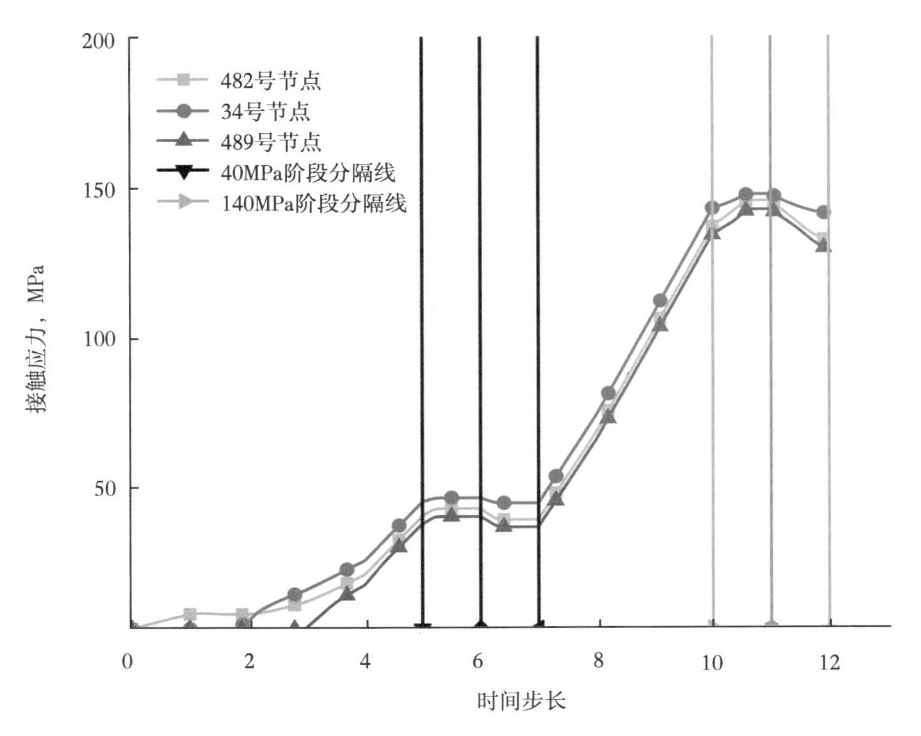

图 4-70　120℃ 20%碳纤维四氟密封件外唇外边 3 节点接触应力

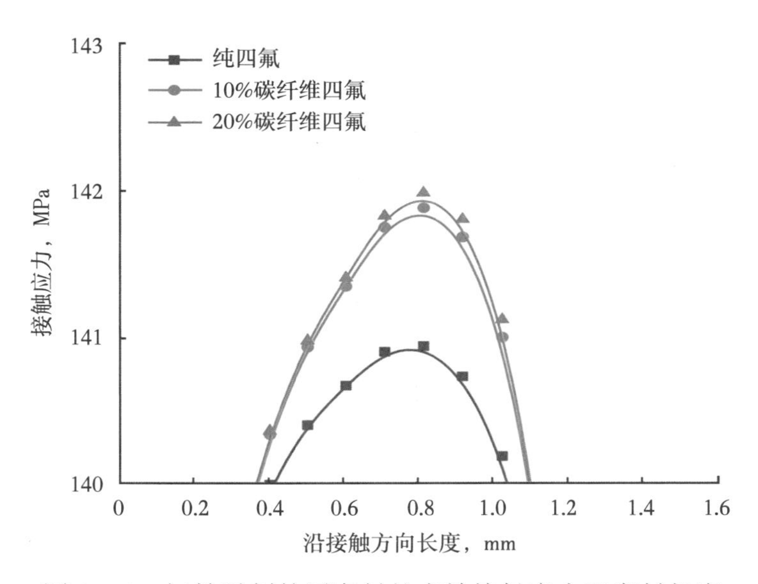

图 4-71　初始时刻外唇密封的有效接触应力和密封长度

140. 93MPa、0. 52mm。10%碳纤维改性四氟密封件的最大接触应力和有效密封长度分别为 141. 871MPa、0. 62mm。20%碳纤维改性四氟密封件的最大接触应力和有效密封长度分别为 141. 975MPa、0. 61mm。

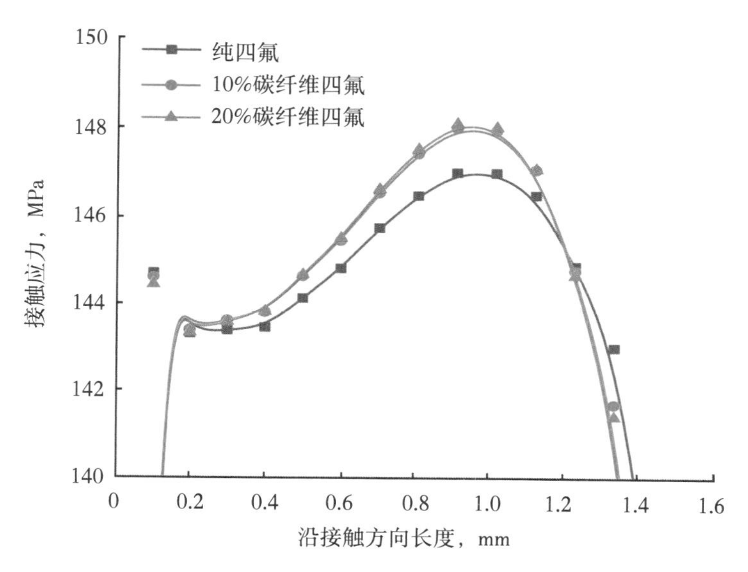

图 4-72　上行程结束时刻外唇密封的有效接触应力和密封长度

由图 4-72 可以明显看出上行程结束时刻，各材料的最大接触应力和有效密封长度上都比其在静密封时要大。所以，阀杆在上移过程中有助于密封件的密封。上行程结束时刻，纯四氟密封件的最大接触应力和有效密封长度分别为：146.954MPa、1.25mm。10%碳纤维改性四氟密封件的最大接触应力和有效密封长度分别为：147.892MPa、1.24mm。20%碳纤维改性四氟密封件的最大接触应力和有效密封长度分别为：148.054MPa、1.23mm。

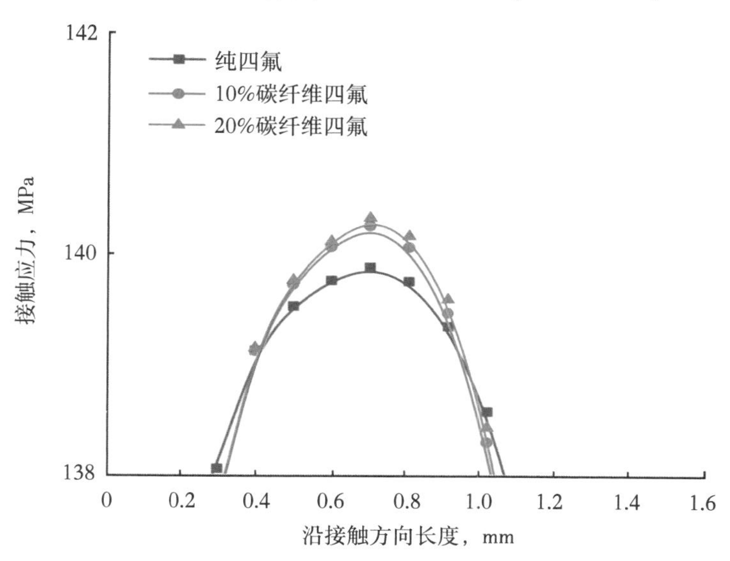

图 4-73　下行程结束时刻外唇密封的有效接触应力和密封长度

由图 4-73 可知：在下行程结束时，纯四氟材料的密封件外唇密封部位无法满足密封要求，而其余两种材料能够完成密封。所以，阀杆在下移过程中不利于密封。下行程结束时刻，纯四氟密封件不能完成密封。10%碳纤维改性四氟密封件的最大接触应力和有效密封长度分别为：140.257MPa、0.21mm。20%碳纤维改性四氟密封件的最大接触应力和有效密封长度分别为：140.329MPa、0.20mm。

由图 4-71、图 4-72 和图 4-73 可以得出与内唇密封特性相似结果：（1）在本文研究的最恶劣工况下（120℃、140MPa），三种材料密封件的外唇密封部位在上行程、静密封时都能满足密封要求，但是在动密封下行程，纯四氟材料的密封件不能满足密封要求；（2）上行程密封性能要好于静密封，静密封时的密封性能要好于下行程。

（四）内外唇泄漏路径分析

通过比较内唇、外唇密封部位在下行程结束时刻的最大接触应力和有效密封长度可以得出：（1）对于能够完成密封的 10%和 20%碳纤维改性聚四氟乙烯材料密封件，其外唇密封部位在下行程结束时刻的最大接触应力和有效密封长度都比内唇的略小一点，说明此时刻的外唇密封性能比内唇还要差；（2）两唇口的最大接触压力和压差相差不足一个兆帕。所以，在动密封下行程结束时刻，泛塞封外唇口和内唇口一样，都处在一个密封准临界的阶段。由于密封槽的构造，气体经内唇和外唇泄漏的路径是不同的，平面化模型后的泄漏路径如图 4-74所示，箭头表示气体泄漏时通过内外唇的路径。

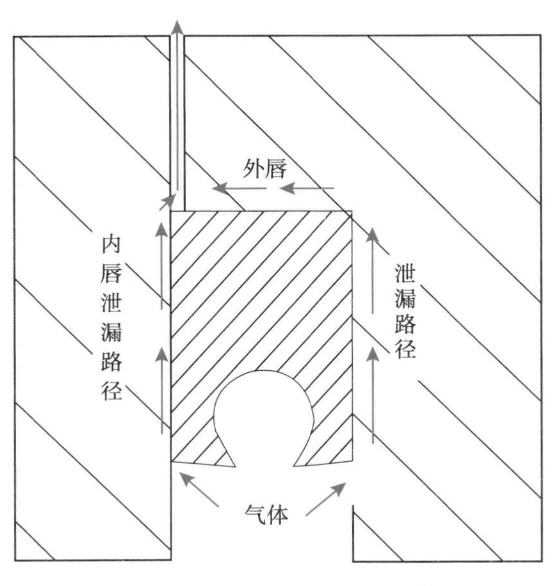

图 4-74　内唇、外唇泄漏路径

如图 4-74 所示，内唇、外唇泄漏路径的主要区别在于外唇泄漏的气体还要经过密封件底部，而在对 120℃、140MPa 下的静密封接触应力分析时得出密封件底端两边缘处也有能够满足密封要求的接触应力。

下面将列出 10%和 20%碳纤维四氟材料密封件在 120℃、140MPa 下行程结束时刻的接触情况的数值模拟结果，如图 4-75 示。黄框中蓝色部分是密封件唇口和密封槽壁面的有效密封部位，红框内是密封件底端与密封槽壁面的有效密封部分。这说明在这种工况下，密封件底端有能起辅助密封的部位，而且接触应力还较高。

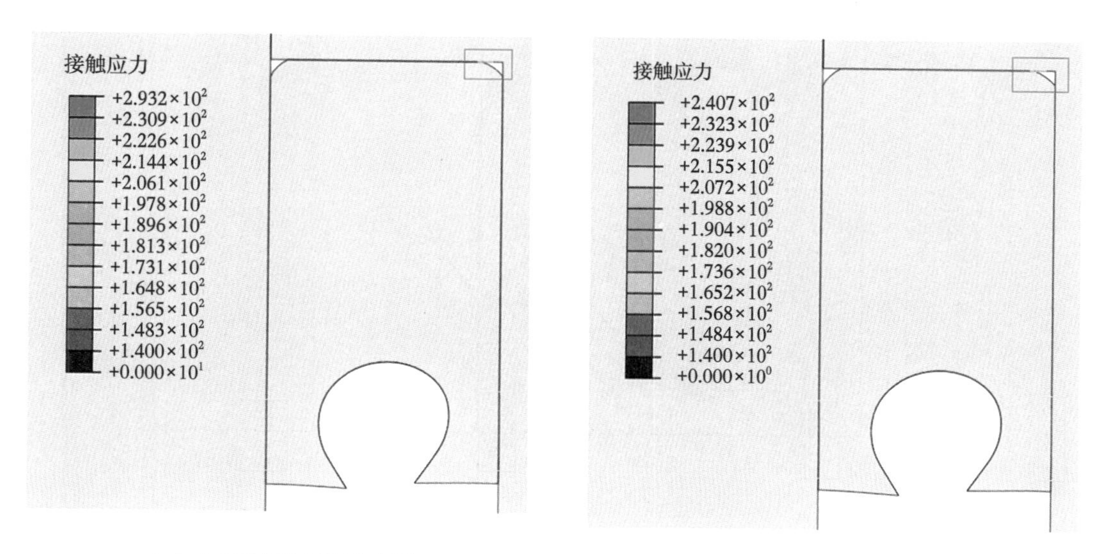

（a）10%碳纤维四氟密封件　　（b）20%碳纤维四氟密封件

图 4-75　120℃、140MPa 下行程结束时刻有效接触应力

（五）10%碳纤维改性四氟内唇密封性能分析

通过对极端工况下各材料密封件内唇、外唇边密封性能的仿真分析结果可知：（1）10%碳纤维改性聚四氟乙烯材料密封件能够满足在最恶劣工况下的密封要求；（2）内唇、外唇边在动密封时所处密封状态相似；（3）外唇泄漏路径上除了唇口有效密封还存在密封件底端的有效辅助密封，而内唇泄漏路径上只有唇口一处有效密封；（4）高压闸阀内的密封件绝大部分时间是处于静密封状态，此状态下，内唇的最大接触应力比外唇小，有效密封长度也比外唇短。接下来通过模拟不同的温度、压力条件下，10%碳纤维改性聚四氟乙烯材料泛塞封的内唇边接触密封性能情况，总结此材料的密封件密封性能随温度和压强的变化规律，为研制 10%碳纤维改性聚四氟乙烯材料密封件以及试验奠定理论基础。

工况条件设定温度为 20℃、60℃、90℃、120℃，压强为 40MPa、140MPa。对图 4-59 泛塞封内唇外边三节点输出不同温度下接触应力的变化情况，如图 4-76、图 4-77、图 4-78 和图 4-79 所示。

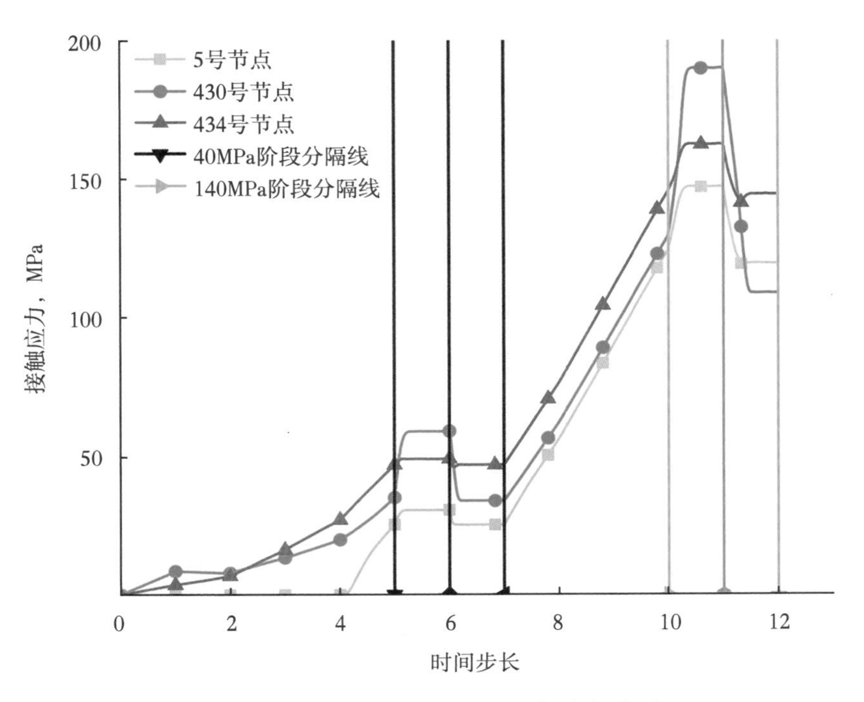

图 4-76　20℃内唇外边 3 节点接触应力

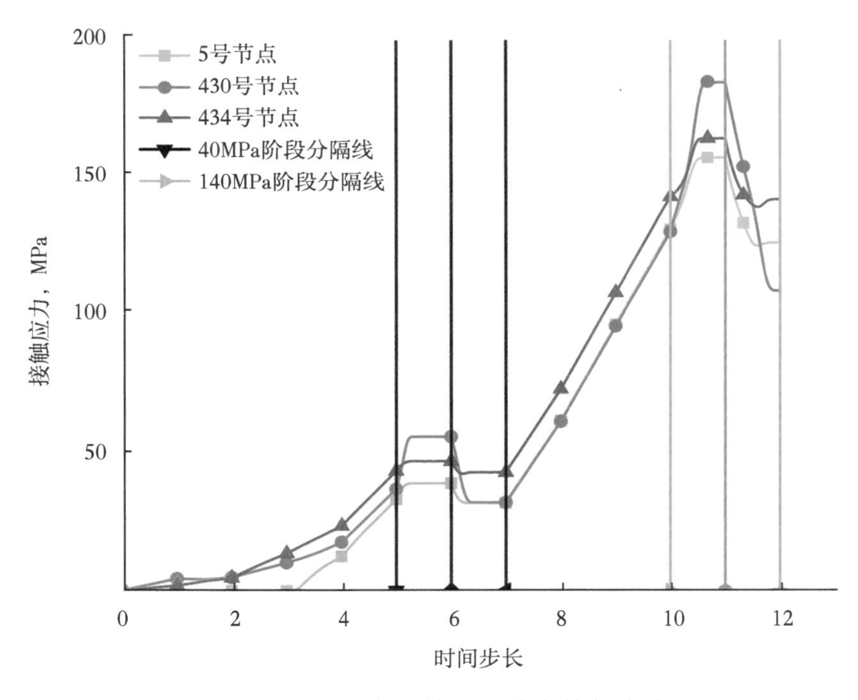

图 4-77　60℃内唇外边 3 节点接触应力

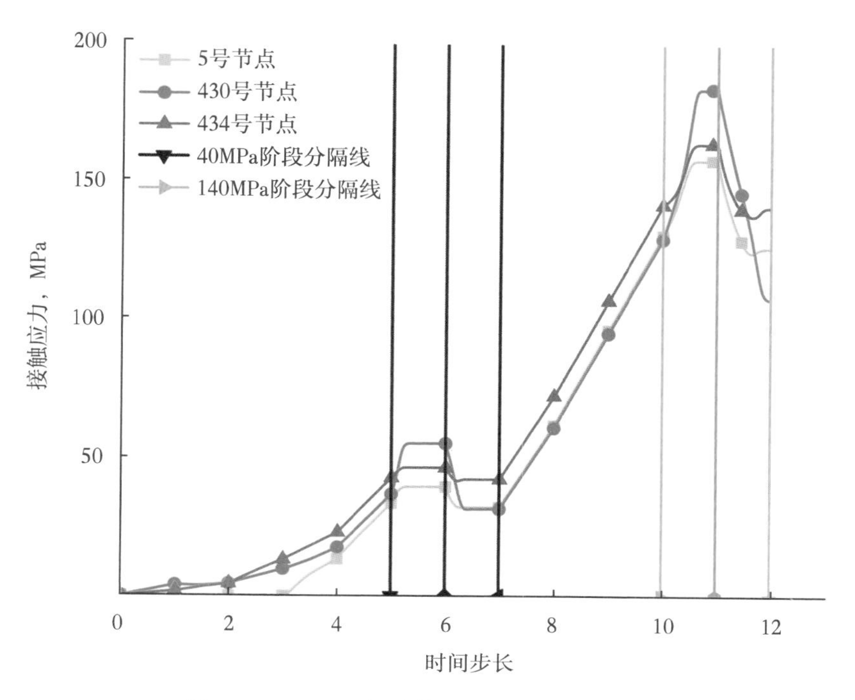

图 4-78　90℃内唇外边 3 节点接触应力

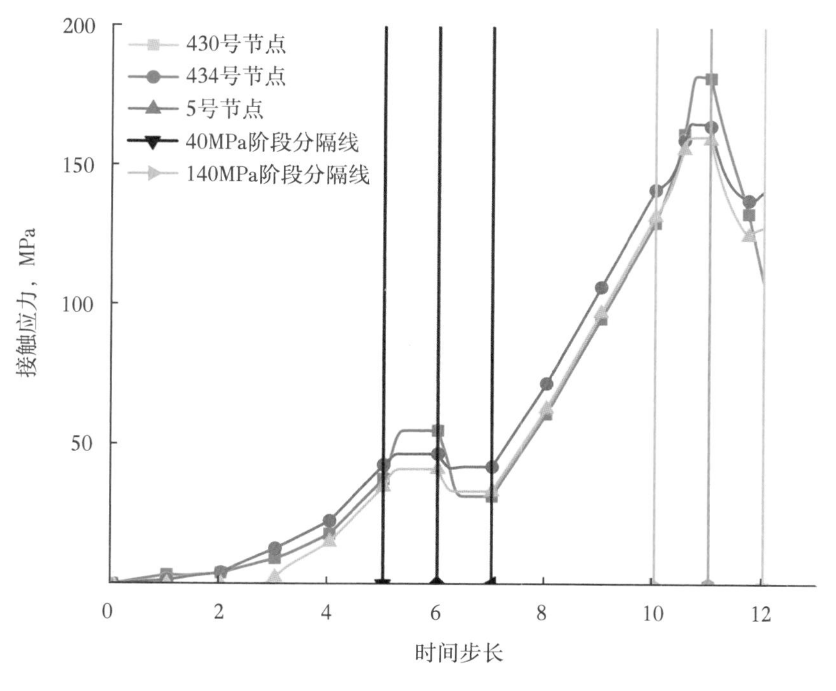

图 4-79　120℃内唇外边 3 节点接触应力

图 4-76、图 4-77、图 4-78 和图 4-79 分别为 10%碳纤维改性聚四氟乙烯泛塞封内唇外边上 3 节点在 20℃、60℃、90℃和 120℃的接触应力随时间分析步的历程输出，以 3 条黑线和紫线分割 40MPa 和 140MPa 的两个行程。图中 430 号节点应力变化最为剧烈，434 号节点次之，最后是 5 号，根据其节点位置可知：越靠近唇口端部的节点，其接触应力变化幅度越大，受阀杆移动的影响越大。其余的基本规律和泛塞封动密封、静密封内唇密封性能分析结果一致。

然后绘制 10%碳纤维改性聚四氟乙烯密封件在压强 40MPa 下不同温度工况条件的内唇外边在初始时刻（静密封）、上行程结束时刻和下行程结束时刻的有效密封应力和有效密封长度的曲线关系图，如图 4-80、图 4-81 和图4-82 所示。图中仅显示有效密封应力和有效密封长度，以便于揭示泛塞封在各个工况条件下的接触应力和接触长度的规律特征。

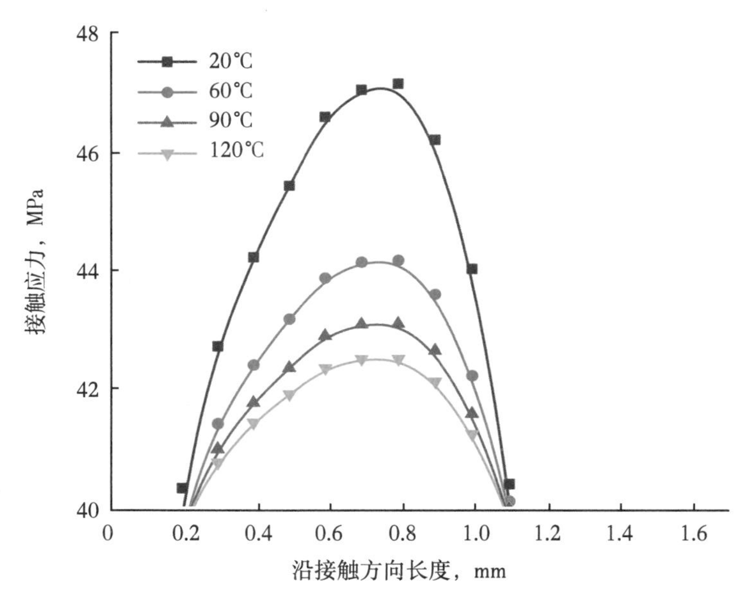

图 4-80　40MPa 压差初始时刻内唇密封情况

由图 4-80 可知：在 40MPa 压差的条件下，随着温度的上升，泛塞封内唇外边的有效密封应力和有效密封长度都在减小，如果把高温曲线和长度轴围成的域看作是一个集合，那么低温域可视作高温域的子集。各温度曲线对应的最大接触应力值和有效密封长度分别为 20℃时是 47. 15MPa、0. 90mm，60℃时是 44. 16MPa、0. 80mm，90℃ 时是 43. 08MPa、0. 80mm，120℃ 时是 42. 50MPa、0. 70mm。

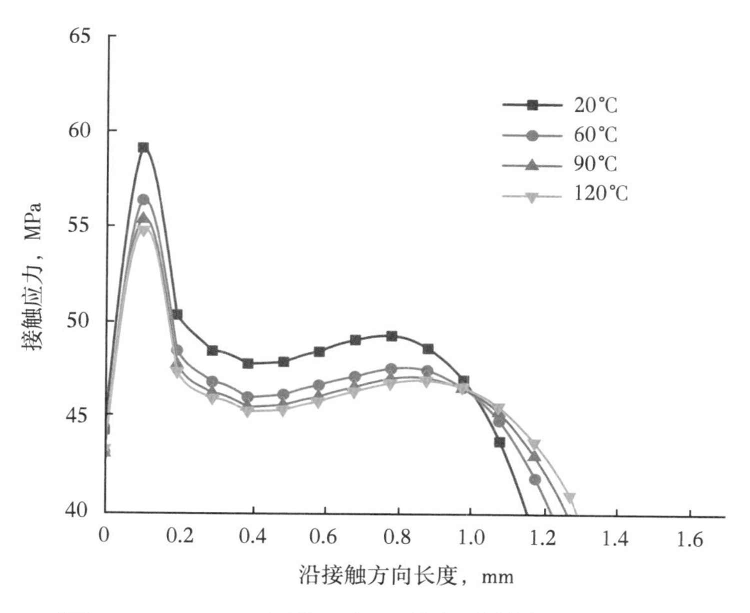

图 4-81　40MPa 压差上行程结束时刻内唇密封情况

由图 4-81 可知，40MPa 压差条件下的上行程结束时，随着温度的增加，有效密封应力最大值降低，有效密封长度增加。各温度曲线对应的最大接触应力值和有效密封长度分别为：20℃是 59.11MPa、0.99mm，60℃是 56.38MPa、1.07mm，90℃是 55.37MPa、1.08mm，120℃是 54.80MPa、1.17mm。

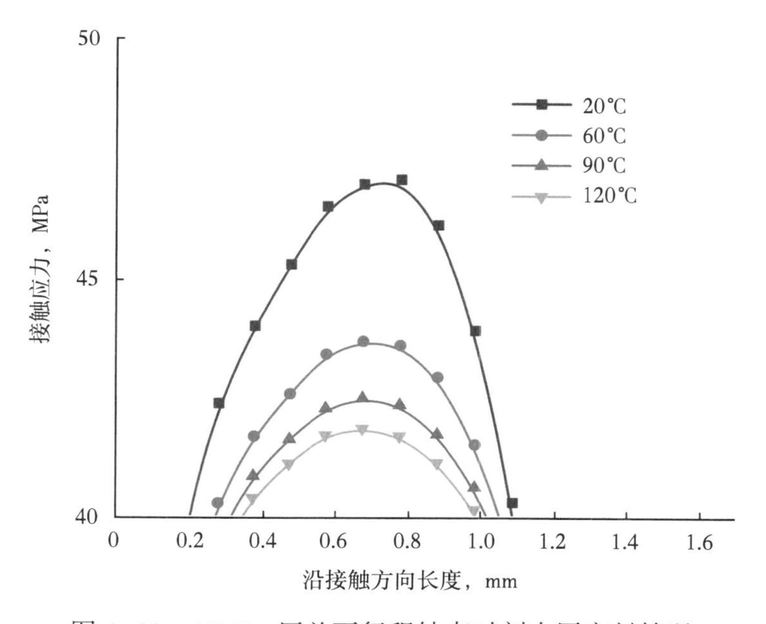

图 4-82　40MPa 压差下行程结束时刻内唇密封情况

由图 4-82 可知：40MPa 的下行程关系曲线分布趋势和静密封时类似，同样低温是高温子集的分布，最好的密封温度是 20℃，最差的是 120℃。随着温度的上升，泛塞封内唇外边的有效密封应力和有效密封长度都在减小。各温度曲线对应的最大接触应力值和有效密封长度分别为：20℃ 时是 47.06MPa、0.80mm，60℃ 时是 43.70MPa、0.70mm，90℃ 时是 42.51MPa、0.61mm，120℃时是 41.87MPa、0.60mm。

绘制 10%碳纤维改性聚四氟乙烯密封件在压强 140MPa 下不同温度工况条件的内唇外边在初始时刻（静密封）、上行程结束时刻和下行程结束时刻的有效密封应力和有效密封长度的曲线关系图，如图 4-83、图 4-84 和图 4-85 所示。

由于 140MPa 压强下的各图分布规律和 40MPa 类似，即静密封和下行程时刻的有效密封应力和有效密封长度随着温度增加而减小，上行程的最大接触应力随着温度增加而减少，但是有效接触长度随着温度升高而增加。所以，对 140MPa 下行程时刻温度与有效密封应力和有效密封长度的关系不再进行分析，仅对 3 幅图的最大接触应力和有效密封长度作数值说明，方便后续比较。

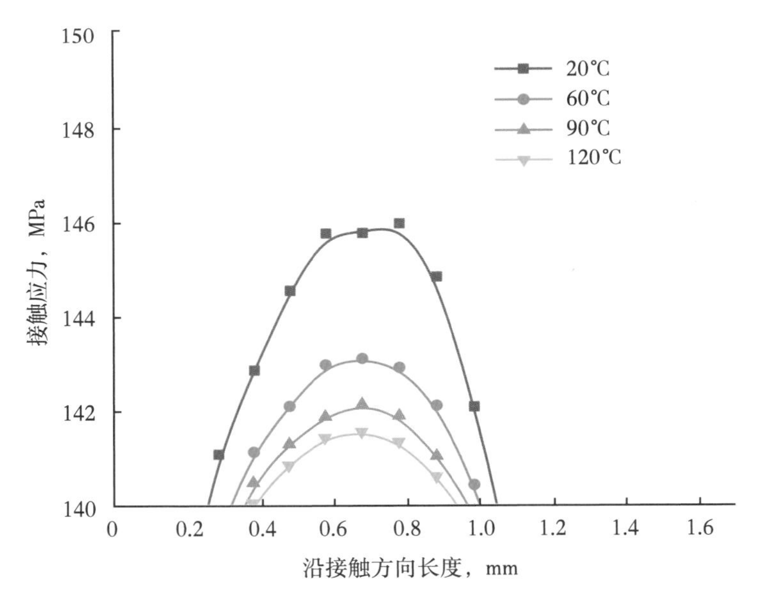

图 4-83　140MPa 压差初始时刻内唇密封情况

由图 4-83 可知，各温度曲线对应的最大接触应力值和有效密封长度分别为 20℃时是 145.957MPa、0.70mm，60℃时是 143.088MPa、0.60mm，90℃时是 142.119MPa、0.52mm，120℃时是 141.542MPa、0.50mm。

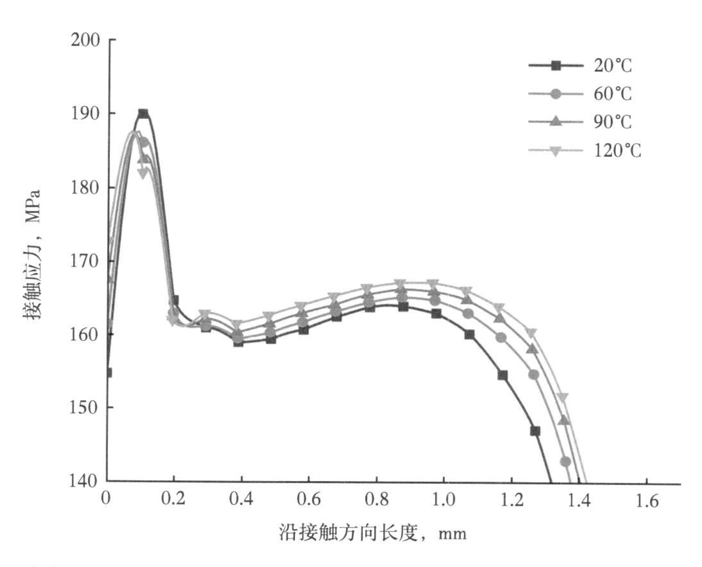

图 4-84 140MPa 压差上行程结束时刻内唇密封情况

由图 4-84 可知，各温度曲线对应的最大接触应力值和有效密封长度分别为：20℃ 是 190.073MPa、1.27mm，60℃ 是 186.249MPa、1.36mm，90℃ 是 183.904MPa、1.36mm，120℃是 182.153MPa、1.37mm。

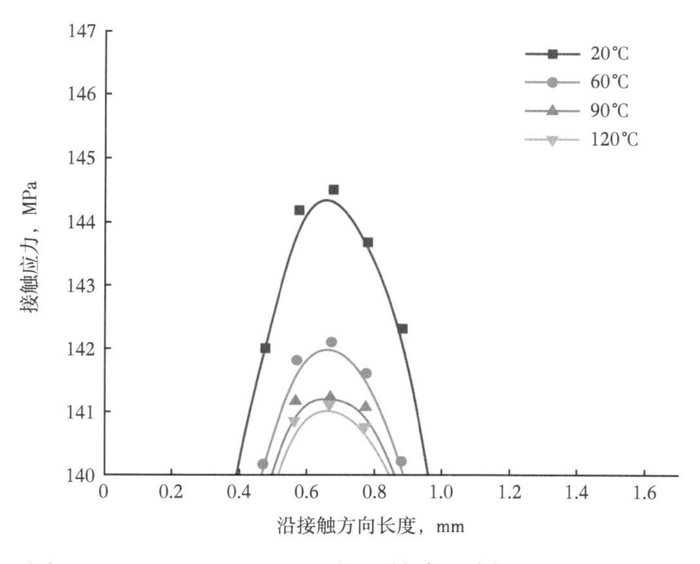

图 4-85 140MPa 压差下行程结束时刻内唇密封情况

由图 4-85 可知，各温度曲线对应的最大接触应力值和有效密封长度分别为 20℃时是 144.517MPa、0.41mm，60℃时是 142.12MPa、0.40mm，90℃时是 141.241MPa、0.21mm，120℃时是 141.121MPa、0.20mm。

将上述研究结果中的最大接触应力与其在相同温度下的压强对比，得到最大接触应力与压强的压力差值，其更能反映密封性能。再将压力差值和密封长度汇总在表4-4至表4-7中。

表4-4　40MPa压力差值汇总

温度,℃	20	60	90	120
初始时刻（静密封压差），MPa	7.15	4.16	3.09	2.50
上行程结束时压差，MPa	19.11	16.38	15.37	14.80
下行程结束时压差，MPa	7.06	3.70	2.51	1.87

表4-5　40MPa有效密封长度汇总

温度,℃	20	60	90	120
初始时刻（静密封长度），mm	0.90	0.80	0.80	0.7
上行程结束时长度，mm	0.99	1.07	1.08	1.17
下行程结束时长度，mm	0.80	0.70	0.61	0.60

表4-6　140MPa压力差值汇总

温度,℃	20	60	90	120
初始时刻（静密封压力差值），MPa	5.95	3.08	2.12	1.54
上行程结束时压力差值，MPa	50.07	46.25	43.90	42.15
下行程结束压力差值，MPa	4.51	2.12	1.24	1.21

表4-7　140MPa有效密封长度汇总

温度,℃	20	60	90	120
初始时刻（静密封长度），mm	0.70	0.60	0.52	0.50
上行程结束时长度，mm	1.27	1.36	1.36	1.37
下行程结束时长度，mm	0.41	0.40	0.21	0.20

对比表4-4和表4-6中数据可知：无论是在40MPa还是在140MPa的情况，下行程结束时刻的最大接触应力与压力差值都处于本压力状态下的最低点，上行程结束时刻的压力差值最大，静密封状态处于两者之间。此外，随着温度的增加，压力差降低，说明温度越高密封性能越差；随着压力增加，静密封和下行程结束时刻的压力差值降低，但140MPa的上行程结束时刻的压力差

却比 40MPa 的高。

对比表 4-5 和表 4-7 中数据可知：无论是在 40MPa 还是 140MPa 的压差条件下，有效密封长度最长的是上行程结束时刻，其次是静密封时刻，最短的是下行程结束时刻。随着温度的增加，静密封和下行程结束时刻的有效密封长度在下降，而上行程结束时刻在增加。随着压强的增加，静密封和下行程结束时刻的有效密封长度在减小，但上行程结束时刻的有效密封长度却在增加。

第五章　WC-Co 硬质合金冲蚀磨损机理研究

WC-Co 硬质合金是制造闸板阀的主要材料，深入研究 WC-Co 硬质合金的冲蚀磨损机理，对提升阀板耐冲蚀性能和增加使用寿命提供理论指导，具有重要的理论价值和工程意义。本章重点开展了 WC-Co 硬质合金冲蚀磨损率随多种试验因素影响的变化规律，探讨并分析 WC-Co 硬质合金在气体携带砂粒冲击下的冲蚀磨损机理。

第一节　冲蚀磨损理论及影响因素

一、冲蚀磨损概述

冲蚀磨损是指流体或离散固体颗粒以一定速度和角度对材料表面产生冲击作用，进而使材料产生质量损失的现象。一般来说，冲蚀磨损的颗粒粒径小于 1000μm，速度低于 500m/s。冲蚀磨损根据流体介质和离散颗粒的不同可分为四种：气固冲蚀磨损、液滴冲蚀磨损、液固冲蚀磨损、气蚀磨损（李诗卓等，1987）。表 5-1 中列出四种冲蚀磨损类型以及相应的磨损工况实例。本章讨论的对象则是以气体为介质，固体颗粒为离散相的气固冲蚀磨损。

表 5-1　冲蚀磨损分类

冲蚀磨损类型	介质	离散相	磨损实例
气固冲蚀磨损	气体	固体颗粒	旋风分离器、喷嘴
液滴冲蚀磨损	气体	液滴	高速飞行器、水轮机叶片
液固冲蚀磨损	液体	固体颗粒	汽轮机叶片、钻井泵轮
气蚀磨损	液体	气泡	水泵叶轮片、高压阀密封面

冲蚀磨损现象广泛存在于航空、水利、能源、采矿、冶金等工业领域，在石油和天然气开采中，闸板阀的阀板使用状况直接决定了阀门的工作性能和使用寿命，井下的固体微粒在高速气体或液体的携带作用下对阀板产生强烈的冲蚀作用，冲蚀使阀板产生的质量损失，微坑和材料剥落将降低阀门的工作精度和使用寿命。

二、塑性材料冲蚀磨损理论

（一）微切削理论

Finnie（1960）提出以刚性粒子冲击塑性材料的微切削理论，对于塑性材料，磨料的尖锐外形在冲击材料表面时将对材料形成切削和犁削作用，进而引发冲蚀磨损，磨损过程类似于切削加工，在切削过程中磨料的作用和刀具类似。通过分析得出影响磨损的因素主要为磨料速度、靶材流动应力、材料受冲蚀的角度。Finnie认为，随着磨料动能的增加，靶材的磨损体积也随之上升，冲蚀磨损体积和靶材的流动应力成负相关关系，与冲蚀角之间存在函数关系，式（5-1）为Finnie推导出的塑性材料微切削冲蚀磨损表达式：

$$f(\alpha)=\begin{cases}K\dfrac{mv^2}{p}(\sin2\alpha-3\sin^2\alpha),\ \alpha\leqslant18.5^\circ\\ K\dfrac{mv^2}{p}\dfrac{\cos^2\alpha}{3},\ \alpha>18.5^\circ\end{cases} \tag{5-1}$$

式中 $f(\alpha)$——材料的磨损体积，m^3；

α——冲蚀角，（°）；

m——磨料质量，g；

v——磨料冲击速度，m/s；

p——靶材的流动应力，MPa；

K——材料常数。

多数情况下，塑性材料的冲蚀磨损多是由冲蚀颗粒斜角入射时产生的切屑和积屑剥落，以及垂直冲击后产生的塑性变形组成。斜角入射时，材料表面产生大量切屑和积屑剥落，垂直入射时磨料的动能和塑性靶材的内能相互转化，引起靶材的塑性变形，但是质量磨损却较少，因此塑性材料的最大冲蚀率发生在入射角是斜角的时候，图5-1为塑性材料冲蚀磨损示意图。

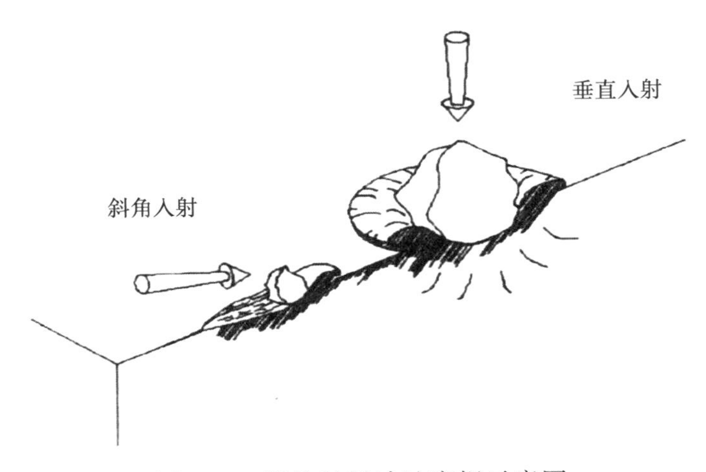

图 5-1　塑性材料冲蚀磨损示意图

在 Finnie 的研究基础上，更多的学者在冲蚀磨损上进行了大量的试验，结果表明微切削理论存在较大的局限性，该理论应用于塑性材料在低角度的冲蚀条件下时，理论计算值与实际磨损量非常吻合，而对于脆性材料以及大冲蚀角度，尤其是在冲蚀角为 90°的时候，计算值则存在较大偏差。

（二）变形磨损理论

1963 年，Bitter（1963）提出基于赫兹接触理论和能量平衡方程的变形磨损理论，该理论中 Bitter 将冲蚀磨损分为变形磨损与切削磨损两部分。冲击磨料的冲击力 F 可分解为沿靶材表面垂直方向的法向力 F_N 以及沿靶材表面的切向力 F_T，如图 5-2 所示，法向力使材料产生塑性变形，而切向力则在材料表面产生切削作用，使材料产生以切屑脱离靶材表面的方式导致磨损。在 90°冲蚀角下只存在法向力 F_N，此时的冲蚀磨损和靶材受粒子垂直冲击后的变形有关，而在其他情况下则同时存在变形磨损和切削磨损。

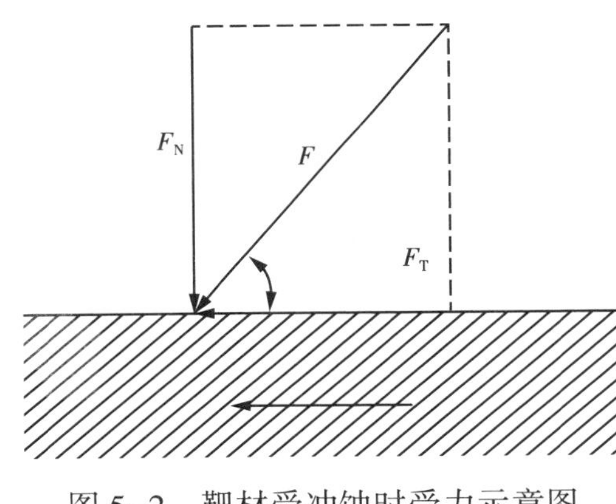

图 5-2　靶材受冲蚀时受力示意图

Bitter 在变形磨损理论中推导出以下结论：当材料受到磨料冲击产生磨损后，它的磨损就会分为两个部分，即变形磨损量 W_P 以及切削磨损量 W_C，而最终的总磨损量即为它们两者的总和：

$$W_T = W_P + W_C \tag{5-2}$$

式中　W_{T}——总磨损量，g；

W_{P}——变形磨损量，g；

W_{C}——切削磨损量，g。

变形磨损量可由式（5-3）获得。

$$W_{P}=\begin{cases}\dfrac{M(v\sin\alpha-v_{el})^{2}}{2\varepsilon} & v\sin\alpha\geqslant v_{el}\\ 0 & v\sin\alpha<v_{el}\end{cases} \tag{5-3}$$

式中　M——消耗的磨料质量，g；

v——磨料冲击速度，m/s；

v_{el}——初始速率，m/s；

α——冲蚀角度，(°)；

ε——变形磨损系数。

v_{el}为冲蚀磨损的磨料初始速率，即磨料冲击刚好使靶材表面材料达到弹性极限的速度，v_{el}可通过赫兹接触理论计算得

$$v_{el}=\frac{\pi^{2}\sigma^{\frac{5}{2}}}{2\sqrt{10\rho}}\left(\frac{1-\mu_{p}^{2}}{E_{p}}+\frac{1-\mu_{t}^{2}}{E_{t}}\right) \tag{5-4}$$

式中　σ——靶材弹性极限应力，Pa；

ρ——磨料密度，kg/m^{3}；

E_{p}，μ_{p}——磨料弹性模量（Pa）和泊松比；

E_{t}，μ_{t}——靶材弹性模量（Pa）和泊松比。

切削磨损量计算公式见式（5-5）：

$$W_{C}=\begin{cases}W_{C1}=\dfrac{2MC(v\sin\alpha-v_{el})^{2}}{\sqrt{v\sin\alpha}}\times\left[v\cos\alpha-Q\dfrac{C(v\sin\alpha-v_{el})^{2}}{\sqrt{v\sin\alpha}}\right] & \alpha<\alpha_{0}\\ W_{C2}=\dfrac{M}{2Q}\left[v^{2}\cos^{2}\alpha-K(v\sin\alpha-v_{el})^{\frac{3}{2}}\right] & \alpha>\alpha_{0}\end{cases} \tag{5-5}$$

式中　Q——切削磨损系数；

C，K——常数；

α_{0}——$W_{C1}=W_{C2}$时的冲蚀角度，(°)。

应用Bitter变形磨损理论必须通过试验测得变形磨损系数和切削磨损系数，而不同的靶材材料、不同的磨料，以及冲蚀条件的变化，变形磨损系数和切削磨损系数都会发生改变，此处可以看出该理论的缺点是缺少通用性。

（三）挤压锻造磨损理论

Levy（1981）提出了以薄片剥落为冲蚀磨损表现形式的挤压锻造磨损理论，Levy以冲蚀角度为变量，发现在冲蚀磨损过程中，不论磨料以何种角度对材料进行冲蚀，靶材表面都会产生小而薄，且高度变形的薄型唇片从靶材表面掉落。磨料的反复冲击使靶材受到类似挤压锻造的作用，在挤压锻造过程中产生大量的塑性变形。挤压锻造示意图如图5-3所示，靶材最表面材料受到磨料的挤压锻造作用后温度上升，产生类似退火的效果，导致最表层材料的硬度降低，形成一片较软的表面层，而在软表面下则由于塑性变形产生了次表面加工硬化区域。加工硬化区域形成后，冲击的磨料类似于锻锤，不断挤锻靶材的软表面层，而硬化的次表面层则促进了表面薄型唇片的形成，靶材表面的薄唇片经反复的冲击和挤压后脱离母材（Levy，1986）。图5-4为镀铜钢靶在冲蚀中挤压形成薄片并脱落的示意图（刘凤娇，2012）。

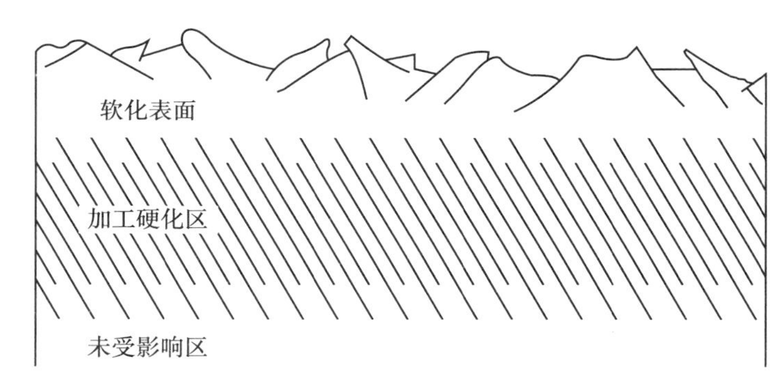

图5-3　挤压锻造示意图

（四）低周疲劳理论

1981年，Hutchings（1981）提出金属材料在球形磨料90°冲击条件下的低周疲劳理论，并计算得出此条件下的材料冲蚀磨损率：

$$E_{\mathrm{V}} = 0.033\frac{r\rho\rho_{\mathrm{p}}^{\frac{1}{2}}v^{3}}{\varepsilon_{\mathrm{C}}^{2}P^{\frac{3}{2}}} \tag{5-6}$$

式中　E_{V}——冲蚀磨损率；

r——磨料半径，m；

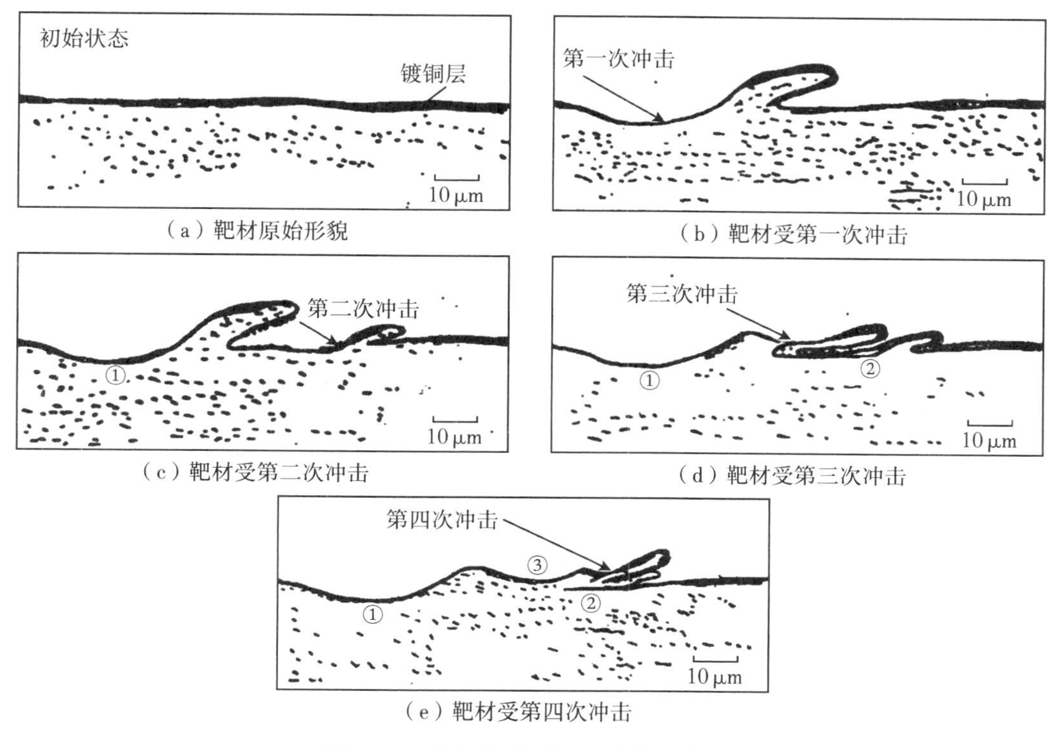

（a）靶材原始形貌

（b）靶材受第一次冲击

（c）靶材受第二次冲击

（d）靶材受第三次冲击

（e）靶材受第四次冲击

图 5-4 镀铜钢靶挤压脱落示意图

①—冲蚀坑；②—唇片二次冲击；③—唇片叠加

ρ——靶材密度，kg/m^3；

P——靶材硬度，HB；

ρ_p——磨料密度，kg/m^3；

v——磨料速度，m/s；

ε_C——靶材冲蚀磨损塑性应变，mm/mm。

可以看出，靶材的冲蚀磨损率和其硬度和冲蚀磨损塑性成负相关关系，和磨料入射速度的三次方成正比。但是该公式仅用于入射角为 90°时的冲蚀磨损率计算。

中国矿业大学的邵荷生（邵荷生，1992）提出了以低周疲劳为主的冲蚀磨损理论。在材料法向或者是在接近法向的冲击力下，冲蚀磨损大都是以变形而产生的温度效应为基本特征的低周疲劳过程。脆性材料和塑性材料的材料去除机理并不相同，对于具有较大脆性的材料来说，在磨料冲击下发生弹性变形，当弹性变形达到一定程度时，就会在材料的表面和次表面产生裂纹，最终裂纹崩裂产生冲蚀磨损。对于塑性材料来说，在受到磨料冲击作用后会产生较大的弹塑性变形能，变形能其中的很大一部分能量都可以转化成热能，热能多集中于受冲击后产生变形的区域内，使变形区域内材料的温度呈现上升的趋势，其余剩下的小部分能量则转化为材料的畸变能。变形区域温度上升可能产生绝热剪切或变形局部化，在不断地反复冲击作用下，当变形区的应变积累一定程度后，材料便会从母体上分离下来而形成磨屑。邵荷生提出的物理模型认为材料的磨损体积与材料的变形能力有关，磨损体积表达式为

$$\Delta V = \Delta V_{\mathrm{d}} - \Delta V_{\mathrm{d}} \mathrm{e}^{-\left(\frac{\varepsilon_{\mathrm{p}}}{\varepsilon_{\mathrm{c}}}\right)^{n}} \tag{5-7}$$

式中 ΔV——磨损体积，m^3；

ΔV_{d}——变形体积，m^3；

ε_{p}——靶材平均应变，mm/mm；

ε_{c}——靶材临界变形破坏应变，mm/mm；

n——常数，约等于2。

以上几种理论都存在着一定的局限性，微切削理论对于低冲蚀角度的塑性材料磨损有着较好的适应性，挤压锻造理论着重于高角度冲击时产生的薄片剥落，变形磨损理论主要阐明了冲蚀磨损过程中的变形特征及能量变化。事实上，对于不同材料在不同工况下的冲蚀磨损，都不能用简单的某一个冲蚀模型进行准确解释，其结果往往是多种冲蚀机理的共同作用。

三、脆性材料冲蚀磨损理论

（一）赫兹理论

在冲蚀磨损规律的表现形式上，脆性材料与塑性材料明显不同，在受到磨料冲击作用以后，脆性材料变形量较小，在冲蚀角为90°时脆性材料磨损量最大。Finnie 与 Sheldon（Sheldon，1966）认为在冲蚀磨损过程中，脆性材料产生应力集中的位置多存在表面缺陷，而应力集中又易使材料萌生环状裂纹（赫兹裂纹），裂纹扩展最终导致了材料以碎片剥落的方式形成磨损，并基于此建立了第一个脆性材料的冲蚀理论——赫兹理论。

（二）弹塑性压痕破裂理论

Evans 等人（1987）将单粒子冲蚀模型近似类比为静态压痕，以三条假设为前提条件提出了弹塑性压痕破裂理论冲蚀模型，三条假设是：

（1）磨料颗粒为刚体，形状为球形；

（2）冲击点压力与颗粒运动并接触到靶材表面的即时动态压力相等；

（3）平均冲蚀速率和接触时间决定磨料颗粒对靶材的穿透深度。

Evans 认为，脆性材料的冲蚀磨损体积取决于靶材和磨料的物理属性，如磨料的冲击速度、磨料粒度、磨料密度，靶材的物理属性则包括断裂韧性和硬度等。高速冲击粒子在材料表面产生高度的应力集中，并在接触点区域产生一定范围的塑性变形区域，塑性区以外为弹性区域，当塑性区冲击应力超过材料强度时将产生微小裂纹，随着冲击的不断持续，微裂纹沿弹性区域向下方扩展形成径向裂纹。冲击载荷卸载后在塑性区和弹性区的交界区域附近由于变形不均匀匹配从而产生拉应力，并在次表面引发沿平行材料表面方向扩展的横向裂纹，当裂纹最后交叉扩展至折向表面时，材料以薄片状去除。径向裂纹使材料强度下降，横向裂纹则是材料流失的主要原因，图 5-5 为冲击前后裂纹扩展导致材料去除的示意图。

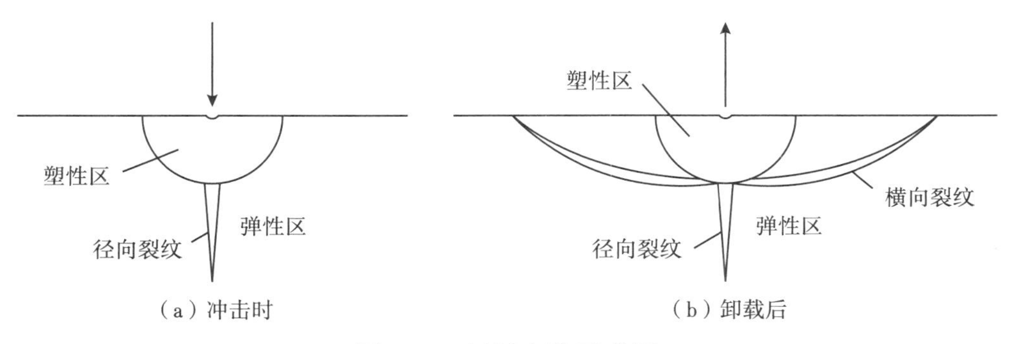

图 5-5　材料去除示意图

图 5-6 为脆性材料压痕断裂示意图。图中主要分为三个区域：压痕区域，塑性变形区域和弹性变形区域。压痕区域的半径为 α，压痕体积为 δV，塑性区

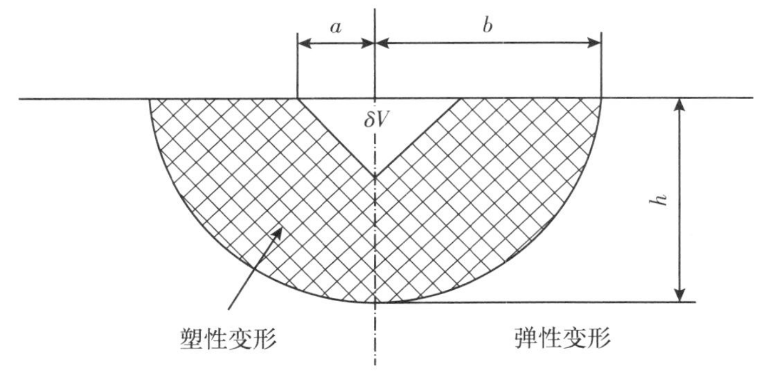

图 5-6　脆性材料压痕断裂示意图

域和弹性区域半径为 b，高度为 h，b 和 h 看成近似相等（Lawn，1977）。

磨料压痕载荷由式（5-8）得出

$$\begin{cases} P = C_1 v_P^{\frac{4}{3}} r^2 \\ C_1 = \left[2\pi\sqrt{2}H(\tan\theta)\rho\right]^{\frac{2}{3}} \end{cases} \tag{5-8}$$

式中　P——磨料压痕载荷，Pa；

v_P——磨料的冲击速度，m/s；

r——磨料半径，mm；

C_1—材料常数；

H——靶材的硬度，HB；

ρ——磨料密度，kg/m^3；

θ—磨料内角，(°)。

当磨料压痕载荷 P 大于生成横向裂纹的临界载荷 P_0 时便会产生横向裂纹，临界载荷 P_0 由式（5-9）得出（Verspui，1999）：

$$P_0 = \frac{1200}{(0.75)^2}(\tan\theta)^{-\frac{2}{3}}\frac{E}{H}\left(\frac{K_{IC}}{H}\right)^3 \tag{5-9}$$

式中　E——靶材的弹性模量，GPa；

K_{IC}——靶材的断裂韧性，$MPa \cdot m^{\frac{1}{2}}$。

靶材的磨损体积决定于横向裂纹的长度和深度，横向裂纹理论长度计算公式如下：

$$C = C_0 P^{\frac{5}{8}}\left[1 - \left(\frac{P_0}{P}\right)^{\frac{1}{4}}\right] \tag{5-10}$$

$$C_0 = \sqrt{\frac{0.025}{(0.75)^2}}(\cot\theta)^{\frac{5}{6}}\left(\frac{E}{H}\right)^{\frac{1}{4}}(K_{IC}H)^{-\frac{1}{4}} \tag{5-11}$$

式中　C——横向裂纹理论长度，mm；

C_0——和材料相关的常数。

横向裂纹深度 d 为塑性区域的平均深度，由式（5-12）得出：

$$d = \alpha\sqrt{2}\sqrt{\frac{E}{H}}\left(\frac{\sin\theta}{\cos\theta}\right)^{\frac{1}{3}} \tag{5-12}$$

式中　α——压头尺寸，mm。

假设材料流失后的碎屑为球冠状，如图 5-7 所示，则磨损的体积可通过横向裂纹长度和深度求得，则材料去除的球冠状体积计算公式如下：

$$\mathrm{d}V=\frac{1}{2}\pi dC^{2} \tag{5-13}$$

式中　$\mathrm{d}V$——磨损体积，mm^3。

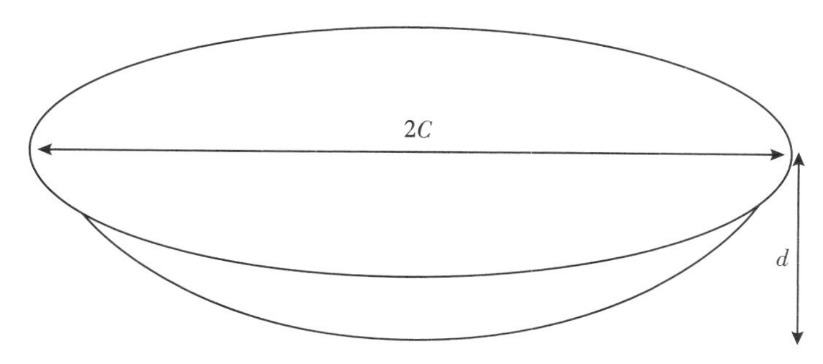

图 5-7　球冠状去除体积长度与深度

由此推导出体积冲蚀磨损率如下：

$$E_{\mathrm{V}}=V_{\mathrm{p}}^{3.2}r^{3.7}\rho^{1.6}K_{\mathrm{IC}}^{-1.3}H^{-0.25} \tag{5-14}$$

式中　E_{V}——体积冲蚀磨损率，$\mathrm{mg/(s\cdot mm^3)}$。

大量试验结果表明，压痕破裂理论对于刚性粒子对脆性材料的冲蚀行为有着很好的适用性，但是该理论并未考虑材料的微观组织对冲蚀性能的影响，而且在脆性粒子对脆性材料的冲蚀应用方面还需要更加深入的研究和完善。

四、冲蚀磨损影响因素

冲蚀磨损过程本身是一个复杂多变的动态过程，因此影响冲蚀磨损结果的因素非常多，通常可以将这些因素归结为三类：工况因素，磨料特性和靶材特性。

（一）工况因素

1. 冲蚀角度

冲蚀角度亦称冲击角或攻角，是指冲蚀时入射磨料与靶材表面形成的夹角。大量试验和研究表明，冲蚀角度对材料的冲蚀磨损率有重要影响。Sheldon 与 Finnie（1966）研究冲蚀角度对脆性材料和塑性材料冲蚀磨损率的影响结果可由图 5-8 表示，Al 和 Al_2O_3 分别是典型的塑性材料和脆性材料。由图 5-8 中 Al 的冲蚀率和冲蚀角度的关系曲线可以看出，塑性材料的冲蚀率初始随着冲蚀角的增大而上升，在 15°~30°范围内磨损率达到最大值。之后随着冲蚀角度的增加，磨损率逐渐下降。

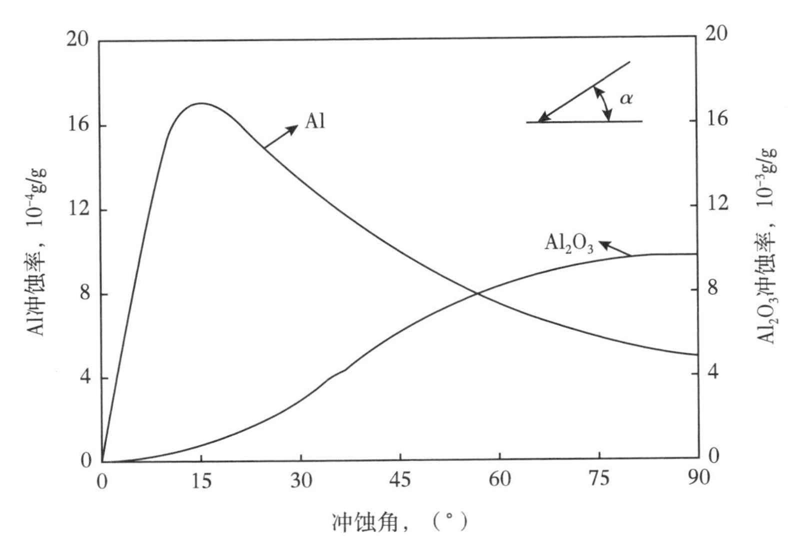

图 5-8　Al 和 Al_2O_3 冲蚀角与冲蚀率变化曲线

塑性材料的冲蚀磨损机制为：低角度冲蚀时，材料磨损的形式以冲蚀颗粒划过材料表面形成的微切削和犁沟为主。高角度冲蚀时，冲蚀颗粒几乎不存在水平方向上的切削运动，塑性材料在冲蚀中主要破坏形式是冲击形成的凹坑和材料的塑性挤出，材料在受到冲击后产生反复变形和疲劳失效，引起凹坑边缘材料的断裂与剥落。而脆性材料的冲蚀率在冲蚀角 0°~90°范围内都是随着冲蚀角度的增加而上升，最大冲蚀率则出现在垂直入射角，即 90°附近。脆性材料在垂直冲击条件下，磨损机制以产生环形裂纹和脆性剥落为主，而真实的冲蚀工况下一般冲蚀角度都介于二者之间。

Finnie 推导出材料的冲蚀磨损率和冲蚀角度具有如下关系：

$$E_V = A\cos^2\alpha\sin(n\alpha) + B\sin^2\alpha \tag{5-15}$$

式中　E_V——冲蚀磨损率，mg/(s·mm^3)；

α——冲蚀角度，(°)；

n——$\pi/(2\alpha)$；

A，B——常数。

以最大冲蚀磨损率出现在冲蚀角为 90°的典型脆性材料（例如陶瓷或玻璃）为例，此时 $A=0$，而对于典型塑性材料（例如普通金属）则 $B=0$。

2. 冲蚀时间

材料在受到冲蚀的初期一般并不会立刻产生质量损失，甚至还会产生一定程度的增重。冲蚀达到一定时间以后，冲蚀磨损才进入稳定阶段。也就是说，材料的冲蚀磨损存在一定时间的孕育期，而冲蚀时间对冲蚀磨损的影响主要集中在孕育期内。冲蚀磨损在初期存在孕育期的原因主要有：

（1）在冲蚀磨损初期，磨料对材料表面的冲击仅仅使材料发生塑性变形，暂未产生材料的质量磨损；

（2）磨料对材料表面的冲击作用使材料受到类似锻打的效果，材料表面受到锻打后产生加工硬化，提高了材料的硬度，从而延缓了磨损的发生时间；

（3）部分磨料在冲击后嵌入材料表面形成增重。

在相同冲蚀条件下，孕育期的长短受材料影响明显。一般来说，塑性材料比脆性材料拥有更长的冲蚀磨损孕育期。

3. 磨料冲击速度

要使材料发生冲蚀磨损，磨料的冲击速度需达到某个临界速度。磨料冲击速度低于临界速度时，磨料与靶材之间只产生弹性碰撞，冲击在靶材表面产生的应力不足以使靶材产生塑性变形和裂纹，此时靶材的磨损机制以疲劳磨损为主要形式，而疲劳磨损耗费时间较长，磨损量也较少。当冲击速度高于临界速度时，材料的冲蚀磨损率和冲击速度成指数函数关系（Rajesh 等，2004）：

$$E_V = Kv^n \tag{5-16}$$

式中　E_V——冲蚀磨损率，mg/(s · mm^3)；

K——与磨料相关的常数；

v——磨料的冲击速度，m/s；

n——常数。

n 值随着不同的材料、冲蚀角度、磨料类型以及冲蚀条件变化而改变。普通塑性材料在低冲击角度条件下 n 值在 2. 2~2. 4 之间，在高冲击角度条件下 n 值约为 2. 55，脆性材料在高冲击角度条件下 n 值波动范围较大，约在 2. 2~6. 5 范围内。

（二）磨料特性

1. 磨料硬度

随着磨料硬度的增加，其对靶材的穿透与切削能力也明显上升，导致材料冲蚀磨损率提高。相反，当靶材硬度提高后，磨料对靶材的穿透深度与切削作用减少，如此达到降低冲蚀磨损率的作用。磨料硬度与靶材表面硬度之比（H_p/H_f）对冲蚀磨损结果有重要影响，当 $H_p/H_t>1.2$ 时，塑性材料的冲蚀磨损率较大并呈稳定趋势，当 $H_p/H_t<1.2$ 时，材料冲蚀磨损率随 H_p/H_t 的下降而降低。Liebhard 和 Levy（1991）指出：材料的冲蚀磨损率随着磨料硬度的提高而不断增加，但当磨损率达到一定值后便不再上升。硬粒子对材料的主要磨损机制为切削和犁削，而软粒子则是在材料表面形成疲劳裂纹。

2. 磨料粒径

靶材的冲蚀磨损率在一定范围内随着磨料粒径的上升而增加，但当粒径增大到某临界值时，冲蚀磨损率基本不再变化，甚至降低，这种现象称为“粒径效应”，粒径效应的粒径临界值受材料和冲蚀条件影响而变化。一方面当粒径上升时，磨料和靶材承受冲击的面积也变大了，导致在单位面积上产生的应力并未增加，因此冲蚀磨损率也不再上升。另一方面可由二次冲蚀理论解释，大粒径的磨料存在更多的内部缺陷，在冲击后容易导致破裂，破裂消耗能量，大粒径的磨料破裂后形成粒径更小的磨料，而小磨料较之前的大粒径磨料硬度更低，能量更小，难以使靶材产生冲蚀磨损，因而冲蚀磨损率不再上升（谢文伟，2012）。

刘英杰等（1991）的研究表明，磨料粒径较小时，磨料在空气动力作用下的运动以绕靶材偏转为主，而几乎不对靶材产生冲击作用，靶材因而几乎不产生质量磨损。而在此条件下磨料基本不产生破碎，也就不存在由破碎后产生的小粒径磨料形成的二次冲蚀。靶材冲蚀磨损率随着磨料粒径的增加而相应上升，但在粒径尺寸达到临界值后，磨损率基本不再变化。

3. 磨料形状

磨料的形状也对冲蚀磨损结果有明显影响，相同冲蚀条件下具有尖角的磨料造成的冲蚀磨损量明显高于圆形磨料。在磨料与材料表面发生冲击的作用范围内，具有尖角的磨料能量都集中在尖角上，作用面积远小于圆形磨料，因此在作用点上产生更大的应力，进而引发更严重的冲蚀磨损。同时，磨料的尖角更容易对材料表面产生切削作用。

Levy 等（1983）以 Al_2O_3 为磨料，以碳钢（AISI 1020）为靶材，冲击速度分别为 20m/s 和 60m/s，冲蚀角度 90°，研究了不同磨料形状对冲蚀磨损量的影响，结果见表 5-2。从试验结果看出，相同条件下，尖角磨料产生的冲蚀磨损量都远超过圆形磨料，结果也符合理论分析。

表 5-2　磨料形状对冲蚀磨损量的影响

磨料粒径 μm	磨料流量 g/min	冲蚀磨损量，mg			
		冲击速度（20m/s）时		冲击速度（60m/s）时	
		圆形	尖角	圆形	尖角
250~350	6.0	0.2	1.6	3.0	28.0
250~350	0.6	0.2	2.0	4.5	32.7

（三）靶材特性

1. 硬度

硬度表征的是材料表面抵抗外物侵入的能力，硬度对于材料的冲蚀磨损特性有重要影响，磨损机制随着磨料硬度与靶材表面硬度之比（H_p/H_t）的改变而发生变化。

2. 断裂韧性

根据式（5-14）可知，材料的冲蚀磨损率与其自身的断裂韧性呈负指数相关，因此材料的冲蚀磨损率随着断裂韧性的提高而降低。Wellman（1995）研究陶瓷材料的冲蚀磨损结果表明，随着陶瓷断裂韧性的提高，材料的冲蚀磨损率大幅度降低。当磨料运动速度较低时，靶材的磨损机制以疲劳磨损为主要形式，提高材料的断裂韧性，可有效降低疲劳裂纹在磨料不断冲击下形成的交变应力下的裂纹扩展，从而降低材料的冲蚀磨损量。当磨料速度较大时，磨料对陶瓷表面的不断冲击使陶瓷产生塑性变形和裂纹，断裂韧性高的材料，产生塑性变形的能耗也越高，同时提高断裂韧性可有效地抵抗裂纹形成和扩展的难度。大量的试验研究表明，材料的断裂韧性是提升冲蚀磨损性能不可忽略的重要参数。

3. 微观组织结构

材料较差的微观结构往往会大幅降低其耐冲蚀性能，在材料有微观缺陷的地方，如孔隙、较差的晶界结合强度和微裂纹等，易产生应力集中从而导致材料的强度和耐冲蚀性降低。提高材料微观组织的致密性，减少微观缺陷，细化晶粒尺寸以增加晶粒结合边界数量，都可以达到限制和降低裂纹扩展的目的。廉晓庆（2013）的研究表明，提高材料的体积密度和强度，降低气孔率，是提高材料冲蚀磨损性的有效方法，其中降低气孔率对提高材料抗冲蚀磨损性能的影响大于提高材料强度。

第二节　阀座阀板表面喷涂材质选择

通常井口气中含有腐蚀性气体 H_2S 以及较多的沙粒，因此闸板阀内阀座和阀板间密封面需要喷涂表面硬质材料，以提高表面耐磨性、减小摩擦系数、提高抗腐蚀性。本节将针对闸板阀金属密封面喷涂材料进行研究，以寻求合适的金属密封面喷涂材料。

一、金属密封面常用喷涂材料及喷涂方法

金属密封面喷涂材料除对强度、腐蚀性能等有要求外，还对密封面材料硬度有着很高的要求，其主要原因是金属密封面需要承受相应的密封比压，以防止金属密封面发生塑性变形和被压溃等现象的产生，同时硬度还与金属密封面的耐磨能力有关。因此在设计闸板阀时，一般会在金属密封面喷焊 Ni-Cr-B-Si 系自熔合金粉或硬质合金 WC 等材料。

在压力一定的情况下，闸板阀的开关扭矩取决于阀板与阀座间的摩擦系数，即金属密封面的材质将会直接影响闸板阀开启扭矩。通常情况下金属密封面的堆焊有 Ni-Cr-B-Si 系自熔合金粉或碳化钨超音速喷涂两种。目前常用的硬质合金涂层方法有以下几种：物理气相沉积法（PVD）、化学气相沉积法（CVD）、等离子体化学气相沉积法（PCVD）、氧乙炔火焰喷涂（焊）、高速火焰热喷涂（HVOF）、等离子喷涂、溶胶—凝胶法、盐浴侵镀法、等离子喷涂、低压火焰沉积（LPFD）等。目前，喷焊制备技术方法主要有氧乙炔火焰喷涂（焊）、高速火焰喷涂（HVOF）和等离子喷焊工艺等。

（一）氧乙炔火焰喷涂（焊）

这是使用最早的一种喷涂方法，火焰喷焊常用三种材料，见表 5-3。其原理是使用氧和乙炔的燃烧火焰将粉末状或棒状的涂层材料加热到熔融或半熔融状态后喷向基体表面从而形成涂层的一种方法。它具有设备简单、工艺成熟、操作灵活、成本少、速度快等优点。它可用于制备各种金属、合金、陶瓷及塑

料涂层，是目前国内最常用的喷涂方法之一。但是使用氧乙炔火焰喷焊所制备的涂层存在孔隙度较大，与基体材料的结合强度较低等缺点，因此，这种方法很少应用于闸板阀金属密封面的制造。

表 5-3　火焰喷焊常用三种材料

类型名称	Ni55	Ni60	Deloro60
适用温度	<650℃	<650℃	<650℃
涂层特性	耐腐蚀、耐磨损	耐腐蚀、耐磨损	耐腐蚀、耐磨损
涂层硬度	HRc-55	HRc-59±3	HRc-59±3
Ni55 材料成分	C-0.75，Cr-15.5，Si-4，Fe-14，Mo-3，Ni-Bal（余量），B-3		
Ni60 材料成分	C-0.8，Cr-15.5，Si-4，W-3，Fe-15，Mo-3，Ni-Bal（余量），B-3.5		
Deloro60	C-0.65，Cr-15，Si-4.3，Fe-4，Mo-0.1，Ni-Bal（余量），Mn-0.1，B-2.2		

（二）高速火焰喷涂（HVOF）

高速火焰喷涂（或称超音速火焰喷涂）是 20 世纪 80 年代出现的一种高能喷涂方法，它是继等离子喷涂之后热喷涂工业最具创造性的一种制备方法。高速火焰喷涂方法优点为可喷涂的材料较多，同时由于其在制备过程中火焰含氧量较少温度适中，焰流速度很高，能有效防止粉末涂层材料的氧化和分解，因此这种方法特别适合碳化物类涂层的喷涂。

（三）等离子喷焊工艺

等离子喷焊工艺采用转移型等离子弧作为主要的热源，在金属基材表面喷焊合金粉末。其优点为喷涂效率高、涂层的结合强度和致密度都较高，这种喷涂方法显著地提高了涂层的质量，改善涂层制备环境条件，提高了生产效率。

二、闸板开关瞬间的受力分析

在阀门开关过程中，虽然阀板、内阀座、阀体间存在装配时的预紧力、阀板和阀杆等零件重力，但与密封面间的摩擦力以及阀杆端面的推力相比，数值较小，故忽略不计。

阀杆通过旋转运动带动阀板移动，阀板与入口端存在过流面积时，阀体是带压的，阀板即浮动。如果忽略泛塞封因压力变化而对阀杆作用的影响，则驱动阀门的扭矩 T 与阀板阀座之间的摩擦力有关。由此可得，最大扭矩发生在阀板开启或关闭的那一瞬间。

当阀门处于全关状态时，开启阀门，阀板向上运动。气体作用在入口端内阀座的压力投影面积为 S_1，流道面积为 S_2，如图 5-9 所示。

$$S_1=\frac{\pi}{4}\left(D_1^2-D_2^2\right) \tag{5-17}$$

$$S_2=\frac{\pi}{4}D_2^2 \tag{5-18}$$

式中 D_1——内阀座端面直径，mm；

D_2——流道通径，mm。

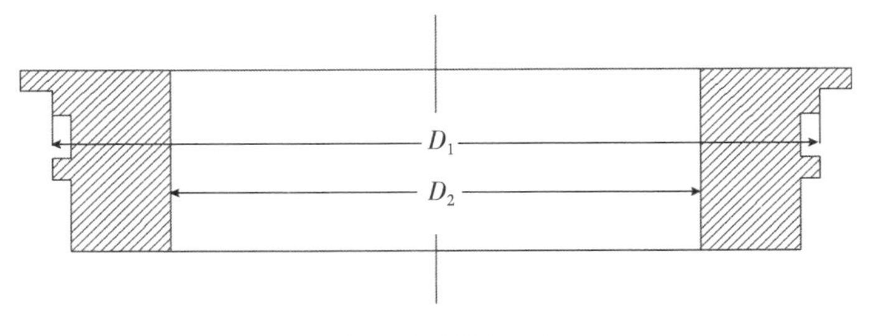

图 5-9 内阀座截面图

通过计算可知 $S_1 \geqslant S_2$，即压力作用在内阀座的投影面积大于作用在阀板上的流道面积，则在任何压力条件下，入口端内阀座都会贴紧阀板，用气密封（气压作用）代替弹簧等结构，起到预紧作用。

压强 $p=140\text{MPa}$ 作用在入口端内阀座投影面积上对阀板产生的正压力 F_1 为

$$F_1=pS_1 \tag{5-19}$$

压强 $p=140\text{MPa}$ 通过流道作用在阀板上的正压力 F_2 为

$$F_2=pS_2 \tag{5-20}$$

出口端内阀座正压力 F_3 由入口端内阀座压力 F_1 与流道内作用阀板上的压力 F_2 共同组成，即

$$F_3=F_1+F_2 \tag{5-21}$$

由作用力和反作用力可知，阀板表面对阀座支持力为

$$F_{N1}=F_1,\quad F_{N3}=F_3 \tag{5-22}$$

对闸板阀开启时闸板受力进行分析，其具体受力示意图如图 5-10 所示，阀门开启瞬间，闸板相对于内阀座向上运动，由于入口端内阀座金属密封依然存在密封作用，故此时入口端摩擦力 f_1 以及出口端摩擦力 f_2 与阀门完全关闭时计算方法相同，且摩擦力 f_1、f_2 方向垂直向下。考虑到闸板阀刚打开时阀腔不带压，因此出口端正压力由入口端阀座压力 F_1 与流道内作用在阀板上的压力 F_2 组成。

当阀门关闭时，闸板相对内阀座向下运动，阀门关闭瞬间，入口端内阀座密封工作，入口端摩擦力 f_1 以及出口端摩擦力 f_2 大小与阀门开启瞬间相同，但由于相对运动方向相反，因此摩擦力 f_1、f_2 方向与开启瞬间相反，方向向上。其具体受力示意图如图 5-11 所示。同样出口端正压力由入口端阀座压力 F_1 与流道内作用在阀板上的压力 F_2 组成。在闸板阀开启或关闭时金属密封面材料的动摩擦系数对闸板阀开关力矩影响巨大，闸板阀的开启力矩要求小于 1200N · m，经过减速省力后，力矩小于 200N · m，同时要求闸板阀开关时间应较短。因此选取合适的金属密封面喷涂材料，降低动摩擦系数，从而降低闸板阀开关力矩是闸板阀喷涂材料选取的重要因素。

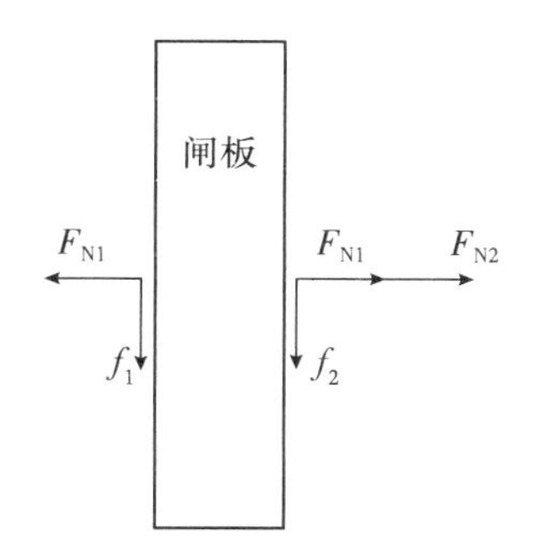

图 5-10　闸板阀开启时受力情况

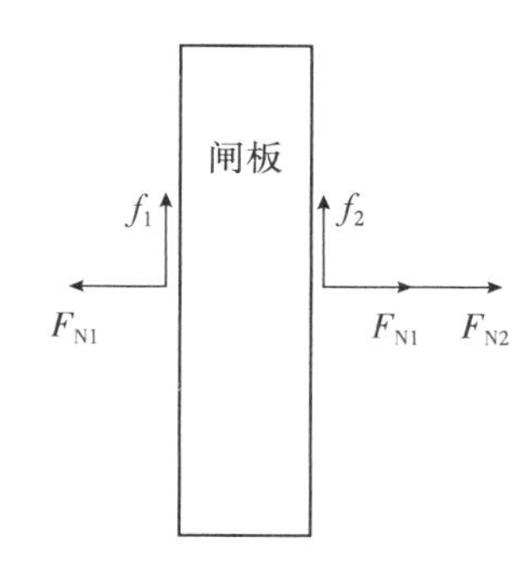

图 5-11　闸板阀关闭时受力情况

由于阀杆采用 29°ACME 梯形螺纹，其梯形螺纹扭矩 T_1 与轴向力 F_a 的关系为：

$$T_1 = F_a \frac{d_2}{2} \tan(\gamma + \rho_v) \tag{5-23}$$

式中　γ——导程角，取 3.31°；

ρ_v——当量摩擦角，$\rho_v = \arctan \dfrac{f}{\cos\alpha} = 8.81$；

f——螺纹表面滑动摩擦系数，取 0.15；

α——螺纹牙形半角，取 14.5°；

d_2——螺纹中径，mm。

阀杆转动时，阀杆密封圈与阀杆间存在摩擦力 f_4：

$$f_4=\mu_4 F_{N4} \tag{5-24}$$

$$F_{N4}=pS_4 \tag{5-25}$$

$$S_4=\pi Dl \tag{5-26}$$

式中 μ_4——阀杆与阀杆密封圈间动摩擦系数，取 0.04；

S_4——密封材料与阀杆接触面积，mm^2；

p——工作压力，MPa；

D——阀杆密封面直径，mm；

l——密封件长度，mm。

因此金属密封面喷涂材料选取摩擦系数是重要环节。

三、喷涂材质摩擦系数测量

摩擦系数测量方法主要有：平面摩擦系数测量方法、斜面摩擦系数测量方法、摆式摩擦系数测量方法。

1. 平面摩擦系数测量方法

平面摩擦系数测量原理：准备两个试样，将两试样表面平放接触在一起，在一定的压力下使两个试样发生相对位移，记录下两个接触试样表面在相对滑动时最大的阻力（静摩擦力）以及两个接触试样在一定速度下相对移动时的阻力（动摩擦力），而需要测量的动摩擦摩擦系数与静摩擦摩擦系数分别为动摩擦力和静摩擦力与垂直施加在试样表面压力的比值。

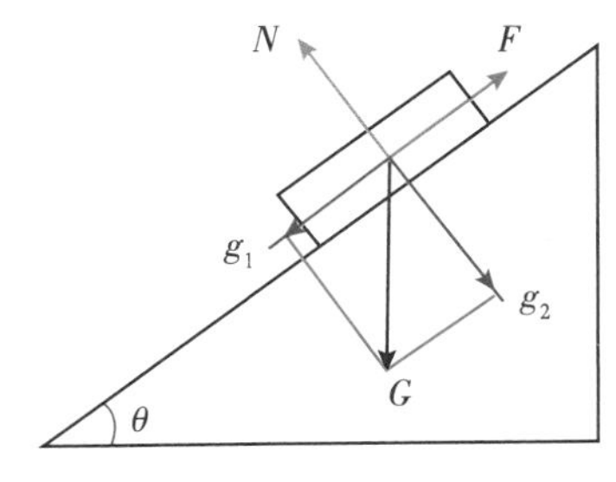

图 5-12　斜面摩擦系数测量示意图

2. 斜面摩擦系数测量方法

斜面摩擦系数测量方法原理：如图 5-12 所示，制备两个试样，将两个试样接触在一起，并倾斜一定的角度。滑块试样的重力 G 分解为两个力，一个是与斜面相平行的重力分量 g_1，另一个为与斜面相垂直的重力分量 g_2。当斜面的倾斜角度 θ 较小时，重力分量 g_1 小于此

时的摩擦力 F，滑块在此时保持静止；但随着斜面的倾斜角度 θ 不断增大，重力分量 g_1 不断增大，最后当 g_1 大于静摩擦力时，滑块开始向下移动，从而测定材料的摩擦系数。

3. 摆式摩擦系数测量方法

摆式摩擦系数测量方法原理：此方法又称为动力摆冲式测试方法，是指摆的位能损失等于安装于摆臂末端橡胶片滑过路面时，克服路面等材料摩擦所做的功。此试验方法只适合于测量路面等情况下的摩擦系数，并不适用于金属材料摩擦系数测定。

本书选择较为简单方便的平面摩擦系数测量方法进行喷涂材料摩擦系数测量。运用 BRUKER 多功能微纳压痕测试仪（图 5-13），根据试验设备制备试验材料，如图 5-14 所示。长方形试样将放置于试验设备底部台架上，试样参数为 43.4mm ×31mm ×5mm。圆柱形试样将放置于试验设备上端，并且圆形端面平行于底部长方形试样，其直径为 6.1mm，长为 25mm。试验参数：垂直载荷为 500N，移动速度为 0.35mm/s。

图 5-13　BRUKER 多功能微纳压痕测试仪

图 5-14　试验试样制备

分别选取金属密封面喷焊材料 FZNi-35 以及硬质合金 WC 进行试验对比，对材料摩擦系数测量两次取平均值。试验测得两种材料的摩擦系数数据，如图 5-15 所示。

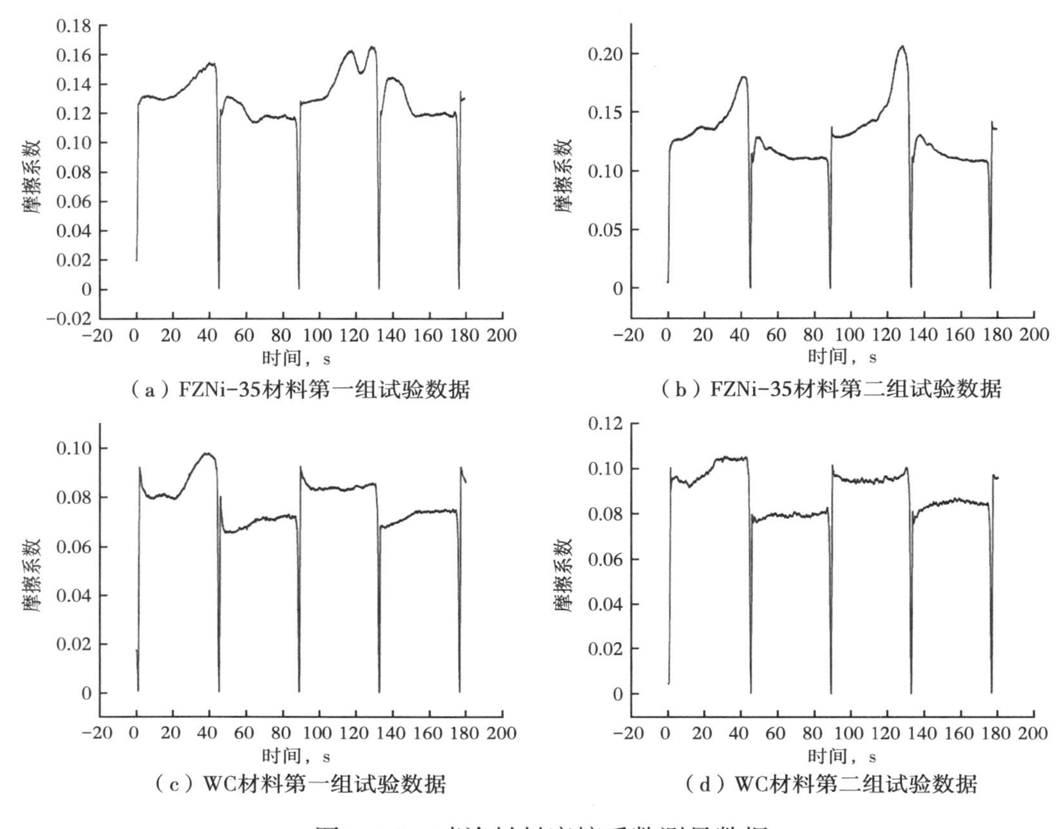

图 5-15　喷涂材料摩擦系数测量数据

材料 FZNi-35 合金第一组试验摩擦系数为动摩擦系数为 0.1283，第二组试验动摩擦系数为 0.12758。试验结果取平均值，FZNi-35 合金的动摩擦系数为 0.12794。材料硬质合金 WC 第一组试验动摩擦系数为 0.07648，第二组试验动摩擦系数为 0.08731。试验结果取平均值，最终硬质合金 WC 的动摩擦系数为 0.081895。对比发现硬质合金 WC 的动摩擦系数远小于 FZNi-35 合金的动摩擦系数。对两种材料扭矩进行分析发现，FZNi-35 合金的总扭矩为 1175N · m，硬质合金 WC 的总扭矩为 794N · m。可以看出减小摩擦系数，可以降低闸板阀金属面开关过程中的磨损情况，增加闸板内阀座使用寿命。两种材料均满足总扭矩小于 1200N · m 的要求，但 FZNi-35 合金所需要减速器减速比将增大，闸板阀开关时间增加。因此在保证金属密封面正常使用要求的情况下，对金属密封面喷涂选用硬质合金 WC。

第三节　WC-Co硬质合金冲蚀磨损试验方法

一、硬质合金分类和冲蚀磨损研究现状

（一）硬质合金分类

硬质合金以高硬度和难熔性金属碳化物（WC、TiC、TaC）为硬质相，这些碳化物都有共同的几个特点：熔点高、硬度高、耐磨性好、化学稳定性和热稳定性好。同时以对硬质相具有良好润湿性的金属（Co、Ni、Fe、Mo）为黏结相，采用粉末冶金工艺烧结形成的材料。表5-4给出了硬质合金常用原材料组分的主要物理性质。

表5-4　硬质合金常用原材料物理性质

物理性质	WC	TiC	TaC	NbC	TiN	Co
密度，g/cm^3	15.63	4.93	14.48	7.78	5.40	8.90
熔点，℃	2870	3250	3985	3613	2950	1495
硬度，kg/mm^2	2400	3000	1550	1800	1950	132~280HB
弹性模量，GPa	710	460	291	245	256	200
导热系数，W/mK	121.40	17.16~33.49	22.19	14.24	28.89	54.43
热膨胀系数，$10^{-6}/K^1$	6.20	7.61	6.61	6.84	9.35	12.50

硬质合金综合了硬质相和黏结相的特点，具有优异的材料性能，如低热膨胀系数、高熔点、高硬度、高抗压强度、高耐磨性、高弹性模量，正因为硬质合金具有诸多优点，因而被广泛应用于金属切削、采矿、石油和天然气开采、耐磨零件制造等领域，被誉为工业的牙齿。

硬质合金根据成分和组织构成，可分为以下几类。

1. WC-Co类硬质合金

WC-Co类硬质合金亦称YG类，是以WC为硬质相，Co为黏结相组成的两相合金，有时也加入低含量的其他元素（Tb、Ni、Cr）以提升材料的使用寿命和耐腐蚀性。相比于含Co量相同的其他类型硬质合金，WC-Co硬质合金的抗弯强度、抗压强度、冲击韧性和弹性模量最高，同时保持了较小的线膨胀系数。根据不同的WC晶粒尺寸，将WC-Co类硬质合金分为若干级别（高杨，2014），见表5-5。

表 5-5　硬质合金 WC 晶粒尺寸分类标准

尺寸级别	纳米晶	超细晶	亚细晶	细晶
晶粒尺寸，μm	<0.2	0.2~0.5	0.5~0.8	0.8~1.3
尺寸级别	中晶	粗晶	超粗晶	
晶粒尺寸，μm	1.3~2.5	2.5~6.0	>6.0	

2. WC-TiC-Co 类硬质合金

WC-TiC-Co 类硬质合金，牌号为 YT 类，YT 硬质合金以 Co 为黏结相，WC 和合金化 WC（如 WC-TiC 固溶体）为主要硬质相。WC-TiC-Co 具有较高的抗氧化性、硬度和耐热性，在温度较高的条件下硬度、耐磨性和抗压强度好于 WC-Co 硬质合金，适用于钢材的切削加工，在切削过程中形成“月牙洼”的倾向较小。TiC 含量较低（4%~6%）时，WC-TiC-Co 硬质合金强度最高，耐冲击负荷的能力强，常用于钢材的粗切削加工。中高的 TiC 含量（10%~25%）则用于精加工。

3. WC-TiC-TaC（NbC）-Co 类硬质合金

WC-TiC-TaC（NbC）-Co 类硬质合金由 WC-TiC-Co 类合金中添加 TaC 和 NbC 制成，牌号为 YW 类。TaC 和 NbC 的加入可阻止烧结过程中 WC 晶粒的长大，有助于细化晶粒，同时提高了常温和高温硬度，以及抗磨损能力。此类硬质合金比 WC-TiC-Co 类和 WC-Co 类合金拥有更高的耐磨性、抗黏结能力、抗氧化性和疲劳强度，主要用于钢材的切削。

4. TiC（N）基硬质合金

TiC（N）基硬质合金以 TiC（N）为主要成分，以 Co-Ni 为黏结剂，以其他碳化物如 WC、Mo_2C、Cr_3C_2、VC 等为添加剂组成。TiC（N）基硬质合金又称“金属陶瓷”，有着比 TiC 基合金更高的抗弯强度、抗氧化性和抗磨损性能，主要用于钢材的精车、半精车和铣削。

5. 钢结硬质合金

钢结硬质合金是以钢为黏结相，碳化物为硬质相制成的工具材料，兼具了硬质合金的高硬度和高耐磨性，以及钢的可加工性、可热处理性、可焊接性和可锻性，可用于生产复杂结构和形状的零件。淬火后硬度和高钴的 WC-Co 硬质合金相近，使用寿命和耐磨性接近普通硬质合金。钢结硬质合金以钢代替昂贵金属 Co 作为黏结剂，降低了生产成本，具有显著的经济价值。

（二）硬质合金冲蚀磨损研究现状

WC-Co 硬质合金从发明到现在经历了接近百年的发展历程，其产品范围和制造工艺已经相当成熟，国内外学者也在硬质合金的磨损研究方面做出了大量研究与论证，但是大多集中于材料的摩擦磨损，主要原因在于 WC-Co 硬质合金在切削刀具和耐磨零件行业的广泛应用，在冲蚀磨损方面的研究则相对较少。

WC-Co 硬质合金的破坏形式主要为磨损破坏，如在切削行业，硬质合金刀具的失效形式多为崩刃、摩擦磨损、热变形等，在天然气开采中则主要为气固两相流冲蚀磨损。目前提升材料耐冲蚀性能的方法多以选用耐冲蚀的材料，以及在基材表面喷涂高硬度和高耐磨性的耐冲蚀涂层为主，而 WC-Co 硬质合金本身就属于高硬度和高耐磨性材料，因此在硬度和耐磨性上的提升空间较小。深入探究 WC-Co 硬质合金的冲蚀磨损机理，以期在选材、结构设计、优化工况等方面入手，以降低材料的冲蚀磨损量，提升使用寿命，具有重要的实际意义和工程价值。

顾雪东等（2017）在以二氧化硅颗粒为磨料，YG8 为靶材的冲蚀试验中发现，靶材的冲蚀磨损率随冲蚀角度的上升先增大后减小，在 75°达到最大值，表明靶材并非完全的典型脆性材料，其冲蚀磨损规律呈现出部分塑性特征。垂直冲蚀角下由于 YG8 的脆性较大，在受到冲击后易产生变形凹坑和裂纹。材料表面的 WC 硬质颗粒为磨料的主要冲击对象，凹坑由于反复挤压形成唇形边缘并导致剥落是其主要磨损机制。

Antonov 等（2017）在研究冲蚀颗粒冲击能对硬质合金的冲蚀磨损性能影响试验中发现，在硬质合金冲蚀过程中，当冲蚀颗粒速度较低时裂纹通常只沿着 WC 和 WC 间的晶界扩展，当冲击速度提升后在冲蚀面上则出现了新的沿着 WC 和 Co 晶界的沿晶断裂。硬质合金冲蚀磨损率和冲击速度之间为指数函数关系，在 Antonov 的试验中不同牌号的硬质合金冲蚀率的速度指数变化范围为 1.73~2.33。耐冲蚀性能最好的材料为表面硬度最高的 YG6。硬质合金在遭受粒径为 3.5~5.6μm，速度为 100m/s 的花岗岩粒子冲击后，细晶粒尺寸的硬质合金比中等晶粒尺寸的硬质合金更容易受到冲蚀破坏，表明并非所有工况条件下细化晶粒都可以提高材料的耐冲蚀性能。

Zheng 等（2017）通过对采用超音速火焰喷涂（HVOF）的 WC 涂层冲蚀磨损试验研究发现，冲蚀后的涂层表面显示出大范围的微切割痕迹，以及材料的环形堆积和脆性剥落。通过对冲蚀形态的分析，建立了沉积涂层的冲蚀磨损机理。在冲蚀磨损过程中，软质黏结相受磨料粒子的微切割和犁削作用脱离基体，导致了 WC 粒子被暴露并在随后的撞击中形成冲蚀凹坑，材料残屑散落在凹坑周围。此外，材料表面还有由于连续的疲劳破坏引起的裂缝。低冲击角时磨料很容易切割涂层表面，主要磨损机理为微切削和水平裂缝。在高冲击角时，涂层吸收大部分冲击粒子的动能，却很难从硬脆的涂层中释放出来，因此，形成横向和径向裂纹并从表面延伸，从而产生涂层裂纹剥落。

Alidokht 等（2017）以 Al_2O_3 粉末为磨料，研究了 Ni 和 Ni-WC 冷喷涂复合涂层的冲蚀磨损性能。研究表明涂层呈现出较大的塑性变形特征，Ni-WC 涂层的冲蚀磨损率几乎不随时间发生变化，在垂直冲蚀角条件下冲蚀磨损率大于 30°冲蚀角时，在磨损初期材料的磨损率较低，然后马上进入稳定磨损阶段。当冲蚀角度为 30°时，两种涂层的冲蚀磨损量相当，低冲蚀角时磨料水平方向的切割能力较大，切割和犁削是主要磨损形式，但是磨料的侵入深度也随之变浅，高硬度的 WC 颗粒有效地抵抗了磨料的切割，并保护基体不受冲蚀粒子的破坏，Ni 和 WC 之间高的黏结强度对于基体的保护起重要作用。

二、试验磨料和靶材

对某高压高产气田采出的砂粒进行成分分析，结果表明砂粒成分以 Si、C、Fe、Al、Ca 为主，因此在磨料的选取上使用了与气田砂粒成分接近的三种颗粒材料作为试验用磨料，分别为玻璃砂、棕刚玉、碳化硅，它们的成分和物理性能见表 5-6。

表 5-6　磨料成分和物理性能

磨料种类	主要成分	密度，g/cm^3	硬度，GPa
棕刚玉	Fe_2O_3、Al_2O_3	3.95	19.0~22.0
碳化硅	SiC	3.20	29.0~31.0
玻璃砂	SiO_2、CaO	2.60	8.2~10.2

试验靶材为高硬度的耐蚀合金：WC-Co 硬质合金，国标牌号为 YG 类，均由自贡某硬质合金公司生产提供。为了研究硬质合金不同含 Co 量和不同 WC 晶粒度对靶材冲蚀磨损性能的影响，在靶材类型的选取上，选取了晶粒度

相同而含 Co 量不同的 YG3、YG8 和 YG15，理论含 Co 量分别为 3%、8% 和 15%，以及含 Co 量相同而 WC 晶粒度不同的 YG8X 和 YG8C。五种 WC-Co 硬质合金作为冲蚀靶材，WC 晶粒度大小为 YG8C>YG8>YG8X。图 5-16 至图 5-18 分别为 YG3、YG8 和 YG15 的 X 射线衍射图。从图 5-16 至图 5-18 中可以看出，靶材只存在 WC 和 Co 的衍射峰，因此硬质合金靶材均为以 WC 为主相，Co 为黏结剂的 WC-Co 硬质合金。Co 元素作为黏结剂黏附于 WC 颗粒之间，Co 相含量远低于 WC 相，因此在衍射图中存在大量的 WC 衍射峰，同时 Co 元素会大量吸收 Cu-Ka 射线，因此在 X 射线衍射图上 Co 相的衍射强度较弱。

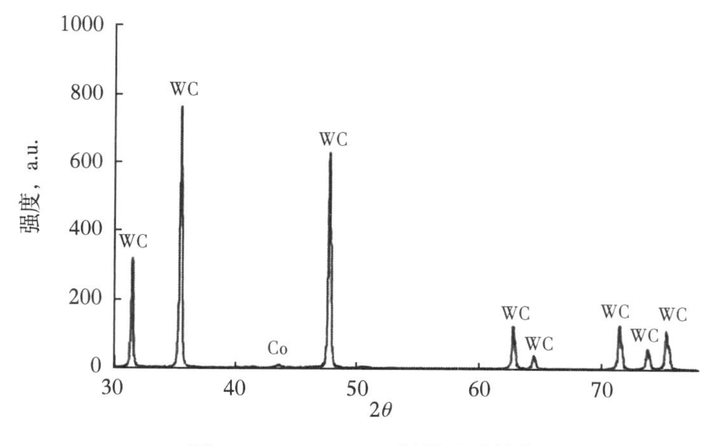

图 5-16　YG3 X 射线衍射图

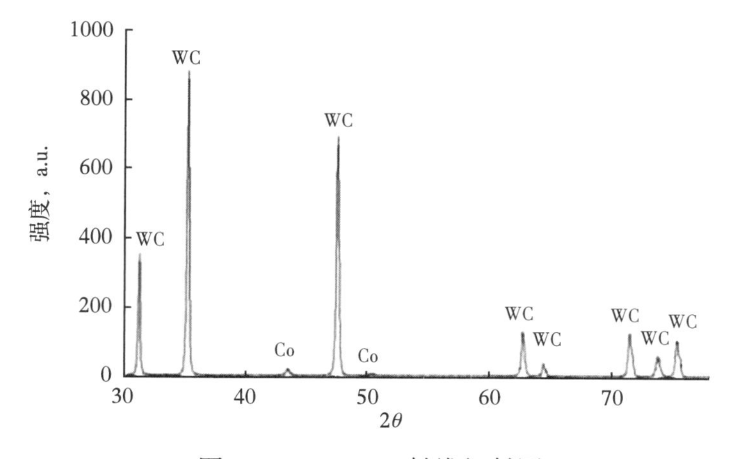

图 5-17　YG8 X 射线衍射图

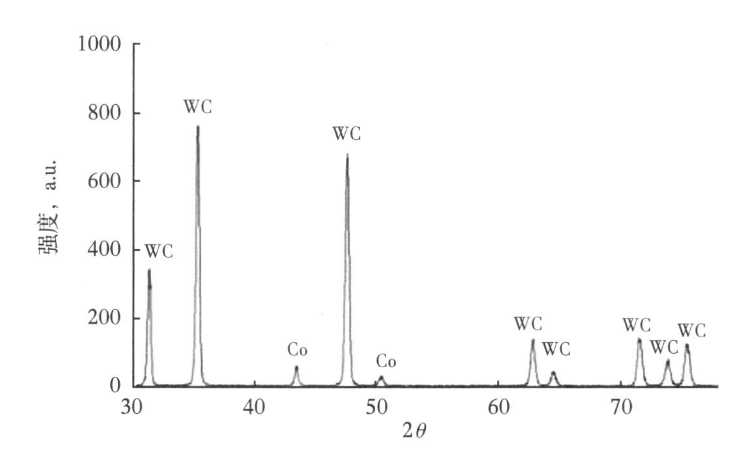

图 5-18　YG15 X 射线衍射图

三、靶材组织成分和性能

（一）靶材微观组织形貌

使用扫描电子显微镜（Scanning Electron Microscope，SEM）对 WC-Co 硬质合金靶材进行微观组织形貌分析，使用的扫描电镜型号为 ZNSOECT-F50，如图 5-19 所示。对于冲蚀前的硬质合金试样，首先进行超声波清洗，去除试样表面的杂质，主要观察冲蚀前原材料的晶粒的大小和形状、晶界结合状况。

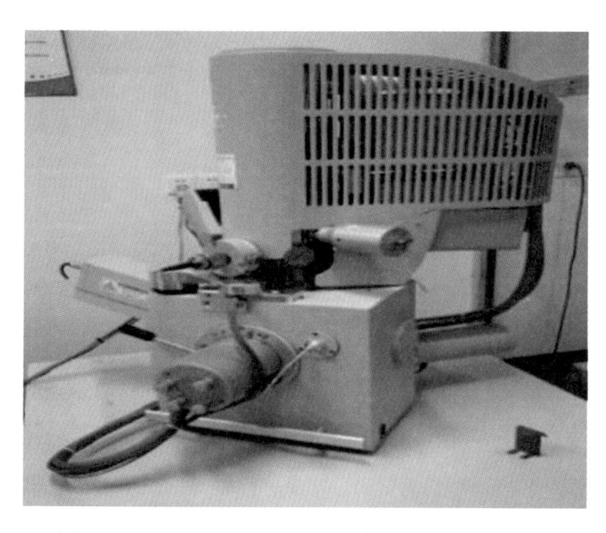

图 5-19　ZNSOECT-F50 扫描电子显微镜

图 5-20 为硬质合金靶材在扫描电镜下的高倍微观组织形貌图，放大倍数为 20000 倍。高倍微观形貌中 WC 颗粒间的连续骨架结构清晰可见，WC 颗粒

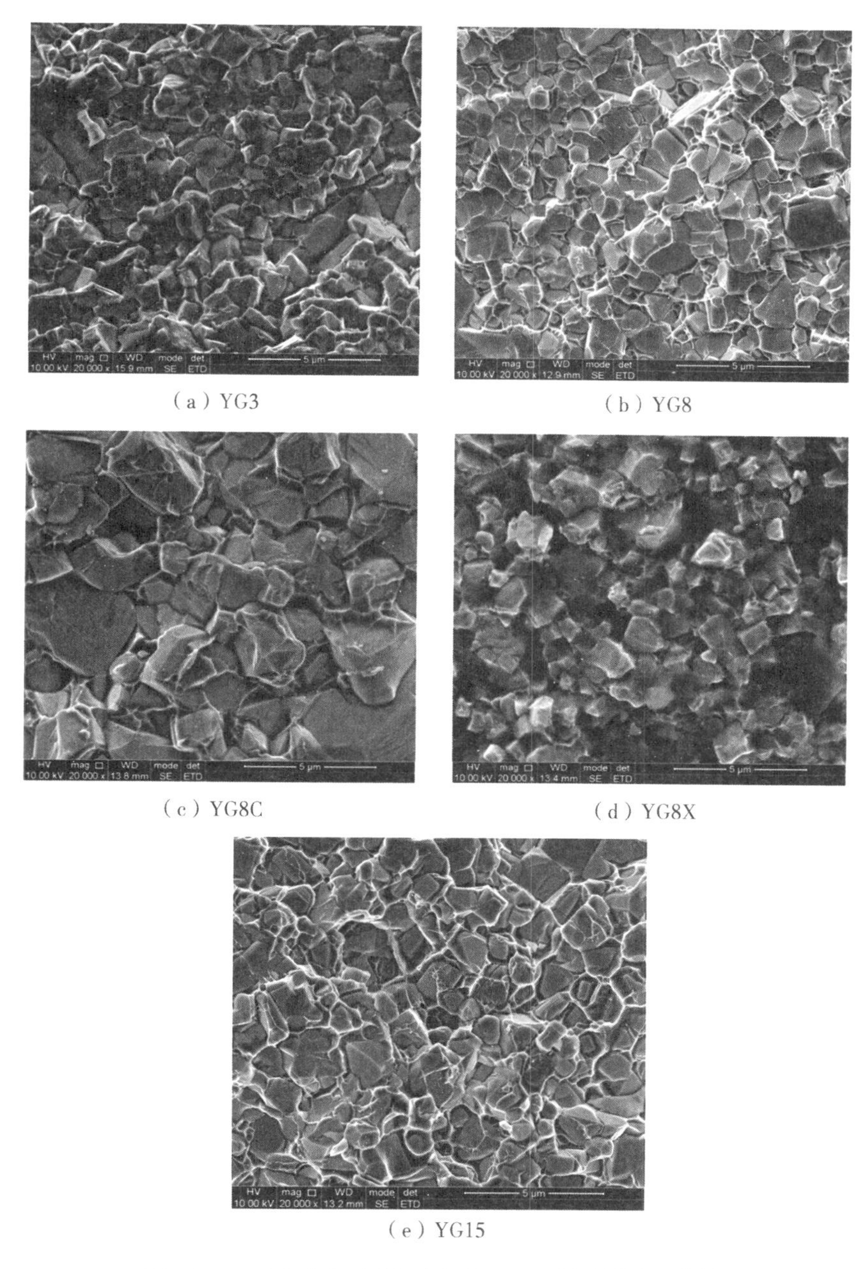

（a）YG3　（b）YG8　（c）YG8C　（d）YG8X　（e）YG15

图 5-20　硬质合金靶材高倍 SEM 微观组织形貌

外形呈不规则多边形。WC-Co 硬质合金的硬质相 WC 微观结构为属于非等轴晶系的六方晶结构，在烧结的重结晶过程中溶解和析出具有方向性，导致 WC 晶粒在烧结后形状大小不一，外形呈不规则多边形，少部分颗粒烧结后尺寸变大。在硬质合金的烧结保温阶段 WC 晶粒不断地溶解和析出，尺寸较小或晶格能较高的晶粒优先溶解，并在大尺寸或含有平衡点阵的晶粒上重结晶而析出，重结晶的结果便是使 WC 晶粒长大，而少数拥有平衡点阵的粗颗粒则能更加明显地长大[52]。晶粒异常地长大会严重影响硬质合金的材料性能，但是从各微观组织形貌图中可以看出，虽然存在小部分稍粗的晶粒，但是整体来看仍在正常范围以内。YG8X 的 WC 晶粒尺寸明显小于其他材料，由于 YG8C 采用的 WC 晶粒在 5 种 WC-Co 硬质合金中最粗，在球磨过程中粗大的 WC 颗粒更容易破碎，因此微观形貌中可以观察到大量粗大的 WC 晶粒中夹杂小部分较小尺寸的晶粒混合在一起，粗大的 WC 增加了晶粒的表面积，因此单颗粒上所含的粘结相 Co 含量也更多。

通过截线法测量靶材的 WC 晶粒度，结果见表 5-7。

表 5-7　5 种靶材实测晶粒度

材料名称	YG3	YG8	YG8C	YG8X	YG15
WC 晶粒尺寸，μm	1.2	1.2	3.2	0.8	1.2

5 种硬质合金微观组织形貌的观测部位均为成品材料的破坏断口，YG8C 的 WC 晶粒尺寸最大，在硬质合金中随着 WC 晶粒尺寸的增长，晶粒的比表面积也随之减小，使得晶粒和晶粒之间的 Co 层变厚，增强了 WC 颗粒间的连接强度，提升了硬质合金的韧性（吴冲浒等，2013），使材料受到破坏需要更高的能量。在晶粒的破坏形式上，YG3、YG8 和 YG15 多以沿 WC/WC 及 WC/Co 晶界处的沿晶断裂为主。和其他材料所不同的是，YG8C 由于晶粒更加粗大，受到外力破坏时 YG8C 产生的裂纹扩展主要有两种：绕过粗大 WC 晶粒呈“之”字形扩展的裂纹和穿过 WC 晶粒的穿晶断裂。粗大的 WC 晶粒意味着晶粒表面积也越大，表面粘附的 Co 相也更多，裂纹完成“之”字形扩展需要与断裂面积相应的能量。在受到外力破坏时 YG8C 的粗晶粒也更易产生穿过粗大 WC 颗粒的裂纹，形成穿晶断裂，因此微观形貌上出现部分 WC 颗粒穿晶断裂特征。YG15 含 Co 量最高，在微观形貌上可以看出，YG15 中 WC 颗粒上黏附的 Co 量比 YG8C 更多，厚度也更高，在扫描电镜下颜色呈亮光色，断口表面出现了部分在材料破坏过程中的 Co 相塑性变形特征，表现形式为粘结相变形后在材料断口表面产生的韧窝。与 WC/WC 及 WC/Co 的沿晶断裂相比，WC 晶粒的穿晶断裂和黏结相塑性变形耗能更多。

（二）靶材能谱分析

能谱分析常和扫描电镜配合使用，可用于分析材料相应测量区域的元素种类和含量，包括元素的质量分数和原子数。能谱仪将聚焦电子束固定在试样表面需要分析的区域上，激发出试样元素相对应的特征 X 射线，根据射线的波长确定试样所含的元素种类，根据射线的强度算出元素的相对含量。在扫描电镜下观察硬质合金微观形貌的同时，对 YG3、YG8 和 YG15 三种硬质合金进行能谱分析测试。图 5-21 至图 5-23 为三种硬质合金的能谱分析区域及脉冲谱线，其中红色方框表示的是能谱分析扫描区域。表 5-8 至表 5-10 为三种硬质合金的能谱分析结果，包括测量区域的元素种类和含量。

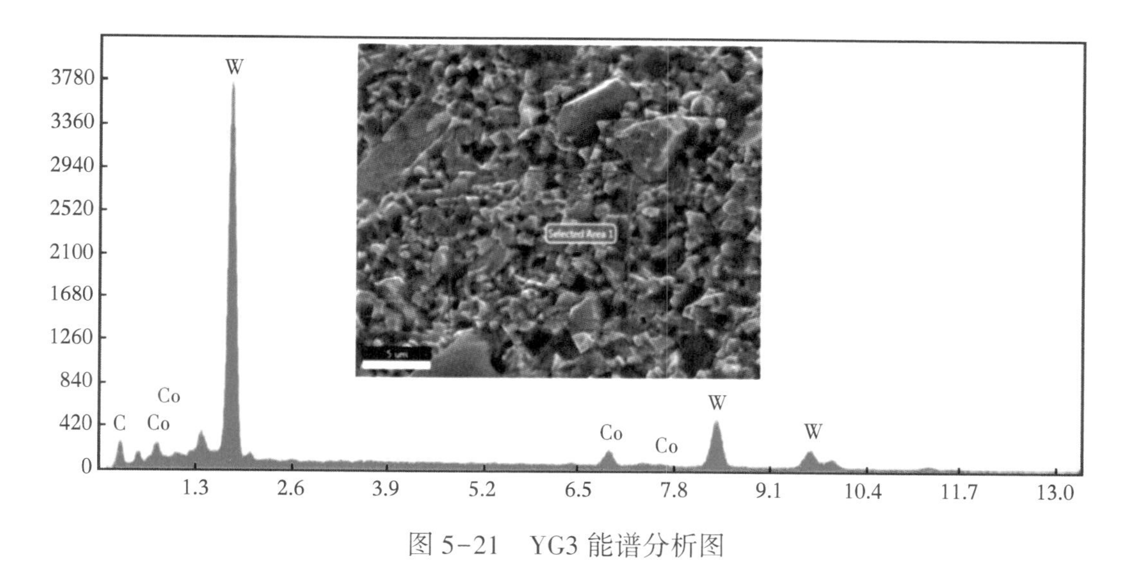

图 5-21　YG3 能谱分析图

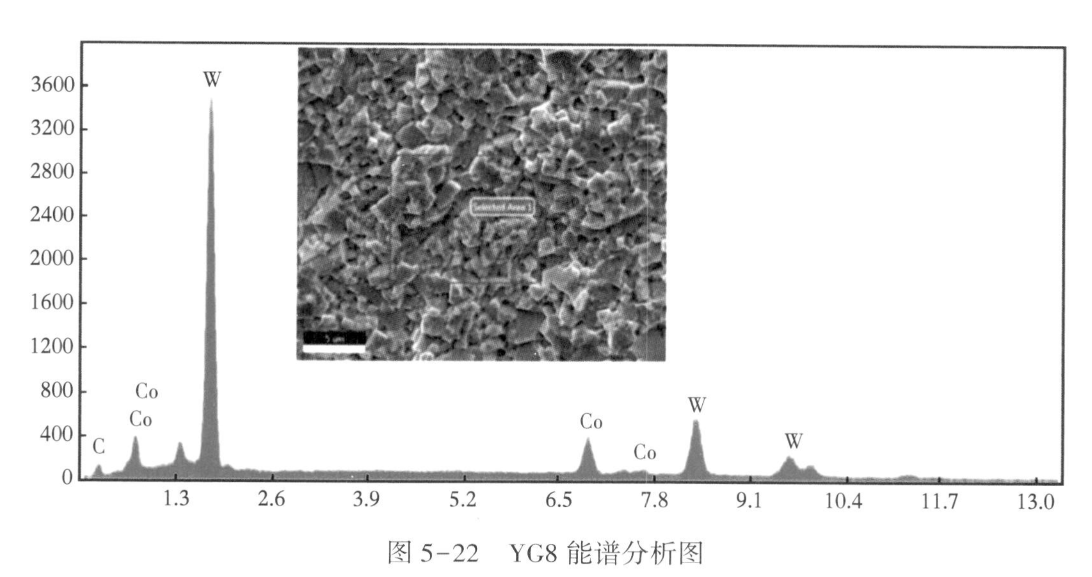

图 5-22　YG8 能谱分析图

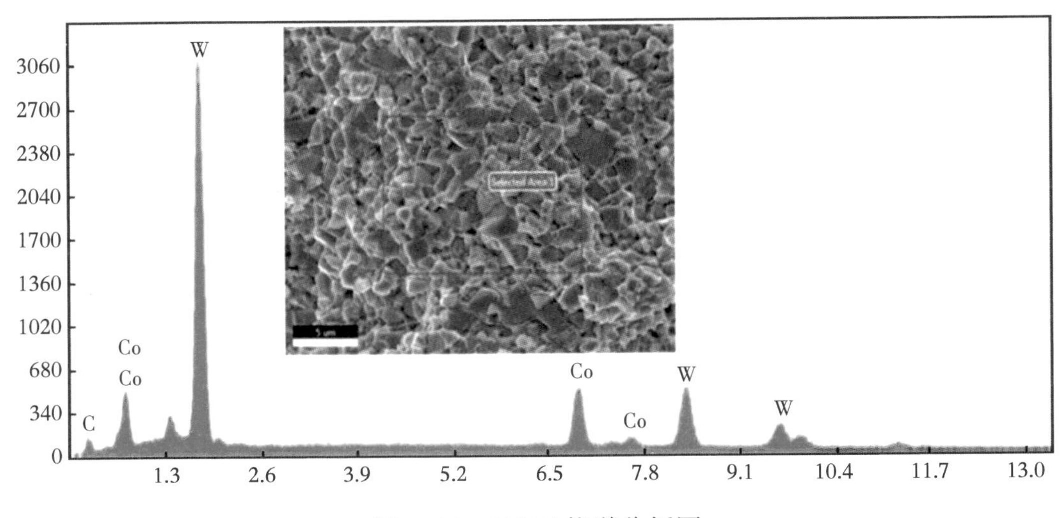

图 5-23　YG15 能谱分析图

表 5-8　YG3 能谱分析结果

元素	质量分数，%	原子数，%
C	14. 05	68. 15
Co	3. 75	3. 80
W	82. 20	28. 05

表 5-9　YG8 能谱分析结果

元素	质量分数，%	原子数，%
C	10. 73	59. 83
Co	8. 29	10. 75
W	80. 83	29. 42

表 5-10　YG15 能谱分析结果

元素	质量分数，%	原子数，%
C	10. 83	57. 81
Co	14. 96	16. 26
W	74. 41	25. 93

根据对 YG3、YG8 和 YG15 三种硬质合金的能谱分析结果可知，3 种材料主要组成是 W、C 和 Co 三种元素，能谱结果和 X 射线衍射分析结果一致。根

据牌号中数值可知，三种硬质合金中 Co 元素的理论质量分数分别为 3%、8% 和 15%，能谱分析结果中 Co 元素实际检测结果和理论值较为接近，因此三种硬质合金的能谱分析结果可作为冲蚀靶材试样冲蚀前的元素含量参考值。YG8C 和 YG8X 仅仅在晶粒度上和 YG8 有所差别，元素组成和 YG8 一致。

（三）靶材硬度和断裂韧性

在试验前有必要对靶材进行相关的力学性能测量，为冲蚀磨损性能分析提供数据支撑，硬质合金力学性能测量主要是显微硬度和断裂韧性。

1. 显微硬度

硬度是反应材料表面抵抗外物侵入的能力，材料硬度的测量方法通常采用静载压痕法，常用的硬度表征有布氏硬度、洛氏硬度、维氏硬度等。其中维氏硬度具有测量范围广、测量精度高的优点，本书中 WC-Co 硬质合金靶材的显微硬度测量方法以维氏硬度为标准。

试验硬度计型号为 FV-700 维氏硬度计，如图 5-24 所示，硬度计的最大压入载荷为 30kg，测量参照 GB/T 7997—2014《硬质合金维氏硬度试验方法》。维氏硬度测量方式是以一定载荷将压头压入待测硬质合金试样表面，载荷保持一段时间，卸载后在显微镜下测量压痕对角线长度。维氏硬度计压头是顶角为 136°的正四棱锥金刚石压头，在显微镜下其压痕形状为正方形，因此可以在显

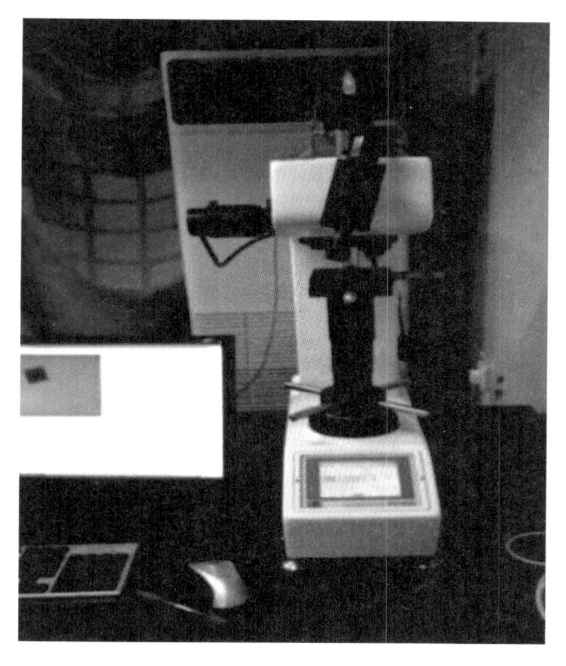

图 5-24　FV-700 维氏硬度计

微镜下精确测量压痕对角线的长度。

维氏硬度计算公式如下：

$$HV=1.8544\frac{F}{d^2} \tag{5-27}$$

式中 HV——维氏硬度值，kg/mm^2；

F——压入载荷，kg；

d——压痕对角线长度平均值，mm。

测量硬度前先把试样的表面进行打磨和抛光，否则较差的试样表面将无法在显微镜下精确测量压痕的长度，由于维氏硬度的测量精度只取决于压入载荷以及压痕对角线的长度，因此必须提高试样的表面质量以精确测量压痕对角线的长度，确保维氏硬度测量结果的有效性。压痕单位面积上的压力大小，就是试样的维氏硬度值。通常测量硬度时压入的载荷越大，压痕也就越大，对角线长度也会上升，但是载荷与压痕面积之比对相同材料来说是基本不变的，维氏硬度压痕示意图如图 5-25 所示。

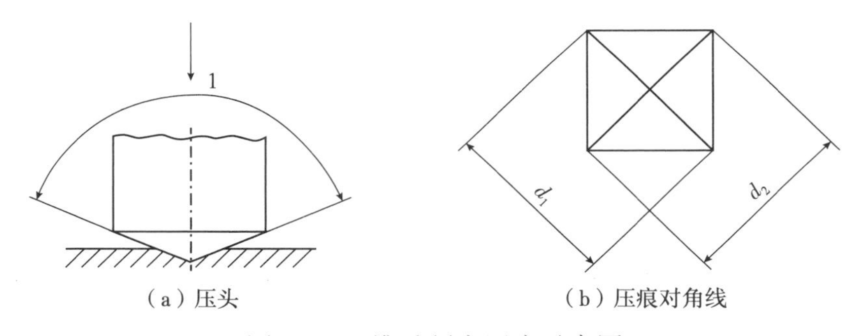

（a）压头　　（b）压痕对角线

图 5-25　维氏硬度压痕示意图

检测步骤：先将硬质合金线切割为 8mm×8mm×4mm 的块状毛坯，测试前先将试样表面进行打磨抛光。将待测试样平放于维氏硬度计试样台上，加载后将压头压入试样表面，保持 15s 后卸除载荷。在显微镜下测量出压痕对角线长度，将压入载荷和对角线长度带入公式（5-27）计算出试样的维氏硬度值，每种试样用不同的压痕载荷共做 10 次硬度测试，硬度值取试验的平均值。

5 种靶材的显微硬度测量结果见表 5-11，检测结果符合 GB/T 18376.1—2008《硬质合金牌号第 1 部分：切削工具用硬质合金牌号》中的相关标准。

表 5-11　靶材显微硬度

靶材	YG3	YG8	YG8C	YG8X	YG15
维氏硬度 HV，kg/mm^2	1549	1360	1153	1426	1105

从表 5-11 中结果可知，硬质合金黏结相含量越低，材料的硬度越高，硬度检测结果符合硬质合金硬度的基本规律。从硬度结果可以看出，Co 含量对硬质合金硬度的影响非常明显，YG3 硬度最高，平均维氏硬度值为 $1549kg/mm^2$，硬度最低的 YG15 硬度仅为 $1105kg/mm^2$，两者硬度值相差 $444kg/mm^2$。YG8X 晶粒度最细，为 0.8μm，维氏硬度相比晶粒度为 1.2μm 的 YG8 以及晶粒度为 3.2μm 的 YG8C 分别高出 $66kg/mm^2$ 和 $273kg/mm^2$，可见 Co 含量相同情况下，WC 晶粒度差别越大，硬度相差也越多，YG8X 比 YG8 维氏硬度值仅高 $66kg/mm^2$ 的主要原因在于两者的 WC 晶粒度差值仅为 0.4μm。

2. 断裂韧性

硬质合金的断裂韧性（K_{IC}）是指材料抵抗裂纹扩展的能力，也是指材料抵抗脆性开裂破坏的能力。断裂韧性表现的是材料裂纹扩展时所反映出的阻力大小，当裂纹顶点的应力超过临界值（K_{IC}）时就会导致裂纹的急剧扩展，甚至引发材料断裂。硬质合金断裂韧性值越高，受到冲击作用后裂纹的形成和扩展难度越大。

测量方法：采用压痕法测量硬质合金的断裂韧性，试验设备和维氏硬度检测设备同为 HV-700 维氏硬度计。用维氏硬度压头以一定的载荷压入后，断裂韧性测量压痕载荷均为 20kg，观察压头作用下压痕 4 个顶点的扩展裂纹长度。由于电子显微镜放大倍数较小，难以精确测量压痕的 4 条裂纹长度，因此需要使用更大倍数的扫描电子显微镜精确测量裂纹长度，从而保证断裂韧性计算值的有效性。将测量结果带入式（5-28）中计算出硬质合金的断裂韧性值，为减小误差，每种靶材断裂韧性值测量 5 次，结果取平均值。式（5-28）的优点在于所需数据少，只需要维氏硬度值以及压痕四周的扩展裂纹长度即可。

$$K_{IC}=0.15\left(\frac{HV}{\sum L}\right)^{0.5} \tag{5-28}$$

式中　K_{IC}——断裂韧性，$MPa \cdot m^{0.5}$；

HV——维氏硬度值，kg/mm^2；

$\sum L$——四个尖角处四条裂纹长度之和，mm。

5 种靶材的断裂韧性测量结果见表 5-12。

表 5-12　靶材断裂韧性

靶材	YG3	YG8	YG8C	YG8X	YG15
断裂韧性，$MPa\cdot m^{0.5}$	12.2	16.3	21.5	14.9	23.2

靶材的压痕裂纹显微形貌如图 5-26 所示，相同晶粒度的三种靶材断裂韧性 YG15>YG8>YG3。而对于相同 Co 含量但晶粒度不同的三种材料，断裂韧性

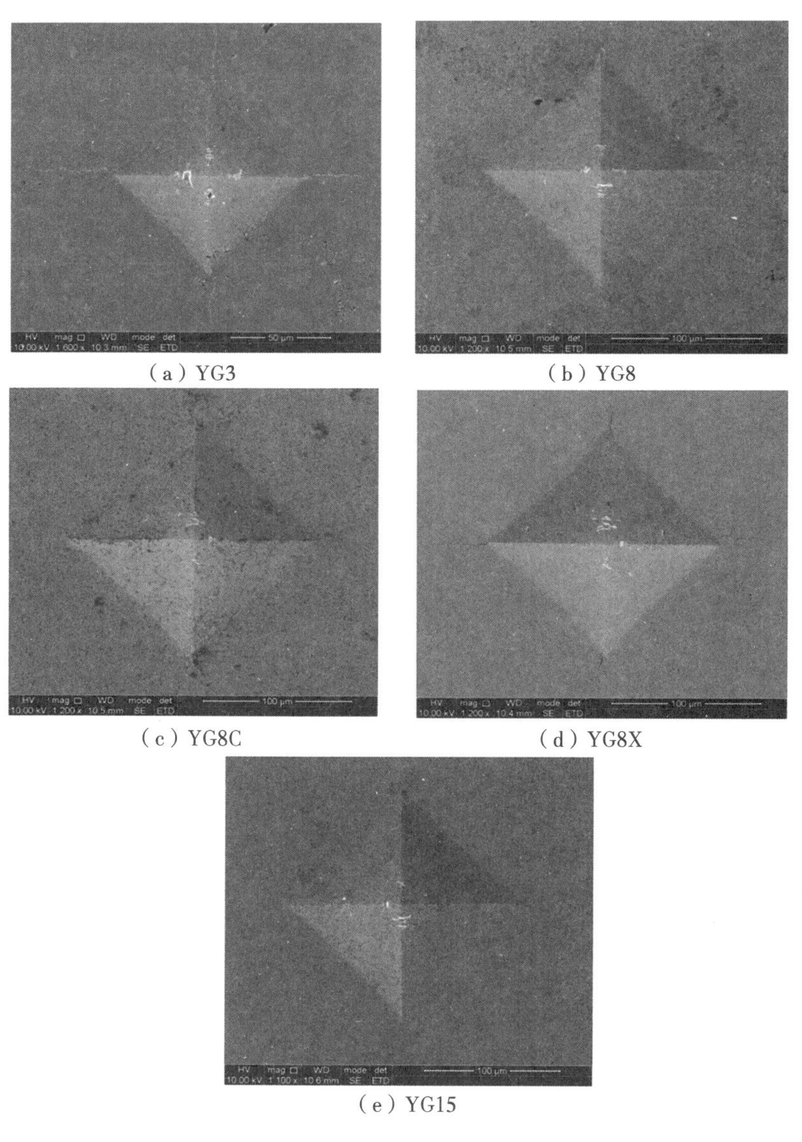

（a）YG3　（b）YG8　（c）YG8C　（d）YG8X　（e）YG15

图 5-26　靶材压痕裂纹显微形貌

值 YG8C>YG8>YG8X，断裂韧性随着晶粒度尺寸的增加而上升。

Co 相的增加对于断裂韧性提升明显的机理是：增加 Co 相使得 WC 晶粒之间的 Co 层增厚，增强了颗粒之间的连接强度，裂纹在传播过程中受到黏结相的阻碍，在相同压痕载荷作用下，硬质合金的 Co 含量越高，裂纹长度越短，断裂韧性也越好，因此断裂韧性 YG15>YG8>YG3。WC 晶粒越细小，晶粒出现缺陷的概率也越小，裂纹扩展多以沿着晶粒结合强度最弱的 WC/WC 结合面破坏的沿晶断裂为主，其结果是增强了硬质合金的强度和硬度，而断裂韧性却由于晶界对于裂纹扩展的阻碍作用减小而降低。与之相反的粗颗粒硬质合金 YG8C，由于 WC 晶粒较大，使得颗粒表面积上黏附的 Co 增多，同时在裂纹扩展方面以 WC/WC 沿晶断裂和穿过 WC 颗粒的穿晶断裂为主，随着晶粒表面积的增加，沿晶断裂所需的能量也更多，而穿晶断裂需要比沿晶断裂更多的破坏能量，因此断裂韧性值 YG8C>YG8>YG8X。

四、试验装置

本节中的冲蚀试验装置为气体喷砂冲蚀机，由某型号的喷砂机改装制成，主要在原喷砂机的基础上加装了固定在喷砂机外部的磨料储存器和磨料进量阀，便于调整磨料进料速度。气体喷砂冲蚀机工作原理示意图和实物图分别如图 5-27 和图 5-28 所示。

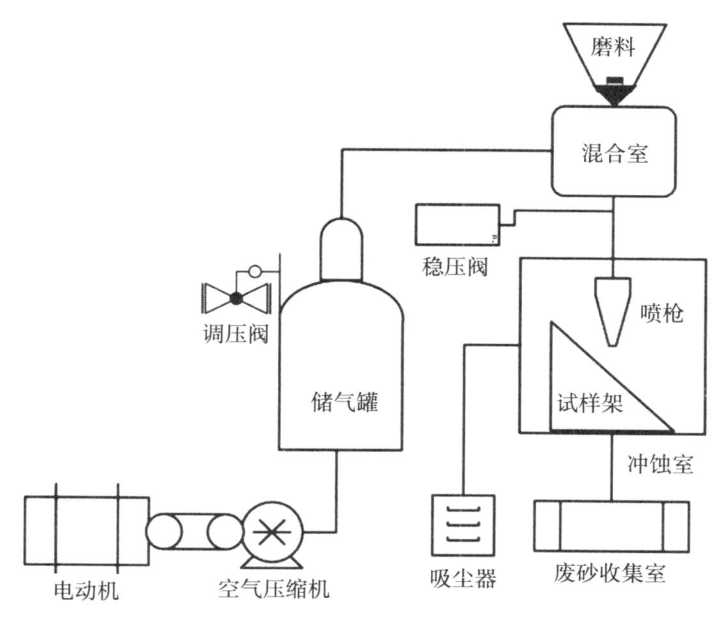

图 5-27　气体喷砂冲蚀机工作示意图

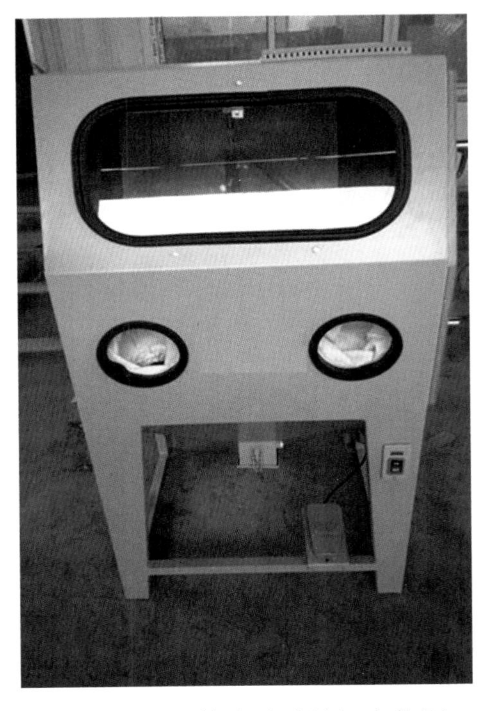

图 5-28　气体喷砂冲蚀机实物图

冲蚀机主要构成为空气压缩机和喷砂机，空气压缩机主要组成部件有电动机、储气罐、调压阀，喷砂机的主要部件则为磨料混合室、冲蚀室、稳压阀和喷枪等。电动机额定功率 7.5kW，储气罐最大储气压力 1.2MPa。通过调节稳压阀，用于稳定压缩气体从压缩机进入喷枪的进口压力，不同的进口压力用于调节气体和磨料的运动速度。压缩空气通过干燥过滤器后进入喷砂机的输气管中，气管一根接压缩空气，一根接磨料进管，将磨料进管末端插入磨料储存器出口，喷枪气管内的气流高速流动并在磨料管进口处产生负压，以吸入磨料。被吸入的磨料和气流在混合室内高度混合后从喷枪的喷嘴射出，对试样夹装置上固定的靶材试样进行冲击。磨料出口和磨料进管中间安装有磨料进量调节阀，通过调节磨料进量阀的开度可调整磨料的给料速度。

冲蚀室采用耐磨钢板和透明玻璃组成，整个试验过程中冲蚀室处于全封闭状态，冲蚀试样的冲蚀状态可通过冲蚀室上安装的透明玻璃进行观察。冲蚀室三维尺寸为 600mm×500mm×500mm，在冲蚀室内部上表面装有喷枪夹具，用于固定喷嘴的位置，通过调整夹具的上下垂直位置调节喷嘴出口和试样之间的冲蚀距离。喷嘴下方的冲蚀室底部放置的是试样架，用于固定冲蚀试样和调整冲蚀角度。调整冲蚀角度后试样的垂直固定高度会有所变化，因此必须重新调整喷枪的高度，确保每次试验喷嘴出口和试样表面中心的冲蚀距离相等。喷嘴的质量对冲蚀结果有重要影响，对于喷嘴的要求是耐磨性好和内表面表面粗糙度低，否则粗糙的内表面会对喷枪出口气流的运动速度和角度产生影响，在本章的冲蚀磨损试验中，采用的喷嘴材质为高耐磨性的 B_4C，喷嘴长度为 450mm，内径为 6mm。为了防止喷嘴磨损对试验结果产生的影响，每进行 50 次冲蚀试验后便更换新的喷嘴。冲击后变成微小粉尘的磨料被抽风机抽入吸尘器中，其余磨料则进入废砂收集室中，进入废砂收集室中的磨料根据实际需要可选择废弃或循环利用。冲蚀试验后发现磨料出现了明显的破碎现象，磨料破碎后粒径明显变小，因此为防止磨料破碎对试验结果造成的影响，所有磨料只使用一次，冲蚀后的磨料均不再循环使用，保证了试验效果的有效性。

五、冲蚀磨损量的测量方法

如何采取合适的测量方法来评定材料的耐冲蚀磨损性能是冲蚀试验的一个重要环节。目前冲蚀磨损的测量方法主要有：质量损失测量法、体积损失测量法、磨损深度测量法。质量损失测量法和体积损失测量法通过测量冲蚀试验前后靶材试样的质量变化和体积变化来评价材料的耐冲蚀磨损性能，因其具有操作简单，精度较高的优点而得到广泛运用，在质量和体积变化明显的冲蚀磨损测量中最为常用。而磨损深度测量法更多应用于磨损质量和体积变化不明显，或是冲蚀靶材本身的质量小、厚度较薄导致磨损质量无法准确测量时。

（一）质量损失测量法

质量损失测量法根据靶材冲蚀试验前后的质量变化来表征材料的冲蚀磨损率，使用的仪器主要为高测量精度的电子天平，在冲蚀磨损质量明显时应用较为广泛，质量冲蚀磨损率的计算公式为

$$E=\frac{m}{M} \tag{5-29}$$

式中　E——质量冲蚀磨损率，mg/(s · mm^3)；

m——靶材磨损质量，mg；

M——磨料耗费质量，g。

（二）体积损失测量法

体积损失测量法原理与质量损失测量法类似，区别在于体积损失测量法用靶材冲蚀试验前后的体积变化来表征材料的冲蚀磨损率，通过材料的密度可将体积磨损率转换为质量冲蚀磨损率。体积冲蚀磨损率的计算公式为

$$E_V=\frac{m}{\rho M} \tag{5-30}$$

式中　E_V——体积冲蚀磨损率，mg/（s · mm^3）；

m——靶材磨损质量，mg；

M——磨料耗费质量，g；

ρ——靶材密度，mg/mm^3。

（三）磨损深度测量法

磨损深度测量法主要应用于测量磨损失重较小或靶材原始质量较小和厚度较薄时，在测量涂层材料的冲蚀磨损率时应用最为常见。深度冲蚀磨损率的计算公式为

$$E_{\mathrm{h}}=\frac{h}{t} \tag{5-31}$$

式中 E_{h}——深度冲蚀磨损率，μm/s；

h——靶材磨损总深度，μm；

t——冲蚀总耗费时间，s。

鉴于5种硬质合金在密度上比较接近，且冲蚀后的质量损失较大，可用计量精度为0.1mg的电子天平精确测量，因此通过综合对比三种冲蚀磨损量的测量方法后，决定本章中的冲蚀磨损量以质量损失测量法为准，通过计算质量冲蚀磨损率来对比材料的耐冲蚀磨损性能。冲蚀前对冲蚀靶材进行酒精清洗并烘干，采用计量精度为0.1mg的电子天平对其进行称重，电子天平型号为ESJ210-4A，记录原始质量。每次冲蚀完成后关闭喷砂冲蚀机，将试样取出用酒精清洗并烘干，再次用电子天平称重并记录冲蚀前后的质量损失情况。

六、试验条件和步骤

（一）试验条件

试验靶材：YG3、YG8、YG8C、YG8X、YG15 5种WC-Co硬质合金。将冲蚀靶材切割成20mm×20mm×5mm的样片，预冲蚀面不允许有裂纹等大缺陷。为了避免靶材表面粗糙度对试验结果的影响，减小试验误差，将靶材预冲蚀面打磨平整光滑，打磨后的冲蚀靶材如图5-29所示。

图5-29　打磨后的冲蚀靶材

试验磨料：调研发现气田的阀芯使用寿命较低，主要原因在于井口压力较高，以及井底的出砂量较大。使用激光粒度分析仪对调研气田收集的砂样进行粒度分析，结果如图5-30所示，从图5-30中可以

看出该气田砂样粒径在 10~230μm 范围内的砂粒达到了总量的 80%左右。因此为了使靶材的试验条件接近现场工况，决定以平均粒径为 125μm 的棕刚玉为主要磨料。在以磨料类型为变量的试验组中，选取了 3 种不同硬度和形状的磨料：棕刚玉、碳化硅和玻璃砂，平均粒径均为 125μm。在以磨料粒径为变量的试验组中，选取了 3 种不同粒径的棕刚玉为磨料，平均粒径分别为 47μm、62μm 和 125μm。对不同类型和粒径的磨料进行分类和编号，便于进行不同试验组的冲蚀磨损试验，见表 5-13。

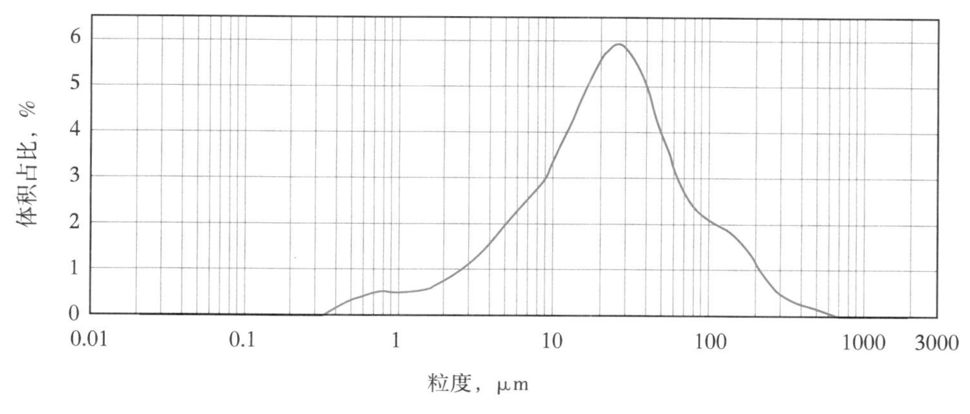

图 5-30 气田砂粒粒径分布

表 5-13 冲蚀磨料分类编号和用途

编号	磨料种类	磨料粒径，μm	试验用途
1#	棕刚玉	125	研究磨料粒径对硬质合金冲蚀磨损的影响规律
2#	棕刚玉	62	
3#	棕刚玉	47	
4#	棕刚玉	125	研究磨料硬度和外形对硬质合金冲蚀磨损的影响规律
5#	碳化硅	125	
6#	玻璃砂	125	

（二）试验步骤

实验步骤如下。

（1）试验前用酒精清洗靶材并烘干后进行称重，记录称重结果。将冲蚀靶材固定在冲蚀室中的试样架上，调整喷枪的高度使喷嘴出口到靶材中心的距离为 30mm。

（2）冲蚀前进行基础参数调节，确定冲蚀压力、角度、磨料类型和粒径。

在磨料存储皿中放入定量的磨料，调节磨料进料阀的开度以调整磨料的给料速度，使之达到给定水平，本章中的磨料进料速率皆为50g/min，在保证其他试验参数不变的情况下，对WC-Co硬质合金靶材进行单因素变量的冲蚀试验。

（3）达到预定冲蚀时间后，关掉喷砂冲蚀机，取出靶材。每次冲蚀完成后，将靶材用酒精清洗，除去残留在靶材表面的杂质，烘干后用电子天平称重，记录冲蚀前后质量损失。取出同一牌号的另外两块靶材，同一条件下再次重复两次上述试验过程，记录失重结果，最终冲蚀磨损率取三次结果的平均值。

七、试验方案

（一）影响冲蚀磨损的因素

影响冲蚀磨损的因素主要有以下三个方面：

（1）工况因素，如冲蚀角、磨料冲击速度、冲蚀时间；

（2）磨料性质，如磨料粒径、形状、硬度、破碎性；

（3）靶材材料性质，如含Co量、WC晶粒度、硬度。

（二）试验方案简述

本章以单因素变量法为试验方法，系统研究了冲蚀角度、磨料冲击速度、冲蚀时间、磨料粒径、磨料外形和硬度、靶材材料性质对5种WC-Co硬质合金冲蚀磨损性的影响规律，并进行其冲蚀磨损的机理探讨，旨在对以WC-Co硬质合金为制造材料笼套式节流阀阀芯的选择、冲蚀磨损工况优化、提高其耐冲蚀性能提供相关指导。天然气开采过程中通常含有部分H_2S等腐蚀性气体，但由于试验条件的限制，未考虑气体对靶材的腐蚀作用。采出砂粒通常含有一定的水分，但冲蚀试验的磨料湿润后流动性严重降低，因此试验中磨料全部为干磨料，试验方案如下。

（1）以冲蚀角度为变量的试验方案。

以平均粒径为125μm的棕刚玉为磨料，固定冲蚀机气流进口压力为0.5MPa，所有试验组中喷枪出口距离靶材预冲蚀面中心点之间的距离皆为30mm，除掉以冲蚀角度为变量的试验组以外，其余试验组的冲蚀角度皆为90°。通过改变喷枪高度和不同倾斜角度的试样架改变喷嘴出口磨料的运动方向和硬质合金靶材预冲蚀面之间的冲蚀角度，分析和比较5种WC-Co硬质合金靶材冲蚀磨损率随冲蚀角度的变化规律，采用5种不同的冲蚀角度，分别为30°、45°、60°、75°、90°。

（2）以磨料冲击速度为变量的试验方案。

以平均粒径为 125μm 的棕刚玉为磨料，冲蚀角为 90°。通过调节冲蚀机的稳压阀改变喷砂冲蚀机的气流进口压力，以改变磨料的冲击速度，分析和比较不同的冲击速度对 5 种 WC-Co 硬质合金靶材冲蚀磨损率的影响规律，采用 5 种不同的进口气流压力，分别为 0.3MPa、0.35MPa、0.4MPa、0.45MPa、0.5MPa。在其他组中进口气流压力都为 0.5MPa，喷枪出口压力为大气压。

（3）冲蚀时间对冲蚀磨损性能的影响。

以平均粒径为 125μm 的棕刚玉为磨料，气流进口压力为 0.5MPa，每冲蚀 1min 即取出靶材酒精清洗烘干并称重，之后将靶材重新固定于试样架上继续冲蚀试验，研究整个冲蚀过程中 5 种 WC-Co 硬质合金的冲蚀磨损变化。

（4）以磨料形状和硬度为变量的试验方案。

以三种平均粒径为 125μm，但硬度和外形存在区别的棕刚玉、碳化硅、玻璃砂为磨料，研究不同的磨料外形和硬度对 5 种 WC-Co 硬质合金冲蚀磨损性能的影响。

（5）以磨料粒径为变量的试验方案。

以粒径分别为 47μm、62μm 和 125μm 的棕刚玉为磨料，对硬质合金靶材进行冲蚀磨损试验，研究 WC-Co 硬质合金在不同粒径磨料冲蚀下的磨损率变化规律。

在之前进行的试验组中选取多组试验，以硬质合金靶材的硬度和韧性为自变量，冲蚀磨损率为因变量，研究靶材性质对 WC-Co 硬质合金冲蚀磨损性能的影响。

第四节　WC-Co 硬质合金冲蚀磨损试验分析

为了准确评价材料的耐冲蚀磨损性能以及不同的冲蚀条件对磨损结果的影响规律，在本节中对 5 种 WC-Co 硬质合金靶材进行冲蚀磨损试验，影响参数主要有冲蚀角度、磨料冲击速度、冲蚀时间等。通过扫描电镜与能谱分析相结合，从冲蚀后靶材的冲蚀磨损微观形貌和元素含量变化，研究 WC-Co 硬质合金在气体携带砂粒冲击下的冲蚀磨损机理。

一、工况因素对冲蚀磨损性能的影响研究

（一）冲蚀角度对冲蚀磨损性能的影响研究

以冲蚀角度为变量，以平均粒径为 125μm 的棕刚玉为磨料，研究了冲蚀角度对 5 种不同 WC-Co 硬质合金冲蚀磨损性能的影响，试验参数见表 5-14。

表 5-14　以冲蚀角度为变量的试验参数

冲蚀压力 MPa	冲蚀距离 mm	冲蚀角度 (°)	磨料给料速率 g/min	冲蚀时间 min
0.5	30	30，45，60，75，90	50	10

表 5-15 列出冲蚀试验结束后靶材的质量损失结果，为更加直观对比各靶材在不同冲蚀角度下的冲蚀磨损率，用式（5-29）计算出各靶材的冲蚀磨损率并绘制成曲线，如图 5-31 所示。

表 5-15　靶材在不同冲蚀角度下的冲蚀磨损量　　单位：mg

冲蚀角	YG3	YG8	YG8C	YG8X	YG15
30°	85.0	167.1	605.7	131.3	847.1
45°	163.4	343.1	715.2	240.0	1006.1
60°	212.5	432.5	813.9	348.0	1108.9
75°	242.1	537.1	856.3	410.0	1188.2
90°	265.7	598.6	922.0	510.5	1235.6

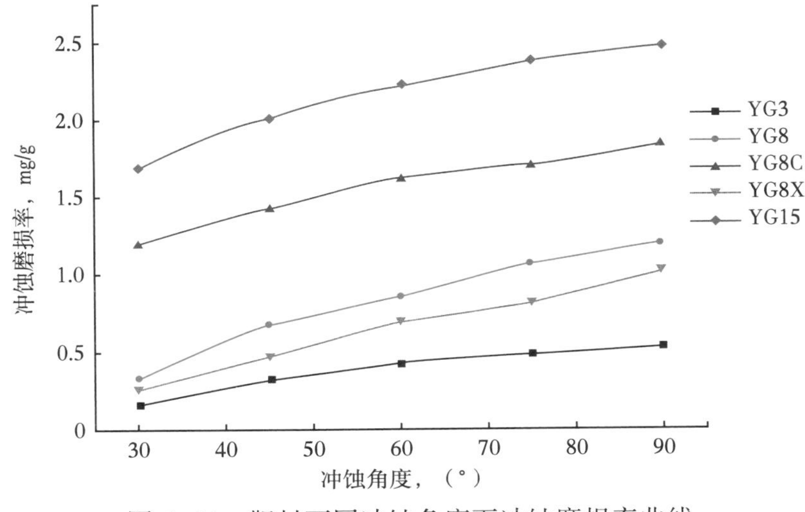

图 5-31　靶材不同冲蚀角度下冲蚀磨损率曲线

在冲蚀磨损中，根据材料冲蚀磨损率和冲蚀角度的关系，可将冲蚀磨损特征划分为两类：塑性材料冲蚀磨损特征和脆性材料冲蚀磨损特征。当冲蚀角度在 15°~30°时材料达到最大的冲蚀磨损率，则材料呈现出塑性材料冲蚀磨损特征；而当冲蚀角度在接近 90°时冲蚀磨损率最大则冲蚀磨损特征为脆性材料。5 种硬质合金靶材的冲蚀磨损率皆随着冲蚀角度的上升而增加，在 90°冲蚀角时磨损量达到最大值，表明 WC-Co 硬质合金在棕刚玉冲蚀下呈现出典型的脆性材料冲蚀磨损特征。Finnie（1966）推导出材料的冲蚀磨损率和冲蚀角度具有如下关系：

$$E_V = A\cos^2\alpha\sin(n\alpha) + B\sin^2\alpha \tag{5-32}$$

式中　n—$\pi/(2a)$，常数。

对于脆性材料 $A=0$，冲蚀磨损率随着冲蚀角的增加而上升，在 90°时达到最大值，5 种 WC-Co 硬质合金的冲蚀磨损试验结果也符合该计算模型。

由图 5-31 和表 5-15 可知，除 YG8 和 YG8X 在冲蚀磨损率上相近外，5 种靶材的冲蚀磨损率差别明显，YG3 在冲蚀试验中的 5 种冲蚀角度下，冲蚀磨损率最低。冲蚀磨损率越低，表明靶材的耐冲蚀磨损性能越好，经过 500g 棕刚玉冲蚀后靶材的耐冲蚀磨损性能 YG3>YG8X>YG8>YG8C>YG15，大小顺序和硬度相同。冲蚀磨损率和冲蚀角度的曲线斜率反映了材料的耐冲蚀性能对冲蚀角度的敏感性，曲线斜率越大，敏感程度越高。YG3、YG8、YG8C、YG8X、YG15 在 90°时的冲蚀磨损率分别是 30°时的 3.1、3.6、1.5、3.9、1.4 倍。YG3、YG8 和 YG8X 增长趋势更加明显，三种靶材对冲蚀角度的敏感程度更高。因此对于这三种靶材来说，降低冲蚀角度可以比其他靶材更加明显地减少冲蚀磨损量。

在垂直入射时，高速气体携带的微小磨料颗粒对靶材表面冲击时的粒子分布图如图 5-32 所示，磨料从喷嘴出口射出后以圆锥形向靶材方向扩散，扩散圆锥和喷嘴的回转轴同轴，靶材表面离喷嘴回转轴越近的地方，磨料的密度也越大，靶材远离回转轴的地方磨料密度迅速降低，导致冲蚀后的靶材形貌是以喷嘴轴线为回转轴的圆锥形凹坑。

当冲蚀角度不是 90°时，磨料的速度可分解为水平速度和垂直速度，磨料的垂直速度决定了磨料对靶材表面的压入深度、靶材塑性变形程度，以及靶材冲蚀区域的接触应力和产生裂纹的难易程度。而水平速度则决定了磨料切削靶

图 5-32　冲蚀粒子分布图

材的运动速度，水平速度越高，则磨料切削时在靶材表面产生的犁沟和切削划痕越长（刘刚，2013）。

5 种靶材在本节试验中 45°和 90°冲蚀后的宏观破坏形貌如图 5-33 至图 5-37 所示。从宏观形貌中看出，90°冲蚀时靶材的宏观形貌是以喷嘴轴线为圆心的圆锥形凹坑，和上段中的分析一致。5 种靶材被磨料冲击后产生的凹坑在大小上差别不大，这是由喷嘴喷出后磨料的分布范围所决定的。随着靶材硬度的上升，凹坑深度逐渐减小，冲蚀磨损率也随之下降。45°冲蚀角时冲蚀磨损的区域比 90°更大，随着冲蚀角的减小，磨料的法向速度降低，压入靶材表面的深度减小，最终的结果虽然使凹坑深度减小，但是却加深了磨料在水平方向上的运动速度和切削力，导致 5 种靶材的冲蚀宏观轮廓为椭圆形，椭圆的长半轴与短半轴交点为冲蚀中心点，距离冲蚀中心区域的距离越远磨损深度越低。从 5 种靶材 45°冲蚀时的宏观形貌可以看出，在远离冲蚀中心点的区域由于磨料密度大幅度减小，仅仅使靶材表面变得粗糙，磨损深度也远小于冲蚀中心区域。YG3 表现出了最好的耐冲蚀性能，由于其硬度最高，有效降低了磨料对靶材的切削作用以及侵入靶材表面的深度，因此宏观形貌中 YG3 的磨损深度最低。YG8 和 YG8X 冲蚀宏观形貌基本类似。和 YG3 相反，YG15 和 YG8C 硬度值较低，在 90°冲蚀角时磨料的压入深度比其他靶材更深，因此冲蚀磨损率较高。冲蚀角为 45°时，YG8C 和 YG15 的磨损率虽然有所降低，可依然明显大于其他靶材。

（a）45°　　（b）90°

图 5-33 不同冲蚀角下 YG3 宏观形貌

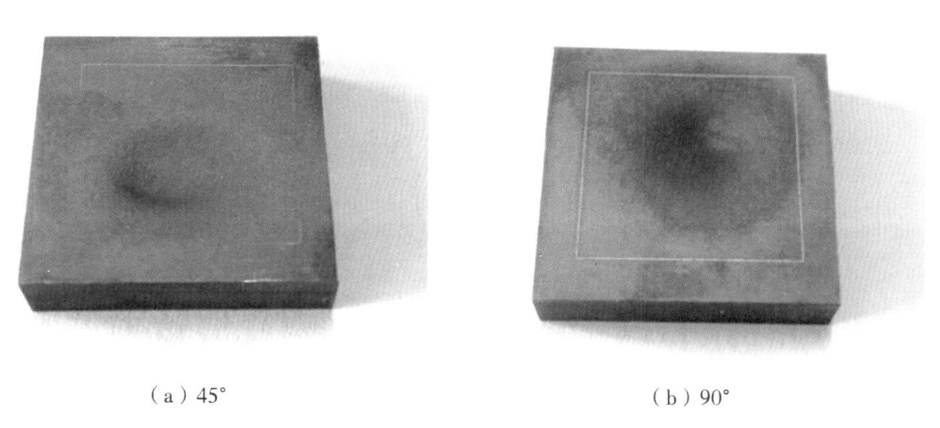

（a）45°　　（b）90°

图 5-34 不同冲蚀角下 YG8 宏观形貌

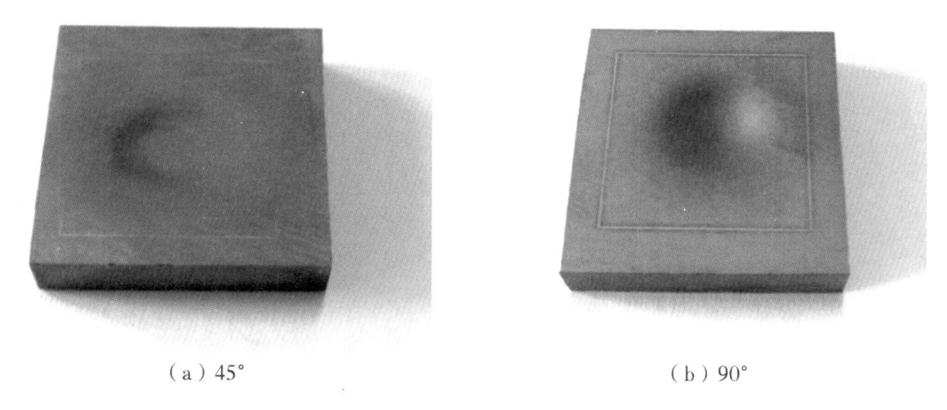

（a）45°　　（b）90°

图 5-35 不同冲蚀角下 YG8C 宏观形貌

(a) 45°　　(b) 90°

图 5-36　不同冲蚀角下 YG8X 宏观形貌

(a) 45°　　(b) 90°

图 5-37　不同冲蚀角下 YG15 宏观形貌

(二) 磨料冲击速度对冲蚀磨损性能的影响研究

磨料的冲击速度对材料的冲蚀磨损有重要影响，本部分通过改变喷砂冲蚀机稳压阀的开度来改变喷枪的进口气流压力，以改变磨料的冲击速度。喷枪出口压力和出口面积为定值，当喷枪进口压力变化时，进口压力与喷嘴出口间的压差越大，气流和磨料混合后对靶材的冲击速度也随之上升。以平均粒径为 125μm 的棕刚玉为磨料，试验参数见表 5-16。

表 5-16　以冲蚀压力为变量的试验参数

冲蚀压力 MPa	冲蚀距离 mm	冲蚀角度 (°)	磨料给料速率 g/min	冲蚀时间 min
0.3，0.35，0.4，0.45，0.5	30	90	50	10

表 5-17 为靶材在不同冲蚀压力下的冲蚀磨损量结果，转换成质量冲蚀磨损率与冲蚀压力关系曲线，如图 5-38 所示。从图 5-38 中可以看出，随着冲蚀压力的增加，磨料的冲击速度增大，5 种靶材的冲蚀磨损率也随之上升。当磨料速度较低时，难以有效地穿透和破坏靶材表面，因此冲蚀率较低。当磨料速度足够大时，靶材产生初始冲蚀磨损，随着磨料的不断冲击，WC 晶粒间的骨架结构不断破坏，使得冲蚀磨损量持续上升。而根据冲蚀磨损率曲线可看出，不同靶材的冲蚀磨损率随压力的增长率并不相同。

表 5-17 靶材在不同冲蚀压力下的冲蚀磨损量 单位：mg

压力，MPa	YG3	YG8	YG8C	YG8X	YG15
0.30	164.7	439.3	685.6	415.3	844.7
0.35	175.2	475.3	731.0	438.6	987.4
0.40	203.9	522.7	836.5	457.5	1110.7
0.45	237.5	556.7	912.7	479.3	1193.0
0.50	265.7	598.6	922.0	510.5	1235.6

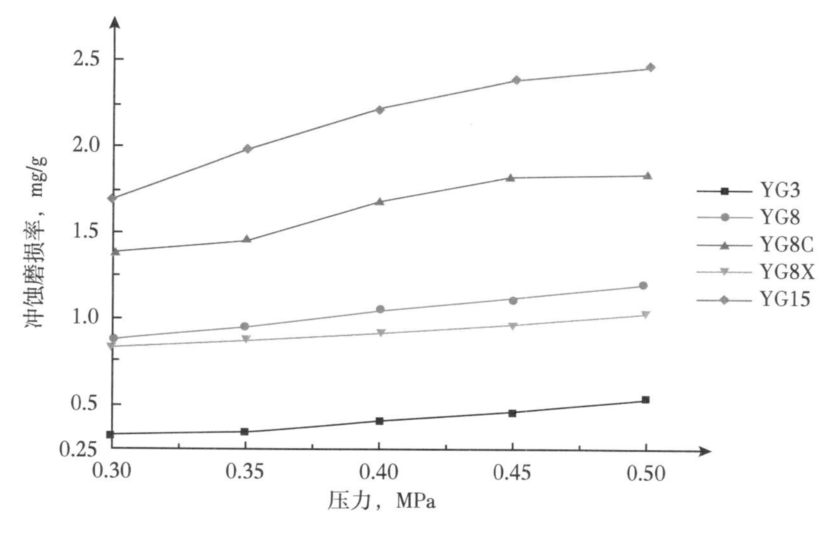

图 5-38 靶材不同冲蚀压力下冲蚀磨损率曲线

材料的冲蚀磨损率和冲击速度成指数函数关系，如下（Rajesh，2004）：

$$E_V = Kv^n \tag{5-33}$$

式中 E_V——体积冲蚀磨损率，mg/（s · mm^3）；

v——冲击速度，m/s。

冲蚀磨损率为磨料运动速度的 n 次指数关系，材料冲蚀磨损率随着速度的增加而上升，n 值随着不同的材料、冲蚀角度、磨料类型以及其他冲蚀条件变化而变化。普通塑性材料在低冲击角度条件下 n 值在2.2~2.4之间，在高冲击角度条件下 n 值约为2.55，脆性材料在高冲击角度条件下 n 值波动范围较大，在2.2~6.5范围内。由图5-38可知，不同的靶材磨损率曲线斜率并不相同，随着材料类型和试验条件的变化，n 值并不是固定不变的，材料冲蚀磨损率和磨料运动速度呈正相关关系，因此试验结果符合该计算模型，但是若要确定具体的 n 值则需要更进一步的研究。

（三）冲蚀时间对冲蚀磨损性能的影响研究

材料的整个冲蚀磨损是一个复杂多变的动态过程，为了研究冲蚀时间对冲蚀磨损的影响，以及不同时间段材料冲蚀磨损率的变化情况，本部分以平均粒径为125μm的棕刚玉为磨料，以冲蚀时间为变量，每冲蚀1min后暂停试验，将靶材取出，酒精清洗烘干后称重计算磨损量变化，之后将靶材重新固定于试样架上继续冲蚀试验，研究整个冲蚀过程中5种WC-Co硬质合金的冲蚀磨损变化。由于每暂停一次喷嘴出口处的磨料总会由于失去动力而跌落在靶材表面，该部分磨料质量不计算在冲蚀磨料以内，因此尽管磨料调节阀开度与以冲蚀角度和磨料冲击速度为变量的试验一致，但是磨料给料速率降低为45g/min，10min冲蚀结束后耗费磨料质量为450g，试验条件见表5-18。

表5-18　以冲蚀时间为变量的试验参数

冲蚀压力 MPa	冲蚀距离 mm	冲蚀角度 （°）	磨料给料速率 g/min	冲蚀时间 min
0.5	30	90	45	10（暂停间隔1min）

图5-39为以冲蚀时间为变量的试验组中靶材冲蚀磨损量随时间变化积累量曲线，从图5-39中可以看出，5种靶材的磨损量和冲蚀时间呈近似线性关系，斜率越大，靶材的磨损率也越高，耐冲蚀性能依旧为YG3>YG8X>YG8>YG8C>YG15，结果和以冲蚀角度和冲击速度为变量的试验组相同，可见随着试验条件的变化，各靶材之间相对的耐冲蚀磨损性能并没有发生变化。

相同晶粒度的YG3、YG8和YG15在第1min结束后磨损量就出现了较大区别，随着冲蚀时间的延长，各靶材磨损量以不同的速率逐渐递增，差距更加

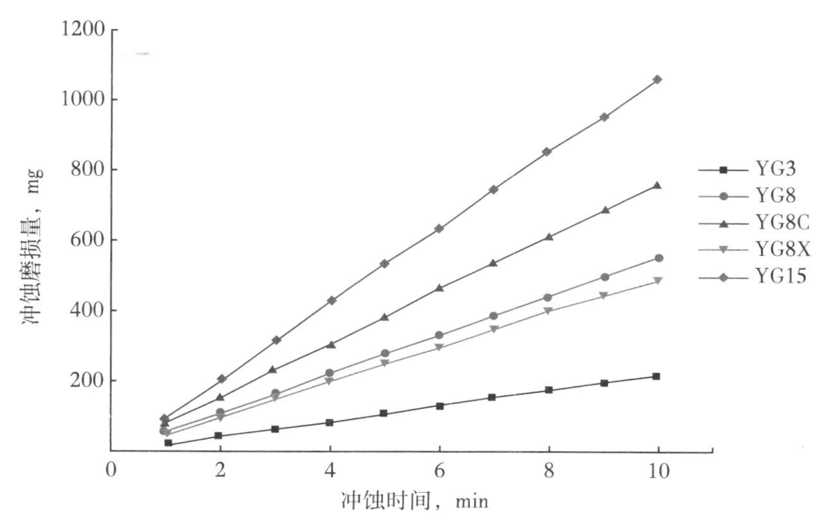

图 5-39　靶材冲蚀磨损量随时间变化积累量

明显。Co 含量相同而 WC 晶粒度不同的 YG8、YG8C 和 YG8X 第 1min 磨损量接近，之后晶粒最粗的 YG8C 曲线斜率，即磨损率明显大于其他两种靶材。粗的 WC 颗粒骨架在受磨料冲击后更容易脱离靶材。产生大范围的质量磨损，因此从试验结果来看粗晶粒的 WC-Co 硬质合金并不适用于制造耐冲蚀零件。YG8X 细晶粒的优势随着冲蚀时间的延长逐渐凸显，拥有更细 WC 晶粒的 YG8X 有着更加优秀的耐冲蚀能力。晶粒越细小，材料硬度就越高，有效降低了磨料对靶材的切削与犁削作用。同时，拥有细 WC 晶粒的硬质合金比表面积增大，在受到冲击后产生的应力可分散在更多的晶粒内，使变形更加均匀，减小了内应力的集中程度。晶粒越细，相同范围内 WC/Co 和 WC/WC 晶界结合面越多，增加了 WC 晶粒与晶粒间的交错程度和结合强度，因此 YG8X 在 3 种含 Co 量相同的靶材中磨损量最少。

以冲蚀时间为自变量 X，以靶材的冲蚀磨损量为因变量 Y 进行线性拟合，5 种靶材的拟合方程见表 5-19，其中 R 为线性拟合系数，R^2 越趋近于 1，表明方程的线性拟合程度越好。拟合结果中，5 种靶材的 R^2 基本趋近于 1，表明在本章冲蚀条件下靶材的冲蚀磨损量和冲蚀时间存在着高度线性关系，即对同一种靶材来说在相同试验条件下相同冲蚀时间内靶材的冲蚀磨损量基本相同，拟合方程中的斜率就是靶材的冲蚀磨损率，YG15、YG8C、YG8、YG8X、YG3 斜率逐渐减小，冲蚀磨损率亦随之降低。

表 5-19　靶材冲蚀磨损量与冲蚀时间拟合方程

靶材	拟合方程	R^2
YG3	$Y=22.062X-1.84$	0.9998
YG8	$Y=55.939X-2.5467$	0.9999
YG8X	$Y=49.536X-0.4467$	0.9993
YG8C	$Y=76.387X-0.92$	0.9999
YG15	$Y=107.6X-8.36$	0.9997

为了研究靶材在不同时间段内冲蚀磨损率的变化，绘制出磨损率与冲蚀时间的变化曲线，如图 5-40 所示。

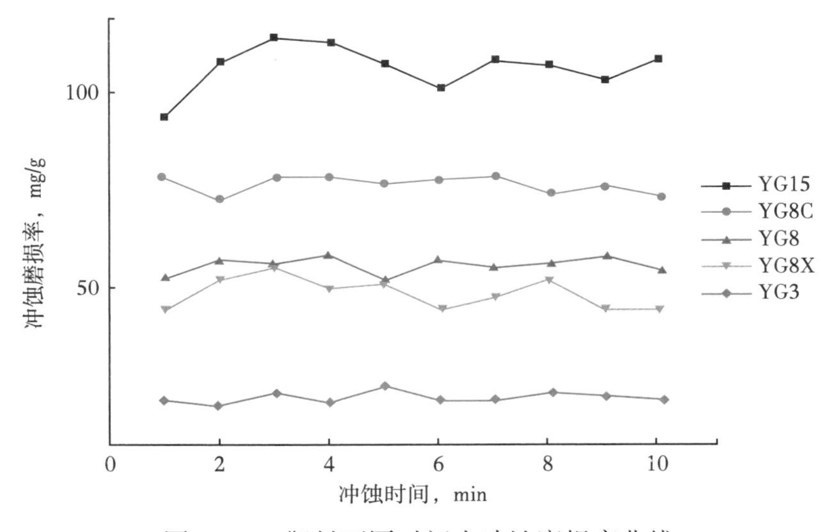

图 5-40　靶材不同时间内冲蚀磨损率曲线

从图 5-40 中可以看出，5 种靶材在第 1min 结束后就已经发生了明显的冲蚀磨损，5 种靶材每分钟的冲蚀率在小范围内浮动变化，冲蚀磨损率曲线整体呈近似水平直线，可近似认为靶材已经进入稳定冲蚀磨损阶段。YG3 的整体磨损率曲线变化最小，YG15 磨损率在前 3min 内变化幅度较其他靶材更大，可见在本章试验条件下 WC-Co 硬质合金靶材冲蚀磨损孕育期和进入稳定磨损的时间非常迅速，之后冲蚀磨损率仅在小范围内浮动变化。

冲蚀磨损存在一定时间的孕育期，经过一段时间以后冲蚀磨损才达到稳定磨损阶段。在冲蚀磨损的孕育期内，脆性材料以产生裂纹和裂纹扩展为主，而塑性材料则在磨料冲击下发生塑性变形和加工硬化，因此在磨损孕育阶段内不会立刻产生质量损失。孕育阶段后磨损逐渐趋于稳定，最后到达稳定磨损阶段，靶材冲蚀磨损率基本不变。一般来说相同冲蚀条件下脆性材料孕育期较短，甚至没有明显的孕育期，相比而言塑性材料的孕育期则更长，材料的磨损失重和冲蚀时间大致呈线性关系，本组试验的结果也符合此规律。

二、磨料性质对冲蚀磨损性能的影响研究

（一）磨料形状和硬度对冲蚀磨损性能的影响研究

为了探究不同类型的磨料对WC-Co硬质合金冲蚀磨损性能的影响，本部分的冲蚀试验共采用三种类型的磨料，分别为棕刚玉，碳化硅和玻璃砂，三种磨料在硬度上存在较大差别，其中碳化硅硬度最高，硬度为29~31GPa，棕刚玉硬度为19~22GPa，而玻璃砂则最软，硬度为8.2~10.2GPa。在磨料的组成成分上，棕刚玉主要成分为Fe_2O_3和少量的Al_2O_3，玻璃砂主要成分则是SiO_2和CaO，三种磨料平均粒径都为125μm。磨料的形状和硬度会对冲蚀磨损产生较大影响，因此在试验之前通过扫描电镜观察了三种磨料不同放大倍数下的微观形貌，如图5-41至图5-43所示。

（a）100倍

（b）300倍

图5-41 棕刚玉微观形貌

从三种磨料微观形貌可以看出，在外部轮廓形貌上棕刚玉和碳化硅都呈现出不规则的尖锐棱角。玻璃砂圆度最高，在500倍数放大后微观形貌近似球形，不含尖锐的棱角。棕刚玉因其高硬度和尖锐外形，可以对材料表面产生明显的切削和清理作用，因而被广泛应用于表面处理和喷砂清理行业，用于冲蚀磨损试验可对材料表面产生较大的冲蚀效果。虽然碳化硅硬度最高，但因为材

（a）100倍　　（b）300倍

图 5-42　碳化硅微观形貌

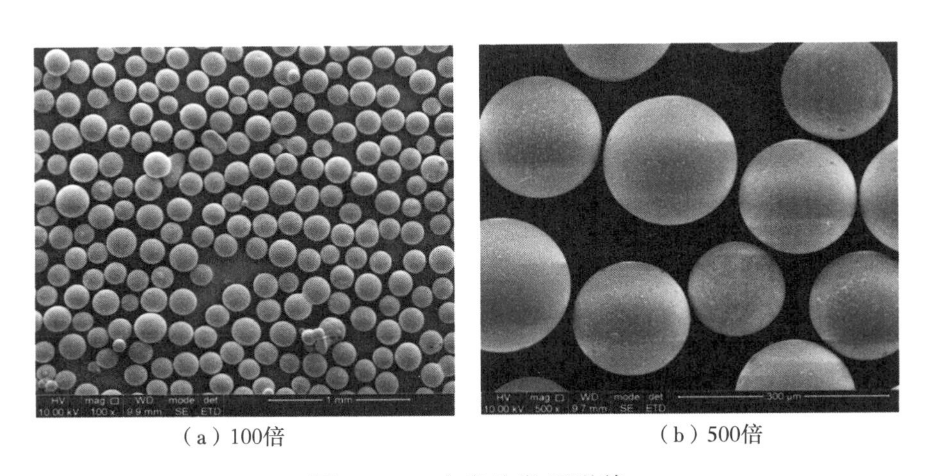

（a）100倍　　（b）500倍

图 5-43　玻璃砂微观形貌

料本身较脆，在冲击过程中易产生破碎现象而影响处理效果，不利于循环使用，因此应用范围低于棕刚玉。玻璃砂主要化学成分为惰性二氧化硅的圆形颗粒，耐冲击性能较好，用于喷砂处理可多次循环使用。同时，由于玻璃砂外形为球形表面且硬度较低，不易损伤工件的加工面和精密尺寸，经玻璃砂处理后的工件表面光滑，但是当工件表面硬度较高时，玻璃砂的效果会大打折扣。以棕刚玉、碳化硅和玻璃砂为磨料的冲蚀试验，可在结果分析中确立不同类型磨料的硬度和形状对材料冲蚀磨损性能的影响。表 5-20 为以磨料硬度和形状为变量的冲蚀试验组试验参数。

表 5-20　以磨料类型为变量的试验参数

冲蚀压力 MPa	磨料类型 （125μm）	冲蚀距离 mm	冲蚀角度 （°）	磨料给料速率 g/min	冲蚀时间 min
0.5	碳化硅，棕刚玉，玻璃砂	30	90	50	10

表 5-21 为靶材在不同磨料冲击后的冲蚀磨损量，转换成质量冲蚀磨损率后如图 5-44 所示。从图 5-44 中可以看出，三种磨料造成靶材的磨损率存在明显差别，冲蚀后造成最大冲蚀磨损率的是硬度中等的棕刚玉，硬度最高的碳化硅造成的靶材磨损率次之，形状为圆形且硬度最软的玻璃砂造成的磨损率最低。靶材 WC-Co 硬质合金本身硬度非常高，当磨料为硬度最低的玻璃砂时，磨料硬度 H_p 与靶材硬度 H_t 的比值 H_p/H_t 较小，近乎圆形的外形使得玻璃砂的大部分动能用于冲击后的弹性反弹，降低了磨料冲击动能传递至靶材的效率，因此也降低了靶材受冲击后的塑性变形程度及破坏效果。同时磨料的低硬度使其难以有效侵入和破坏靶材表面，因此低硬度的玻璃砂造成的磨损率最低。

表 5-21　靶材不同磨料冲击的冲蚀磨损量　　单位：mg

磨料	YG3	YG8	YG8C	YG8X	YG15
棕刚玉	265.7	598.6	922.0	510.5	1235.6
碳化硅	18.2	49.4	146.7	39.2	346.1
玻璃砂	4.1	15.2	27.4	9.8	33.5

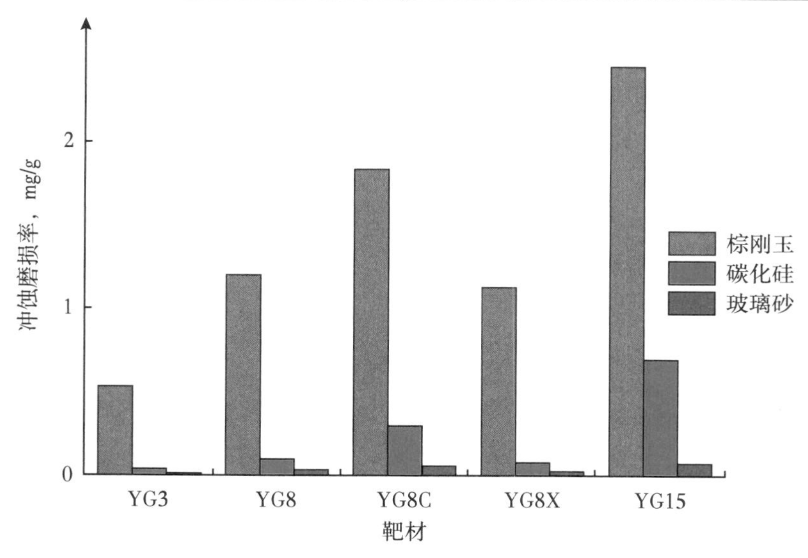

图 5-44　不同磨料冲击后靶材的冲蚀磨损率

有学者（廉晓庆，2013）在冲蚀磨损的有限元模拟中发现球形磨料对靶材造成的最大等效应力与靶材的接触时间和压入深度，冲击能的传递效率均小于正方体和正四棱锥形的磨料，因此球形磨料造成的冲蚀磨损率也最低，本节的试验结果与其一致。另一方面，以硬度不同的三种磨料（石英砂、棕刚玉、碳化硅）对氧化铝基耐火材料进行冲蚀磨损试验，结果表明，靶材冲蚀磨损率和硬度的大小呈正相关关系，和本节的结果有所不同。其主要原因在于硬度最高的碳化硅，在冲击时虽然可以轻易压入靶材表面，但是却易在和靶材的接触点上产生严重的应力集中。碳化硅本身具有较高的脆性和易碎性，使得碳化硅在接触点产生裂纹并引发脆性断裂，在断裂过程中消耗了大量动能，也降低了破碎后更小粒径的碳化硅压入靶材的深度。棕刚玉虽然硬度低于碳化硅，但由于其主要成分为 Fe_2O_3 和 Al_2O_3，脆性和破碎性低于 SiC，虽然冲蚀过程中也产生了一定程度的破碎现象，但破碎程度小于碳化硅，冲击能的传递效率上高于碳化硅，因而造成的靶材磨损率最高。可见，除了磨料的硬度和形状外，磨料的破碎性对冲蚀磨损结果也有明显的影响。

为了研究和比较棕刚玉和碳化硅冲蚀试验后的破碎程度，收集本组试验中冲蚀后的磨料并进行粒度分析，粒度分析结果如图 5-45 和图 5-46 所示。粒度分布中的 d（0.5）数值代表的是破碎磨料中粒径小于该值的磨料共占总数的 50%，该值可用于近似表征磨料冲蚀后的破碎程度，值越小，表明冲蚀后磨料破碎越严重。冲蚀前棕刚玉和碳化硅的平均粒径都为 125μm，破碎后碳化硅和棕刚玉的粒径 d（0.5）数值分别为 46.459μm 和 99.064μm，两种磨料都发生

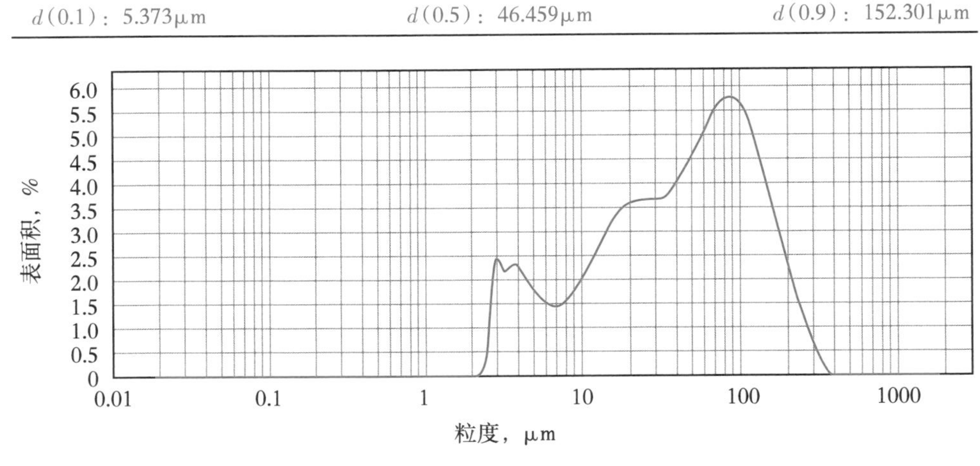

图 5-45　冲蚀后碳化硅粒度分布

了较大程度的破碎现象，但碳化硅的破碎程度明显大于棕刚玉。

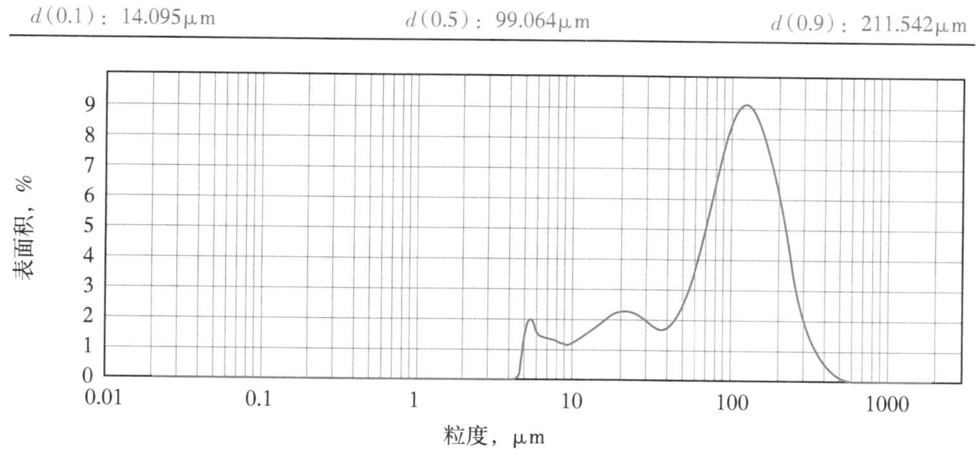

图 5-46　冲蚀后棕刚玉粒度分布

分析认为靶材是硬度较高的 WC-Co 硬质合金，磨料碳化硅和靶材都为较典型的脆性材料，耐冲击载荷性能差，破坏时塑性变形程度较小，导致碳化硅在垂直冲击时和靶材的冲击接触点产生高度应力集中并产生脆性断裂与破碎，难以发挥其高硬度和尖锐外形对靶材的切削破坏能力，所以造成碳化硅严重破碎。通过降低冲蚀角的方法研究不同冲蚀角度下碳化硅对 WC-Co 硬质合金冲蚀磨损特性的影响，降低冲蚀角既降低了碳化硅磨料垂直方向的速度分量同时提高了水平方向的速度，垂直速度的降低可以减小磨料与靶材接触点的应力和破碎程度，而增加的水平速度则提高了碳化硅对靶材水平方向的切削能力。选取硬度最高的 YG3 和硬度中等的 YG8 为靶材，平均粒径 125μm 的碳化硅为磨料，改变冲蚀角度分析对比碳化硅在不同冲蚀角下对靶材造成的冲蚀磨损，试验条件和磨损结果见表 5-22。

表 5-22　靶材在不同条件下磨损量

靶材	压力，MPa	冲蚀角度（°）	冲蚀磨损量，mg
YG3	0.5	30	44.2
YG3	0.5	60	25.6
YG3	0.5	90	18.2
YG8	0.5	30	74.8
YG8	0.5	60	52.0
YG8	0.5	90	49.4

从表 5-22 中可以看出，对 YG3 和 YG8 两种靶材，碳化硅在 90°冲蚀角下产生的冲蚀磨损量最低，随着冲蚀角的降低磨损量反而逐渐上升。在 60°冲蚀角时，YG3 和 YG8 的冲蚀磨损量已经略高于 90°时的磨损量，在 30°冲蚀角时，YG3 和 YG8 的冲蚀磨损量分别是 90°磨损量的 2.4 倍和 1.5 倍，但是磨损总量仍然远小于棕刚玉造成的磨损量，可见虽然降低冲蚀角减小了碳化硅对靶材的垂直压入深度，但是却增大了水平方向的切削效果，同时降低了碳化硅的破碎程度，使得冲蚀磨损量反而随着冲蚀角度的降低而增大，硬质合金在硬度最高的碳化硅磨料冲蚀下显出部分塑性材料冲蚀特征。可以看出，和棕刚玉为磨料的试验结果所不同的是，在 WC-Co 硬质合金的冲蚀磨损试验中，磨料为棕刚玉时靶材的冲蚀磨损量随着冲蚀角度的增加而上升，在 90°时达到最大值，而碳化硅恰恰相反，可见对于相同的靶材，磨料的硬度、形状和破碎性使得靶材在以冲蚀角度为变量的磨损机制上出现了差别。

（二）磨料粒径对冲蚀磨损性能的影响研究

磨料的粒径也是冲蚀磨损试验中的一个重要影响因素，气田采出的砂粒在粒径分布上范围较广，研究磨料粒径对靶材的冲蚀磨损是否存在明显影响，靶材在不同粒径磨料的冲蚀后磨损量以何种趋势变化，是否存在“粒径效应”等，对于气田的滤砂防护具有一定的指导意义。在本组试验中，以 3 种粒径相差明显的棕刚玉为磨料，平均粒径分别为 47μm、62μm、125μm，试验参数见表 5-23。

表 5-23　以磨料粒径为变量的试验参数

冲蚀压力 MPa	磨料粒径 μm	冲蚀距离 mm	冲蚀角度 (°)	磨料给料速率 g/min	冲蚀时间 min
0.5	47，62，125	30	90	50	10

表 5-24 为靶材在不同粒径棕刚玉冲蚀后的冲蚀磨损量，转换成质量冲蚀磨损率后如图 5-47 所示。相同粒径磨料冲蚀后，5 种靶材的冲蚀磨损率仍然是 YG15>YG8C>YG8>YG8X>YG3。在以磨料粒径为变量的 3 组试验中，粒径为 47μm 的磨料颗粒最小，造成的磨损量也最低，造成最高磨损量的并不是粒径最大的 125μm，而是粒径为 62μm 的棕刚玉，可见靶材出现了典型的“粒径效应”：即靶材的冲蚀磨损率在一定范围内随着磨料粒径的上升而增加，但当冲蚀磨损率上升到某临界值时，随着粒径的增加冲蚀磨损率基本不再变化，甚至降低。

表 5-24　靶材在不同粒径磨料下的冲蚀磨损量　　单位：mg

粒径	YG3	YG8	YG8C	YG8X	YG15
125μm	265.7	598.6	922.0	510.5	1235.6
62μm	479.2	817.3	1160.4	801.2	1447.6
47μm	146.3	257.8	331.3	229.3	639.9

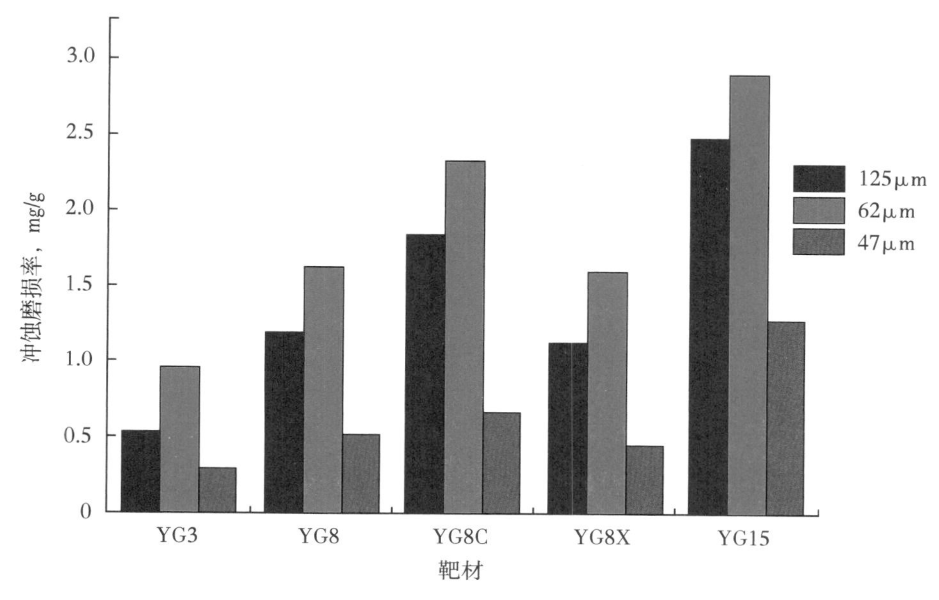

图 5-47　不同粒径磨料的冲蚀磨损率

产生粒径效应的原因主要有以下 3 点。

（1）磨料粒径过小时，其质量和冲蚀时的动能太小，冲击靶材时产生的应力低于靶材的弹性极限，难以使靶材产生质量磨损。随着磨料粒径的增大，相应也提高了磨料的动能，冲蚀过程中在靶材表面产生的应力也大于小粒径的磨料，加速了靶材材料的流失速度，因而冲蚀磨损率上升。

（2）随着磨料粒径的增加，磨料的表面积以及和靶材冲击时的接触面积也随着上升，因此尽管磨料的动能随着粒径的上升而增加，但是在靶材单位面积上产生的应力却并未增加甚至减小，因此当磨料粒径上升到一定程度后，靶材的冲蚀磨损率几乎不改变甚至降低。

（3）大粒径的磨料往往结构组织缺陷也越多，容易发生破碎。从粒径为 125μm 的棕刚玉 SEM 照片中看出，棕刚玉形状不规则，边缘存在明显的棱角，在冲蚀后磨料产生了一定程度的破碎现象，破碎后产生的更小粒径的磨料由于动能较低，对靶材的破坏程度远低于破碎之前的磨料。而小粒径的磨料外形平整度更高，破碎的倾向和程度低于大粒径磨料。同时由于喷嘴的出口面积为固定值，磨料粒径越大，同一时间可作用于靶材表面的磨料数量越少，因此磨损破坏效果不如小粒径的磨料。

根据以磨料粒径为变量的冲蚀磨损试验结果可以看出，以不同粒径的棕刚玉为磨料时，5 种 WC-Co 硬质合金靶材的冲蚀磨损率并未一直随着磨料粒径的增加而上升，3 种粒径磨料造成的冲蚀磨损率大小分别为 62μm>125μm>47μm，在粒径 47~125μm 范围内的棕刚玉冲蚀下，冲蚀磨损率随着磨料粒径的增加先上升后降低，冲蚀磨损率变化曲线与抛物线类似，在粒径到达 62μm 左右时磨料造成的冲蚀磨损率最高。研究结果对于气田的除砂工作具有一定的指导价值，表明滤除去某粒径以上的砂粒可以明显地降低硬质合金的冲蚀磨损。充分表明了对气田采出的砂粒采样和粒径筛选并进行冲蚀试验以验证其对现场的硬质合金零件是否存在着粒径效应的必要性。

三、靶材性质对冲蚀磨损性能的影响研究

本章中 5 种试验靶材皆为 WC-Co 硬质合金，一般评价 WC-Co 硬质合金的力学性能指标主要以硬度和断裂韧性为主，尽管诸如横向断裂强度、耐磨性、抗拉强度等性能也常被用于探究对硬质合金产品实际应用的影响，但是它们都从根本上受到硬度和断裂韧性的影响（张卫兵，2015）。而传统 WC-Co 硬质合金的硬度和断裂韧性此消彼长，硬度越高，硬质合金的断裂韧性越低。硬度一般随着 Co 含量的降低和晶粒度的减小而增加，而断裂韧性随着粘结相的增加和晶粒尺寸的增加而上升，硬度和断裂韧性呈现相反的趋势。在冲蚀试验中选取 5 组试验，以研究靶材性质对其冲蚀磨损性能的影响，试验参数见表 5-25。

表 5-25　5 组试验参数

试验组	冲蚀压力 MPa	冲蚀角度 (°)	磨料类型	磨料粒径 μm
A	0.5	90	棕刚玉	125
B	0.3	90	棕刚玉	125
C	0.5	45	棕刚玉	125
D	0.5	90	棕刚玉	62
E	0.5	90	碳化硅	125

5 种不同硬度和断裂韧性的 WC-Co 硬质合金在不同冲蚀条件下的冲蚀磨损率如图 5-48 所示，相同晶粒度的 3 种靶材耐冲蚀磨损性能 YG3>YG8>YG15。随着 Co 含量的减少，靶材的韧性也随之降低，但是其显微硬度却得到明显提升，由于主相硬质 WC 颗粒含量远大于粘结相 Co，靶材在受磨料冲击过程中 WC 颗粒承受了主要的冲击力，较高的硬度减小了磨料对靶材表面的穿入深度和切削作用，但也使靶材的亚表面以及 WC/WC 和 WC/Co 结合晶界处在循环应力作用下容易出现微裂纹，裂纹扩展将造成 WC 颗粒的成片脱落，韧性越差，靶材产生裂纹的阈值越低，裂纹扩展也更迅速。

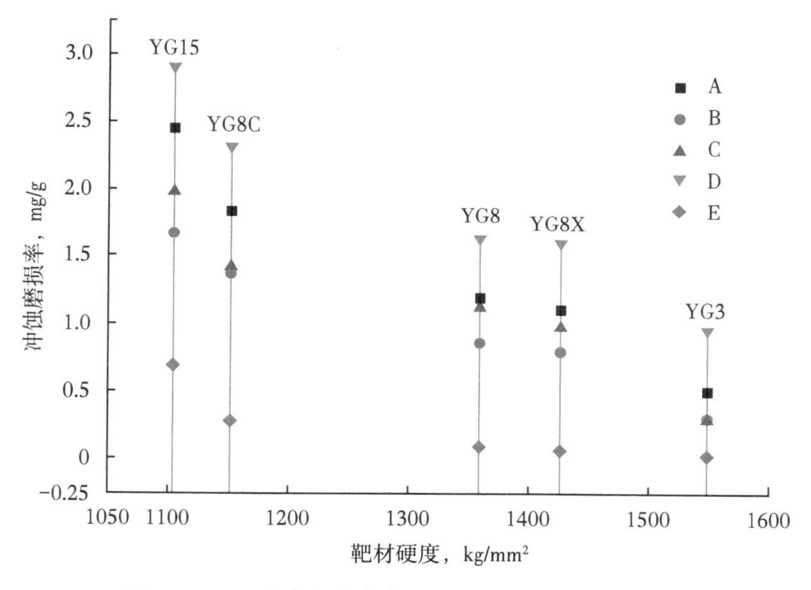

图 5-48　不同试验条件下 5 种靶材冲蚀磨损率

另一方面，粘结相 Co 的硬度远低于 WC 颗粒，在冲蚀过程中往往最早发生失效与脱落，低冲蚀角时磨料的尖锐棱角直接刺入靶材表面，并在水平力作用下产生犁削效应，较软的粘结相附着在磨料尖角上，在磨料水平运动携带下脱离靶材表面。在高冲蚀角时磨料的棱角刺入靶材表面的 Co 相中，Co 由于外力作用产生较大程度的塑性变形，塑性变形逐渐积累，Co 被不断挤压并在磨料冲击作用下脱离靶材。在失去 Co 的粘结作用后，黏附在粘结相周围的 WC 晶粒骨架强度由于失去支撑而迅速降低，在磨料持续的冲击作用下成片脱落，本书的试验结果表明，硬质合金中 Co 的含量越多，相同范围内磨料冲击导致的粘结相移除越严重，靶材的冲蚀磨损率也就越高，因此相同晶粒度的 3 种靶材耐冲蚀磨损性能为 YG3>YG8>YG15。

YG8X 在耐冲蚀磨损性能上稍优于 YG8 且明显超过 YG8C，主要原因在于 YG8 的 WC 晶粒度仅仅比 YG8X 粗 0.4μm，而比 YG8C 粗 2μm。细小的 WC 晶粒提升了靶材的硬度，减小了磨料对靶材的切削效果，尽管细 WC 颗粒的骨架约束使 Co 相的塑性变形范围下降，增强了靶材的脆性和产生微裂纹的可能性，但是却增加了 WC 晶粒的比表面积，冲击产生的应力可分散在更广的 WC 晶粒表面上，使应力和变形更加均匀。相同范围内 WC/Co 和 WC/WC 的晶粒结合界面数量随着 WC 晶粒度的减小而增加，提高了 WC 晶粒与晶粒间的交错程度和结合强度，因此 YG8X 的冲蚀磨损率低于 YG8 和 YG8C。Co 含量相同的 3 种靶材中 YG8C 晶粒度最粗，断裂韧性也最好，在抵抗裂纹的断裂扩展而引起的冲蚀磨损上优于 YG8 和 YG8X，但是在抵抗 Co 相移除造成的 WC 颗粒脱落而形成的冲蚀磨损上却远远小于 YG8 和 YG8X，粘结相 Co 移除后，WC 颗粒间的结合强度比 YG8 和 YG8X 更低，脱落后磨损量也更高，因此从最终结果来看，Co 含量相同的 3 种靶材，YG8C 的冲蚀磨损率最高。

从图 5-48 中可以看出，在 5 组不同的试验条件下，各靶材的冲蚀磨损率随着硬度的增加而降低，可见决定 WC-Co 硬质合金冲蚀磨损性能的力学主要参数是硬度，硬度和断裂韧性对冲蚀磨损中的几种破坏形式的影响表明，WC-Co 硬质合金的冲蚀磨损机制主要是切削与犁削，以及粘结相 Co 的移除造成 WC 脱落。本章中的靶材为长方体小块，忽略了除冲蚀外其他作用对靶材的影响，但是在 WC-Co 硬质合金的实际应用中，以闸板阀为例，闸板除了受到固体颗粒运动产生的冲蚀磨损以外，还可能受到弯曲力和振动载荷的作用，如果一味地注重硬度的提升而导致抗弯强度和冲击韧性达不到使用要求，会直接导致阀板结构在冲蚀失效之前发生脆性断裂。因此在实际的选材中，必须首先根据零件的使用工况和受力情况合理选择硬质合金的 Co 含量和 WC 晶粒度，保证其使用强度，防止硬质合金的脆性断裂，在此基础上提升零件的硬度，才能达到既保证使用强度，又提升零件耐冲蚀磨损性能，从而提高使用寿命的目的。

四、WC-Co 硬质合金冲蚀磨损机理分析

（一）WC-Co 硬质合金冲蚀动态过程分析

为了研究 WC-Co 硬质合金冲蚀磨损机理和冲蚀中的磨损破坏动态过程变化，以 YG8X 为例，研究不同冲蚀时间后靶材的微观形貌，冲蚀角度为 90°，其余试验条件和以冲蚀角度为变量的冲蚀试验相同。

图 5-49 为 YG8X 在经过不同冲蚀时间后的冲蚀磨损微观形貌，在图 5-49（a）中的靶材表面可以观察到明显的切削痕和犁削沟，靶材材料从犁沟中翻出并积累在犁沟两侧。犁削现象的出现是由于磨料压入材料表面并重复犁削使材料向两侧堆积而形成犁沟，犁沟两侧堆积的材料在磨料冲击下逐渐剥落，形成冲蚀磨损。同时还存在少量 WC 颗粒脱落后形成的凹坑，较软的粘结相 Co 在受到磨料垂直冲击后产生挤压和塑性变形，之后被移出靶材，导致周围的 WC 颗粒骨架失稳，在随后的磨料冲击下整片脱落形成凹坑。靶材表面整体平整，WC 颗粒之间的致密度良好。

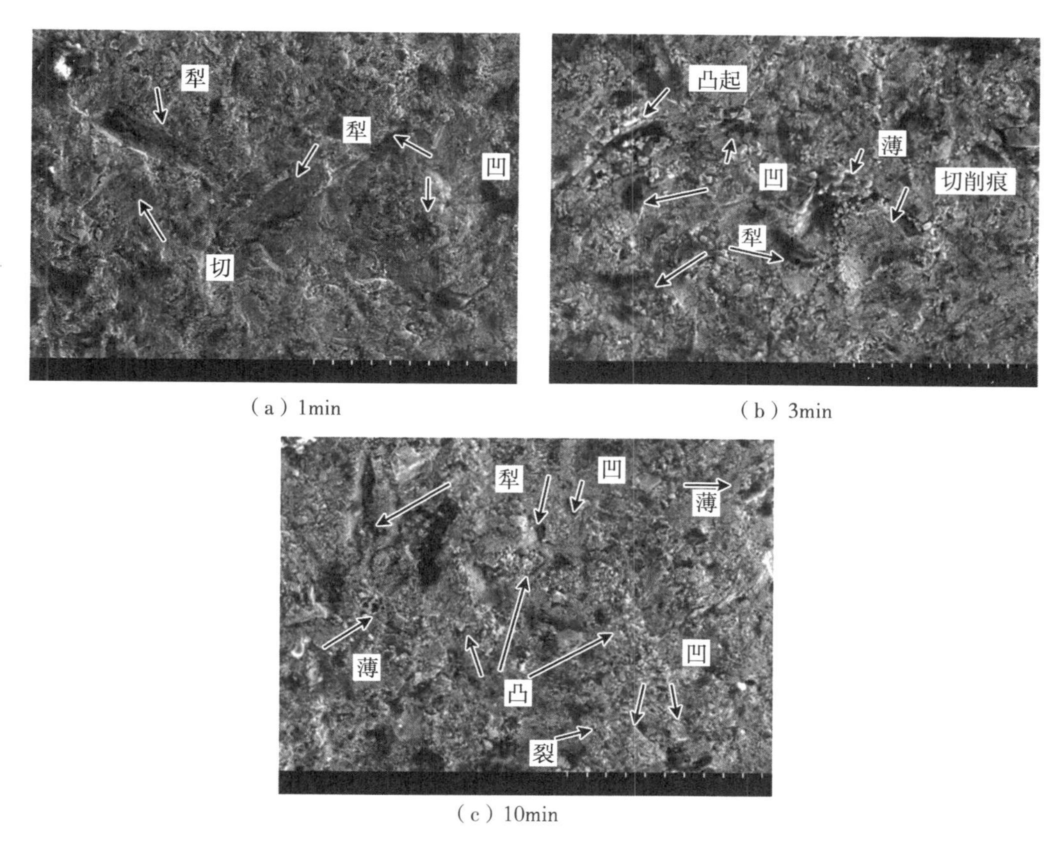

（a）1min　（b）3min

（c）10min

图 5-49　YG8X 在不同冲蚀时间后的微观形貌

在冲蚀 3min 后，靶材表面的破坏形貌变化明显，切削、犁削和凹坑破坏形貌更多，还出现了明显的薄形唇片。靶材表面由于磨料冲击造成挤压而形成唇片，磨料的冲击产生类似锻打的效果，使挤压唇逐渐变薄后发生疲劳断裂，之后从靶材表面脱落。此外，图 5-49（b）中靶材表面还出现了大量凸起的 WC 颗粒，颗粒之间并不连续，造成这种现象的原因是在磨料水平运动产生的切削同样会使粘结相 Co 被移除，方向和磨料水平运动方向相同，导致在运动直线上失去粘结相的 WC 颗粒失去支撑而凸出，在磨料冲击下逐渐被冲刷至脱离靶材，WC 颗粒间的不连续性正是由于部分 WC 颗粒被冲刷掉造成的，之后凸起的 WC 颗粒也会在很短时间内被冲刷脱离靶材。冲蚀 10min 后靶材表面可观察到少量的微裂纹，磨料的冲击使靶材亚表面产生裂纹，靶材在磨料持续冲击下产生的脉动疲劳应力促使裂纹不断扩展，直至裂纹交叉扩展至靶材表面使材料以薄片状剥落而产生质量损失，该过程和压痕破裂理论相同。与冲蚀 1min 后和 3min 后的破坏形貌相比，冲蚀 10min 后的靶材表面最不平整，切削痕、犁沟、凹坑和颗粒凸起为主要破坏形貌，薄形唇片和裂纹破坏形貌较少。

图 5-50 为 YG8X 冲蚀 10min 后冲蚀区域能谱分析结果，Co 元素含量与未冲蚀之前相比产生了明显下降，也证明了 Co 元素的移除对冲蚀磨损的重要影响。从 YG8X 不同冲蚀时间后的显微形貌可知，WC-Co 硬质合金的冲蚀磨损形式包括：切削和犁削，Co 相移除导致 WC 颗粒脱落、薄形唇片、疲劳裂纹。切削、犁削和 Co 相移除贯穿整个冲蚀过程，也是 WC-Co 硬质合金冲蚀磨损的主要表现形式，薄形唇片和疲劳裂纹的形成需要较长时间的损伤积累，而且占总磨损比例也较低。

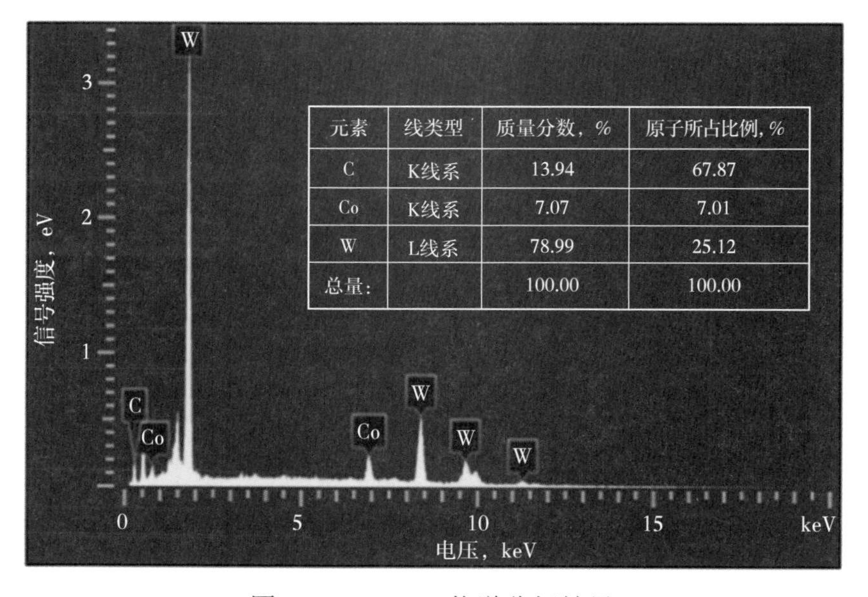

元素	线类型	质量分数，%	原子所占比例，%
C	K线系	13.94	67.87
Co	K线系	7.07	7.01
W	L线系	78.99	25.12
总量:		100.00	100.00

图 5-50　YG8X 能谱分析结果

表 5-26 为 YG8X 在不同冲蚀时间后冲蚀区域中主要损伤的统计数量和规模，由于扫描电镜下仅仅一个冲蚀区域的微观形貌不足以反映靶材整体冲蚀磨损区域的损伤规模，因此对 YG8X 冲蚀区域取 10 个区域进行损伤数量和规模的统计，表 5-26 中数量代表的是 10 个统计区域中该类磨损形貌的总数量，长度、宽度、直径为 10 个扫描区域冲蚀微观形貌中各类损伤形貌总数除以该类损伤的总数量所得的平均值。将凹坑表面近似看作圆形，其规模以凹坑表面的圆形直径表示。以犁沟损伤统计为例，冲蚀 1min 后 10 个磨损统计区域犁沟总数量为 32，其平均长度为 212μm，因此磨损区域犁沟总长应为 6784μm。冲蚀 3min 后犁沟的平均长度和宽度分别为 186μm 和 54μm，尽管在数值上低于 1min 时的 212μm 和 79μm，但是 3min 时犁沟的数量为 1min 时的 2 倍，因此冲蚀 3min 后的整体犁沟总体损伤规模明显大于 1min 时。从损伤统计结果可以看出，随着冲蚀时间的延长，犁沟、切削痕、凹坑导致的损伤也逐渐积累增加。

表 5-26　YG8X 损伤统计

冲蚀时间 min	犁沟			切削痕			凹坑	
	数量	长度 μm	宽度 μm	数量	长度 μm	宽度 μm	数量	直径 μm
1	32	212	79	24	116	81	88	40
3	64	186	54	53	138	72	137	52
10	118	217	68	107	117	79	183	55

（二）WC-Co 硬质合金冲蚀微观形貌分析

通过扫描电镜和能谱分析对 5 种靶材冲蚀磨损后的形貌和成分进行分析，试验条件和以冲蚀角度为变量的冲蚀试验相同。YG8X 在 90°冲蚀角条件下冲蚀后的显微形貌已在动态过程分析中给出，因此此处只给出 45°冲蚀条件下的显微形貌和能谱分析结果。45°冲蚀时 YG8X 的破坏微观形貌如图 5-51 所示。

图 5-51　冲蚀角为 45°时 YG8X 显微形貌

图 5-51 中破坏形貌以切削痕、犁沟和凹坑为主，斜冲蚀角时磨料

垂直速度降低，减小了对靶材的冲击和塑性变形，因此 WC 颗粒脱落形成的凹坑在大小和数量规模上低于 90°冲蚀时，同时在显微形貌中未见明显的薄形唇片和裂纹，整体的破坏机制与动态分析中的机制并无区别。但是水平速度的增加导致 YG8X 在 45°冲蚀时靶材表面的切削与犁削痕迹比垂直角冲击时更严重。图 4-52 为 YG8X 在冲蚀角为 45°时冲蚀区域的能谱分析结果，结果显示粘结相 Co 含量在冲蚀后低于基体含量，且粘结相的去除量高于 90°冲蚀时。

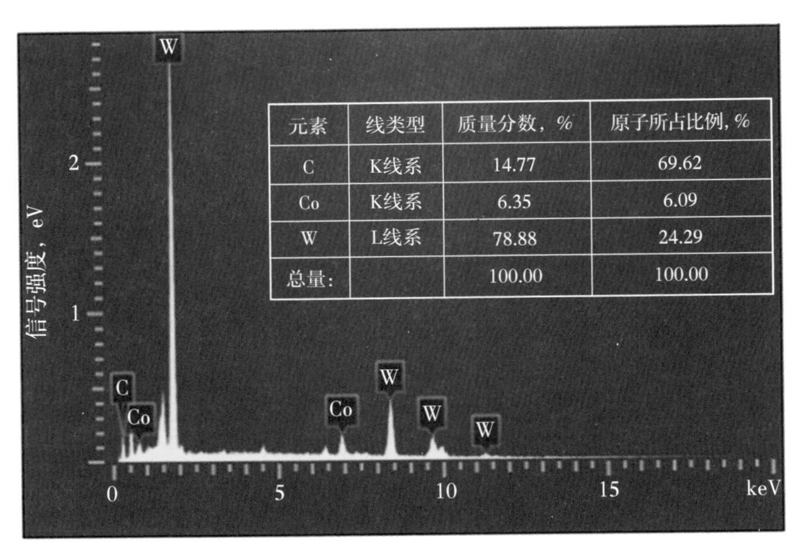

图 5-52　冲蚀角为 45°时 YG8X 能谱分析结果

表 5-27 为 45°冲蚀时 YG8X 冲蚀磨损区域各类损伤统计结果，扫描区域依旧为 10 个，统计方法和 YG8X 冲蚀动态过程分析相同。由表 5-27 中结果可知，在 45°冲蚀时冲蚀区域的犁沟和切削痕导致的损伤规模比 90°冲蚀时更严重，主要原因在于 45°冲蚀时加深了磨料水平方向的运动速度，因而在靶材表面由磨料运动产生的犁沟和切削痕数量和规模比 90°冲蚀时更多。而 45°冲蚀时由于 WC 颗粒脱落形成的凹坑数量和平均直径则明显小于 90°冲蚀时，可见，靶材的犁沟和切削痕取决于磨料的水平速度，而凹坑规模则取决于磨料的垂直冲击速度。

表 5-27　45°冲蚀时 YG8X 损伤统计

冲蚀角	犁沟			切削痕			凹坑	
	数量	长度 μm	宽度 μm	数量	长度 μm	宽度 μm	数量	直径 μm
45°	145	267	57	122	139	63	126	37

图 5-53 为 YG3 冲蚀后的微观形貌图，在 90°冲蚀角时，切削与犁削痕迹较少，靶材破坏形式以粘结相受垂直冲击后移除使 WC 颗粒脱落产生的凹坑为主，同时还存在着部分凸起的 WC 颗粒，以及靶材受锻造挤压产生的薄形唇片。在 45°冲蚀角时，磨料垂直方向的作用力大大降低，因此凹坑分布以及薄形唇片明显低于冲蚀角度为 90°时的情况，但水平方向上的速度增加，导致靶材表面产生较多的切削痕与犁沟。

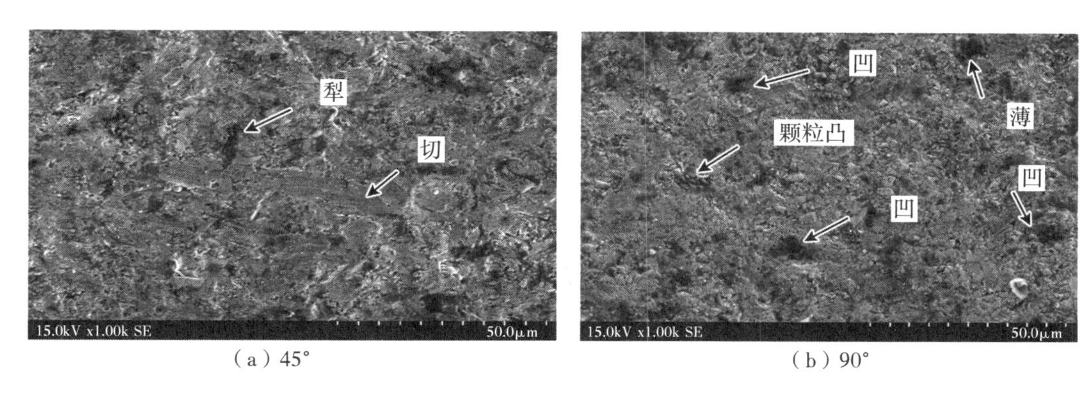

（a）45°　　（b）90°

图 5-53 YG3 不同冲蚀角度下微观形貌

图 5-54 为 YG3 冲蚀区域的能谱分析结果，根据第三章中靶材基体能谱分析可知，YG3 未冲蚀前实测 Co 元素含量略高于理论值 3%，冲蚀后 Co 含量降低，45°冲蚀角时 Co 含量略低于 90°时。

表 5-28 为 YG3 在 45°和 90°冲蚀后冲蚀磨损区域的各类损伤统计结果，由表 5-28 中结果可知，和 YG8X 相比，相同冲蚀角度下 YG3 的各类损伤规模都明显小于 YG8X。在 5 种靶材中 YG3 硬度最高，WC 颗粒质量分数最多而粘结相 Co 含量最少，高硬度增强了靶材抵抗磨料切入表面的深度，导致切削痕与犁沟较浅。同时，YG3由于Co含量少，WC颗粒承受了磨料的绝大部分冲击

表 5-28 YG3 损伤统计

冲蚀角	犁沟			切削痕			凹坑	
	数量	长度 μm	宽度 μm	数量	长度 μm	宽度 μm	数量	直径 μm
45°	72	95	40	105	94	50	76	25
90°	47	82	34	58	65	53	170	42

作用，使得 Co 相移除现象低于其他靶材，因此 WC 颗粒脱落形成的凹坑在数量和大小上明显低于相同冲蚀条件下的 YG8X，两种机制共同作用，因此从冲蚀结果来看，在相同冲蚀条件下 YG3 的冲蚀磨损率在 5 种靶材中最低。

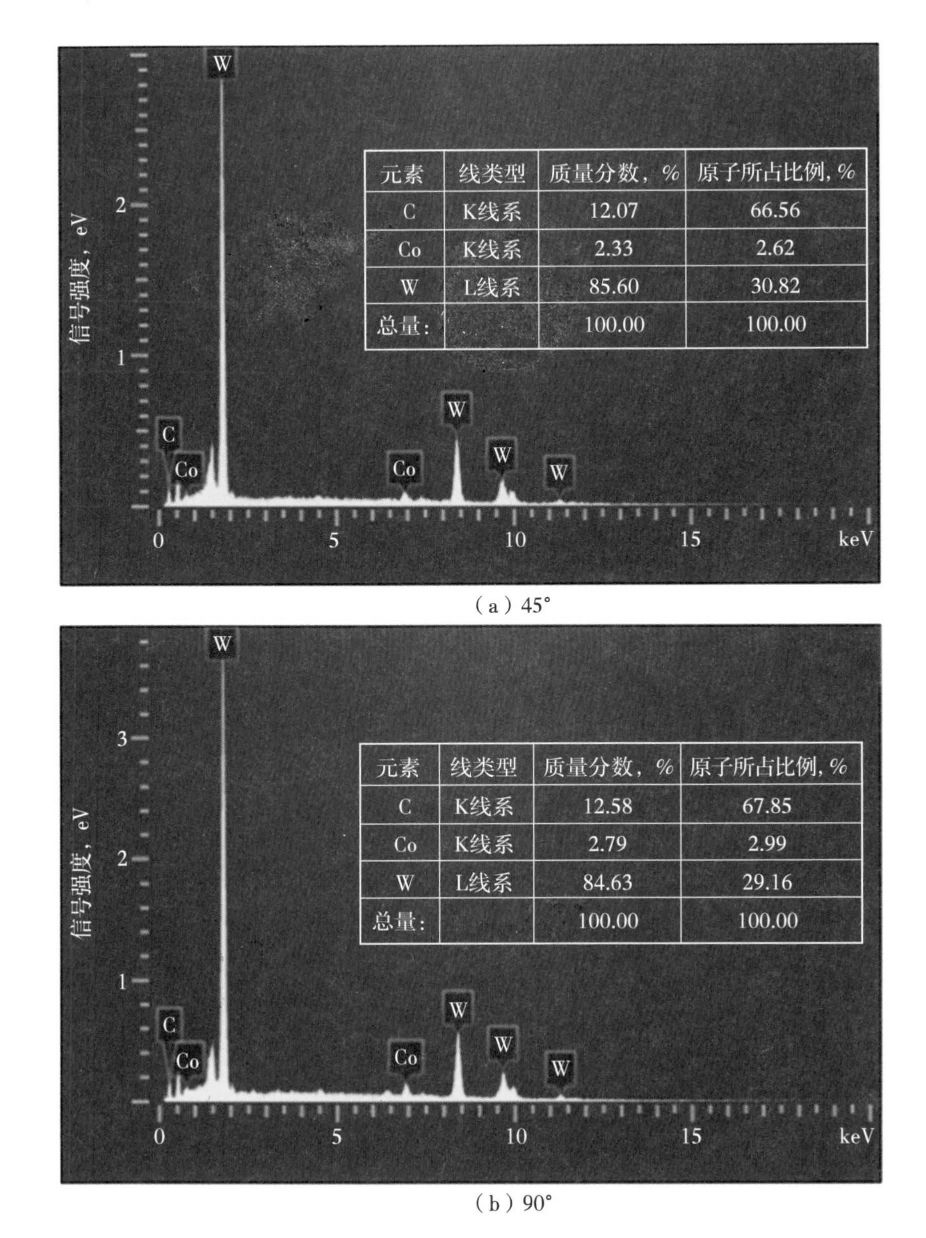

(a) 45°

(b) 90°

图 5-54　YG3 能谱分析结果

图 5-55 为 YG8 冲蚀后的微观形貌图，在 45°冲蚀条件下，靶材表面出现了较深的犁沟和切削痕，由于 YG8 维氏硬度比 YG3 低约 200kg/mm^2，低硬度

使得 YG8 冲蚀后犁沟和切削痕在深度和长度上大于 YG3，并伴随着轻度的凹坑和挤压薄型唇片。当冲蚀角度为 90°时，磨料运动方向以垂直方向为主，犁沟和切削程度低于 45°时的情况，但是在凹坑的大小和分布数量上高于冲蚀角度为 45°时。在图 5-55（b）中还发现一个规模明显大于平均值的凹坑，凹坑内还残留着部分未被冲刷至脱离靶材的 WC 颗粒粘附在凹坑表面上。从形状上看，大凹坑很有可能是周围多个小凹坑在磨料冲刷后破坏形貌连接在一起所造成的，当冲蚀区域布满凹坑和切削痕后即表明靶材最表面的一层材料被完全冲蚀掉，最新裸露出的材料继续重复之前的冲蚀磨损过程，直至试验结束。YG8X 在硬度上高于 YG8，因此在抵抗切削和犁削性能上稍优于 YG8，由于 YG8X 采用了较细的 WC 晶粒，WC 晶粒越细，比表面积越大，冲击产生的应力可分散的面积更广。相同范围内 Co 和 WC 晶粒的结合界面数量随着 WC 晶粒度的减小而增加，WC 被冲刷而脱离靶材的难度也越大，因此尽管在凹坑数量上二者在一个数量级，但是在凹坑的大小上，YG8 大于 YG8X，这也是冲蚀磨损试验结果中 YG8 冲蚀磨损率高于 YG8X 的主要原因。

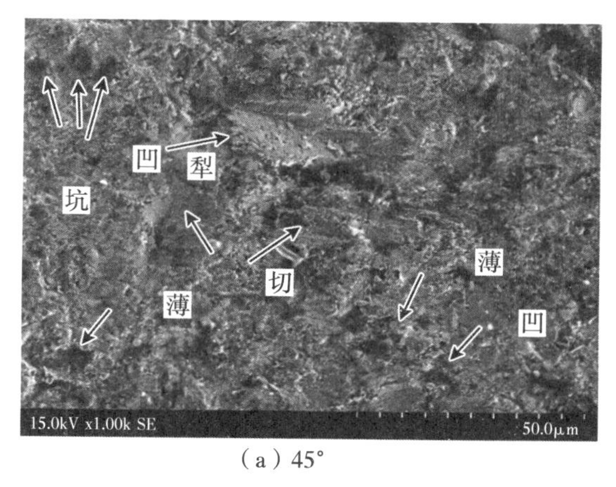

（a）45°

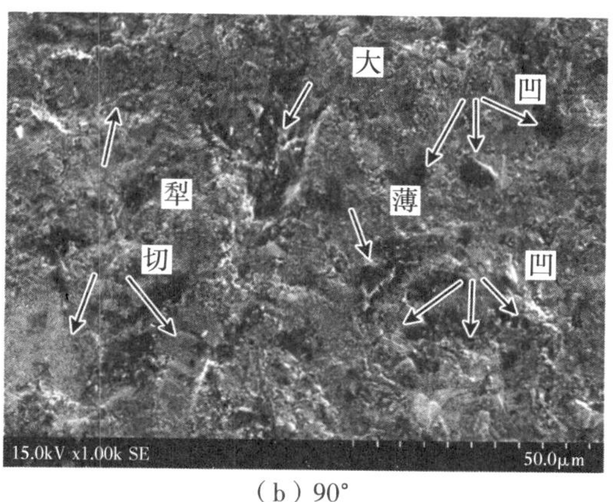

（b）90°

图 5-55　YG8 不同冲蚀角度下微观形貌

图 5-56 是 YG8 冲蚀区域的能谱分析结果，和 YG3、YG8X 相同的是，冲蚀角为 45°时能谱分析扫描区域 Co 含量低于 90°时，造成的原因是在斜角冲击时被磨料尖角刺入靶材而在切削和犁削过程中带走的粘结相含量大于垂直冲击时粘结相塑性变形后移除的量。

表 5-29 为 YG8 在 45°和 90°冲蚀后冲蚀磨损区域的各类损伤统计结果，由表 5-29 中结果可知，YG8 在两种冲蚀角度下的犁沟和切削痕数量和规模相差

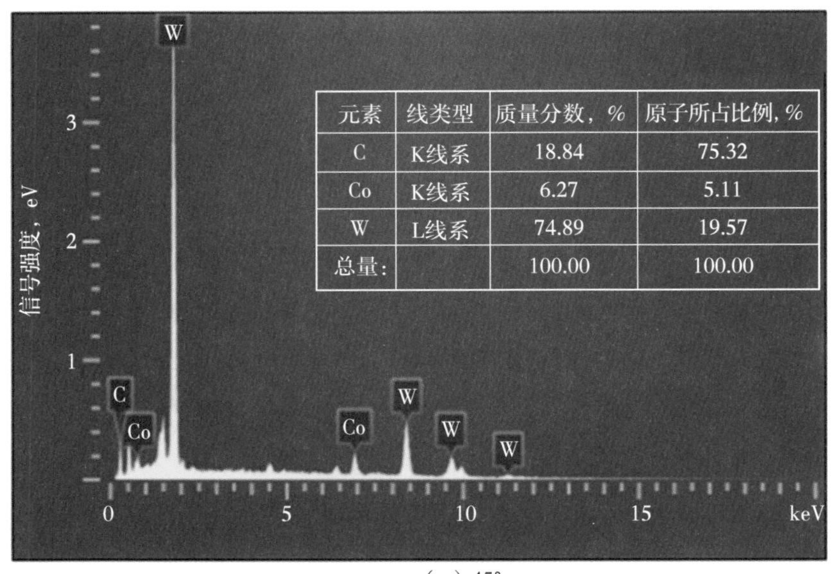

元素	线类型	质量分数，%	原子所占比例，%
C	K线系	18.84	75.32
Co	K线系	6.27	5.11
W	L线系	74.89	19.57
总量：		100.00	100.00

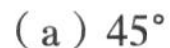
（a）45°

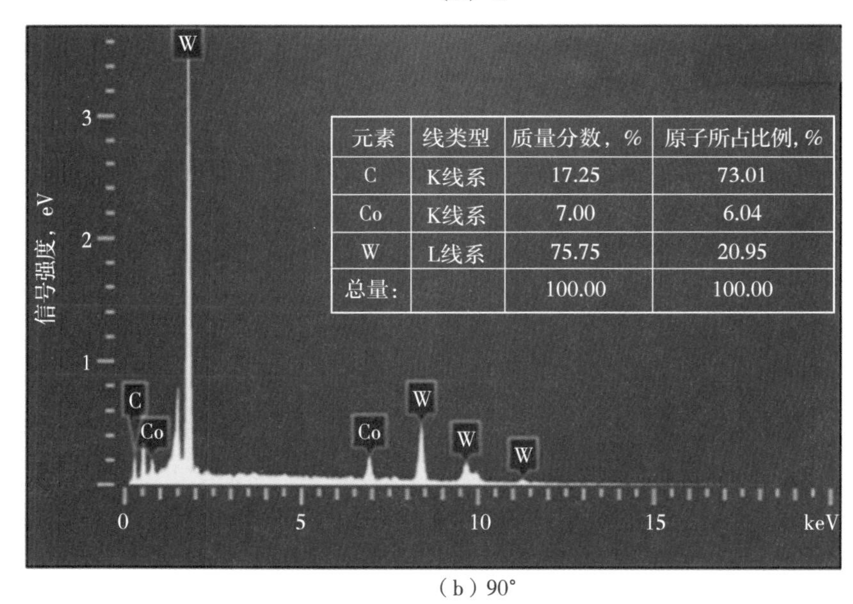

元素	线类型	质量分数，%	原子所占比例，%
C	K线系	17.25	73.01
Co	K线系	7.00	6.04
W	L线系	75.75	20.95
总量：		100.00	100.00

（b）90°

图 5-56　YG8 能谱分析结果

较小，各类损失数量和规模大于 YG3 和 YG8X。和 YG3、YG8X 相同的是，90°冲蚀角时产生的凹坑数量和直径明显大于 45°冲蚀时。尽管低冲蚀角条件下靶材表面的切削与犁削破坏形貌比垂直冲蚀角条件下更严重，但是靶材冲蚀磨损率随着冲蚀角度的增加而上升，可见垂直冲击时 WC 颗粒成片脱落形成凹坑的磨损机制在冲蚀过程中占主导作用。

表 5-29　YG8 损伤统计

冲蚀角	犁沟			切削痕			凹坑	
	数量	长度 μm	宽度 μm	数量	长度 μm	宽度 μm	数量	直径 μm
45°	162	306	78	122	146	77	175	39
90°	125	228	74	136	140	71	208	62

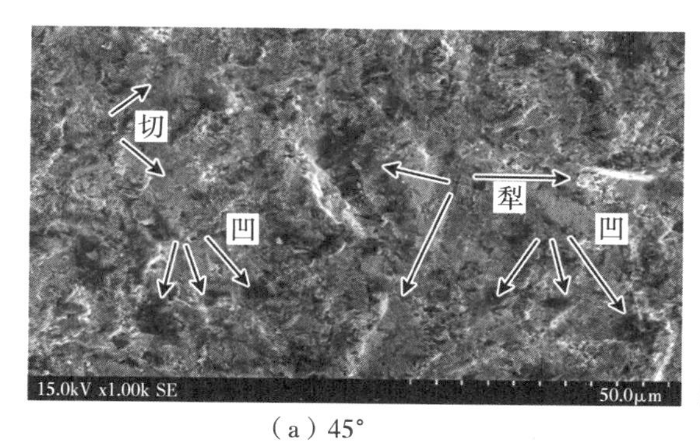

（a）45°

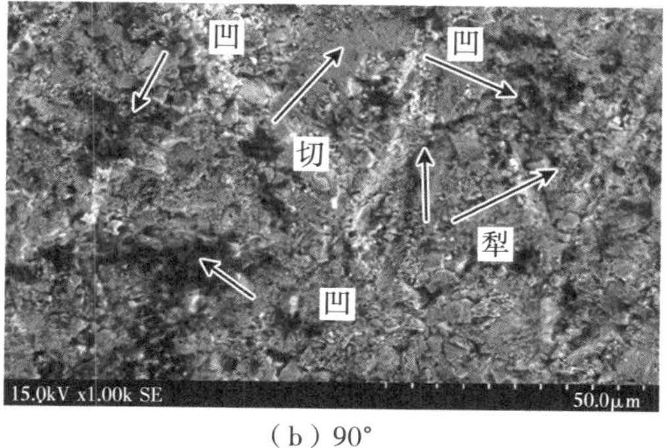

（b）90°

图 5-57　YG8C 不同冲蚀角度下微观形貌

图 5-57 为 YG8C 冲蚀后的微观形貌图，在 45°冲蚀条件下，和 YG8、YG8X 类似，靶材冲蚀破坏形貌以切削痕和犁沟为主，同时还有少量微型的凹坑。由于 YG8C 在硬度上仅稍高于最软的 YG15，因此在抵抗磨料压入靶材表面的能力较差，较粗的 WC 颗粒导致在犁削路径上在靶材表面形成的犁沟大小和深度明显大于 YG8 和 YG8X，粗大的 WC 颗粒也更容易发生破碎和脱落。在 90°冲蚀条件下，磨料运动方向以垂直靶材方向为主，此时 YG8C 在冲蚀破坏形貌上，切削痕和犁沟破坏低于 45°冲蚀时，但是 WC 颗粒脱落形成的凹坑明显大于 45°冲蚀时，在图 5-57（b）中可观察到多个 WC 颗粒脱落形成的凹坑，凹坑在大小上高于之前的 YG3、YG8 和 YG8X。

图 5-58 是 YG8C 冲蚀区域的能谱分析结果，和其他靶材相同，冲蚀区域的 Co 含量明显减少，45°冲蚀角时的 Co 相含量依旧少于 90°时。

和含 Co 量相同的 YG8、YG8X 相比，YG8C 在各冲蚀条件下的冲蚀磨损率皆为最高。表 5-30 为 YG8C 在 45°和 90°冲蚀后冲蚀磨损区域的各类损伤统计结果。YG8C 硬度较低，因此 45°冲蚀时 YG8C 的犁沟和切削痕规模最大，90°

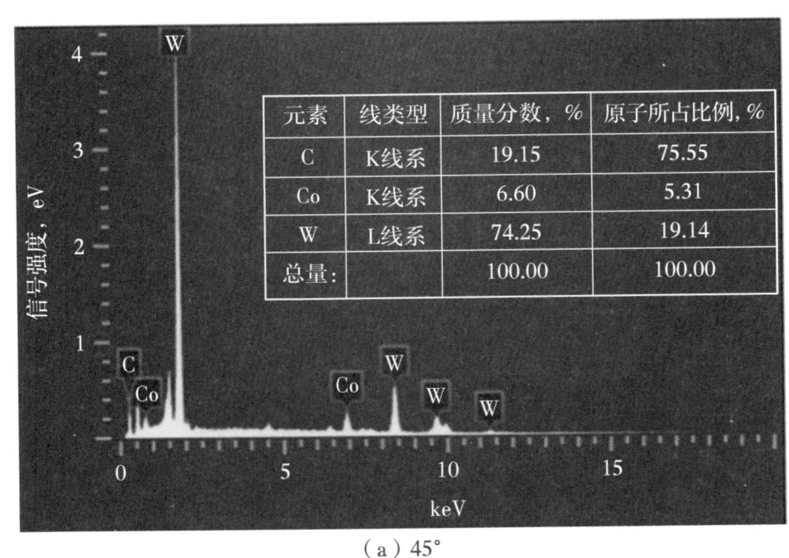

(a) 45°

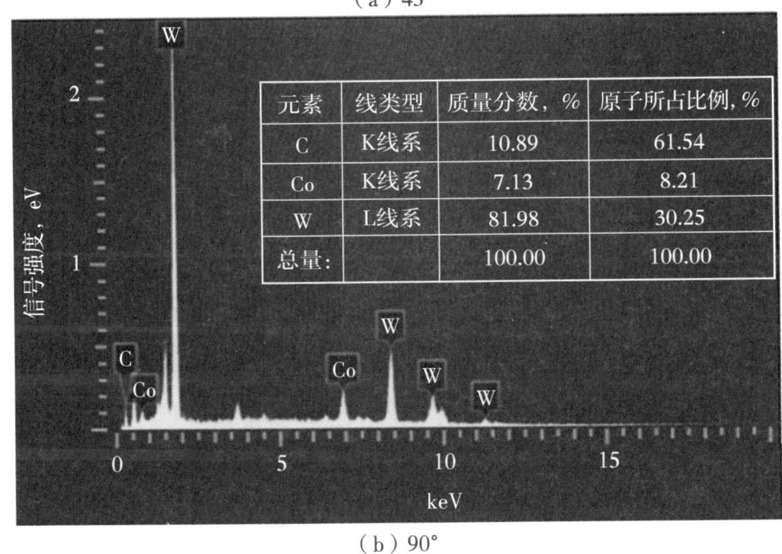

(b) 90°

图 5-58　YG8C 能谱分析结果

冲蚀时的凹坑数量和直径也是 YG8C 最高，和 YG8X 相反的是，YG8C 采用的 WC 颗粒较粗，WC 颗粒越粗，相同范围内 WC/Co 界面数量越少，当 Co 在受到磨料冲击挤压和移除后，裸露出粗大的 WC 颗粒间的结合强度随着 WC 晶粒度的增加而降低，整片脱落后产生的凹坑也更大。可见，尽管 YG8C 拥有良好的抗弯强度和断裂韧性，但是从实际冲蚀磨损结果来看，粗 WC 颗粒的 WC-Co 硬质合金并不适用于制造耐冲蚀磨损的零件。

表 5-30 YG8C 损伤统计

冲蚀角	犁沟			切削痕			凹坑	
	数量	长度 μm	宽度 μm	数量	长度 μm	宽度 μm	数量	直径 μm
45°	208	324	105	155	137	86	182	67
90°	141	261	89	86	174	127	166	115

图 5-59 为 YG15 冲蚀后的微观形貌图，YG15 粘结相 Co 含量在 5 种靶材中最高，硬度最低而韧性最高，抵抗磨料切削的能力最差，在 45°冲蚀角时，图 5-59（a）中出现大量犁削和切削破坏后的痕迹，以及少量微型凹坑。在 90°冲蚀角时，切削和犁削痕迹并不严重，微观形貌中凹坑的规模也较小。

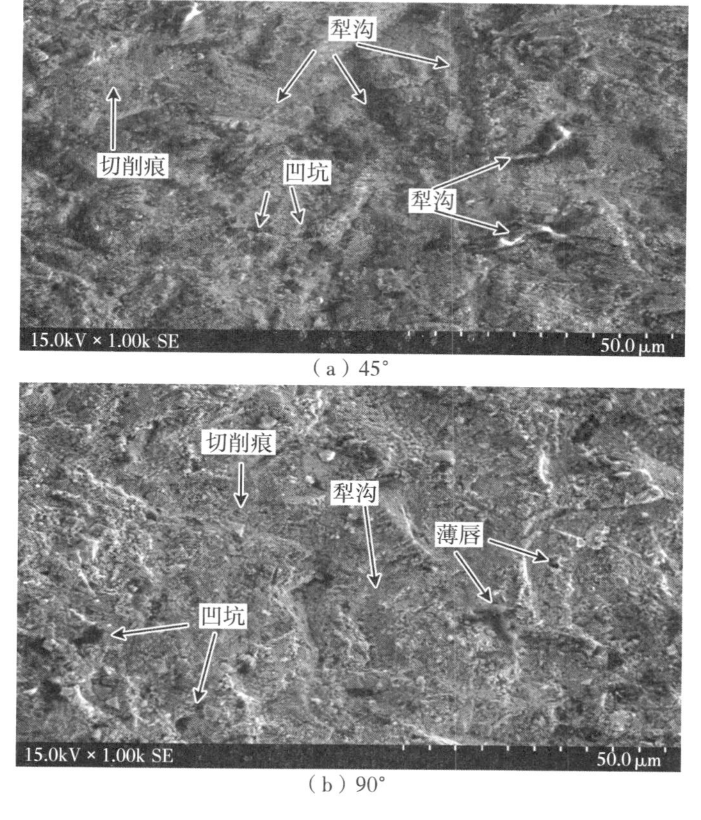

（a）45°

（b）90°

图 5-59 YG15 不同冲蚀角度下微观形貌

图 5-60 是 YG15 冲蚀区域的能谱分析结果，无论冲蚀角度是 45°或者 90°，Co 含量都发生了明显地减少，和其他靶材相同，在斜角 45°冲蚀时的粘结相去

除量更多。

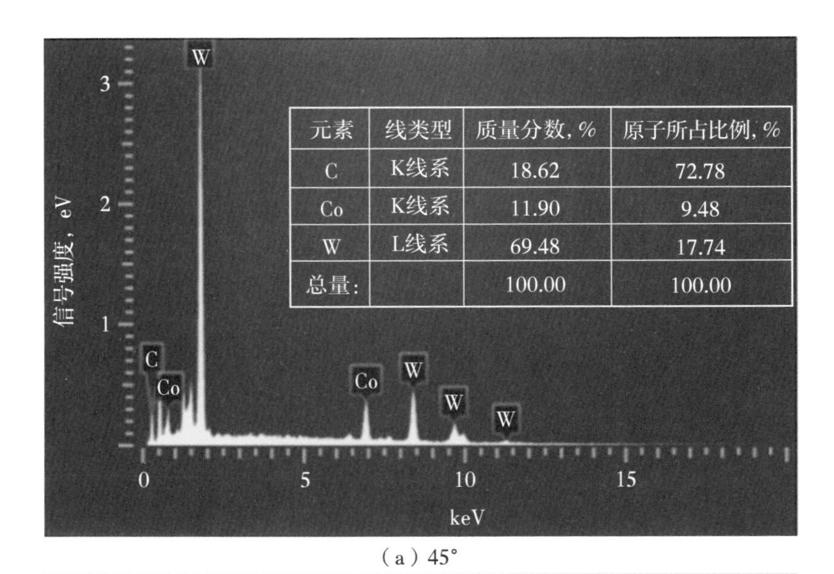

元素	线类型	质量分数，%	原子所占比例，%
C	K线系	18.62	72.78
Co	K线系	11.90	9.48
W	L线系	69.48	17.74
总量:		100.00	100.00

（a）45°

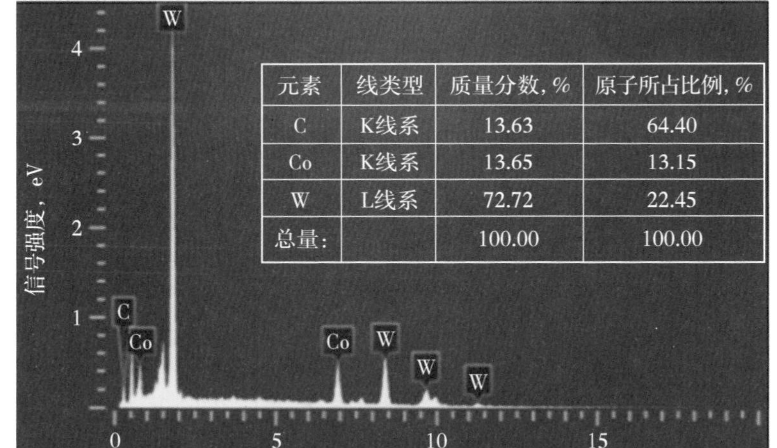

元素	线类型	质量分数，%	原子所占比例，%
C	K线系	13.63	64.40
Co	K线系	13.65	13.15
W	L线系	72.72	22.45
总量:		100.00	100.00

（b）90°

图 5-60　YG15 能谱分析结果

从冲蚀磨损率来看，YG15 在冲蚀角为 90°时其磨损率在所有靶材中最高。表 5-31 为 YG15 在 45°和 90°冲蚀后冲蚀磨损区域的各类损伤统计结果，45°冲蚀时 YG15 的犁沟数量和规模较高。在 90°冲蚀时 YG15 表面微观形貌犁沟、切削痕和凹坑形貌并不明显，表明 Co 含量最高的 YG15 在 90°冲蚀时主要破坏机制不是 WC 颗粒脱落，而是大范围内粘结相在受到垂直冲击时被挤压而产生高度的塑性变形流动。YG15 的低硬度使得靶材表面不能有效抵挡磨料的冲击刺入，Co的塑性较好，高含Co是造成YG15受到垂直冲击后形成塑性流动的主要原因，受磨料冲击后靶材表面产生凹坑，挤压变形的粘结相混合着WC颗粒被挤压堆积至凹坑边缘，在磨料冲击下逐渐从表面脱落。

表5-31　YG15损失统计

冲蚀角	犁沟			切削痕			凹坑	
	数量	长度 μm	宽度 μm	数量	长度 μm	宽度 μm	数量	直径 μm
45°	240	341	73	196	165	99	143	43
90°	105	124	52	92	112	69	201	42

通过对5种靶材不同角度冲蚀后微观形貌和元素变化的研究可以得出，WC-Co硬质合金的冲蚀磨损机理包括以下几点。

（1）磨料的尖锐棱角类似刀具，在运动中在靶材表面产生切削痕，致使靶材表面的材料形成切屑脱离靶材。

（2）磨料尖角压入材料表面并重复犁削使材料向两侧堆积而形成犁沟，犁沟两侧堆积的材料在磨料冲击下逐渐剥落。

（3）粘结相Co受到磨料垂直冲击后产生塑性变形移除后，导致周围的WC颗粒骨架失稳，在随后的磨料冲击下整片脱落形成凹坑。

（4）粘结相Co受到水平方向磨料的切削作用后被移除，导致在磨料运动路径上失去Co粘结支撑作用的WC颗粒凸起并被冲刷至脱离靶材。

（5）靶材受磨料挤压锻打后在表面产生挤压唇片，在磨料持续的锻打挤压后挤压唇变薄断裂，之后从试样表面脱落。

（6）磨料的冲击使靶材亚表面产生裂纹，靶材在磨料持续冲击下产生脉动疲劳应力，促使裂纹不断交叉扩展，直至裂纹延伸至靶材表面使材料以薄片状剥落。

（7）粘结相Co含量最高的YG15在冲蚀角为90°时的磨损机制和其他靶材不同，其主要磨损机制是粘结相与WC颗粒混合后产生的塑性流动所导致。

从整体冲蚀破坏形貌来看，粘结相Co的移除是造成WC-Co硬质合金冲蚀磨损的主要原因，第（1）～（4）种冲蚀破坏机制是WC-Co硬质合金在冲蚀过程中发生磨损的主要表现形式，减少这4种磨损形式可有效降低靶材的冲蚀磨损率。从试验结果来看，YG3和YG8X冲蚀磨损率低，关键原因就是通过细化晶粒和降低粘结相含量的方法提高了靶材对抗前4种冲蚀破坏形式的能力，可见仅从WC-Co硬质合金材料的冲蚀磨损性能方面考虑，拥有最高耐冲蚀磨损性能的材料是低Co和细晶的硬质合金，因此在保证使用强度条件下也更适用于制造耐冲蚀零件。

第五节　WC-Co硬质合金冲蚀磨损正交试验与数据分析

在WC-Co硬质合金的冲蚀磨损过程中，能够对材料的冲蚀磨损率产生影响的因素众多，主要可分为工况因素和材料本身特性，工况因素中又分磨料冲击速度、冲蚀角度、冲蚀磨料硬度和粒径等，硬质合金的材料特性又包括WC颗粒晶粒度、含Co量、硬度、抗弯强度等因素。本节通过对WC-Co硬质合金靶材进行多因素正交试验，并对试验结果进行极差和方差分析，确立各因素对靶材冲蚀磨损的影响顺序，为WC-Co硬质合金在实际生产应用中的冲蚀磨损防护提供指导依据。

一、正交试验设计方法

（一）正交试验组成

正交试验法是一种用于安排多因素试验的数学方法，当影响因素较少时可以对不同的影响因素和水平组合进行全面的试验，以总结不同因素对试验结果的影响，但当影响因素较多时，如果要确定不同因素对试验结果的影响而进行全面的试验研究，试验人员将面临巨大的工作量。用正交试验法可在试验次数少和耗费低的前提下保证试验数据的有效性，在试验后期数据中还可通过极差分析法和方差分析法对试验结果做进一步分析，确定各试验因素对试验结果的影响程度，以及确定出最合理的因素水平搭配实现结果的最优化（陈琳，2015）。正因为正交试验法有诸多优点，因而广泛应用于化工、冶金、机械和农业等生产领域。

正交试验表组成主要有三部分：试验指标、影响因素和因素水平。

试验指标是根据试验最终目的而采取的用于评价试验最终结果的特征值，如在冲蚀磨损正交试验中，试验指标指的便是材料的冲蚀磨损率，冲蚀磨损率值越大，表明材料在此正交试验条件下的耐冲蚀磨损性能越差。

影响因素指在试验中会对最终的试验结果产生影响的原因，例如冲蚀角度，在正交试验表中常以字母 A、B、C 代替。

因素水平指在试验中影响因素所采用的不同值或不同程度，例如本章中的冲蚀角度可取 30°、60°、90°，常以数字 1、2、3 代替。

（二）正交试验原理

在 n 次试验中若其中任意两个因素构成完全、等重复的试验，则认为该试验是正交的。因此正交试验设计原则应满足以下两个条件：

（1）每种影响因素的不同水平在试验中出现的次数相同。

（2）任意两影响因素的不同水平组合在试验中出现的次数相同。

某试验中共有 3 种影响因素：A、B、C。每种影响因素共 3 种水平：1、2、3。考虑所有组合的全面试验共需要的次数为：$3\times3\times3=27$，而使用正交法只需要进行 9 组试验，全面试验虽然可全面研究各因素和水平对试验结果的影响，可试验次数往往过多，如 4 因素 4 水平的全面试验共需要 4^4 共 256 组试验，5 因素 5 水平全面试验需要 5^5 共 3125 组。3 因素 3 水平的 27 组的全面正交试验可用图 5-61 中的正方体表示，正方体的 27 个黑色节点表示 27 组试验，而正交试验的 9 组试验可由图 5-62 表示，从图 5-62 中可以看出立方体的每个面上都有 3 个试验点，每条线上也均有一个点，9 个试验点均衡地分布于整个立方体内，每个试验点都有很强的代表性。

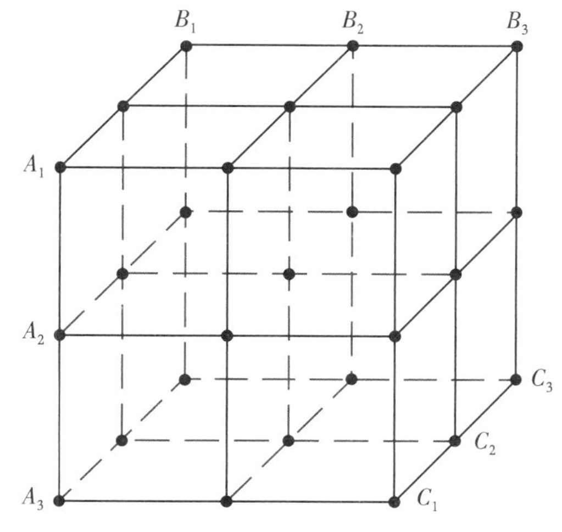

图 5-61　3 因素 3 水平全面试验点分布图

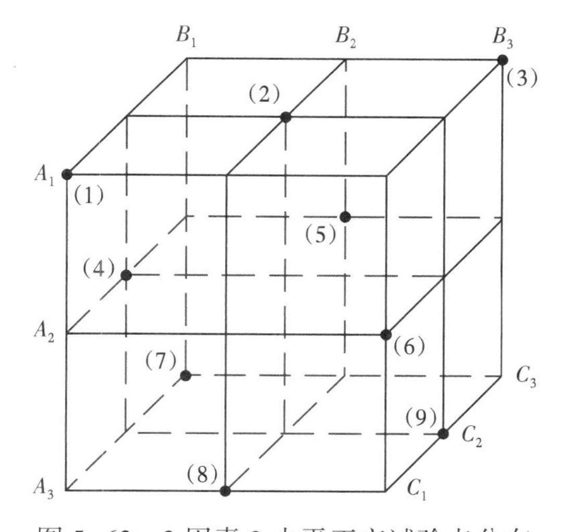

图 5-62　3 因素 3 水平正交试验点分布

表 5-32 中则列出了 3 因素 3 水平全面试验与正交试验组合方案，可以看出，正交试验在试验数量上远小于全面试验，大大减少了试验者的工作量，而

且正交试验的因素和水平组合具有很强的代表性，能够比较全面地反映整体试验的大致情况，这也是正交试验的主要优点（孙宏友，2016）。

表 5-32　3 因素 3 水平全面试验与正交试验方案

影响因素			C_1	C_2	C_3		
全面试验	A_1	B_1	$A_1B_1C_1$	$A_1B_1C_2$	$A_1B_1C_3$	正交试验	$A_1B_1C_1$
		B_2	$A_1B_2C_1$	$A_1B_2C_2$	$A_1B_2C_3$		$A_1B_2C_2$
		B_3	$A_1B_3C_1$	$A_1B_3C_2$	$A_1B_3C_3$		$A_1B_3C_3$
	A_2	B_1	$A_2B_1C_1$	$A_2B_1C_2$	$A_2B_1C_3$		$A_2B_1C_2$
		B_2	$A_2B_2C_1$	$A_2B_2C_2$	$A_2B_2C_3$		$A_2B_2C_3$
		B_3	$A_2B_3C_1$	$A_2B_3C_2$	$A_2B_3C_3$		$A_2B_3C_1$
	A_3	B_1	$A_3B_1C_1$	$A_3B_1C_2$	$A_3B_1C_3$		$A_3B_1C_3$
		B_2	$A_3B_2C_1$	$A_3B_2C_2$	$A_3B_2C_3$		$A_3B_2C_1$
		B_3	$A_3B_3C_1$	$A_3B_3C_2$	$A_3B_3C_3$		$A_3B_3C_2$

二、正交试验结果数据分析

正交试验中通常采用极差分析法和方差分析法作为试验结果数据的分析方法。

（一）极差分析法

极差分析法原理和步骤如下。

K_{ij}：在正交试验表中第 j 列上水平为 i 时的试验指标总和。

k_{ij}：K_{ij}的算数平均值，$k_i = K_i/s$，s 是任一行 i 水平出现的次数。

T_j：第 j 列的极差，$T_j = \max(k_{ij}) - \min(k_{ij})$。

通过极差分析法可以确定各因素对试验指标的影响主次关系，极差越大，表明该因素对试验指标的影响越大。

（二）方差分析法

极差分析法计算量小，但不能估计试验过程存在的误差，因而不能确定试验结果的差异究竟是由于水平的改变所引起的，还是由于试验误差所引起的。同时对于判定哪个因素对试验指标结果有显著影响，无法做出精确的判断，此时就需要对试验结果进行进一步的方差分析。

假设用正交试验表 $L_n(r^m)$ 来安排试验，其中 n 代表全部的试验次数，

m 为因素个数，r 为因素的水平数，同水平重复试验次数为 a，试验结果为 y_1、y_2、y_3……y_n，试验结果总偏差平方和为 S_T：

$$S_T = \sum_{k=1}^{n} (y_k - \bar{y})^2 = \sum_{k=1}^{n} y_k^2 - \frac{T^2}{n} \tag{5-34}$$

式中　$\bar{y} = \frac{1}{n}\sum_{k=1}^{n} y_k$，为所有试验指标结果的平均值；

$T = \sum_{k=1}^{n} y_k$，为所有试验指标结果之和。

以因素 A 为例，假设 A 被安排在正交表的某列中，设 S_A 为 A 因素的偏差平方和。则有

$$S_A = a\sum_{i=1}^{r} (\bar{y}_i - \bar{y})^2 \tag{5-35}$$

式中　$\bar{y}_i$——某水平结果平均值。

其他因素的偏差平方和计算过程与此类似。误差导致的偏差平方和，设为 S_E。设总自由度为 f_T，各因素自由度为 $f_{因}$，误差自由度为 f_E，则有

$$f_T = n-1 \tag{5-36}$$

$$f_{因} = r - 1 \tag{5-37}$$

$$f_E = f_T - 各因素自由度之和 \tag{5-38}$$

计算各因素和误差的平均偏差平方和 MS：

$$MS_{因} = \frac{S_{因}}{f_{因}} \tag{5-39}$$

$$MS_{误差} = \frac{S_E}{f_E} \tag{5-40}$$

计算 F 比，各因素的 F 比反映了因素对试验指标结果的影响程度。

$$F = \frac{MS_{因}}{MS_{误差}} \tag{5-41}$$

因素对试验指标的显著性检验方法：给出检验水平 α，在 F 分布表中寻找 F_a（$f_{因}$，f_E），若 $F>F_a$（$f_{因}$，f_E），则认为该因素对试验指标结果有显著影响。

三、正交试验方案设计

在制订正交试验方案时，应首先确定试验的因素、水平和试验指标，在此基础上找出合适的正交试验表。常用的正交试验表有 L_8（2^7）、L_9（3^4）、L_{27}（3^{13}）等。之后根据选定的正交试验表，填入相应的因素和水平，并根据确定的正交试验方案进行相关试验，完成后将数据填入表中进行下一步的数据分析。

本章中 WC-Co 硬质合金的冲蚀磨损试验影响因素主要有冲蚀角度、磨料冲击速度、磨料类型、磨料粒径、靶材晶粒度、靶材含 Co 量，若采用 3 水平 7 因素的正交试验表 L_{18}（3^7），在某些水平的选取上存在困难，因此采取 L_9（3^4）的正交试验表进行试验，在因素选取的取舍上，通常零件受冲蚀时的气体与颗粒的冲击速度以及冲蚀颗粒类型是不可调的，因此在工况因素中剔除气体冲击速度与磨料类型，而保留冲蚀角度与磨料粒径作为因素。而在靶材性质中晶粒度和含 Co 量的选取上，选取晶粒度为因素。第四节中的单因素试验组中，试验结果已经证明了各因素对硬质合金冲蚀磨损试验的影响规律，本节的正交试验主要验证试验因素对结果的影响程度和显著性水平，选取 3 个水平进行分析。最终本章正交试验的因素和水平选取见表 5-33。

表 5-33　正交试验因素和水平

因素	冲蚀角度（°）	棕刚玉粒径，μm	靶材晶粒度
水平 1	30	47	YG8C
水平 2	60	62	YG8
水平 3	90	125	YG8X

设计完成的正交实验表见表 5-34，正交表留一空白列作为误差列以做数据分析使用。表 5-34 中磨料全部为棕刚玉，冲蚀压力为 0.5MPa，冲蚀距离为 30mm。

表 5-34　正交试验表

试验编号	冲蚀角度（°）	棕刚玉粒径，μm	晶粒度	空白列
1	30	47	YG8C	1
2	30	62	YG8	2
3	30	125	YG8X	3
4	60	47	YG8	3
5	60	62	YG8X	1

续表

试验编号	冲蚀角度（°）	棕刚玉粒径，μm	晶粒度	空白列
6	60	125	YG8C	2
7	90	47	YG8X	2
8	90	62	YG8C	3
9	90	125	YG8	1

四、正交试验结果分析

表 5-35 为正交试验结果，根据正交试验结果，计算出各因素和水平的算数平均值用于极差分析，表 5-36 为正交试验极差分析结果，k_1、k_2、k_3 分别为各因素在 3 种水平下靶材的平均冲蚀磨损量，用于反映各因素的不同水平对冲蚀磨损量的影响。而 3 种因素的极差大小则反映了因素对试验结果，即冲蚀磨损量的影响程度，极差越大，该因素对试验结果的影响程度也越大，反之则越小。结果表明，3 种因素对冲蚀结果的影响主次顺序为：冲蚀角度、磨料粒径、晶粒度。

表 5-35　正交试验结果

试验编号	冲蚀角度（°）	棕刚玉粒径 μm	晶粒度	空白列	冲蚀磨损量 mg
1	30	47	YG8C	1	206. 8
2	30	62	YG8	2	238. 6
3	30	125	YG8X	3	111. 3
4	60	47	YG8	3	275. 0
5	60	62	YG8X	1	726. 2
6	60	125	YG8C	2	813. 9
7	90	47	YG8X	2	229. 3
8	90	62	YG8C	3	1160. 4
9	90	125	YG8	1	598. 6

表 5-36 正交试验结果极差分析

试验结果	冲蚀角度，(°)	棕刚玉粒径，μm	晶粒度
K_1	556.7	711.1	2181.1
K_2	815.1	2125.2	1112.2
K_3	1988.3	1523.8	1066.8
k_1	185.6	237.0	727.0
k_2	605.0	708.4	370.7
k_3	662.8	507.9	355.6
极差	477.2	471.4	371.4
影响主→次：冲蚀角度→磨料粒径→晶粒度			

以表 5-36 中各因素选取的 3 个水平为横坐标，以 k_1、k_2、k_3 为纵坐标绘制各因素和水平的均值主效应图，如图 5-63 所示，从主效应图中可以更加直观地显示各因素水平对试验结果的影响程度。

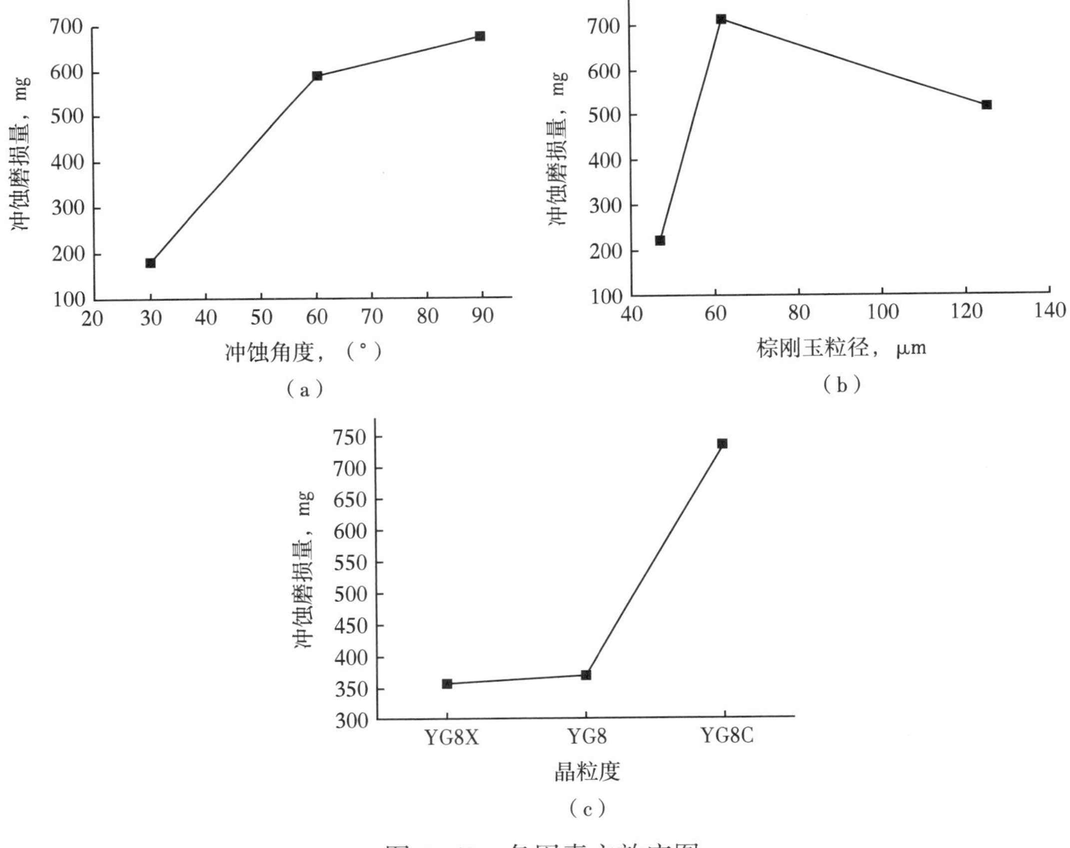

图 5-63 各因素主效应图

从图 5-63 中各因素主效应图中可以看出，图 5-63（a）中冲蚀磨损量随着冲蚀角度的增加而上升，这是典型的脆性材料冲蚀磨损特征，冲蚀角度从 30°增加至 60°内的斜率明显大于 60°至 90°的斜率，表明当冲蚀角度从 30°增加至 60°时靶材的冲蚀磨损变化量高于 60°至 90°而产生的变化。图 5-63（b）结果表明随着棕刚玉磨料粒径的增加，靶材冲蚀磨损量先上升后下降，变化规律类似抛物线，在 62μm 时冲蚀磨损量达到最大值，且 47μm 磨料造成的磨损量低于 125μm 时，且在磨料粒径由 47μm 升至 62μm 阶段内曲线的斜率较高，该因素的极差为粒径为 62μm 和 47μm 导致的冲蚀磨损量间的差值。随着靶材晶粒度的增加，磨损量逐渐上升，在靶材由 YG8X 转换为 YG8 时的冲蚀磨损量变化较小，远小于由 YG8 转换为 YG8C 的磨损量变化。正交试验结果和第四章中以单因素为变量时的试验结果变化趋势相同，证明了正交试验结果的有效性。由正交试验极差结果可知，各因素对靶材冲蚀磨损量的影响由大至小分别是：冲蚀角度、磨料粒径、靶材晶粒度。

为了进一步确定试验结果变化是由因素水平变化还是试验误差导致，同时判定各因素对试验结果影响的显著性，在极差分析的基础上进行正交试验结果的方差分析。分别取置信度 $\alpha=0.1$、$\alpha=0.05$、$\alpha=0.01$，即置信水平分别为 90%、95%、99%，通过查表可知 F 分布在不同置信度下的临界值：$F_{0.1}(2,2)=9$、$F_{0.05}(2,2)=19$、$F_{0.01}(2,2)=99$。若某因素的 $F_{比}<F_{0.1}(2,2)$，表明该因素对试验结果影响不显著；若 $F_{0.05}(2,2)>$某因素的 $F_{比}>F_{0.1}(2,2)$，则该因素对试验结果的影响达到相对显著水平；若 $F_{0.01}(2,2)>$某因素的 $F_{比}>F_{0.05}(2,2)$，则认为影响水平为高度显著；若某因素的 $F_{比}>F_{0.01}(2,2)$，则认为影响水平为特别显著。

表 5-37 为正交试验的方差分析结果，从表 5-37 中可知，3 因素的 F 比大小依次为冲蚀角度>磨料粒径>晶粒度，和极差分析结果相同。通过方差分析结果可知，误差项的偏差平方和远小于各因素的偏差平方和，因此正交试验结果的变化是由因素水平变化所导致，而并非是试验误差。冲蚀角度和磨料粒径的 $F_{比}>F_{0.05}(2,2)$，两者在置信水平为 95%时对靶材冲蚀磨损量的影响达到高度显著水平。而靶材晶粒度的 $F_{比}$ 为 17.97，低于 $F_{0.05}(2,2)$，表明靶材晶粒度对冲蚀试验结果的影响程度未达到高度显著水平，但是高于 $F_{0.1}(2,2)$，因此，从正交试验方差分析结果来看，靶材晶粒度的影响显著程度依然达到了相对显著水平。正交试验的方差分析结果表明，当置信水平为 95%时，冲蚀角

度和磨料粒径对 WC-Co 硬质合金冲蚀磨损的结果影响程度达到了高度显著水平。误差列的偏差平方和远小于试验中 3 种因素的偏差平方和，表明试验结果的变化主要是由于因素水平的变化所导致，而并非是试验误差，证明了正交试验结果的有效性。

表 5-37 方差分析结果

因素	偏差平方和	自由度	F 比	F 临界值			显著性		
				$\alpha=0.1$	$\alpha=0.05$	$\alpha=0.01$	$\alpha=0.1$	$\alpha=0.05$	$\alpha=0.01$
冲蚀角度	407005	2	27.58	9	19	99	显著	显著	
磨料粒径	335760	2	22.75	9	19	99	显著	显著	
晶粒度	265141	2	17.97	9	19	99	显著		
误差	14756	2							

通过正交试验结果的极差和方差分析可知，当气体与磨料的冲击速度为定值时，对 WC-Co 硬质合金的冲蚀磨损有较大影响的 3 种因素（冲蚀角度、磨料粒径、靶材晶粒度）中，冲蚀角度和磨料粒径对靶材冲蚀磨损量的影响最高，达到了高度显著影响水平，靶材晶粒度的影响显著程度则低于冲蚀角度和磨料粒径，该结果对于以 WC-Co 硬质合金为主要制造材料的笼套式节流阀阀芯在实际生产应用中的冲蚀磨损防护，提高其使用寿命提供了指导依据。由于工况因素中的冲蚀角度和磨料粒径对冲蚀磨损影响高度显著，二者为降低零件冲蚀磨损所考虑的首选因素。WC-Co 硬质合金属于脆性材料，而一般脆性材料的冲蚀磨损率随着冲蚀角度的上升而增加，在 90°冲蚀角时冲蚀磨损率达到最大值。通过优化阀芯的结构外形或阀体内腔结构，可以避免零件在最大冲蚀磨损角度下工作；通过安装砂粒滤网等过滤装置进行冲蚀磨料的筛选与过滤，减少某粒径范围内可造成较大冲蚀磨损量的磨料，例如本章中粒径为 62~125μm 的棕刚玉，两种方法可达到有效降低 WC-Co 硬质合金冲蚀磨损量的目的。而对于靶材的选材上，由第四节中结论可知，WC-Co 硬质合金在低冲蚀角时磨损机制以切削和犁削为主，而垂直冲击时以 WC 颗粒脱落产生的凹坑为主，因此当硬质合金零件在低冲蚀角度下工作时应以提高表面硬度为减少冲蚀磨损的主要手段，单因素变量试验和正交试验的结果都表明，细 WC 晶粒的硬质合金拥有更好的耐冲蚀磨损性能，当 WC 晶粒度较粗时，受到垂直冲击导致的凹坑和其他破坏形貌也较为严重，可见在材料选取方面，当零件在常用工况下冲蚀角度以 90°为主时，在保证使用强度情况下以较细晶粒的 WC-Co 硬质合金为主。

第六章　闸板阀阀堆焊工艺

全球已探明的天然气资源中约三分之一为含有 H_2S 或 CO_2 的酸性气田，国内该类气田也是占了相当大的比例，如：庆深气田、普光气田、元坝气田长兴组储层、龙岗、罗家寨、川西海相气藏、迪那等都是酸性气田。这类气田开采过程中若选材或防腐不当，介质将会造成钻采设备、套管、井下工具以及管线中的金属材料腐蚀，严重的甚至引发事故，威胁设备完整性和安全生产。在酸性强腐蚀气田的开采过程中，井口装置的设计必须满足具有耐腐蚀性能、低成本、高可靠性等要求。Inconel 625 合金具有良好的力学性能、加工性能，而且其耐腐蚀性能满足 API 6A 标准的 HH 级材质要求，也满足 NACE 0175 / ISO15156 标准中使用于酸性气体环境下材质的最高等级要求，因而在耐腐蚀装备设计选材中备受青睐。但是 Inconel 625 价格约为普通钢材的 10~15 倍，导致生产成本非常高，极大地制约了其使用范围。堆焊是解决此问题的有效手段，即利用廉价的低碳钢或低合金钢制造设备基体，将耐蚀合金通过焊接的方法熔敷在腐蚀介质能湿润的基体表面上，使设备既满足耐腐蚀要求又节省耐蚀合金的用量，从而合理地降低成本。本章采用热丝脉冲 TIG（HPTIG）工艺将 Inconel 625 合金堆焊在 AISI 4130 母材表面，针对焊缝成形、组织与应力调控、堆焊层组织性能等方面的关键问题进行了相关研究。

第一节　堆焊 Inconel 625 工艺概述

一、堆焊技术与堆焊材料

（一）堆焊方法概述

堆焊是借助某些热源手段将具有特殊性能的合金材料熔覆在母材表面，以使零件恢复原有形状尺寸或赋予母材特殊使用性能的加工方法。我国的堆焊技术起始于 20 世纪 50 年代末，与焊接技术几乎同时发展。在发展初始阶段，其用途比较单一，主要用于零件修复。进入 60 年代逐步应用到材料强化与表面改性领域。随着科学技术的发展，堆焊技术的应用领域进一步扩大，从修理业延伸到制造业。根据焊接热源的基本特点，堆焊工艺主要分为：焊条电弧焊（SMAW）、熔化极气体保护弧焊（GMAW）、激光焊（LBW）、等离子弧焊（PAM）、电子束焊（EBM）和钨极气体保护焊（TIG）等，原理示意图如图 6-1 所示。

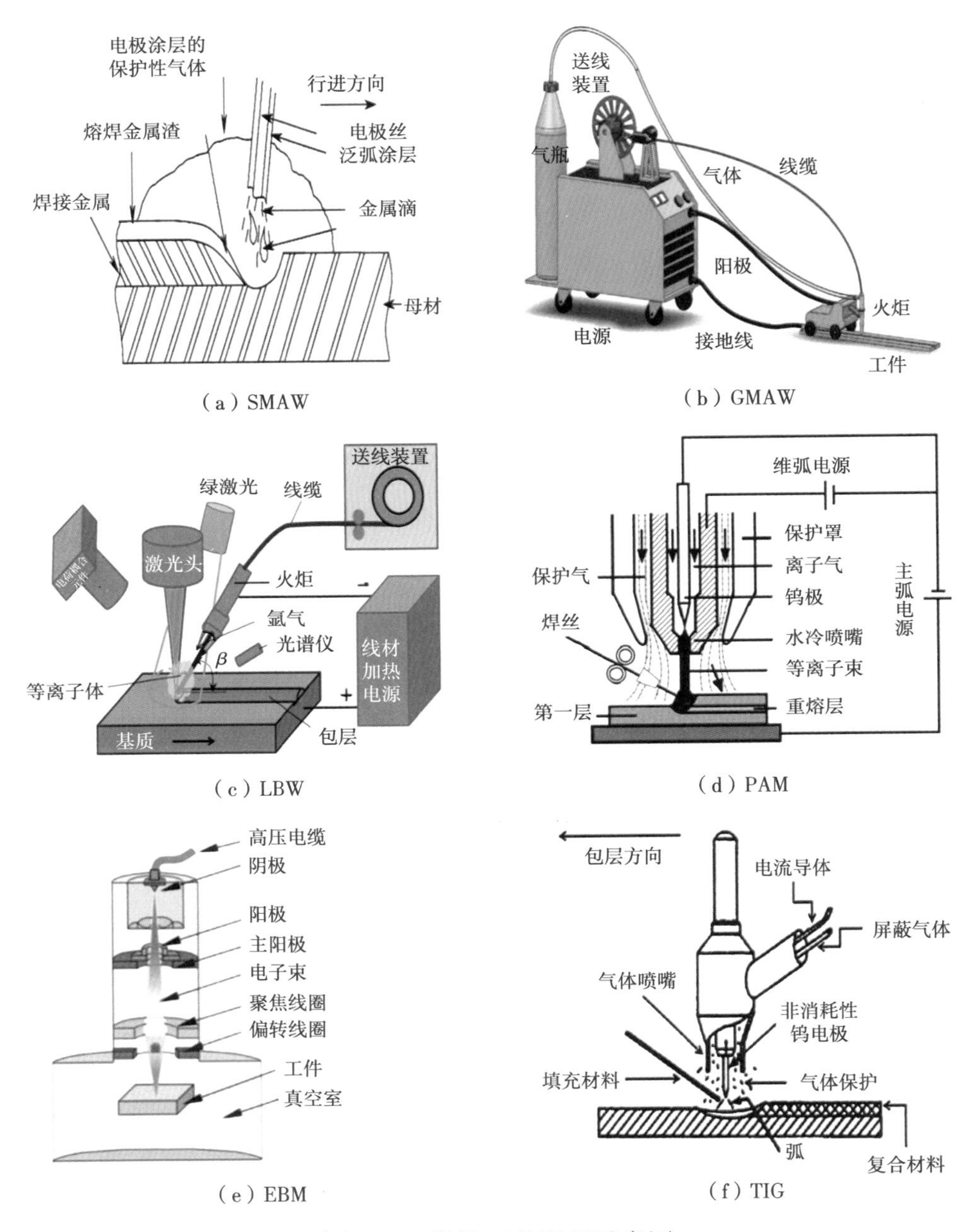

（a）SMAW　（b）GMAW　（c）LBW　（d）PAM　（e）EBM　（f）TIG

图 6-1　焊接工艺原理示意图

SMAW 是利用焊条与工件之间产生的电弧来熔化金属，并进行焊接的手工操作电弧焊接法，原理如图 6-1（a）所示。其设备相对简单、轻便、使用灵活，不受施工场地限制，经常用于维护、修理和野外工作。但该工艺存在很多缺点：（1）为了防止焊条过热导致药皮脱落，不能使用大电流，导致熔敷效率低下；（2）焊条长度有限，需要不断更换新的焊条，降低了生产效率；（3）工人劳动强度大、焊缝质量不稳定，且对于细长腔体的堆焊适应性差。

GMAW 以连续送进的焊丝为电极，与焊件之间形成电弧加热熔化金属形成焊缝，示意图如图 6-1（b）所示。通常用氩、氦惰性气体保护电弧和熔池。该工艺熔敷速率较高，能以较高速度焊接较厚的工件，焊缝质量相对较高、成本低，被广泛应用。不足之处是：（1）焊丝熔化影响电弧稳定性；（2）熔滴体积大小不均匀，焊缝成形性较差；（3）焊枪的体积大、可达性差。

LBW 是利用激光束加热、熔化金属形成焊缝的焊接方法，如图 6-1（c）所示。其优点是，能够形成深而窄的焊缝、焊接变形小、稀释率较低、可以精确控制工艺参数。但是，金属表面对激光反射率很高。同时，受限于激光功率，熔敷效率较低，且设备昂贵，故在工业中实际应用比较少。

PAM 是利用建立在钨极与焊件之间的压缩电弧来加热、熔化金属，从而形成焊缝的焊接方法，如图 6-1（d）所示。该工艺具有节能、高效、焊缝美观、质量稳定、易于实现自动化等优点。然而，等离子气焊枪非常复杂，需要恰当的钨极尖端形貌和位置、合适的等离子气流量。其设备价格高于 GMAW，低于 LBW。

EBM 以高能量密度的电子束轰击金属焊件，使其快速熔融化，然后迅速冷却来达到焊接的目的，原理如图 6-1（e）所示。该工艺具有高能量密度、高熔透性、焊接变形区小、易于控制和能耗低等优点（宋庭丰，2015）。然而电子束焊接一般要在高真空室中进行，因此投资和运行成本比电弧焊要高许多倍，实际应用较少。

TIG 是利用非熔化的钨极与焊件之间形成的电弧加热、熔化金属而形成焊缝的焊接工艺，基本原理如图 6-1（f）所示。该工艺操作简单、焊缝美观、设备以及使用成本较低。不足之处是：钨极电流承载能力弱、熔敷效率较低；电弧能量密度低，过多的热输入会导致焊缝组织粗大，使得焊件性能退化。

脉冲 TIG（PTIG）是在传统 TIG 基础上发展而来的较先进的工艺，其克服了 TIG 的诸多不足。PTIG 采用周期性变化的电流作为热源，基值电流的作用是维持电弧的燃烧，峰值电流则是熔化基材与填充材料。每个周期中当峰值电流通过时，焊丝被融化形成熔滴；随后变换为基值电流，电弧能量密度降低、熔池冷却。在下一个峰值电流作用下，新的熔滴在已凝固的熔池上搭接，从而形成连续的焊缝（梁恩宝等，2016）。与常规 TIG 通过改变电压、电流调整电弧来控制熔池凝固相比，PTIG 脉冲电流的使用对于调整电弧更有效。

综上所述，SMAW 生产效率低、劳动条件差、焊缝质量不稳定。GMAW 焊丝熔化影响电弧稳定性，熔滴体积大小不均匀，焊缝成形性较差。LBW 和 PAM 设备复杂、生产成本高。受限于焊枪体积，GMAW、LBW 和 PAM 无法用于堆焊直径小的孔壁和几何结构复杂的焊件。然而 PTIG 具有设备和维护成本较低，热输入低、热影响区小，残余应力与变形小，气体对熔池的保护效果好、焊接缺陷少等优点。尤其是 PTIG 焊枪结构简单可达性好，适合复杂曲面和细长孔壁的堆焊，能够满足井口装置的结构要求。

国外学者对 PTIG 堆焊的应用与研究相对较早。Ghosh 等（2015）以低合金高强度钢板为基体，在热输入不变的情况下，对比了氩弧焊（GTAW）与 PTIG 堆焊工艺的所得堆焊层性能。研究指出，脉冲参数与频率对堆焊层的熔合行为有重要影响，继而影响堆焊层的宽度、熔深、微观组织。与 GTAW 相比，PTIG 改善了组织，所得堆焊层硬度更高，明显提高了表面的耐磨性。Hadadzadeh 等（2014）对比了 GTAW 与 PTIG 工艺参数对 Al-6.7Mg 合金热影响区软化行为的影响。研究证明，脉冲电流的占空比对焊缝的微观组织以及强度影响不明显，增加脉冲频率可以细化组织，提高焊缝的强度。Qi 等人（2013）以 0Cr18Ni9Ti 为基材，研究了 PTIG 电弧行为对焊缝几何形状的影响。结果表明：随着脉冲频率的增加，电弧出现明显的收缩效应，焊缝的宽度和熔深均变大。

国内关于 PTIG 工艺的应用和研究集中在结构的连接，所涉及的材料非常广泛，包括 Ti2AlNb 合金、铝合金板、TC4、不锈钢、铝镁合金等。刘海滨等（2007）利用 PTIG 在 45CrNiMoVA 基体上成功地制备了堆焊层，研究结果表明：堆焊层的硬度较基体有了较大提高，改善了材料的耐磨性。李玉龙等（2013）在 2219-T87 高强铝合金表面进行堆焊，重点分析了脉冲频率对焊缝成形的影响。从目前所得成果来看：PTIG 的适用性强，可以用来焊接大部分材料；较高的脉冲频率有助于减少焊接缺陷，提高焊缝组织强度以及硬度；脉冲频率、基值电流和占空比对焊缝微观组织与性能有显著影响。部分学者也对

PTIG 堆焊进行了探索，并取得一定的成果。

以上学者的实践和研究证明，PTIG 具有诸多优点，采用 PTIG 进行堆焊是可行的。PTIG 影响焊缝质量的工艺参数比较多，但是通过合理地选择工艺参数，可以获得性能良好的焊缝。热丝 PTIG（HPTIG）沿承了 PTIG 的所有优点，并做了进一步改进，即在焊丝送入熔池采用一定的方法对其进行加热。如此不仅提高了焊接速度，增加了熔敷率，还相对减少了电弧的热输入，降低了母材稀释。

（二）堆焊材料及母材

Inconel 625 产生于 20 世纪 50 年代，最初是为满足高强度蒸汽管道材料需求而发展的，随后在 Inconel 625 基础上衍生出了 Inconel 625Plus、Inconel 725 以及 Inconel 718 等合金。Inconel 625 属于镍基变形高温合金，Mo，Nb 元素为强化元素，依靠 γ′[Ni_3Al（Ti）] 和 γ″[Ni_3Nb] 相的时效析出强化，强化效果受析出相的形态、大小和数量的影响，如图 6-2 所示。由于具有优良的屈服强度、高温强度、疲劳强度、耐腐蚀性能、较好的可加工性与焊接性，Inconel 625 被广泛应用于航空航天、石油化工、海洋工程等领域。

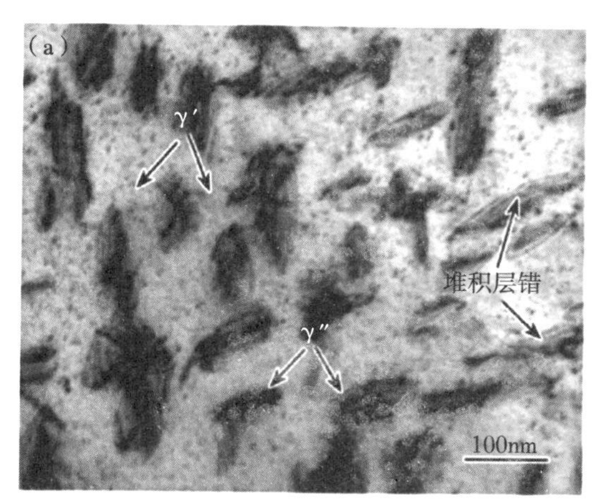

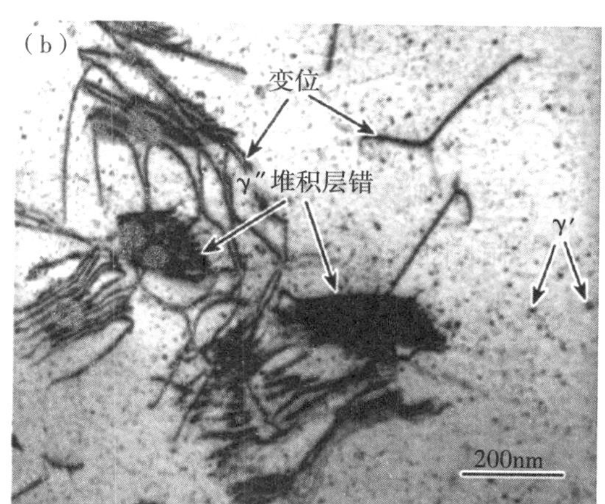

图 6-2　Inconel 625 中 γ′和 γ″相透射电镜照片（邸新杰等，2014）

Inconel 625 合金中 Cr、Ni 元素主要抗氧化腐蚀，在腐蚀环境中 Cr 元素持续钝化，在合金表面形成 Cr_2O_3 产物膜阻止腐蚀的进一步发生。Mo、Ni 元素主要抗还原腐蚀，并且 Mo 元素的存在使合金具有良好的抗点蚀、缝隙腐蚀能力（周大勇等，2014）。其耐腐蚀性能满足 API 6A 标准的 HH 级材质等级要求，也满足 NACE 0175 / ISO15156 标准的酸性气体条件下使用的最高等级材质要求。但是该合金价格昂贵，导致生产成本非常高，极大地制约了其使用范围。幸运的是该合金具有良好的焊接加工性，且 Ni 与 Fe 元素可以无限互熔，其可以和低合金钢或低碳钢实现异种焊接。因此，可采用比较廉价的低碳钢或低合金钢制作设备的基体，以镍基合金作为内衬，将两者通过一定的方式结合，以兼顾成本与耐腐蚀性能。堆焊表面改性是实现这一结合的常用的、有效的方法，不仅能够实现金属间的原子结合，且所得堆焊层具有较好的力学性能。

二、Inconel 625 堆焊研究

国内学者研究所采用的焊接工艺为相对较落后的 TIG、GMAW 等工艺，仅粗略地探讨了堆焊层的组织和性能。国外学者的研究则比较深入，焊接工艺涉及 TIG、LBW、ESW 和爆炸焊等，并对熔池的凝固行为、物相组成、耐腐蚀性能进行了较深入的研究。现有研究成果表明：

（1）Inconel 625 最常见的局部腐蚀破坏是点蚀和晶间腐蚀；

（2）母材的稀释影响堆焊层的耐腐蚀性能，应尽可能地降低母材稀释率；

（3）由于堆焊工艺的差异，堆焊层的微观组织和性能也表现出明显的差异。

尽管国内外学者针对不同的使用工况，对 Inconel 625 堆焊层的微观组织和性能进行了一定的探讨。但是现有研究仍存在不足之处：

（1）主要围绕堆焊层的性能进行研究，大多通过增加堆焊的厚度来降低稀释率、提高堆焊层的耐蚀性能；

（2）大部分研究者没有考虑堆焊工艺参数和方案对堆焊层性能的影响，仅凭经验或试探性地进行堆焊；

（3）针对油田、气田腐蚀环境的 Inconel 625 堆焊研究较少，没有对所得堆焊层进行 H_2S 或 CO_2 环境下的耐腐蚀性能评价；

（4）HPTIG 工艺堆焊具有诸多优点，但关于 HPTIG 工艺堆焊 Inconel 625 的报导比较罕见。

第二节　工艺参数对焊缝质量的影响

基于堆焊试验，研究工艺参数对焊缝成形质量的影响规律，并对工艺参数进行优化，相关的试验主要包括：堆焊试验、残余应力测试、微观组织表征、

阻抗谱测试、动电位扫描、晶间腐蚀试验、高温高压 H_2S 或 CO_2 环境下腐蚀试验和拉伸试验等。

一、试验材料、方法和设备

（一）试验材料

堆焊所用的基体材料为 AISI 4130，其相变温度 A_{c1} 为 760℃，A_{r1} 为 695℃，A_{c3} 为 810℃，A_{r3} 为 755℃；供货状态为热锻后淬火+回火，基本组织为回火索氏体。基体试样为 150mm×120mm×25 mm 的平板，待堆焊表面粗糙度为 0.8。所用焊丝牌号为 ERNiCrMo-3，对应的材料为 Inconel 625 合金，直径 1.2mm。基体与焊丝化学成分见表 6-1。

表 6-1　母材与焊丝的化学成分　　单位：%（质量分数）

材料	C	Cr	Ni	Ti	Fe	Mo	Al	Nb	其他
AISI 4130	0.290	0.990	0.020	0.006	Bal	0.175	0.006	—	0.720
Inconel 625	0.010	22.650	64.240	0.200	0.320	8.730	0.160	3.530	0.160

Inconel 625 的性能参数如表 6-2、表 6-3 和图 6-3 所示。

表 6-2　Inconel 625 不同温度下的物理及力学性能参数

温度 ℃	电阻率 μΩ·cm	热传导系数 W/(m·K)	比热容 J/(kg·K)	线胀系数 10^{-6}/K	泊松比	弹性模量 GPa
21	129	10	410	—	0.278	207.5
93	132	11	427	12.8	0.280	204.1
204	134	13	456	13.1	0.286	197.9
316	135	13	481	13.3	0.290	191.7
427	136	14	511	13.7	0.295	185.5
538	138	16	536	14.0	0.312	178.6
649	138	18	565	14.8	0.314	170.3
760	137	19	590	15.3	0.305	160.6
871	136	21	620	15.8	0.289	147.5
937	135	25	645	16.2	—	—
1093	—	—	670	—	—	—

表 6-3　Inconel 625 的密度

温度,℃	20	50	100	200	300	400	450	500	600
密度，kg/m^3	8440	8430.7	8414.6	8138.8	8348.7	8314.6	8293.9	8278.6	8211.3

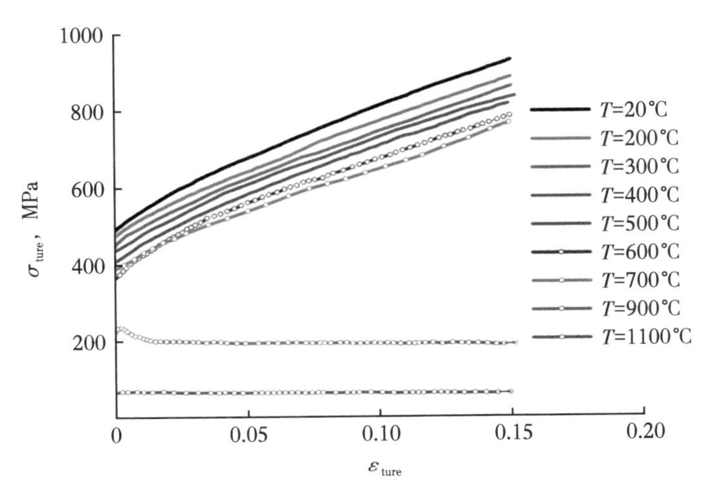

图 6-3　Inconel 625 的应力—应变曲线

母材 AISI 4130 钢的性能参数如表 6-4 和图 6-4 所示。

表 6-4　AISI 4130 钢不同温度下的物理及力学性能参数

温度 ℃	热传导系数 W/(m·K)	比热容 J/(kg·K)	线胀系数 10^{-6}/K	弹性模量 GPa	泊松比	密度 kg/m^3
20	47.1	461	—	212	0.283	7859
100	47.1	496	12.1	207	—	—
200	45.9	533	12.7	199	—	—
300	43.8	568	13.2	192	—	—
400	41.3	611	13.6	184	—	—
500	38.7	677	14.0	175	—	—
600	36.0	778	14.4	164	—	—
700	24.2	610	19.1	142	—	—
800	25.6	609	19.4	134	—	—
900	25.6	615	19.7	127	—	—
1000	25.6	641	20.0	120	—	—
1100	32.0	544	19.5	111	—	—

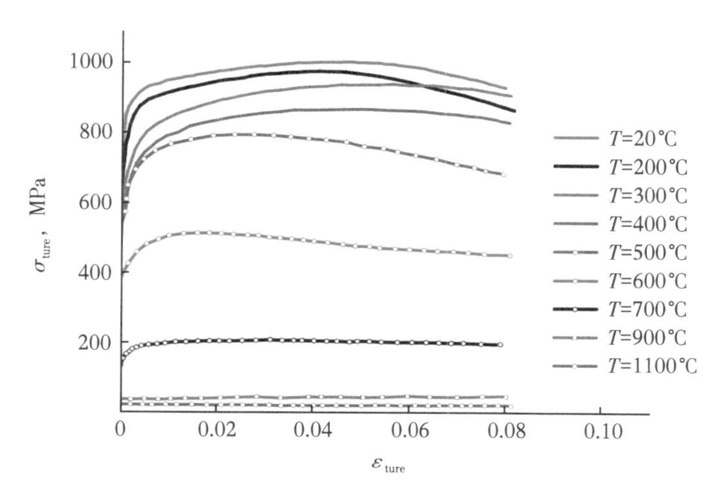

图 6-4　AISI 4130 钢的应力—应变曲线

（二）试验方法及设备

1. 堆焊试验

堆焊所用设备为 Fronius HPTIG 系统，通常先进行单焊缝探索试验，以获得连续且无可见缺陷的焊缝为标准，从而确定各主要工艺参数的取值范围。然后，在所得工艺参数取值范围内采用 CCD 法进行试验设计，以所得工艺参数组合再次进行单焊缝堆焊试验。每个平板上只堆焊一条焊缝，同时为了避免系统误差，试验顺序是随机的。

图 6-5 为所得部分典型的单焊缝试样。由图 6-5 可以看到，所得单焊缝均连续、没有可见表面缺陷。

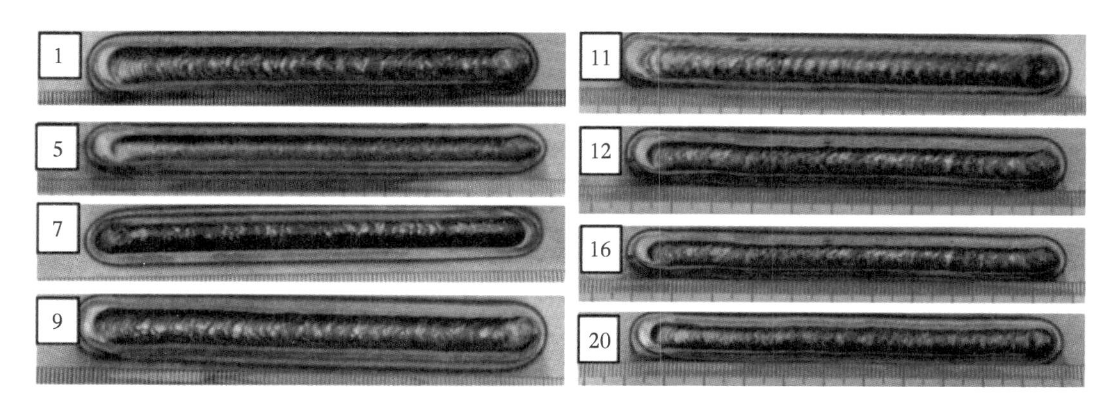

图 6-5　试验所得部分单焊缝试样

结合优化所得工艺参数和有限元仿真所得堆焊方案，进行多焊缝单层和两层堆焊试验，要求堆焊层表面连续且平整、没有可见缺陷，而且堆焊层表面呈光亮的金属色。

2. 残余应力测试

残余应力测试采用 YC-Ⅲ 型应力测量仪，采用其中的盲孔法模块进行残余应力测试。采用 3 个应变片组成的应变花进行测量，如图 6-6 所示。

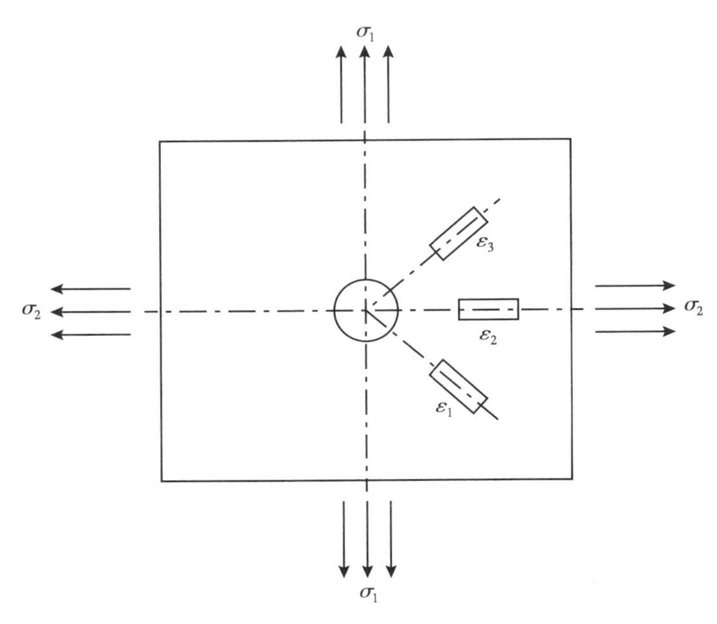

图 6-6　应变片布置示意图

测量三个方向的应变 ε_1、ε_2 和 ε_3，并根据式（6-1）和式（6-2）计算主应力 $\sigma_{1,2}$和方向角 θ。

$$\sigma_{1,2} = \frac{E}{4A}(\varepsilon_1 + \varepsilon_3) \pm \frac{E}{4B}\sqrt{(\varepsilon_1 - \varepsilon_3)^2 + (2\varepsilon_2 - \varepsilon_1 - \varepsilon_3)^2} \tag{6-1}$$

$$\tan 2\theta = \frac{2\varepsilon_2 - \varepsilon_1 - \varepsilon_3}{\varepsilon_3 - \varepsilon_1} \tag{6-2}$$

式中　ε_1，ε_2，ε_3——应变花中各应变片测得的应变，mm/mm；

A，B——应力释放系数。

3. 微观组织及物相表征

用线切割取样，将所得样品用 600#、800#、1000#、2000#砂纸依次打磨。

当试样表面划痕方向与打磨方向一致时，即试样上仅存在单一方向的划痕，更换更细的砂纸进行打磨。然后，用5000#砂纸精磨试样，精磨处理后试样表面应无明显划痕。最后，采用 Al_2O_3 抛光粉，在抛光机上对试样进行抛光。用电解法浸蚀试样，浸蚀液为 H_3PO_4（12mL）+HNO_3（40mL）+H_2SO_4（48mL）混合液，浸蚀时间约15s，电压6V，试样接正极。浸蚀后的试样经酒精冲洗，用吹风机吹干已腐蚀的表面待用，至此金相试样制备完成。借助RX50M型光学显微镜、EVO MA15型SEM、X Pert PRO MPD型XRD对堆焊层的微观组织进行表征。采用XRD对堆焊层进行物相分析。

4. 耐腐蚀性能测试

采用电化学阻抗谱和动电位扫描法对耐腐蚀性能进行评价。

电化学测试样为立方体，将纯铜导线用钎焊的方式焊接于待测表面的背面，然后用环氧树脂胶封装试样，仅暴露待测表面，在室温条件固化至少72h。接着，按照金相试样制备的方法对暴露表面进行打磨和抛光。随后用丙酮溶液擦洗，用蒸馏水清洗待测表面，并用吹风机吹干待用。采用Autolab PGSTAT302N电化学工作站测试试样的电化学腐蚀性能，测试体系为标准三电极体系。

交流阻抗谱测试所用腐蚀介质为3.5 %NaCl（分析纯）+H_2O 溶液，测试开始前先将试样在待测溶液中浸泡至少30min，以获得稳定的开路电位。测试频率范围为0.01Hz~100kHz，由高频向低频扫描；交流正弦激励信号幅值为10mV，测试电位在开路电位。测试结束后，去除试样周围的封装胶，仔细检查非工作面是否发生缝隙腐蚀。若有，应舍弃该测量值。此外，每次测试时应更换腐蚀液，不允许重复使用。最后，利用Zsimpwin软件，选择合适的等效电路对试验结果进行分析。

参照标准GB/T 17899—1999《不锈钢点蚀电位测量方法》对试样进行动电位扫描测试。腐蚀介质为3.5 %NaCl（分析纯）+H_2O 溶液，测试开始前先将试样在待测溶液中浸泡至少30min，以获得稳定的开路电位。测试从开路电位开始，扫描速率20mV/min，电压范围-200~1500mV。测试结束后，去除试样周围的封装胶，仔细检查非工作面是否发生缝隙腐蚀。若有，应舍弃该测量值。此外，每次测试时应更换腐蚀液，不允许重复使用。

5. 力学性能测试

（1）显微硬度测试。

本文采用维氏硬度来评价堆焊层的性能，测量时加载200g，载荷持续时间

20s。卸载后，在试样表面上会产生一个正四棱锥凹坑，将显微镜十字丝对准凹坑，用目镜测微器测量凹坑对角线的长度，自带软件根据对角线的长度，并按式（6-3）换算出硬度值。

$$H_v = \frac{2P}{d^2}\sin\frac{136^\circ}{2} \tag{6-3}$$

式中 P——施加的载荷，N；

d——压痕对角线长度，μm。

（2）拉伸性能测试。

试验参照标准 GB/T 228—2016《金属材料室温拉伸实验方法》，在 SHT4605 液压伺服驱动控制万能试验机上进行。

拉伸试样的具体形状和尺寸如图 6-7 所示。拉伸断裂后，采用线切割机自试样断口处切取长度约 15mm 的试块，先用酒精和丙酮清洗，接着采用超声波振动清洗，最后采用 SEM 观察断口形貌，从而分析堆焊层的力学性能，并分析微观组织和析出相变化对堆焊层力学性能的影响。

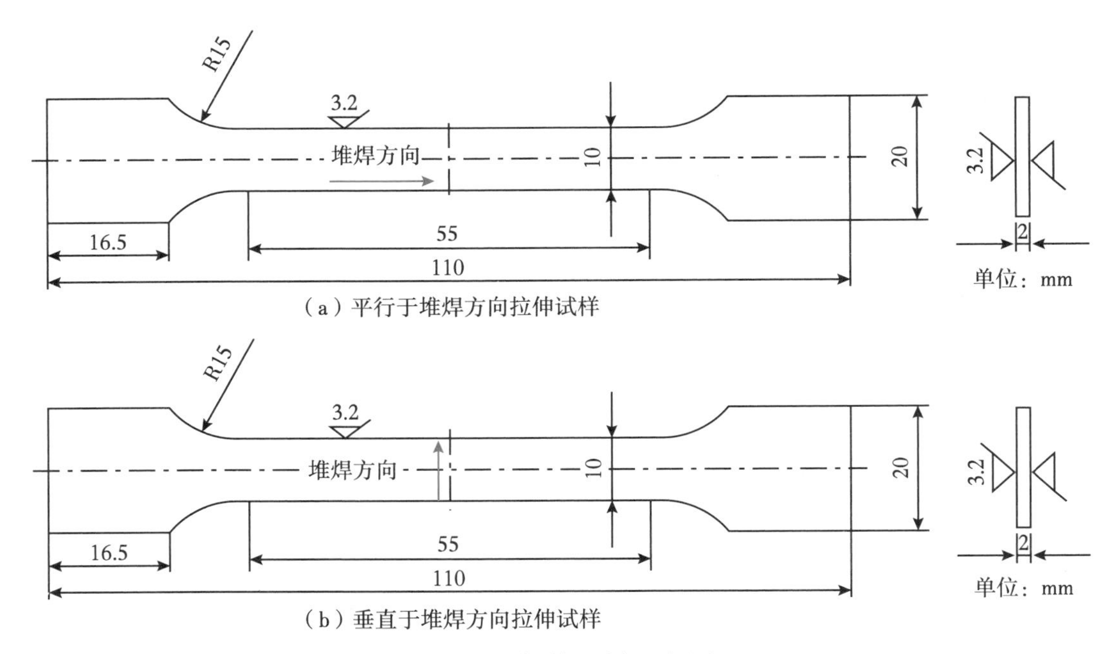

图 6-7 拉伸试样示意图

（3）冲击韧性测试。

冲击试验按照 GB/T 229—2020《金属材料夏比摆锤冲击试验方法》进行，试验温度为室温，设备为 JBDW-300Y 摆锤式冲击试验机，试样尺寸为 10mm×

5mm×55mm，中部带有“V”形缺口，如图 6-8 所示。

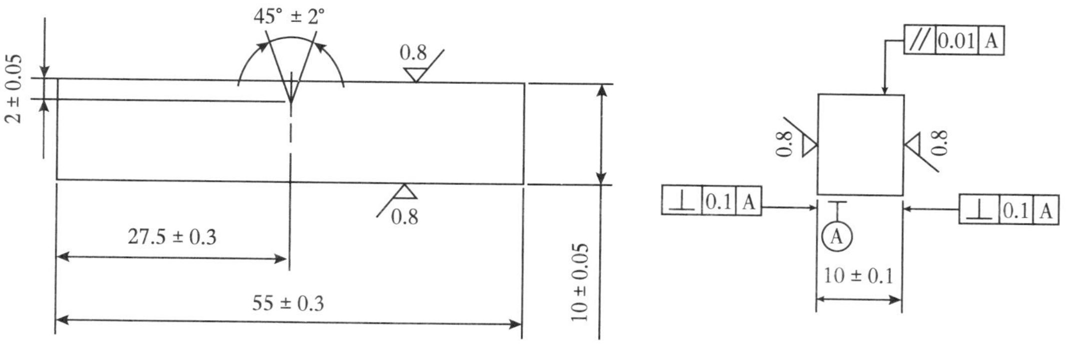

图 6-8　冲击试样示意图

二、工艺参数对焊缝质量的影响

对于堆焊表面改性，工艺参数是决定能否形成焊缝和堆焊层的关键因素，也是决定堆焊层微观组织和性能的主要因素。HPTIG 的可变工艺参数包括：脉冲频率、占空比、基值电流、峰值电流、焊丝速度、焊丝预热电流等，这些参数共同决定了热输入的大小以及熔池金属的流动和凝固条件，从而影响焊缝的成形与性能。

（一）试验设计

本节采用 RSM 方法进行试验研究，RSM 法是以概率论和统计学为基础，将试验设计、模型建立、检验与最优化技术相结合，用于经验模型建立和优化的方法（孙硕等，2015）。

1. 试验因素

HPTIG 可控工艺参数包括：脉冲电流、焊丝速度、焊接速度、焊丝预热电流、氩气流量、喷嘴直径、电极直径等（Madadi et al.，2015）。其中脉冲电流与焊接速度是影响材料熔化和凝固的重要参数，两者共同决定了焊接线能量，焊接线能量 q 的计算式为

$$q=\frac{\eta}{v_s}\left(\frac{U_b t_b I_b+U_p t_p I_p}{t_b+t_p}\right) \tag{6-4}$$

式中　q——线能量，J/m；

η——效率；

v_s——焊接速度，m/s；

U_b——基值电流对应的电压，V；

t_b——基值电流持续时间，ms；

I_b——基值电流，A；

U_p——峰值电流对应的电压，V；

I_p——峰值电流持续时间，ms；

I_p——峰值电流，A。

脉冲频率 f 的表达式为

$$f=\frac{1}{t_b+t_p} \tag{6-5}$$

占空比 δ 的表达式为

$$\delta=\frac{t_p}{t_b+t_p} \tag{6-6}$$

已有研究文献（Padmanaban et al.，2011）表明：在焊接速度 v_s 不变的条件下，I_p、I_b、f 和 δ 是影响焊件微观组织和性能的主要因素，为此选择 I_b、I_p、f、δ、v_s 为变量，进行试验研究。

2. 试验指标

焊缝的高度 Y_1 影响单层堆焊层的厚度，继而影响堆焊的总高度或层数；焊缝的宽度 Y_2 决定焊缝的条数，影响生产效率。在母材和焊丝熔化、结晶和凝固过程中，由于材料成分的差异，会发生母材和堆焊层成分的相互混合，母材成分对堆焊层成分的影响程度用稀释率 Y_3 来衡量。对应参数的定义如图 6-9 所示。

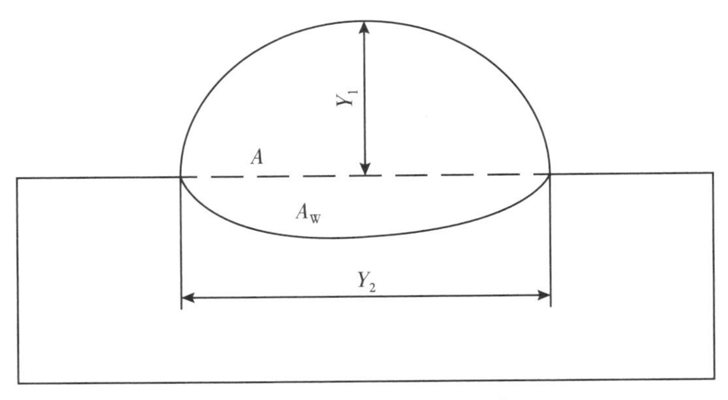

图 6-9　焊缝几何参数示意图

通常，母材稀释引起的堆焊层成分变化程度用稀释率 Y_3 描述（Ola et al.，2014），稀释率定义如下：

$$Y_3 = \frac{1}{n}\sum_{1}^{n}\frac{A_i}{A + A_i} \tag{6-7}$$

式中　A——堆焊层面积，cm^2；

A_i——第 i 层熔合区面积，cm^2。

适当的焊缝高度、尽可能大的焊缝宽度和较小的稀释率是所期望的。如此可以合理地节省焊丝材料，并在较高效率的条件下，获得良好性能的堆焊层。

（二）数学模型及实验结果

1. 数学模型

按照回归方程系数的计算原理，采用“Stepwise”算法，得到关于响应 Y_1、Y_2 和 Y_3 在编码空间的回归方程：

$$\begin{aligned} Y_1 = {} & 2.26 - 0.3v_s - 0.041I_p - 2.5\times10^{-3}I_b + 0.048f - 0.066\delta + \\ & 0.022I_pI_b + 0.03I_p\delta + 0.025I_b\delta + 0.05v_s^2 - 0.016f^2 + 0.015\delta^2 \end{aligned} \tag{6-8}$$

$$Y_2 = 7.64 - 0.23v_s + 0.03I_p + 0.015I_b - 0.091f + 0.41\delta + 0.079v_s^2 + 0.069f^2 \tag{6-9}$$

$$\begin{aligned} Y_3 = {} & 0.26 + 0.021v_s + 8.75\times10^{-3}I_p - 2\times10^{-3}I_b - 0.012f + \\ & 0.027\delta - 6.875\times10^{-3}I_p\delta - 0.01I_b\delta - 0.883\times10^{-3}\delta^2 \end{aligned} \tag{6-10}$$

2. 试验结果分析

（1）由式（6-8）可知，一次项系数的绝对值关系是 $|b_1|>|b_5|>|b_4|>|b_2|>|b_3|$，由此可得各工艺参数对焊缝高度的影响顺序为 $v_s>\delta>f>I_p>I_b$。由图 6-10 可知，焊缝高度随 v_s、I_p、δ 的增加而减小，随脉冲频率 f 的增加而增加，基值电流 I_b 对焊缝高度影响不明显。

（2）由焊缝宽度回归方程（6-9）可知：一次项系数的绝对值关系为 $|b_5|>|b_1|>|b_4|>|b_2|>|b_3|$，由此可得各工艺参数对焊缝宽度的影响顺序由大到小依次为 $\delta>v_s>f>I_p>I_b$。单因素对焊缝宽度的影响规律如图 6-11 所示。

（3）由稀释率的回归方程（6-10）可知，一次项系数绝对值关系是 $|b_5|>|b_1|>|b_4|>|b_2|>|b_3|$，由此可得各工艺参数对焊缝稀释率的影响顺序为 $\delta>v_s>f>I_p>I_b$。由图 6-12 可以看出，除 I_b 外其他参数均对焊缝稀释率有显著影响。值得注意的是图 6-12 中稀释率随 v_s 的增加而增大。尽管 v_s 增大降低了线能

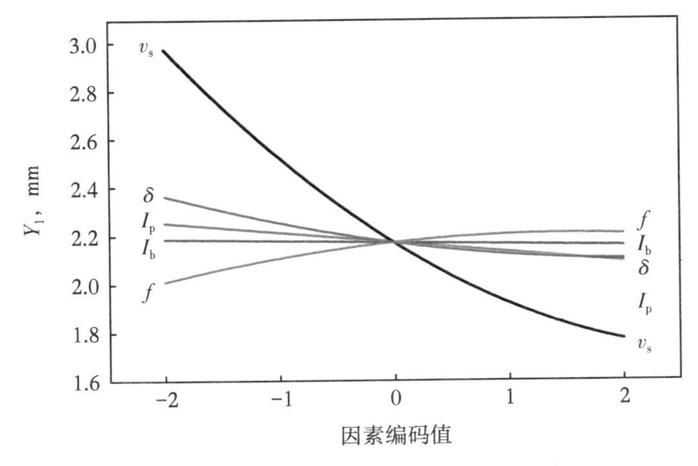

图 6-10　单因素对焊缝高度的影响

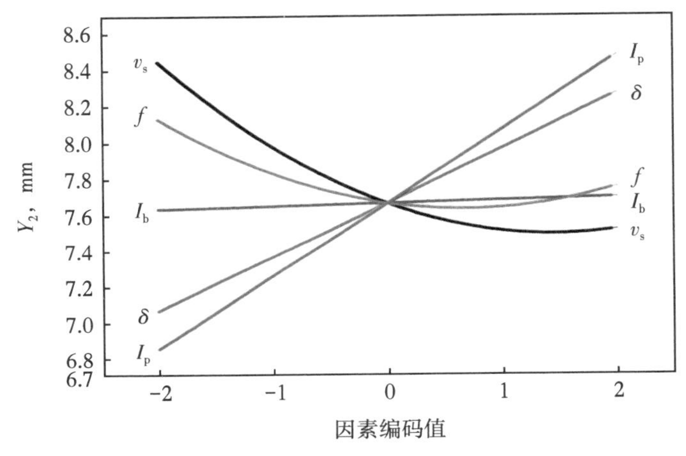

图 6-11　单因素对焊缝宽度的影响

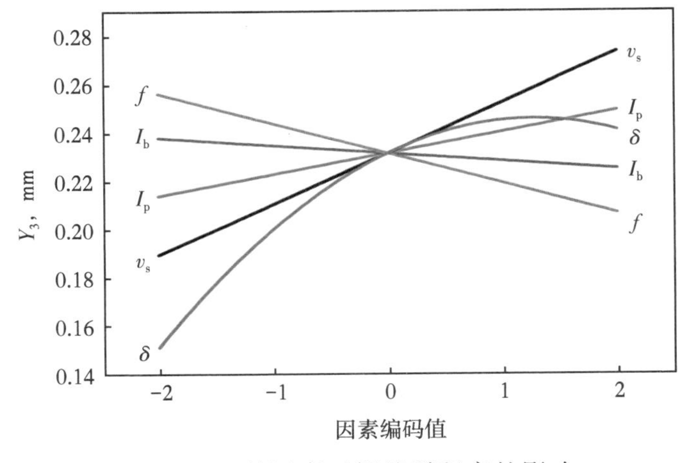

图 6-12　单因素对焊缝稀释率的影响

量，但 v_s 的增加也引起了单位长度上沉积的填充焊丝的体积减小，形成横截面积较小的焊缝；单位长度沉积焊丝的量降低，可引起熔化母材的热量相对增多。所以，导致稀释率随 v_s 增加而增加。可见通过单纯地提高 v_s 降低稀释率是不可行的，各工艺参数应合理搭配。

第三节　堆焊层组织与性能研究

本节利用光学显微、SEM、XRD 和 EDS 对堆焊层的微观组织、物相组成和元素的分布进行分析，同时通过拉伸试验、显微硬度测试对堆焊层的力学性能进行分析。

一、微观组织特征

由于两层堆焊层试样包含了单层堆焊层试样的组织特征，即具有母材区、焊缝区、焊缝搭接区，而且具有层间重合区，能够充分反应焊件的微观组织与成分特征，因此选用两层堆焊层试样进行分析。试验所涉及的堆焊层试样如图 6-13 所示。

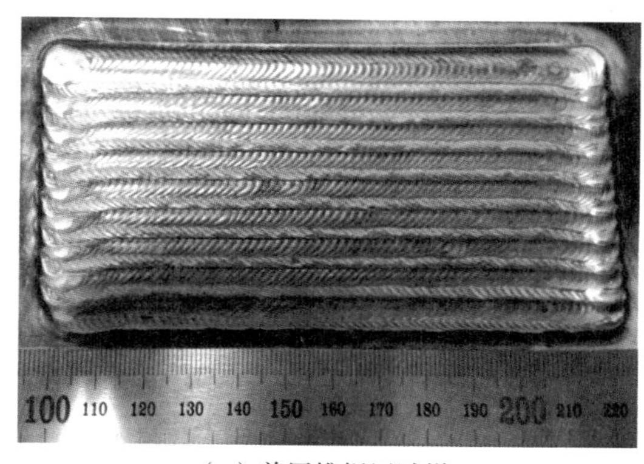

（a）单层堆焊层试样　　（b）两层堆焊层试样

图 6-13　多道焊堆焊层试样

焊件在垂直堆焊方向横截面内的微观组织如图 6-14 示。由图 6-14 可知：由于成分与组织的不同，该横截面可以分为三个区，即堆焊层区、热影响区和母材区。而且堆焊层与基体之间存在明显的熔合边界，两者之间形成了良好的冶金结合，无裂纹、气孔、夹渣等缺陷。

堆焊层在垂直焊接方向横截面内不同区域的微观组织如图 6-15 所示。由

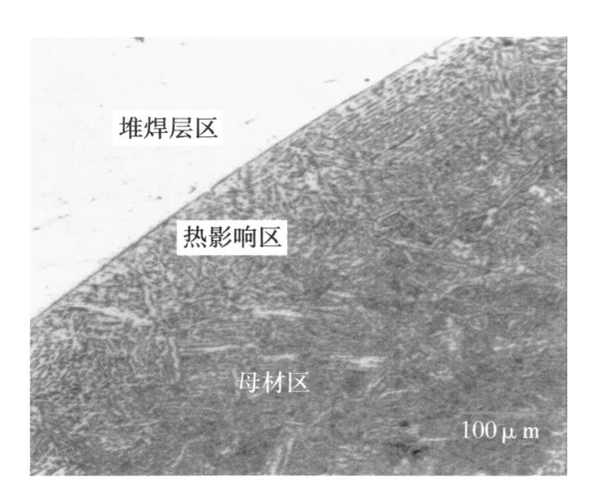

图 6-14 横截面微观组织

图 6-15 可知，堆焊层微观组织总体为连续冷却的铸造组织，晶粒形态总体差异较大，而且堆焊层间、焊缝间存在清晰的搭接边界。

在熔合界面处分布有少量的平面晶和胞状晶，平面晶的宽度不到 10μm，胞状晶的间距不到 15μm，如图 6-15（a）所示。熔合界面附近还存在与熔合线近似平行的晶界，即第二类边界。这

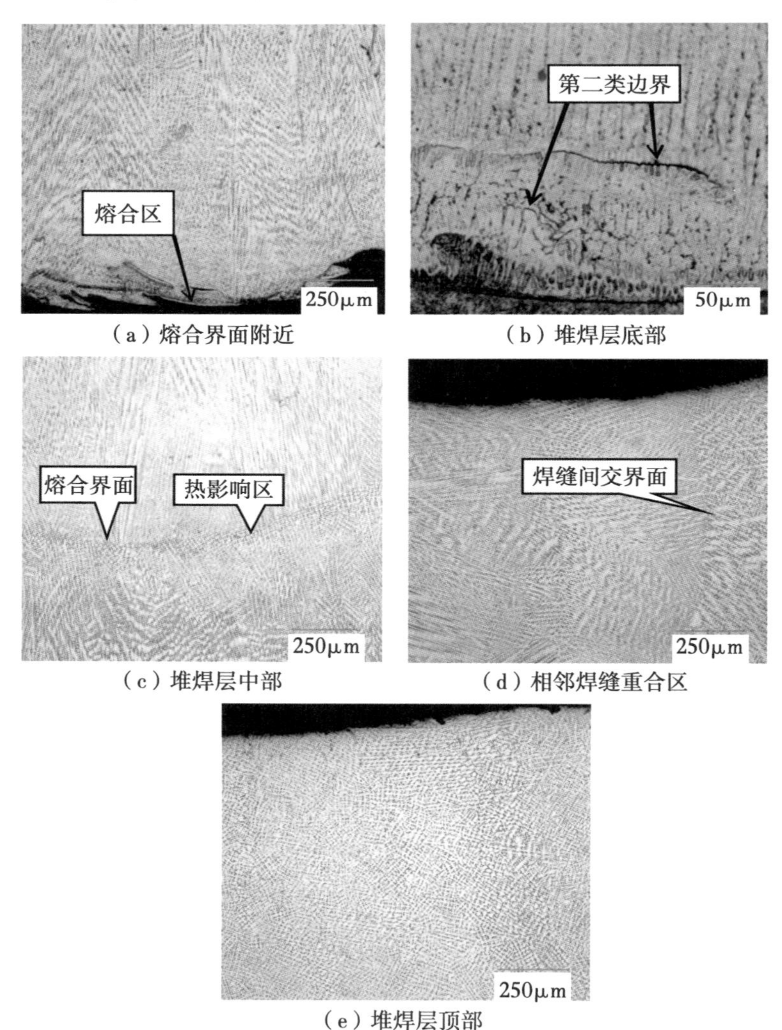

（a）熔合界面附近

（b）堆焊层底部

（c）堆焊层中部

（d）相邻焊缝重合区

（e）堆焊层顶部

图 6-15 堆焊层横截面的微观组织

类边界易诱发裂纹，对堆焊层的承载性能不利，是导致焊接构件失效不可忽视的因素之一，如图 6-15（b）所示。在靠近堆焊层内部的区域，微观组织为初次柱状晶。堆焊层中部微观组织主要为胞状晶和柱状晶，如图 6-15（c）所示。在层间熔合区附近，柱状晶近似垂直于熔合界面的轮廓生长，沿堆焊高度方向逐渐出现了二次枝晶。而且，此区域附近的柱状晶较远离层间熔合区的柱状晶细密。堆焊层间的热影响区宽度较窄，晶粒受再次热循环的影响出现少量明显长大的晶粒，而其他区域的组织受焊接热循环的影响则不明显。这也表明，堆焊层组织的热稳定性较好。图 6-15（d）为相邻焊缝重叠区域的组织，因组织的差异形成了明显的搭接边界。后续焊缝组织更加细密，且大致具有方向性，近似垂直于焊缝熔合轮廓生长。在堆焊层顶部，晶粒形态以等轴晶为主，如图 6-15（e）所示。因此自基体至堆焊层表面，微观组织演变规律为：平面晶→胞状晶→柱状晶→等轴晶。

平行于焊接平面的纵截面内堆焊层的微观组织如图 6-16 所示。由图 6-16（a）可见，在搭接区晶粒形态与尺寸存在显著的差异，呈现明显的搭接界面。在靠近搭接界面的两侧区域，先前焊缝一侧为相对粗大的柱状晶和胞晶，另一侧则主要为较致密的柱状晶。组织整体与搭接界面呈一定角度，且部分晶粒横穿搭接界面，与前道焊缝中晶粒取向一致，即呈现外延生长。这是因为后续焊缝熔池的热传导和电弧的加热作用使得相邻焊缝边缘熔化，液态金属与前道焊缝的晶粒相互接触，使之完全湿润，导致液态金属在原始晶粒上形核，并保持原有晶体取向。焊缝中部的组织分布较为复杂，但其组成以柱状晶为主，如图 6-16（b）所示。

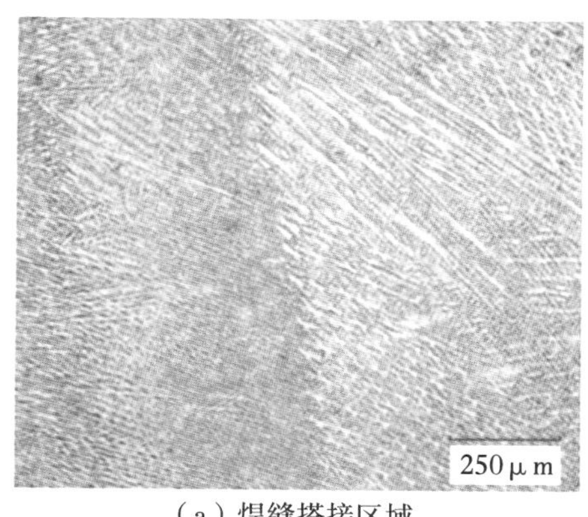

（a）焊缝搭接区域

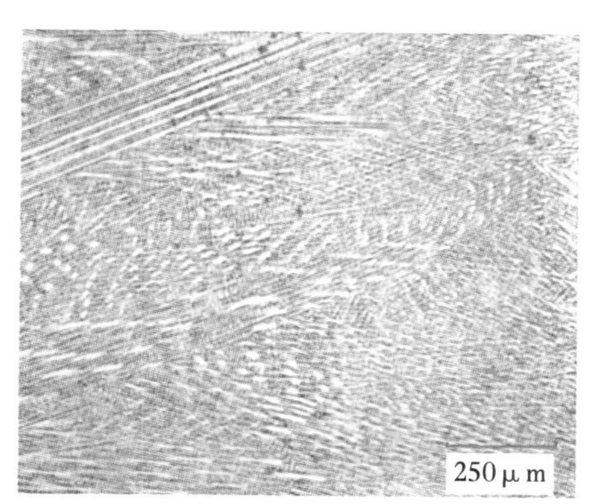

（b）焊缝中部区域

图 6-16　纵截面内堆焊层的微观组织

二、堆焊层力学性能

（一）拉伸性能

堆焊层在平行和垂直于堆焊方向的拉伸曲线如图 6-17 所示。其中，T_p 与 T_h 分别为平行和垂直于焊接方向的拉伸试样。

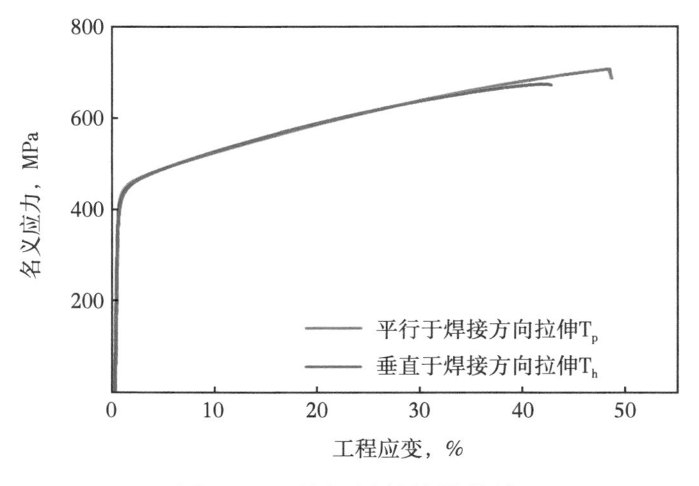

图 6-17　堆焊层的拉伸曲线

所得堆焊层的 σ_b 和 σ_s 基本达到了等离子成形所得 Inconel 625 的水平，堆焊层在平行和垂直焊接方向上的 σ_s 差异较小，具有较好的力学性能（表 6-5）。

表 6-5　堆焊层与其他工艺所得 Inconel 625 性能对比

试样	屈服强度 σ_s，MPa	抗拉强度 σ_b，MPa	伸长率 δ，%
T_p	418	704	48.14
T_h	402	672	42.25
铸造	350	710	48.00
等离子快速成型	380~490	690~750	47.00~50.00

堆焊层拉伸断裂后的宏观形貌如图 6-18 所示。试样 T_p 的断裂位置没有表现出靠近焊缝起弧点、收弧点的倾向，试样 T_h 的断裂位置没有表现出靠近起始焊缝或末尾焊缝的倾向。这表明堆焊层的力学性能在平行和垂直焊接方向比较均匀，即在平行和垂直焊接方向堆焊层的组织均匀性较好。

（a）平行于焊接方向试样T_p

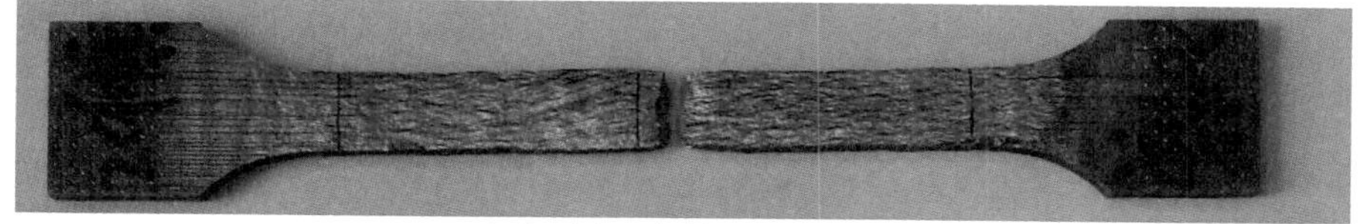

（b）垂直于焊接方向试样T_h

图 6-18　堆焊层拉伸断裂后的形貌

（二）显微硬度

在垂直焊接方向的横截面内沿垂直熔合线方向硬度分布如图 6-19 所示。由图 6-19 可知，母材硬度约为 $250HV_{0.2}$；熔合界面左侧附近为热影响区，堆焊结束后该区域相当于经历了淬火处理，所以硬度明显高于原母材。此外，基体中的 C 元素扩散进入堆焊层形成增碳层，导致第一层堆焊层底部区域硬度值比较大。由于堆焊层底部为平面晶和比较粗大的柱状晶，元素偏析使得这些组织的固溶强化作用比较弱。因此，堆焊层在熔合界面、层交界面附近区域硬度值略小于其他区域。随着组织由柱状晶向等轴晶的转变，沿堆焊高度方向的硬度值又逐渐增大，并在堆焊层顶部趋于稳定，其值约为 $240HV_{0.2}$。

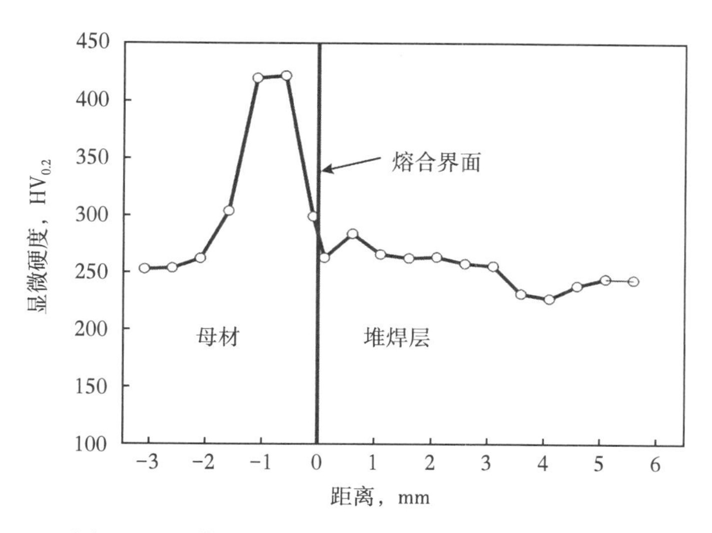

图 6-19　横截面内沿垂直熔合线方向硬度分布

第七章　国产化 140 “Y” 形采气井口装置

进口超高压采气井口存在订货周期长、配件订购困难且价格昂贵等问题，实现超高压采气井口的国产化是目前亟需解决的难题。本章以 ZC103/78-140 的国产化设计为例，详细描述了采气井口的整体设计及各部件的设计与制造。

第一节　产品型号及整体结构

一、产品型号及技术参数

（一）产品类型及型号

采气树采用“Y”形整体结构，油管头下部为多封结构。

产品型号为：ZC 103/78-140 采气井口装置。

备注：　ZC——厂家代号；

103——采气树主通径为 103mm，即 $4\frac{1}{16}$ in；

78——侧通径为 78mm，即 $3\frac{1}{16}$ in；

140——工作压力为 140MPa。

（二）主要技术规范

规范级别：PSL3G。

性能级别：PR2。

材料级别：FF-NL。

温度级别：-46～121℃（L-U 级）。

（三）主要技术参数

连接形式：API Spec 6A 法兰连接。

油管头上部法兰连接：11in-20000 psi。

下部法兰连接：11in-20000 psi。

侧出口连接：3⅙in-20000 psi。

工作介质：石油、天然气、钻井液、完井液、压井液等。

二、整体结构设计

ZC103/78-140MPa 超高压采气井口装置如图 7-1 所示，主要由手动平板阀、液动安全阀、弯头、“Y”形阀（78-140 整体阀）、103-140 整体阀、油管头组成。在弯头和闸阀之间均安装可实现测温、测压的仪表法兰，左翼为手动平板阀，右翼为液动安全阀。

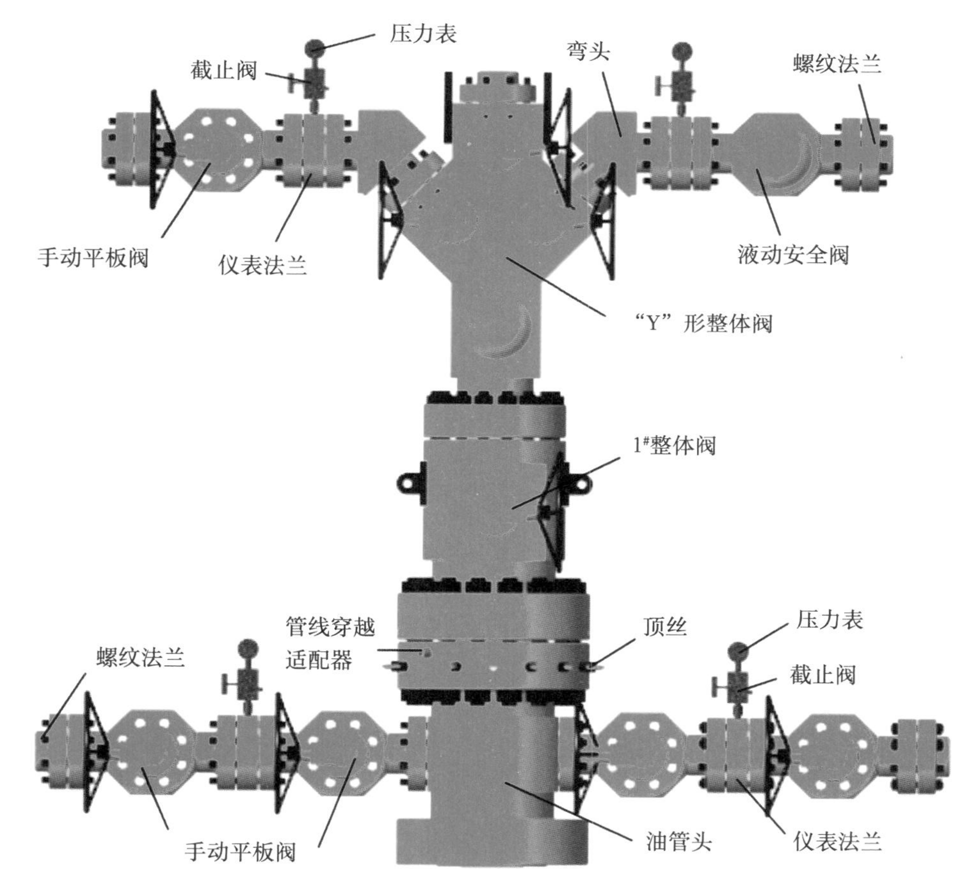

图 7-1　ZC103/78-140MPa 超高压采气井口装置

油管头悬挂器坐在本体内，主副密封采用金属+橡胶密封，设计有井下安全阀穿越孔，¼in 高压管线可从孔内直接穿过，其承压能力可达 20000psi，在油管头本体上设计有适配器安装位置，用于与井下安全阀管线连接。

采气树的上法兰与$1^{\#}$整体阀为$4\frac{1}{16}$in-20000 psi 的整体式结构闸阀，其下部法兰连接为11in-20000 psi，上部为$7\frac{1}{16}$in-20000 psi 栽丝螺纹连接。

采气树小四通与四周的闸阀做成整体“Y”形结构，为$4\frac{1}{16}$in-20000 psi“Y”形整体阀，其下部为$7\frac{1}{16}$in-20000 psi 法兰连接，其余出口为$3\frac{1}{16}$in-20000 psi 栽丝连接。

采气树左翼安装1只$3\frac{1}{16}$in-20000psi 手动平板闸阀，右翼安装1只$3\frac{1}{16}$in-20000psi 液动安全阀。

三、材质选择与质量控制

（一）材料选择的基本原则

井口装置的承压件和控压件按照 API 6A 和 NACE MR0175 标准进行设计选材。

本井口装置的承压件主要包括油管头本体、仪表法兰、螺纹法兰、阀体（$1^{\#}$整体阀、“Y”形整体阀及平板阀）和阀盖等部件；控压件主要包括油管悬挂器本体、阀杆、阀板和阀座等部件，相关选材及机械性能见表7-1。

表7-1　井口装置承压件和控压件选材及机械性能

类型	零件名称	材料	性能
承压件	油管头本体、仪表法兰、螺纹法兰、阀体（$1^{\#}$整体阀、“Y”形整体阀及平板阀）和阀盖	电渣重熔12Cr13	调质处理后硬度达197~235HBW，机械性能达75K要求，KV8≥30J（-46℃）
控压件	油管悬挂器本体、阀杆、阀板和阀座	UNS N07718	固溶+时效处理，硬度32~40HRC，机械性能达120K要求，KV8≥47J（-60℃）

考验平板闸阀使用好坏的两个因素是密封性能和扭矩大小，在平板闸阀中，为了降低闸阀扭矩，减低阀杆与“T”形螺母的螺纹摩擦力。

（二）制造过程的质量监控与检测

为保证每件产品都为合格产品，每个零件生产制造都严格按照质量管理计划（ITP）进行生产（图7-2）。

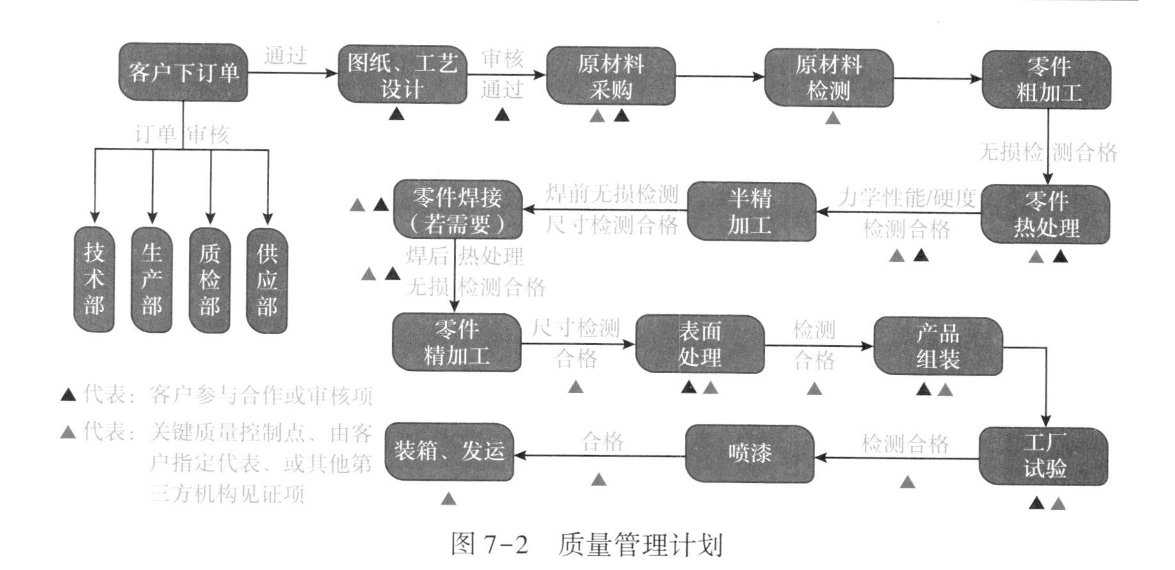

图 7-2　质量管理计划

第二节　PFFA 78-140 平板闸阀的设计及制造

一、PFFA 78-140 平板闸阀的设计

PFFA 78-140 手动平板阀主要由阀体、阀盖、阀杆、阀板、阀座（内阀座和外阀座）、“T”形螺母、转动套、轴承座、轴承、省力机构和密封件等部件组成，如图 7-3 所示。阀板、阀座采用弹性浮动密封结构，保证良好密封性能；阀杆采用带有弹簧致能密封件，密封性能良好；选用承载能力强的推力滚珠轴承，降低闸阀开关扭矩；阀杆设有倒密封结构，可在专业厂家指导下带压更换密封件。

平板阀为暗杆结构，手轮逆时针旋转闸阀为开，顺时针旋转闸阀为关；在闸阀的阀体和阀盖上设计注脂单流阀，可定期为闸阀加注 9603 密封脂；闸阀仅能在全开或全关状态下工作，禁止部分开启用作节流阀，否则将导致闸阀的阀板阀座在工作介质的高速冲蚀下损坏，影响闸阀的密封性能和使用寿命；闸阀全开或全关终了时要回 1～3 圈，在开关过程中要平缓，不能用力过猛，以免损伤阀杆。

PFFA 78-140 手动平板阀的主要设计内容包括开关运动学分析、阀杆轴向力计算、阀座计算与设计、材质选择。

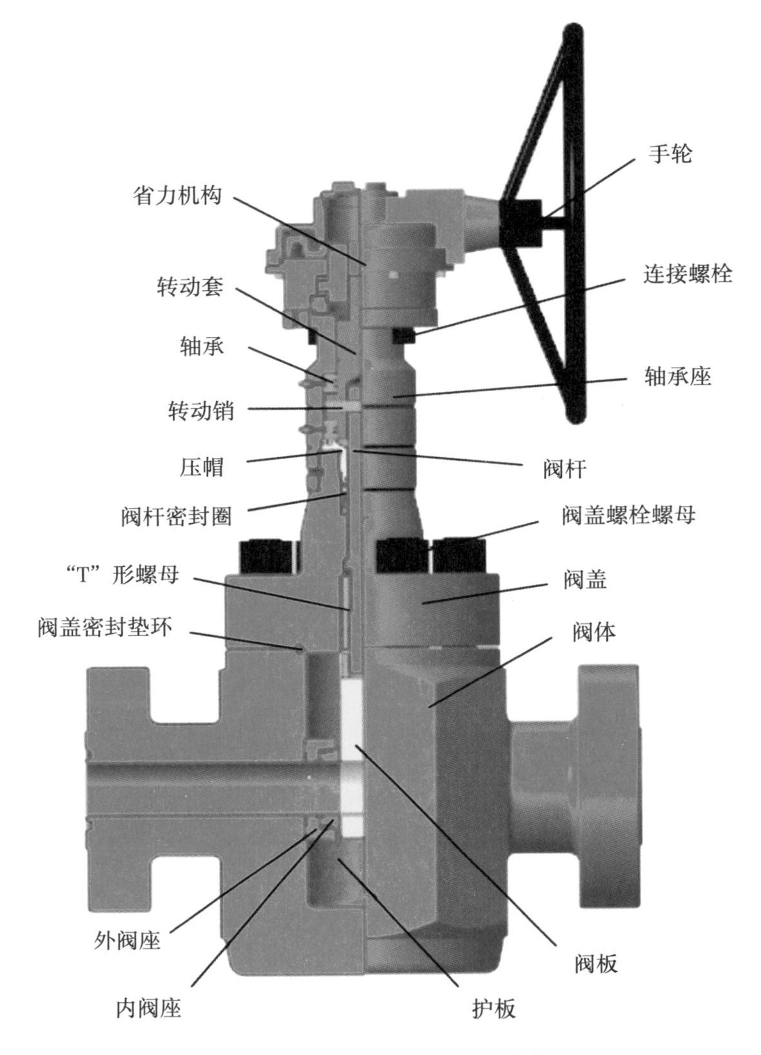

图 7-3　暗杆式平板阀三维剖视图

（一）开关运动学分析

确定阀板的最小行程 h，所有机构都应满足行程的要求，如图 7-4 所示。

（二）阀杆轴向力

在工作压力下，阀杆的轴向最大力 F 为

$$F = 262081.2\text{N}$$

（三）阀座计算与设计

1. 结构

阀座可分为以下两类。

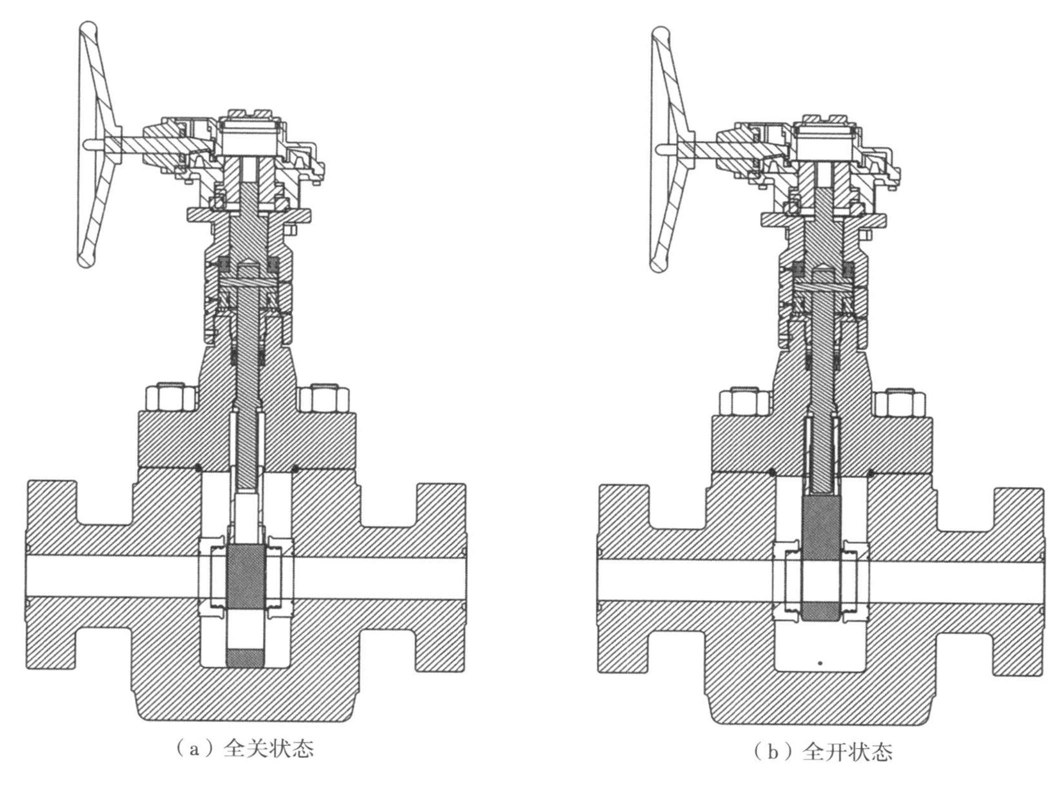

图 7-4　阀全开、全关状态的相对位置图

（1）整体式阀座：阀座是直接在阀体上加工出来的。

（2）分离式阀座：因为阀体结构、尺寸、加工工艺或密封材料不允许在阀体上直接加工阀座，便只能采取分离式阀座的形式。

本设计采用分离式阀座。

2. 设计

阀座三维模型如图 7-5 所示。

图 7-5　阀座三维图

在最高压力（工作压力的 1.5 倍）210MPa 的条件下，保证阀板阀座之间的接触压力不大于 200MPa（防止阀座屈服），通过计算可以得出，后阀座接触面的内径在 78mm 的情况下，外径和接触应力的关系见表 7-2。

表 7-2 工作压力 140MPa 下，阀板后阀座的接触应力

内径，mm	外径，mm	压应力，MPa	通径，mm	外径，mm	压应力，MPa
78	88	1099. 8960	78	108	327. 2091
78	90	905. 6682	78	110	303. 4952
78	92	767. 1542	78	112	282. 6358
78	94	663. 4546	78	114	264. 1532
78	96	582. 9588	78	116	247. 6705
78	98	518. 7009	78	118	232. 8861
78	100	466. 2480	78	120	219. 5559
78	102	422. 6452	78	122	207. 4803
78	104	385. 8468	78	124	196. 4945
78	106	354. 3919	78	126	186. 4611

按照图 7-6 的方案设计，阀板与阀座的接触应力可以满足要求。

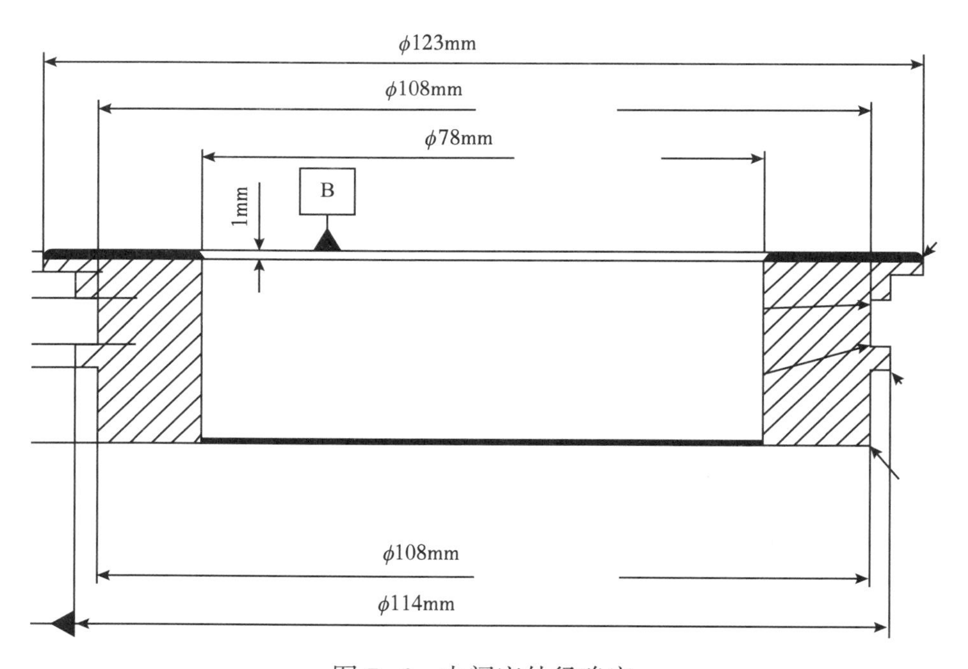

图 7-6 内阀座外径确定

比压是指在密封状态下闸板与内阀座相接触处单位面积上的密封力。加大密封配合面的比压值，密封面之间的微观凸峰会产生不同程度的弹性变形和塑性变形，密封配合面之间形成犬牙交错的状况，阻塞介质泄漏的通道，从而减

少泄漏量。当配合面上的比压增加到一定值时，即可达到所需求的密封等级。当 $q_{MF} \leq q \leq [q]$ 时金属密封可以实现密封。

q_{MF}为密封面必需比压，$[q]$ 为密封面许用比压，当表面喷涂硬质合金时，许用比压为 250MPa。

进口某品牌金属密封，必需比压计算如下：

$$q_{MF} = (3.5+p)/\sqrt{b_M/10} \tag{7-1}$$

式中　p——计算压力，取 140MPa；

b_M——密封面宽度，取 22.8mm。

计算得出

$$q_{MF} = 94.75\text{MPa}$$

密封面上密封力：

$$F_{MF} = \pi (D_{MN}+b_M) b_M q_{MF} \tag{7-2}$$

式中　D_{MN}——密封面内径，78mm。

代入数据：

$$F_{MF} = 685819\text{N}$$

密封面处介质作用力：

$$F_{MJ} = \pi/4 (D_{MN}+b_M)^2 p \tag{7-3}$$

代入数据：

$$F_{MJ} = 1116654\text{N}$$

密封面上总作用力：

$$F_{MZ} = F_{MJ}+F_{MF} \tag{7-4}$$

代入数据：

$$F_{MZ} = 1803473\text{N}$$

密封面计算比压：

$$q = F_{MZ}/\pi (D_{MN}+b_M) b_M \tag{7-5}$$

代入数据：

$$q = 249.7\text{MPa}$$

故 $q_{MF} \leq q \leq [q]$，能实现金属密封。

当 $b_M = 22.8\text{mm}$ 时，此时比压已经非常接近许用比压，若减小 b_M，比压就会超过许用比压，例如当 $b_M = 22\text{mm}$ 时，$q = 255.8\text{MPa}$，已经超过许用比压 250MPa，不能选择 $b_M = 22\text{mm}$。当 b_M 变大时，比压 q 会变小，远离了许用比压，但 b_M 变大时会受到阀体的尺寸限制。所以外阀座的外径至少大于 123.6mm，就能实现金属密封。外阀座外径设计如图 7-7 所示。

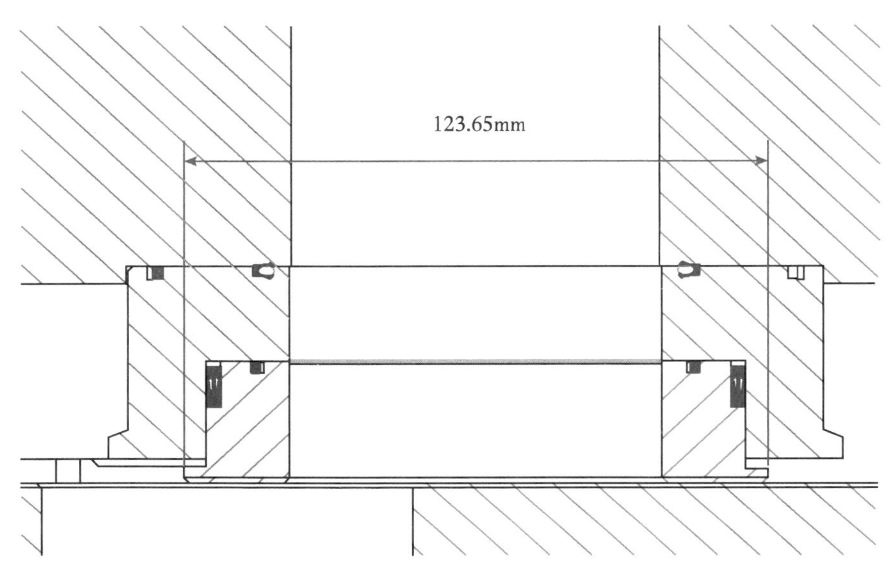

图 7-7　外阀座外径设计图

(四) 材质选择

按照 API 标准，阀体和阀盖材质选择均为电渣重熔 12Cr13（旧标 1Cr13）调质热处理。

为保证整阀 PR2 试验，阀板、阀座、阀杆选用 UNS N07718。

二、强度校核

(一) 阀体强度校核

图 7-8 所示为阀盖应力云图。阀盖最大应力为 542.11MPa，最大应力位置在注脂孔与阀盖内腔相贯线处，阀盖内腔应力在 241.01 ~ 301.23MPa 之间。图 7-9所示是 ZC 的 78-140 闸阀阀体的 Mises 应力云图。阀体材料采用调质后的电渣重熔 12Cr13，应力最大值为 591.6MPa，未超过材料屈服强度，其应力最大位置如图 7-8 所示。

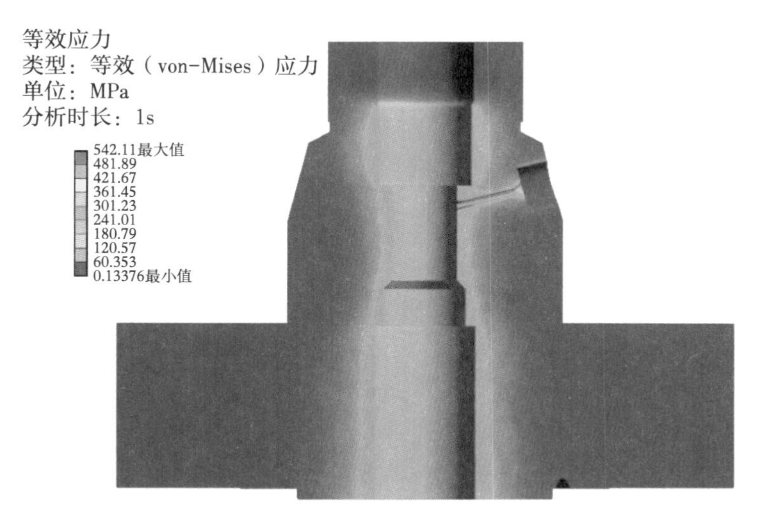

图7-8　阀盖应力云图

图7-9　阀体应力云图

（二）阀座分析

国产140闸阀阀座从两方面进行优化。第一，优化内阀座的结构，如图7-10所示，同时使用骨架密封，第二是优化平板闸阀阀座的材料。改进后，对阀座进行有限元仿真，校核及验证改进效果。

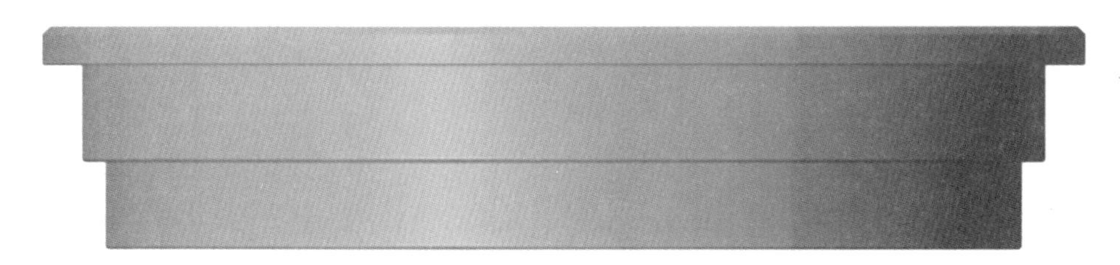

图7-10 国产78-140闸阀内阀座

改进内阀座的密封采用泛塞封的结构，减少了一个密封沟槽，避免出现进口某品牌平板闸阀密封槽处应力集中乃至屈服的可能性。

1. 基础资料

通过查阅文献，找出UNS N07718材料在不同温度下的力学性能，见表7-3。

表7-3 UNS N07718材料在不同温度下的力学性能

温度，℃	弹性模量，10^6psi	泊松比	屈服强度，MPa
-188.89	31.3	0.254	
-65.56	30.6	0.299	
20.00	30.0	0.284	980
63.89	29.7	0.307	
108.33	29.3	0.303	
160.00	28.9	0.308	
200.00			925
400.00			775

对UNS N07718材料泊松比进行数据拟合，得出温度与材料泊松比的关系式：

$$y = 4 \times 10^{-9}X^3 - 3 \times 10^{-7}X^2 + 1 \times 10^{-5}X + 0.2972 \quad (7-6)$$

并将温度带入公式（7-16）得出：在-46℃时泊松比为0.299，121℃时泊松比为0.305。UNS N07718泊松比拟合曲线如图7-11所示。

对UNS N07718材料弹性模量进行数据拟合，得出公式：

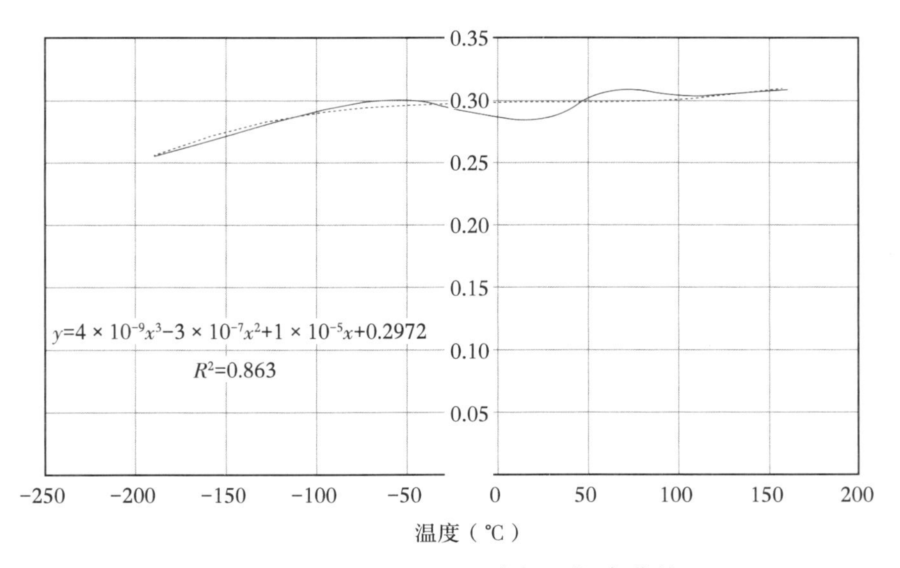

图 7-11　UNS N07718 泊松比拟合曲线

$$y=-5\times10^{-6}x^{2}-0.0074x+30.155 \tag{7-7}$$

残差 $R^2=0.9997$。

并将温度带入公式（7-7）得出：在−46℃时弹性模量为 30.47×10⁶psi，即 209.3GPa，121℃时弹性模量为 29.226×10⁶psi，即 199.88GPa。UNS N07718 弹性模量拟合曲线如图 7-12 所示。

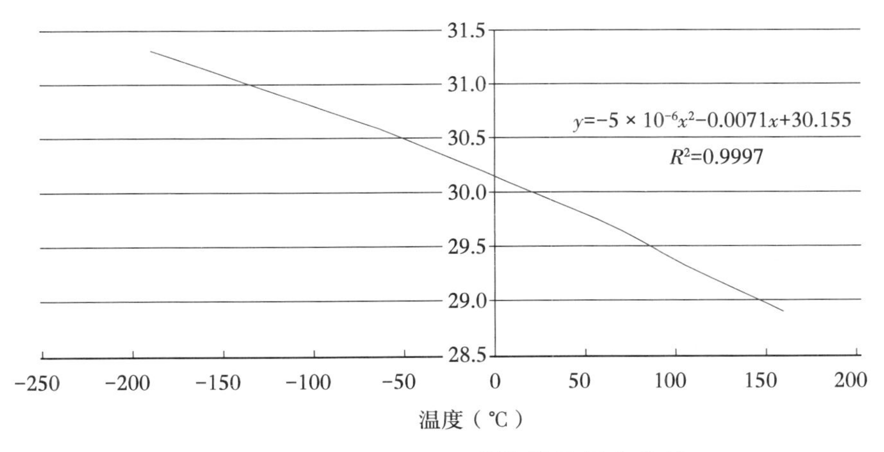

图 7-12　UNS N07718 弹性模量拟合曲线

对 UNS N07718 材料屈服强度进行数据拟合，得出公式：

$$y=-0.0012x^{2}-0.0482x+981.43 \tag{7-8}$$

并将温度带入公式（7-8）得出：在-46℃时屈服强度为981.11MPa，在121℃时屈服强度为950.78MPa。UNS N07718屈服强度拟合曲线如图7-13所示。

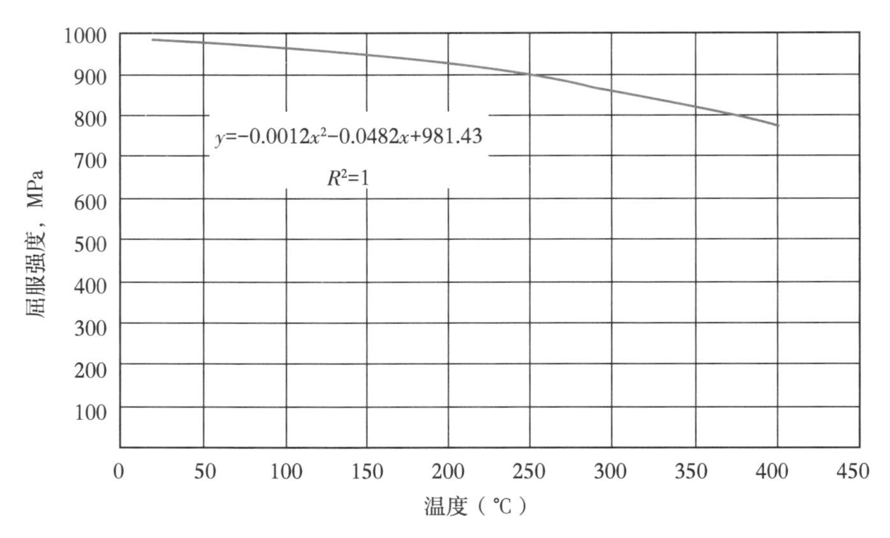

图7-13　UNS N07718屈服强度拟合曲线

2. 仿真结果分析

（1）高压低温状态仿真。

模拟闸板的实际使用工况，在特定的平面加载140MPa的压力，同时设定成低温（-46℃），对改进的闸板与内阀座进行仿真。

入口端的闸板形变量较大，达到0.12mm，而出口端的内阀座形变量较小，应变图如图7-14所示。

图7-14　-46℃情况下的应变

最大应力出现在出口端内阀座底面与外阀座接触的倒角处，集中应力达到了834.93MPa。出口端内阀座平均应力为250MPa，闸板上的应力相对较小。

未出现屈服现象，应力图如图 7-15 所示。

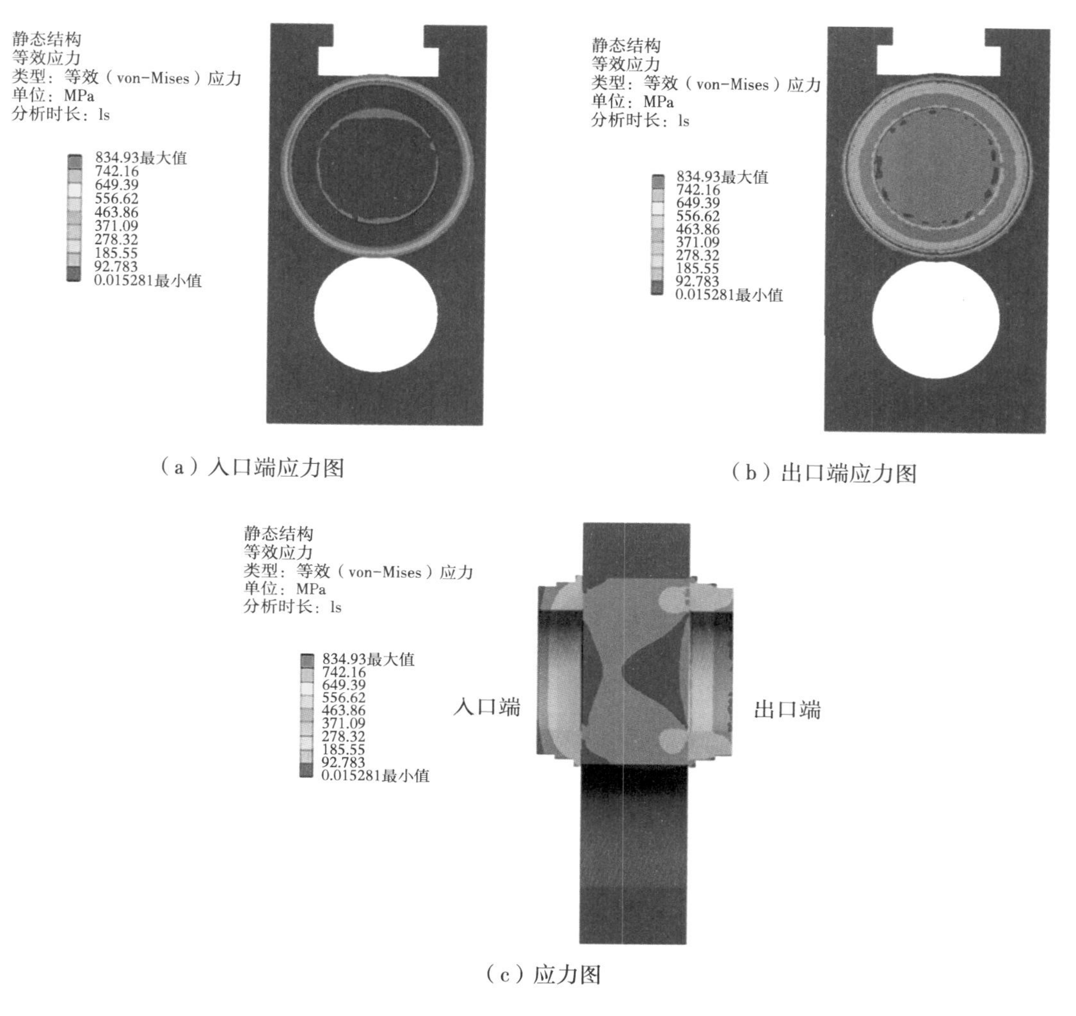

（a）入口端应力图

（b）出口端应力图

（c）应力图

图 7-15　-46℃时闸板与内阀座的应力

-46℃时闸板与内阀座间接触应力如图 7-16 所示，入口端的接触应力相对较小，接触应力由外向内逐渐增大，外边缘处接触应力仅仅为 16MPa，内边缘处接触应力为 230MPa。出口端的接触应力相对较大，内圈边缘处的应力达到了 426.06MPa，在此接触应力下，可以实现 140MPa 的高压气体密封。

（2）高压高温状态仿真。

121℃时闸板与内阀座应变图如图 7-17 所示，由于在 121℃情况下 UNS N07718 材料有所变软，内阀座与闸板应变量相对较大，应变最大值出现在闸板入口端，达到了约 0.12mm。出口端的应变量相对较小。

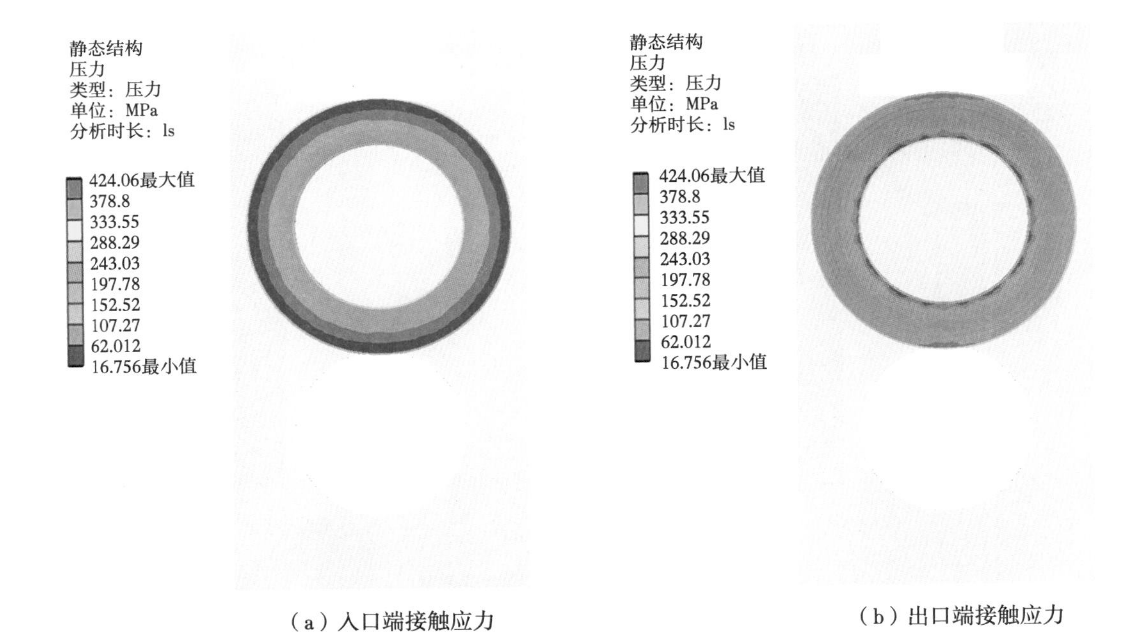

（a）入口端接触应力　　（b）出口端接触应力

图 7-16　-46℃时闸板与内阀座间接触应力

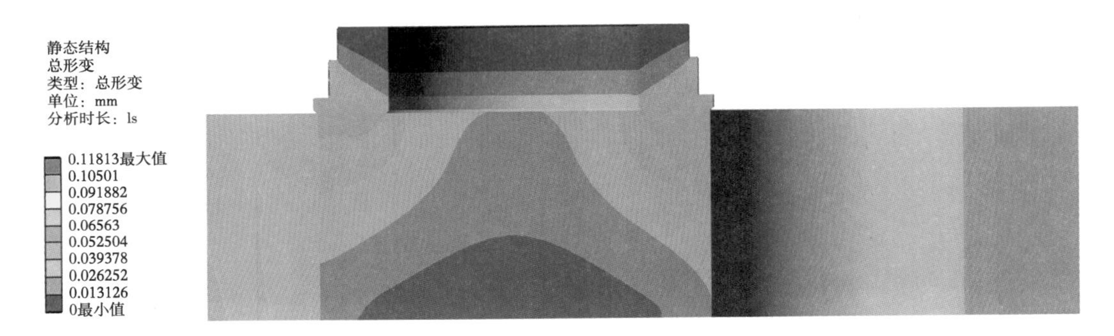

图 7-17　121℃时闸板与内阀座应变

121℃时闸板与内阀座应力如图 7-18 所示，最大应力出现在出口端阀座底面与外阀座接触的倒角处，达到了 855.59MPa，最大应力比-46℃情况下低 30MPa，这是由于弹性模量随着温度升高而降低的原因造成的。内阀座平均应力为 300MPa，同时闸板的应力较小。

121℃时闸板与内阀座间入口端接触应力相对较小，接触应力最大值出现在内圈边缘处，达到 240MPa，出口端接触应力较大，内圈边缘处达到了 424.37MPa。相比于某进口品牌平板闸阀的接触应力较低，同时可以实现 140MPa 气体密封。

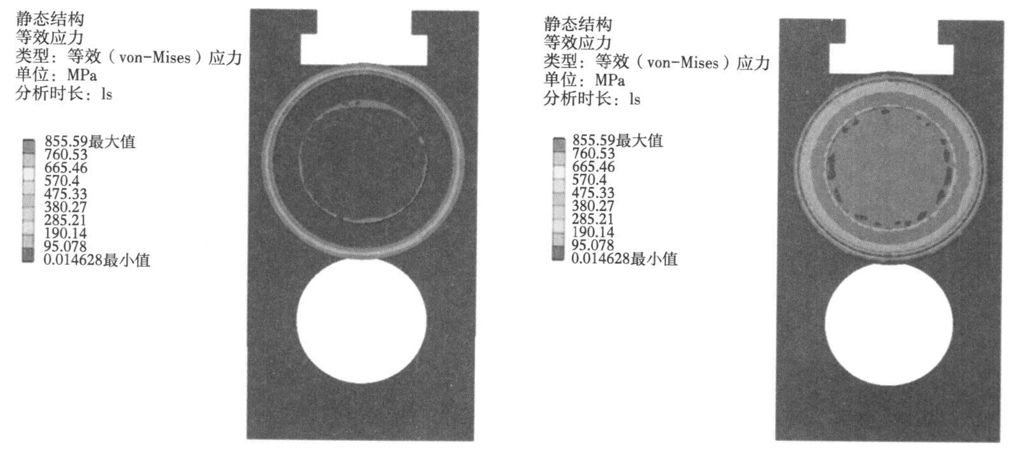

（a）入口端应力图　　（b）出口端应力图

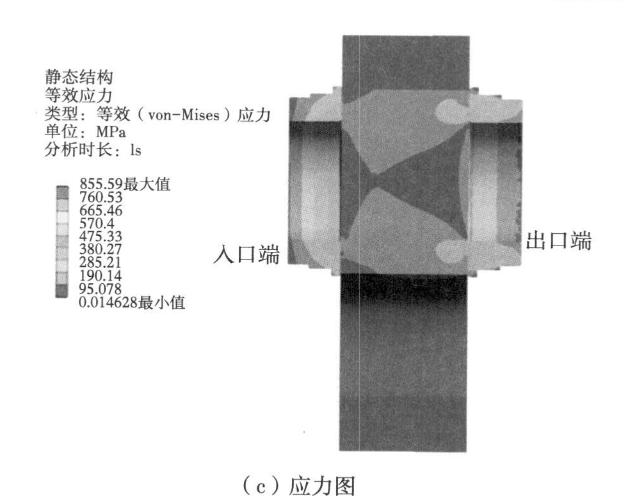

（c）应力图

图 7-18　121℃时闸板与内阀座应力

（三）阀杆校核及开关

1. 开关转矩计算

经过初步设计，阀杆的材料选择为 UNS N07718，梯形传动螺纹为 29° ACME—4n。本设计阀板与内阀座表面喷涂材料为碳化钨，查得油脂润滑状态下碳化钨间静摩擦系数：

$$\mu = 0.12$$

其摩擦力、轴向力以及扭矩最终计算结果如下。

总扭矩：$T = 1160.28\text{N} \cdot \text{m}$。

加省力机构后：$T = 193.38\text{N} \cdot \text{m}$。

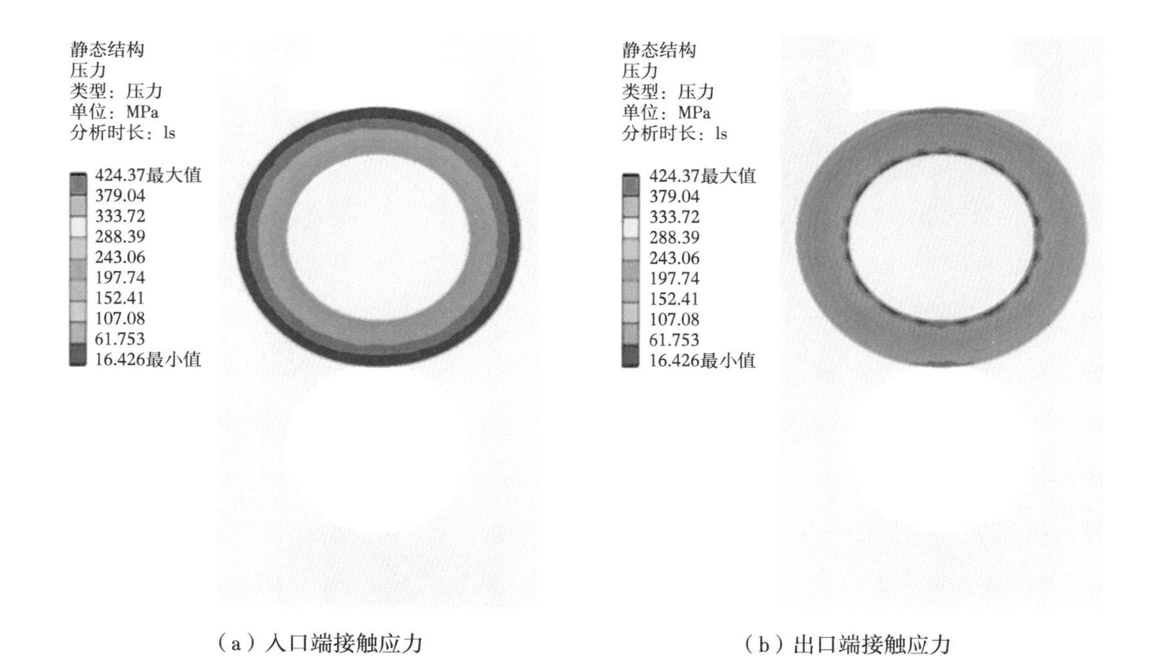

（a）入口端接触应力　　（b）出口端接触应力

图 7-19　121℃时闸板与内阀座间接触应力

2. 阀杆强度校核

已知 UNS N07718 室温下屈服强度 $\sigma_{0.2}$不小于 980MPa，抗拉强度 σ_b 不小于 1100MPa。为确保安全，碳化钨动静摩擦系数 μ 均取 0. 12，摩擦力、轴向力以及扭矩详细计算结果如下。

（1）阀门开启瞬间阀杆受力计算：阀杆受拉，F_a = 103305. 1N。

（2）阀门关闭瞬间阀杆受力计算：阀杆受压，F_a = −420857. 3N。

（3）阀门启动瞬间阀杆受力计算：阀杆受拉，F_a = 262081. 2N。

3. 阀杆强度校核

阀门在完全关闭时，阀门启动瞬间阀杆所受的拉力最大，最大值为 262081. 2N，故选该状态进行受拉强度校核。阀门启动瞬间阀杆受拉应力如图 7-20 所示，最大应力出现在销钉孔内壁处，最大值为 848. 51MPa，小于材

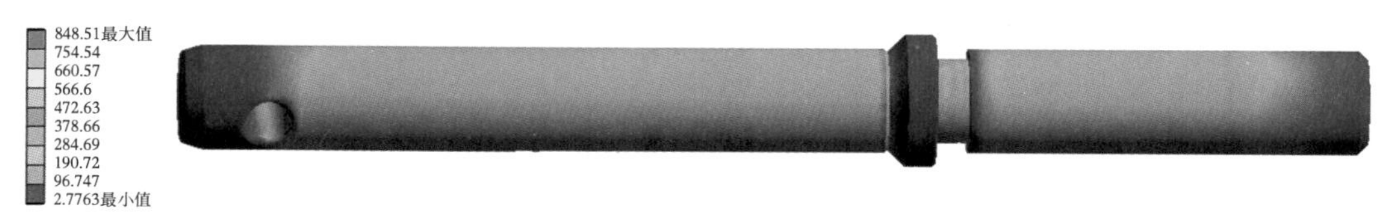

图 7-20　阀门启动瞬间阀杆受拉应力

料的屈服强度。阀门启动瞬间阀杆受拉应变如图 7-21 所示，应变最大值出现在阀杆梯形螺纹与“T”形套连接处，最大值为 0.22283mm。

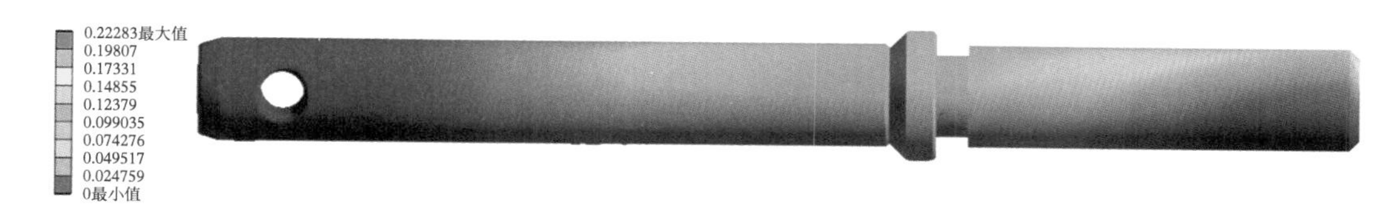

图 7-21　阀门启动瞬间阀杆受拉应变

阀门关闭瞬间，阀杆所受的压力最大，最大值为 420857.3N，故选该状态进行强度校核。阀门关闭瞬间阀杆受压应力如图 7-22 所示，最大应力出现在销钉连接孔内壁处，最大值为 926.07MPa，阀杆其他位置最大应力均不超过 600MPa，满足材料使用要求。阀门关闭瞬间阀杆受压应变如图 7-23 所示，最大应变在阀杆梯形螺纹与“T”形套连接表面，最大值为 0.48778mm。

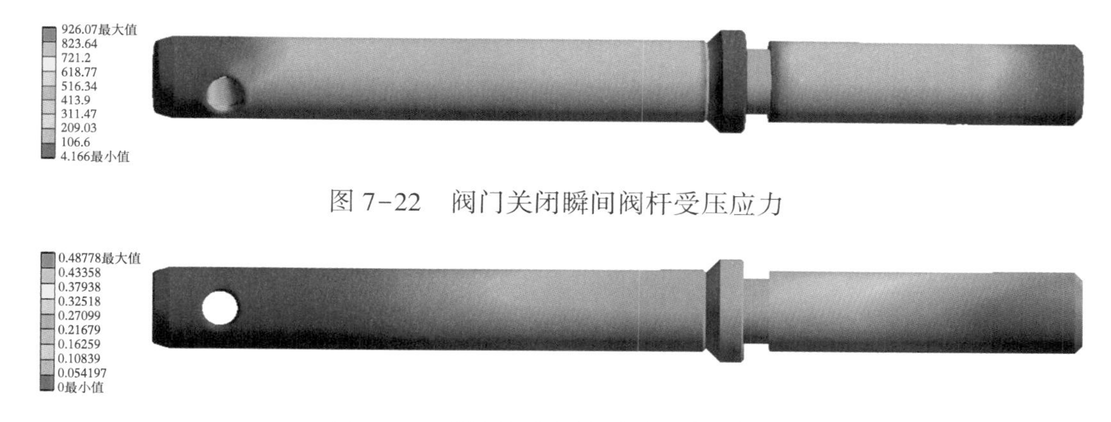

图 7-22　阀门关闭瞬间阀杆受压应力

图 7-23　阀门关闭瞬间阀杆受压应变

三、PFFA 78-140 平板闸阀的材质选择

（一）材料选择的基本原则

阀杆与“T”形螺母是平板闸阀的最关键部件之一。按照阀杆和“T”形螺母的工作要求，其材质应该具备以下五个方面的基本性能。

（1）强度：考虑阀杆（螺栓）工况，材料的抗拉强度大于 900map，“T”形螺母的材料也应该达到相当的强度，考虑到相互配合的机械安全性，阀杆强度应该略大于“T”形螺母的强度。

（2）表面硬度：有足够的表面硬度，耐磨。

（3）配合的耐磨性：阀杆和“T”形螺母是螺纹配合使用，其配合的耐磨性也将严重影响产品的质量。

（4）耐腐蚀性能好：阀杆和“T”形螺母都接触流体介质，其抗腐蚀能力应该达到或者超过阀体、阀板、阀座等零件的防腐等级。

（5）加工性能好：由于阀杆与“T”形螺母是螺纹配合，要求选用的材料具备良好的加工性（常温）。

（二）“T”形螺母材料选择

按照以上的基本要求，优先确定了阀杆选用 UNS N07718，热处理后硬度为 32~40HRC，$R_{p0.2}$为 827~1000MPa，R_m 不小于 1034MPa。

根据从事平板闸阀的设计、制造的经验，同时广泛调研了解平板闸阀制造行业的先进技术，初步遴选了 12Cr13、样本 A、样本 B、样本 C、样本 D、样本 E 等 6 种材料来制作“T”形螺母，制作样件进行试验、测试。

（三）阀杆与“T”形螺母材料配合试验

经过多次试验（表 7-4、图 7-24），最后确定选择样本 E 制作“T”形螺母、UNS N07718 制作阀杆，进行最终的 PR2 试验测试。

表 7-4 阀杆与“T”形螺母材料配合试验

“T”形螺母		阀杆		扭矩	稳定的开关次数	备注
材质	硬度	材质	硬度			
12Cr13（QPQ）	213HBW	UNS N07718（QPQ）	HRC38	500	20	扭矩过大
样本 A	HRC20	UNS N07718（QPQ）	HRC38	200	8	
样本 B	HRC18	UNS N07718（QPQ）	HRC38	170~180	70	
样本 C	HRC18	UNS N07718（QPQ）	HRC38	60	14	防腐性能不达标
样本 D	255HBW	UNS N07718（QPQ）	HRC38	失败	10	
样本 E	HRC20	UNS N07718（QPQ）	HRC38	120~130	>200	作为首选

（a）样本A试验　　（b）样本B试验

图 7-24　样本试验过程

四、PFFA 78-140 平板闸阀的制造

（一）PFFA 78-140 平板闸阀的结构

设计出的 PFFA 78-140 平板闸阀的全剖图和 1/4 剖图如图 7-25 所示。

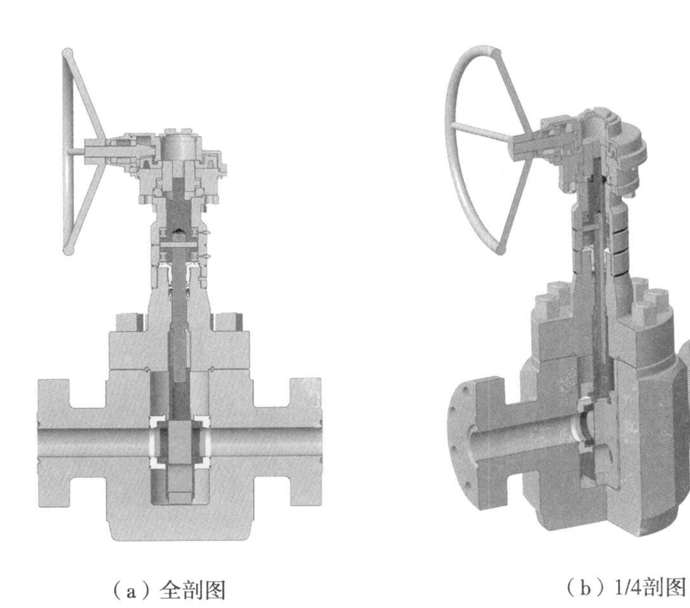

（a）全剖图　　（b）1/4剖图

图 7-25　PFFA 78-140 手动平板阀全剖图和 1/4 剖图

（二）PFFA 78-140 平板闸阀的内控件的制造

阀杆、阀板、阀座、密封等相关零部件的制造如图 7-26 所示。

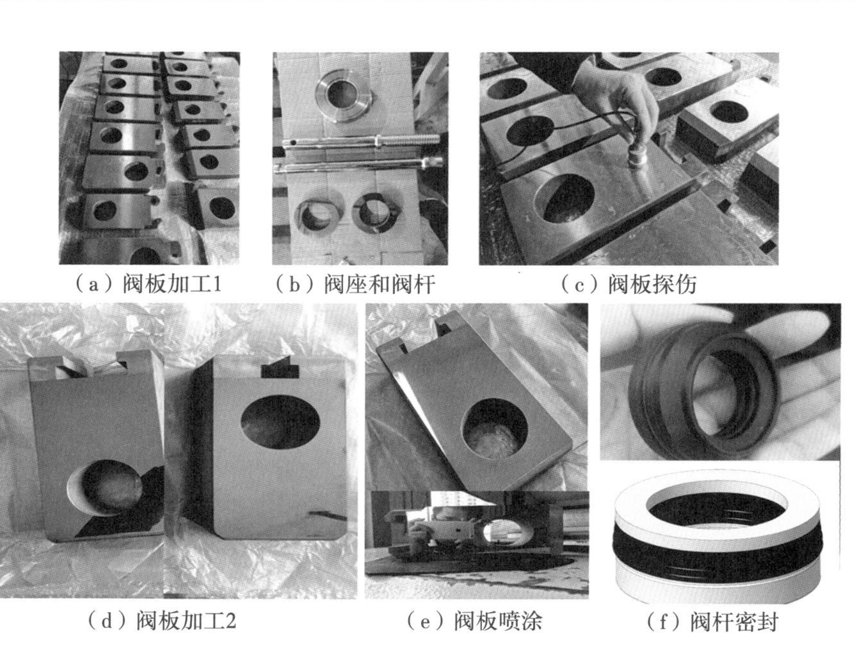

（a）阀板加工1　（b）阀座和阀杆　（c）阀板探伤

（d）阀板加工2　（e）阀板喷涂　（f）阀杆密封

图 7-26　阀杆、阀板、阀座、密封件的制造

（三）PFFA 78-140 平板闸阀的阀体制造

整个阀体的制造过程如图 7-27 所示。

（a）阀体锻件毛坯　（b）阀体粗加工　（c）阀体调质喷砂后

（d）阀体垫环槽堆焊后　（e）阀体垫环槽堆焊后探伤检测　（f）阀体精加工后

（g）阀体成品　（h）阀体成品图　（i）阀体内表面

图 7-27　阀体的制造

同时对阀体的阀座孔密封面进行研磨抛光，如图 7-28 所示，使密封表面粗糙度能达到 0.6 以上，同时通过加工外阀座，减小阀板阀座安装间隙。

（a）阀座孔3开磨盘

（b）阀座孔3开磨加工

图 7-28　阀体的密封平面的研磨

对阀体进行检验，完成水密封试验及气密封试验，如图 7-29 所示。

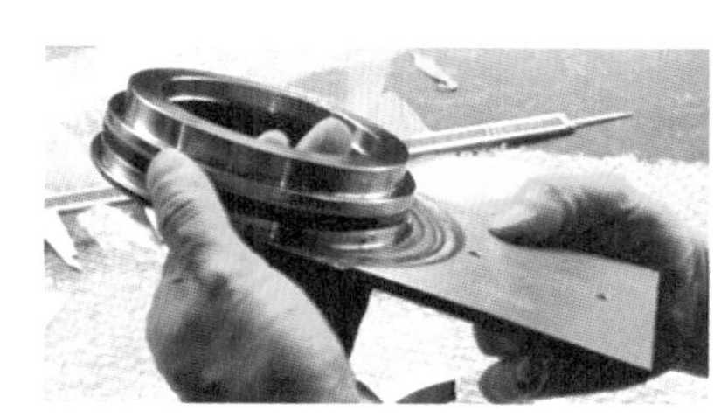
（a）阀座密封安装

（b）内外阀座安装

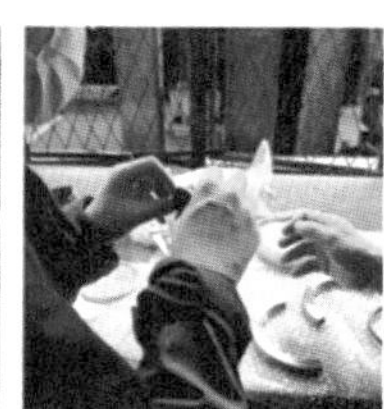
（c）外阀座安装

（d）水密封试验

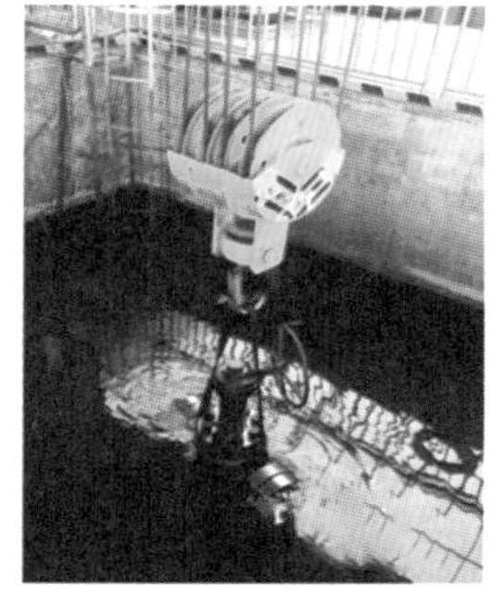
（e）气密封试验

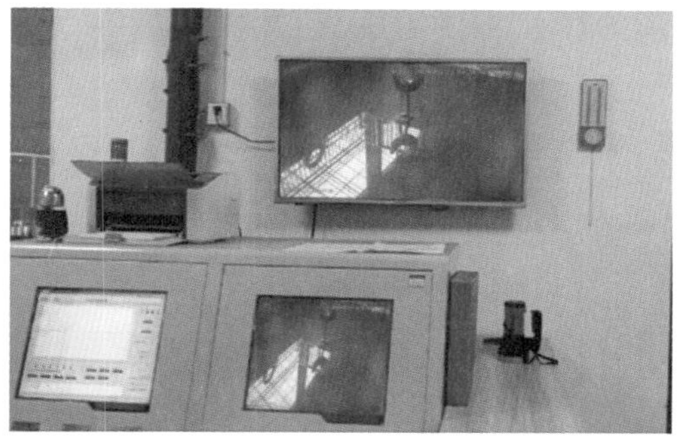
（f）气密封监控室

图 7-29　PFFA 78-140 平板闸阀的检验

第三节　PFFA 78-140 平板闸阀的性能试验

一、PFFA 78-140 平板闸阀性能试验的技术要求

按 API Spec 6A 21th标准要求，PFFA 78-140 平板阀的 PR2 性能试验包括：

（1）室温下力或扭矩测量（3 次）；

（2）室温下的开启/关闭循环动态压力试验（160 次）；

（3）最高额定温度下的动态试验（20 次）；

（4）最高额定温度下的阀体气压试验；

（5）最高额定温度下的阀座气压试验；

（6）最高额定温度下的阀座低压试验；

（7）最低额定温度下的动态试验（20 次）；

（8）最低额定温度下的阀体气压试验；

（9）最低额定温度下的阀座气压试验；

（10）最低额定温度下的阀座低压试验；

（11）阀体压力/温度循环试验；

（12）室温下阀体气压试验；

（13）室温下阀座气压试验；

（14）室温下阀体低压气压试验；

（15）室温下阀座低压气压试验；

（16）最终力或扭矩测量。

井口装置在出厂前，需经过以下试验：

（1）平板闸阀强度试验、水密封试验（测试开启扭矩）、气密封试验；

（2）油管头本体强度试验、水密封试验和气密封试验；

（3）井口装置整体的气密封试验。

其中密封套管的多封组件和油管悬挂器均为金属密封结构，只针对首套产品做密封试验，验证结构的合理性，在批量生产时不需做密封试验。

二、平板闸阀的 PR1 试验与 PR2 试验

表 7-5 给出了平板闸阀 PR1 与 PR2 性能鉴定试验对比，PFFA 78-140 平

板闸进行 PR2 试验，相关试验大纲参照附录 1。

表 7-5 平板闸阀 PR1 与 PR2 性能鉴定试验对比

性能要求	PR1	PR2
阀体静压强度试验	打水压 210MPa 后，分别保压 3min、15min	打水压 210MPa 后，分别保压 3min、15min
室温下的阀座对阀体密封试验，同时测开启力矩	加压至 140MPa，保压 3min、15min、15min，开启阀门同时记录力矩	加压至 140MPa，保压 3min、15min、15min，开启阀门同时记录力矩
室温下的阀座对阀体密封试验	打压后，保压 3min、15min、15min	施加额定工作压力，保压 3min、15min、15min
室温下的动态开/关循环压力试验	阀门在额定压力、常温状态下进行 3 次开—关—开循环	阀门在额定压力、常温状态下进行 160 次开—关—开循环
最高温度下的动态开/关循环压力试验	不做相关试验	将试验温度升到最大额定温度，阀门在额定压力状态下开—关—开循环 20 次
最高额定温度下阀体气压试验	不做相关试验	做完高温循环试验后，将温度升到最高额定温度，试验压力升到最高额定压力。进行一个至少 1h 的保压期
最高额定温度下阀座气压试验	不做相关试验	在最高额定温度下，施加额定工作压力，在压力和温度稳定的情况下，至少保压 1h
最高额定温度下阀座低压试验	不做相关试验	在最高额定温度下，施加额定工作压力的 5%~10%的压力，在压力和温度稳定的情况下，至少保压 1h
最低温度下的动态开/关循环压力试验	不做相关试验	将试验温度降到最小额定温度，阀门在额定压力状态下开—关—开循环 20 次
最低额定温度下阀体气压试验	不做相关试验	做完低温循环试验后，将温度降到最低额定温度，试验压力升到最高额定压力。进行一个至少 1h 的保压期
最低额定温度下阀座气压试验	不做相关试验	在最低额定温度下，施加额定工作压力，在压力和温度稳定的情况下，至少保压 1h

续表

性能要求	PR1	PR2
最低额定温度下阀座低压试验	不做相关试验	在最低额定温度下，施加额定工作压力的5%～10%的压力，在压力和温度稳定的情况下，至少保压1h
阀体压力/温度循环	不做相关试验	按如下步骤进行阀体高低温试验：(1) 在室温和大气压力下开始升温至最高温度；(2) 施加试验压力，至少保压1h，而后卸压；(3) 降温至最低温度；(4) 施加试验压力，至少保压1h，而后卸压；(5) 升温至室温；(6) 在室温下施加试验压力，并且在升至最高温度期间，保持压力在试验压力的50%～100%；(7) 在试验压力下至少保压1h；(8) 在保持试验压力的50%～100%时，降低温度至最低温度；(9) 在试验压力下至少保压1h；(10) 升温至室温，升温期间保持试验压力的50%～100%；(11) 卸压，再升温至最高温度；(12) 施加试验压力，至少保压1h，而后卸压；(13) 降温至最低温度；(14) 施加试验压力，至少保压1h，而后卸压；(15) 升温至室温
室温下阀体保压试验	不做相关试验	在室温下进行保压1h试验
阀体低压保压试验	不做相关试验	在室温下进行5%～10%额定压力的保压1h试验
室温下第二次阀座对阀体密封试验	不做相关试验	在室温下施加额定压力，并至少保压1h，以验证阀座对阀体的密封完整性

三、PFFA 78-140平板闸阀PR2试验过程

经过前期的实验准备，按API 6A附录F对PFFA 78-140平板阀进行PR2性能验证试验，相关试验大纲见API 6A附录F。

（一）室温下力或扭矩测量（3次）

在室温下把压力加到140MPa，然后将阀门开启，如图7-30所示，记录开启过程中的力矩分别为150N·m、140N·m、150N·m。

（二）室温下的开启/关闭循环动态压力试验（160 次）

在室温下，通过液体加压至 140MPa，然后开启阀门，记录开启力矩，反复进行至少 160 次（图 7-30），试验记录如图 7-31 所示。

最高开启扭矩出现在第 113 次，扭矩值为 202.3N·m，平均扭矩 120N·m 左右。

图 7-30　室温下的开启/关闭循环动态压力试验

（三）最高额定温度下的动态试验（20 次）

加温到 121℃，加压至 140MPa，然后进行阀门开关，记录开启力矩，试验曲线如图 7-32 所示。高温下最高开启扭矩出现在第 20 次，扭矩值为 150.2N·m。

（四）最高额定温度下的阀体气压试验

将温度升到 121℃，阀门半开，加气压至 140MPa，保压 1h，检验阀门整体密封性能。保压期间，压降 2.5MPa，相关曲线如图 7-33 所示。

（五）最高额定温度下的阀座气压试验

进行最高额定温度下的阀座气压试验，将温度升高到 121℃，阀门全关后，打压至 140MPa 以上，稳压 1h。保压期间，压降 1.8MPa，得到如图 7-34 所示的曲线。

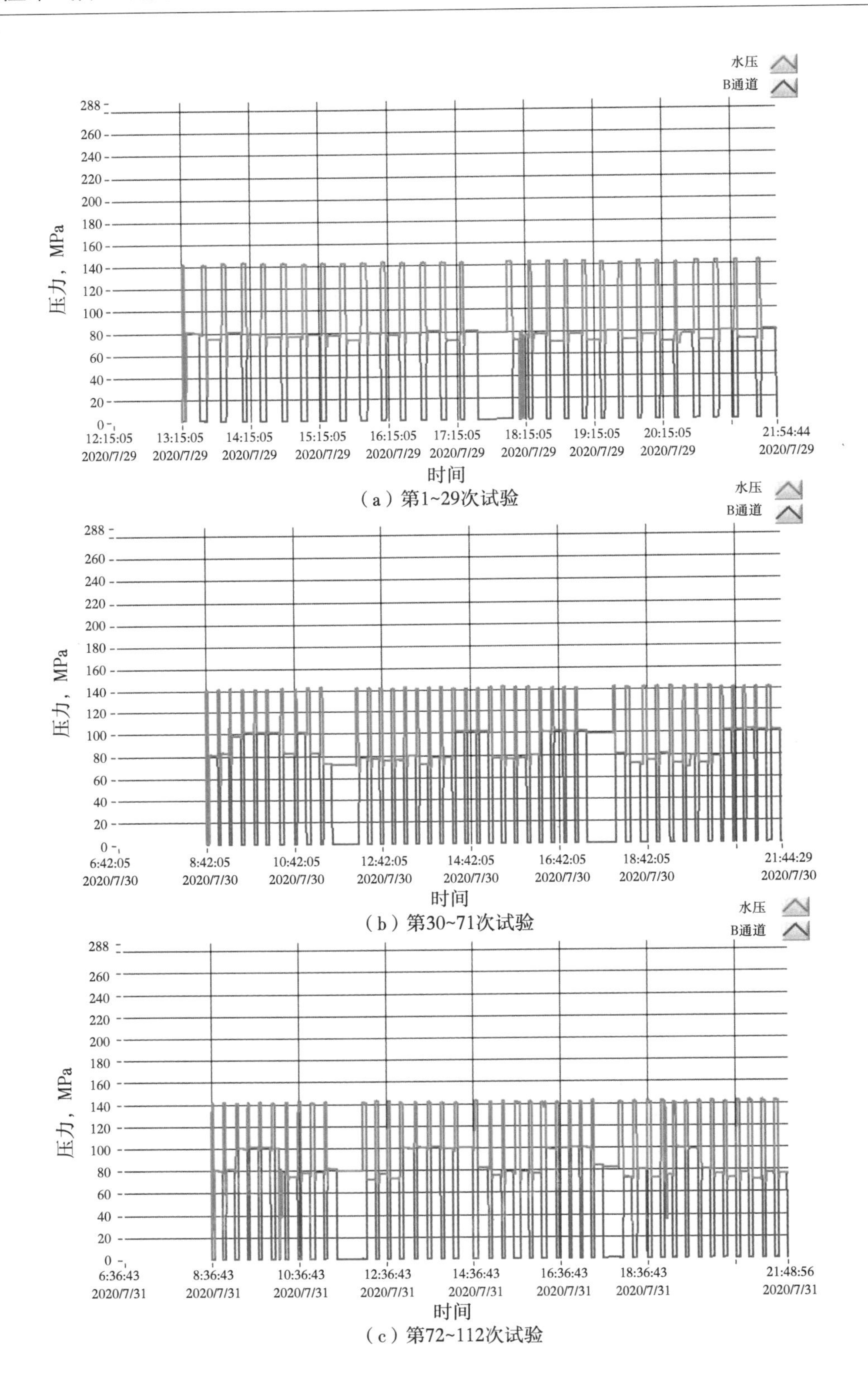

（a）第1~29次试验

（b）第30~71次试验

（c）第72~112次试验

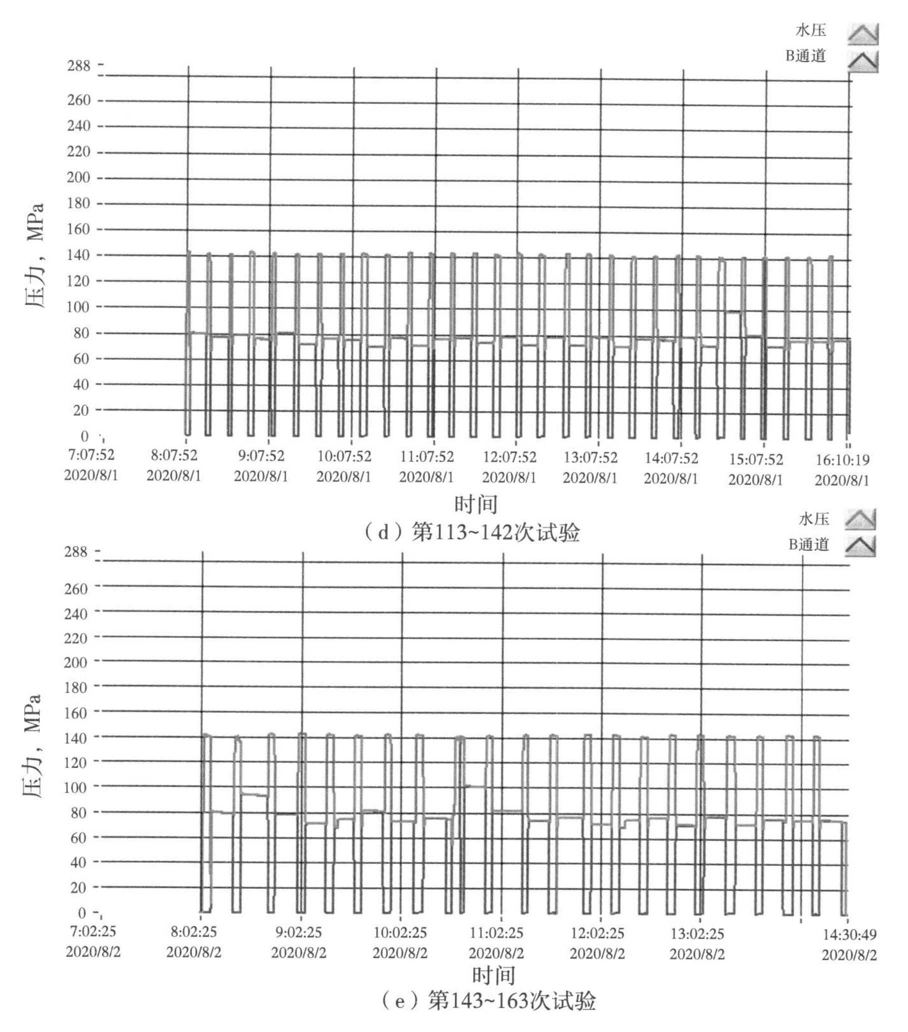

（d）第113~142次试验

（e）第143~163次试验

图 7-31　室温下的开启/关闭循环动态压力试验记录曲线

（六）最高额定温度下的阀座低压试验

进行最高额定温度下的阀座低压试验，将温度升高至 121℃，加气压至 12.5MPa，稳压 1h。保压期间，压降小于 0.1MPa，得到如图 7-35 所示的试验结果。

（七）最低额定温度下的动态试验（20 次）

将温度降至-46℃，阀门全关，加压至 140MPa，再将阀门开启，记录开启力矩。最大开启扭矩出现在第 15 次，扭矩值为 520N·m，平均扭矩为 440N·m。动态试验结果如图 7-36 所示。

四川宝石机械钻采设备有限责任公司

PR2试验报告

产品名称	暗杆平板阀	性能级别	PR2
规格型号	PFFA78-140	产品规范级别	PSL-3G
公称直径	78mm	材料级别	FF-NL
公称压力	140MPa	温度级别	L.U（-46~121℃）
试验项目序号/名称	5.3 最高额定温度下的动态试验		
A侧压力，MPa	140	开启后压力>50%额定压力（MPa）	75
设定温度，℃	121	温度变化（±/min）	0.2
最大开启扭矩，N·m	150.2	最大开启扭矩出现在	第20次
最大关闭扭矩，N·m	27.8	最大关闭扭矩出现在	第2次
额定开关次数	20	实际完成开关次数	20
试验开始时间	8月16日	试验结束时间	8月16日

验收标准：（1）扭矩小于制造商推荐的扭矩值；
（2）阀门操作平稳，无卡阻现象和振动现象；
（3）当A侧压力达不到额定压力或扭矩超出设备安全设置时，即可终止试验。

试验结论（合格/不合格）		试验操作员（签字）	
检验（见证）员（签字）		审核员（签字）	

图 7-32　最高额定温度下的动态试验

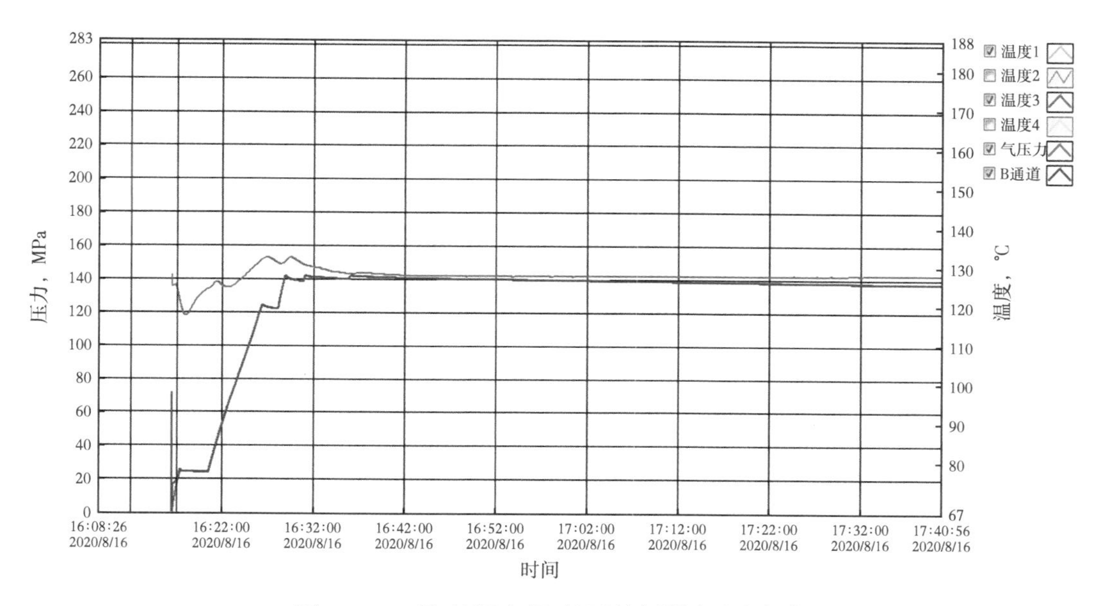

图 7-33　最高额定温度下的阀体气压试验

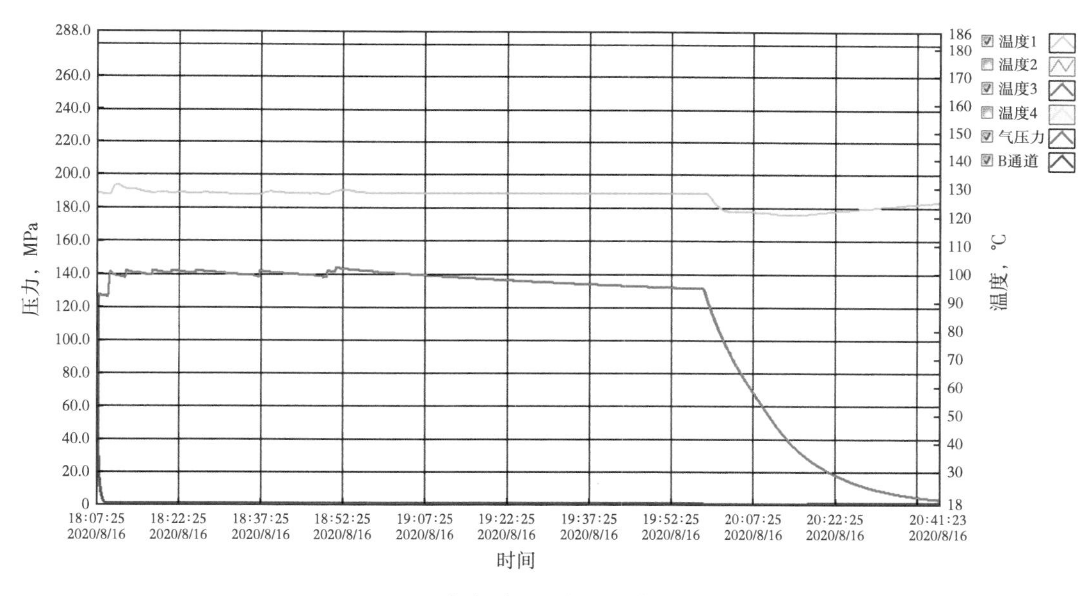

图 7-34　最高额定温度下的阀座气压试验

（八）最低额定温度下的阀体气压试验

将温度降至-46℃，阀门半开，加压至 140MPa，稳压 1h。保压期间，压降 2.7MPa，气体压力试验结果如图 7-37 所示。

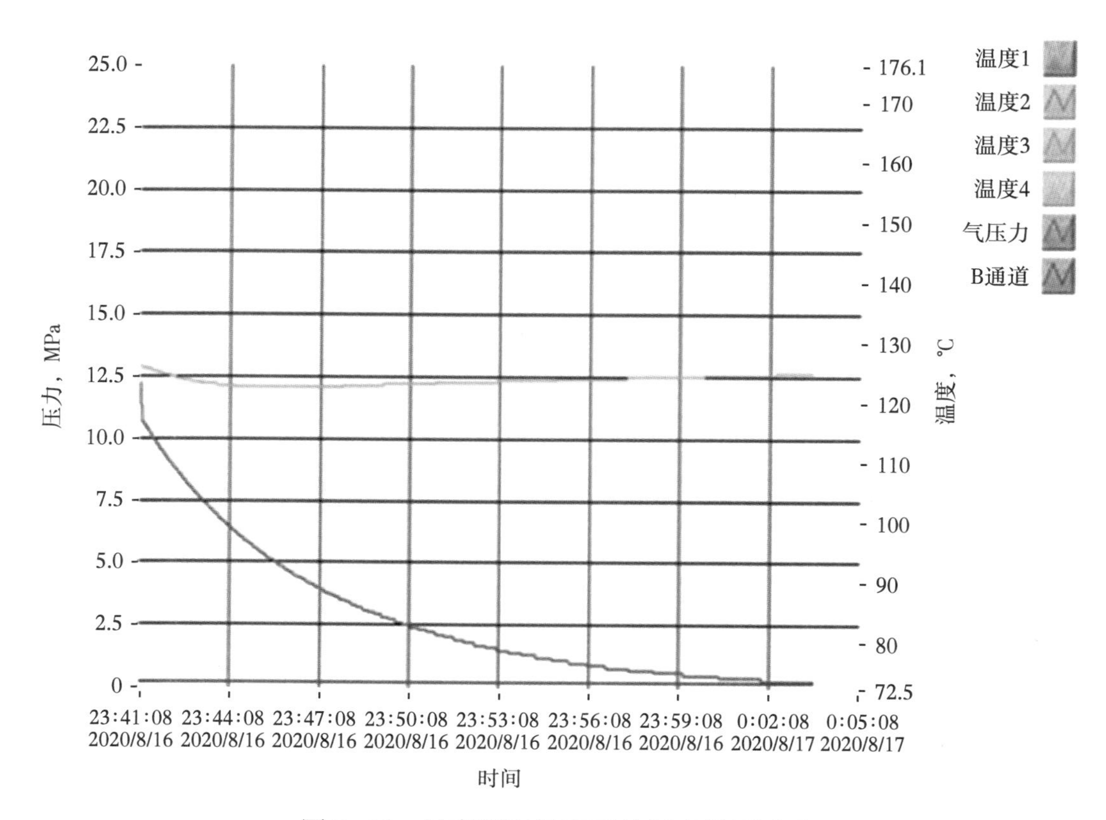

图 7-35　最高额定温度下的阀座低压试验

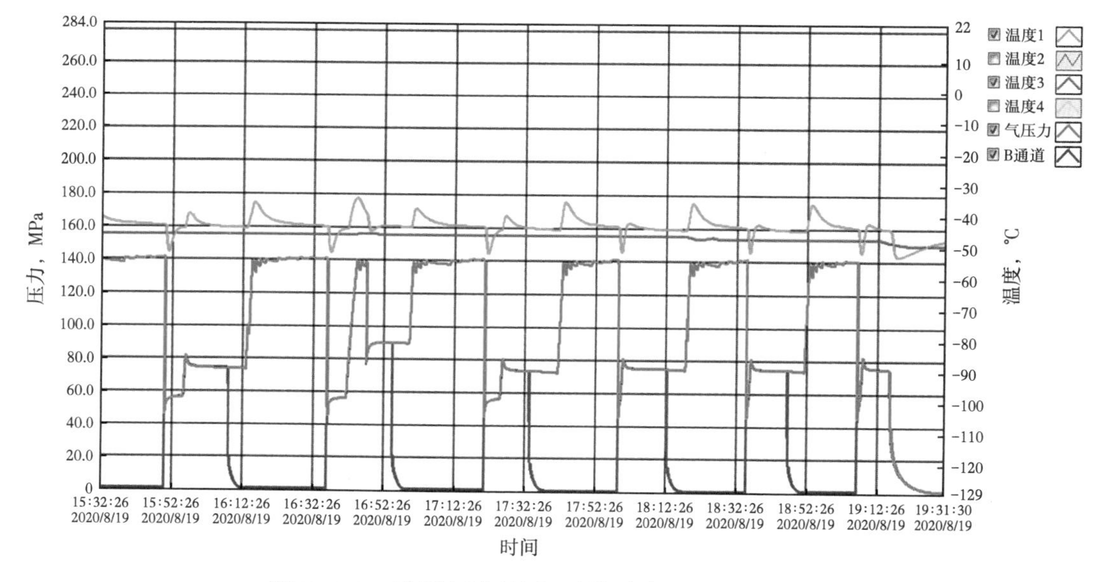

图 7-36　最低额定温度下的动态试验（20 次）

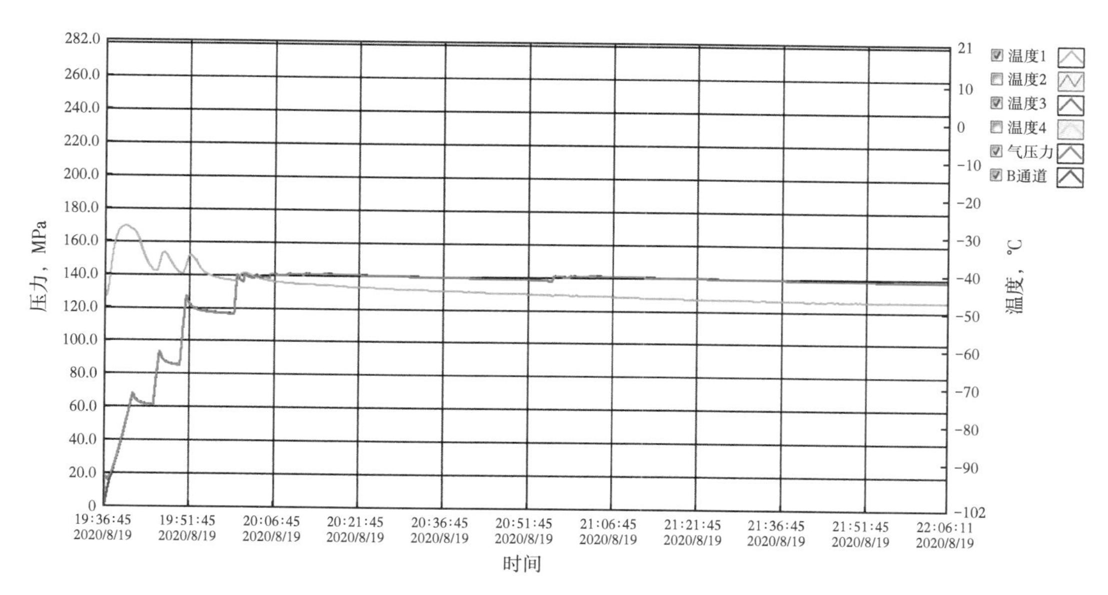

图 7-37　最低额定温度下的阀体气压试验

（九）最低额定温度下的阀座气压试验

将温度降至-46℃，阀门全关，加压至 140MPa，稳压 1h。保压期间，压降 2.1MPa。最低额定温度下的阀座气压试验结果如图 7-38 所示。

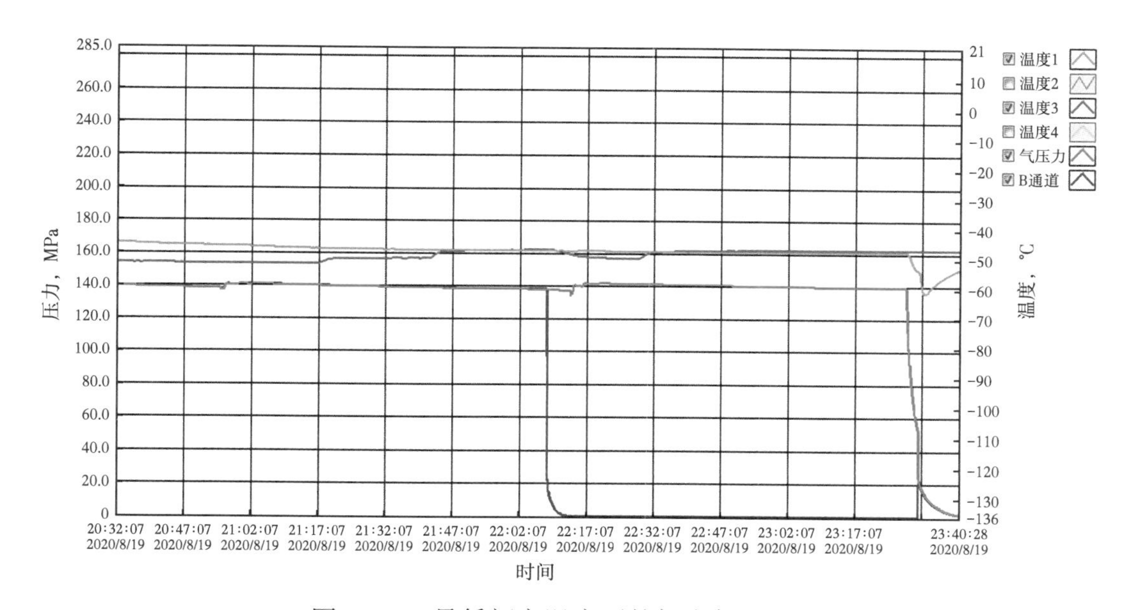

图 7-38　最低额定温度下的阀座气压试验

（十）最低额定温度下的阀座低压试验

将温度降至-46℃，阀门全关，加压至12.5MPa，稳压1h。保压期间，压降0.6MPa。

（十一）阀体压力/温度循环试验

进行高低温循环试验，试验期间需要按要求保持压力，循环试验结果满足要求。

（十二）室温下阀体气压试验

将闸阀从试验箱中取出，B侧打压孔用丝堵堵死，A侧连接气压管线，闸阀水平安放在水池底部，闸阀处于半开启状态，在室温下，A侧加压至额定工作压力，压力稳定后，保压至少1h，检测阀杆、阀盖处泄漏量，保压期间阀杆允许泄漏量60cm³/h，阀盖密封允许泄漏量20cm³/h。保压期间，压降0.3MPa，在阀杆、阀盖处均无气泡产生，即无泄漏。

（十三）室温下阀座气压试验

在完成上一节试验后，带压关闭闸阀，保持当前压力，B侧卸压至零，在A侧加压至额定工作压力，稳压15min，检测通径孔、阀杆、阀盖处泄漏量，保压期间通径孔允许泄漏量30cm³/h，阀杆允许泄漏量60cm³/h，阀盖密封允许泄漏量20cm³/h。保压期间，压降0.8MPa，通径孔、阀杆和阀盖密封处均无气泡产生，即无泄漏。

（十四）室温下阀体低压气压试验

阀门处于半开状态，在A侧加压至额定工作压力的5%～10%之间，压力稳定后，至少保压1h，卸压。保压期间阀杆允许泄漏量60cm³/h，阀盖密封允许泄漏量20cm³/h。保压期间，无气泡产生，无压降，即无泄漏。

（十五）室温下阀座低压气压试验

阀门处于关闭状态，B侧打压孔通空气，A侧连接气压管线，闸阀水平放在水池底部，在A侧加压至额定工作压力的5%～10%之间，压力稳定后，至少保压1h，卸压。再将A侧打压孔通空气，B侧连接气压管线，闸阀水平放在水池底部，在A侧加压至额定工作压力的5%～10%之间，压力稳定后，至少保压1h，卸压。保压期间阀杆允许泄漏量60cm³/h，阀盖密封允许泄漏量20cm³/h。

（十六）最终力或扭矩测量

用两个法兰连接阀门的两侧（A侧和B侧），同时与试压管线相连，阀门处于关闭状态，用水充满阀门的 B 侧面，使压力达到 1%额定压力或更小的压力，在 A 侧加压到额定压力，用扭矩扳手将闸阀在全压差状态下打开，并记录打开最大扭矩值；再用扭矩扳手关闭闸阀，并记录最大关闭扭矩，阀门关闭后，B 侧卸压至 1%试压压力或更小。重复试验 3 次，记录扭矩。

第四节　油管头及采气树

一、油管头

（一）油管头结构

油管头部分主要由油管头四通、油管悬挂器、暗杆式平板阀、仪表法兰、螺纹法兰、截止阀、压力表等组成，具有安装方便、密封可靠、安全性能高的特点。主要结构如图 7-39 所示。

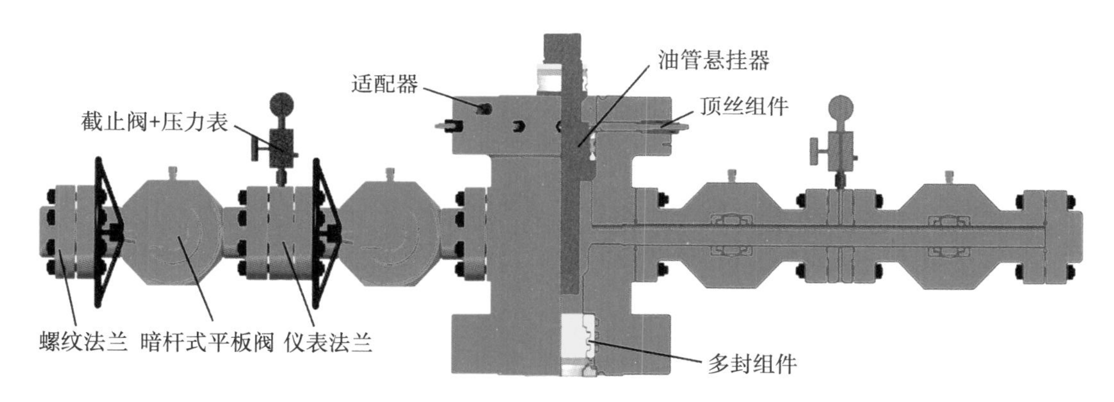

图 7-39　油管头结构示意图

（二）油管头四通

本设计的油管头四通结构如图 7-40 所示，其主要特点如下。

（1）油管头四通是采用符合 API Spec 6A 中材料性能要求的合金钢或不锈钢制造而成，工作安全可靠。

（2）油管头四通侧出口为栽丝法兰连接，并带 VR 堵螺纹，可以在不压井的情况下更换阀门。

（3）油管头四通底部采用三道二次密封结构（FS 圈密封、S 圈密封和金属密封），FS 圈密封和 S 圈密封+金属密封这种密封结构（图 7-41）无须注密封脂便可密封套管，安装方便，密封可靠。注意：在安装时，要注意保证套管密封面的尺寸和表面粗糙度，现场安装时，因套管尺寸偏差问题，要求在安装前对套管进行打磨，保证套管尺寸与孔的直径不大于0.30mm，且密封表面光滑后才可安装。

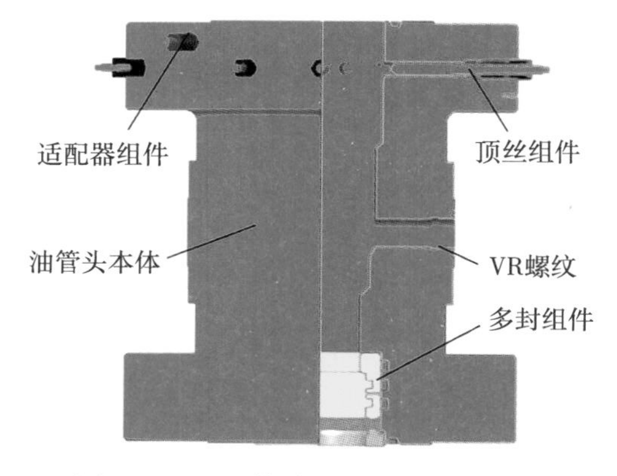

图7-40　油管头四通总成示意图

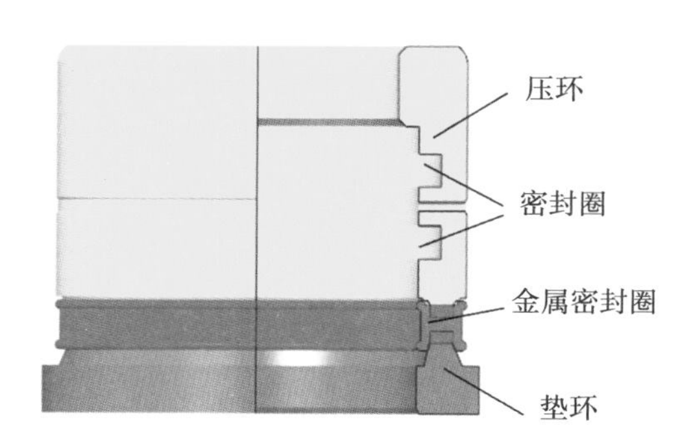

图7-41　橡胶+金属密封套管结构

（4）顶丝：油管头四通上法兰上的顶丝用于固定和压紧油管挂。

（5）下部有FS密封圈和金属密封圈及其相应的试压孔，FS密封圈在使用时不用注脂就能密封。

（6）内腔下部有与套管悬挂器或是套管相匹配的密封面。上法兰上有顶丝，用于锁定防磨套（保护密封面），在坐入油管悬挂器后，能将油管悬挂器锁定。若顶丝处出现渗漏，可拧紧压帽，使密封生效。

（三）油管总挂

油管挂坐落在油管头四通本体的台肩上，油管悬挂器主副密封均为金属密封+橡胶密封结构。油管悬挂器同采气树整体1#阀及油管头四通之间的密封采用金属对金属密封。这种结构具有较强的抗CO_2、H_2S腐蚀性能，而且密封安全可靠，密封件安装拆卸方便（图7-42）。挂器金属密封均从上端安装，即在油管坐挂后安装金属密封环，通过拧紧顶丝激发金属密封变形使其密封。其金属密封环在密封失效时可在不提油管的情况下更换金属环密封。在钻井过程中应使用防磨套，防止钻井工具对油管头四通密封面的碰撞和伤害。

（四）压力表及截止阀

截止阀主要用来控制和保护压力表，也作安装和调换压力表用，结构如图7-43所示。需测油管压力时，可打开截止阀，工作介质便进入压力表，从而

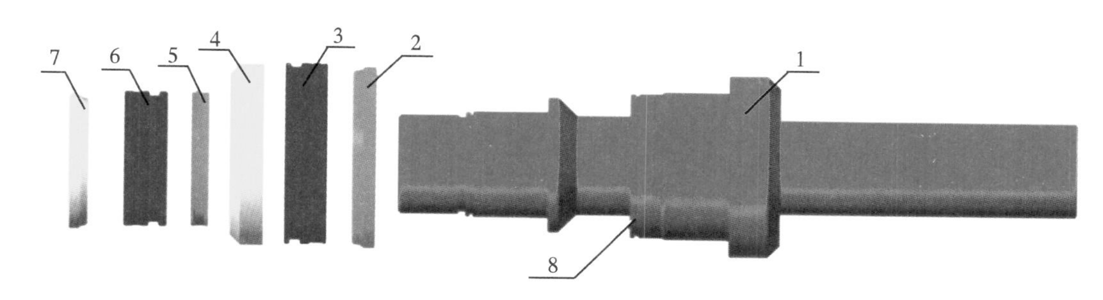

图 7-42　金属密封直管挂示意图

1—油管挂本体；2—支撑环；3—金属密封环；4—压环；5—支撑环；
6—金属密封环；7—压环；8—管线穿越

测出压力。如需安装或调换压力表时，只需关闭截止阀并通过卸压螺钉卸去阀腔中压力即可进行。

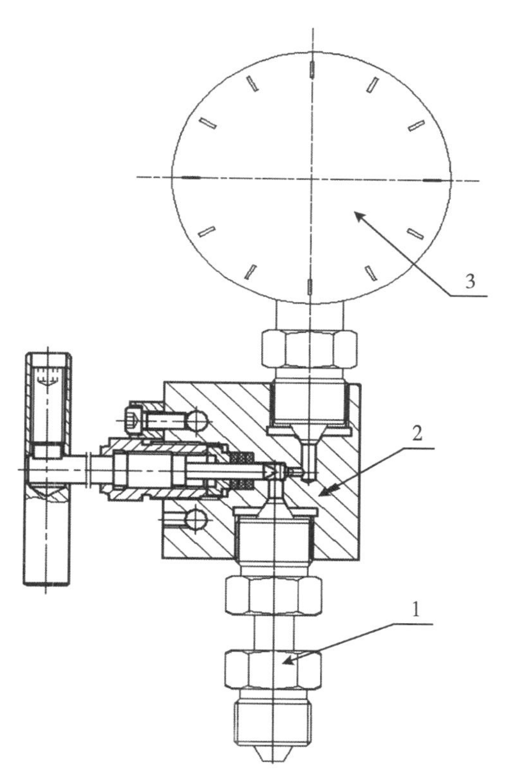

图 7-43　截止阀压力表组装示意图

1—转换接头；2—带卸压功能的截止阀总成；3—压力表

二、采气树

（一）采气树结构

采气树为整体式结构，由 1# 整体阀、“Y”形整体阀、弯头、暗杆平板阀、仪表法兰、螺纹法兰、截止阀、压力表等零部件组成。采用 API 标准垫环连接，具有安装方便、密封可靠、安全性能高的特点（图 7-44）。

（二）液动安全阀

液动安全阀是一种根据介质压力及各种异常情况而启闭的安全装置，主要用于管线压力超过预定范围时关闭管线。阀门由控制盘提供驱动动力来保持打开，在紧急情况下关闭，截断井底油气涌入地面，防止井涌、井喷事故的发生。

液动安全阀主要由阀体、阀盖、阀杆、阀板、阀座和执行器（包括液压缸、活塞、缸盖和弹簧等）等部件组成，如图 7-45 所示。阀板、阀座采用弹

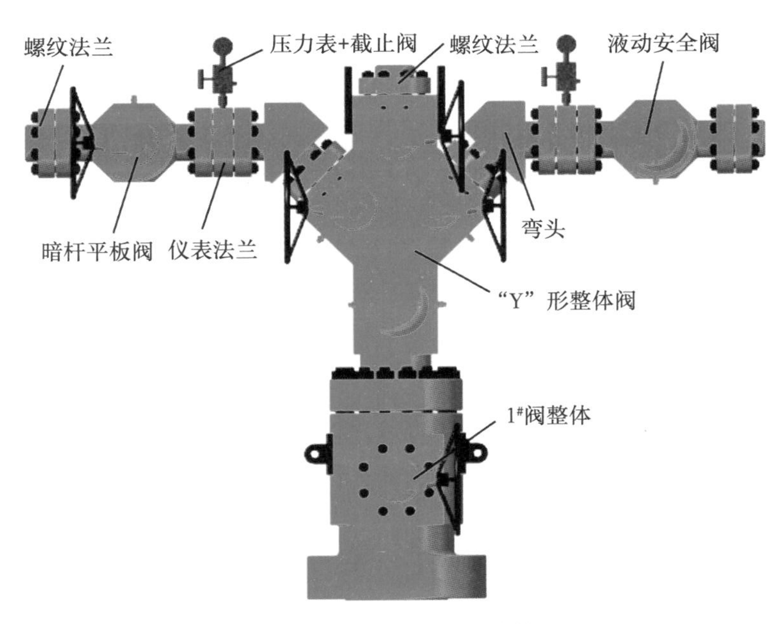

图 7-44　整体采气树结构图

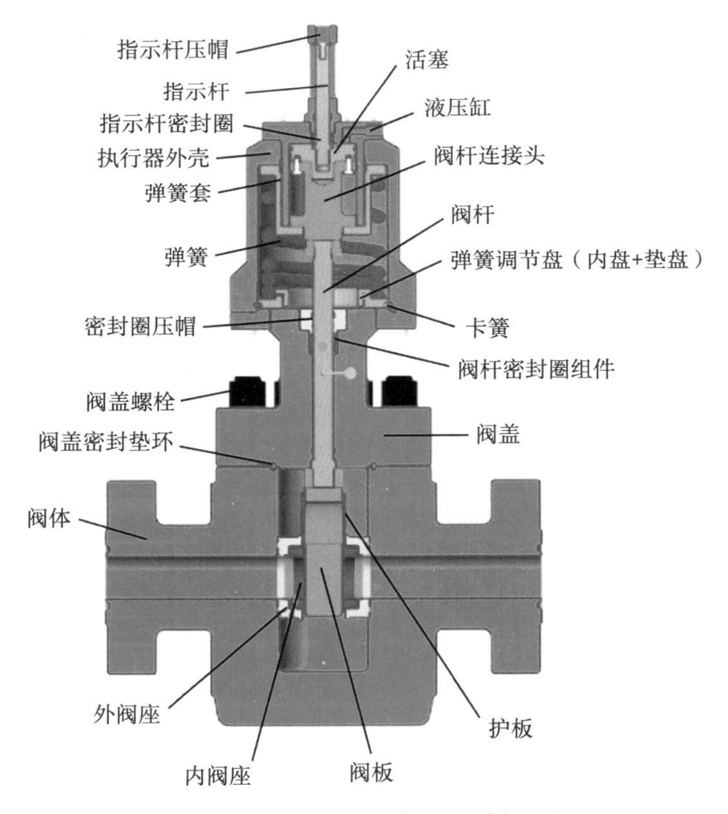

图 7-45　液动安全阀三维剖视图

性浮动密封结构，保证良好密封性能；阀杆采用带有弹簧的致能密封件，密封性能良好；执行器设有弹簧调节垫盘，在出厂时已调整到规定位置，若需调节，需在厂家服务人员知晓下进行操作，其液压油必须清洁干净，且满足-46~121℃工况。

工作原理是：液压控制盘对活塞施加一个控制压力（≤3000psi）压缩弹簧并作用到阀杆，带动阀板打开闸阀，使闸阀处于正常工作状态（即全开）；当液压控制盘释放控制压力，弹簧自身弹力迫使阀杆阀板复位，闸阀关断（即全关），井口安全关闭。

第五节　失效分析及维护保养

一、ZC103/78-140采气井口装置失效分析

通过对设备和失效模式的关键性分析，可以识别出重要的现有控制措施和改进设计的建议措施。Ⅰ类和Ⅱ类失效模式及设备见表7-6。

表7-6　失效模式关键性分析与后果和可能性分析

设备类型	失效模式	失效模式关键性		后果和可能性	
		未考虑现有控制措施	考虑现有控制措施	后果严重程度	失效可能性
油管头	油管头材料裂纹，导致断裂	VH	M	A	3
	油管头材料内部缺陷，导致断裂	VH	M	A	3
	油管头强度不足，导致断裂	VH	M	A	3
	油管头本体硬度不合格，抗腐蚀减弱	M	L	C	4
	油管头密封失效，气体外漏	M	L	A	1
	结构承载能力不足，发生断裂	VH	M	A	3
	套管金属密封泄漏	M	L	A	1
	顶丝泄漏	M	L	C	1
	管线适配器泄漏	M	L	C	1
	管线适配器与高压硬管不能连接	M	L	D	1
	垫环密封失效	M	L	C	2
	垫环槽泄漏	M	L	B	3
	连接螺栓断裂失效	VH	M	A	3

续表

设备类型	失效模式	失效模式关键性		后果和可能性	
		未考虑现有控制措施	考虑现有控制措施	后果严重程度	失效可能性
油管头	螺纹法兰螺纹失效	M	L	D	1
	仪表法兰螺纹失效	M	L	D	1
	高压截止阀泄漏	M	L	D	1
	抗震防硫压力表失效	M	L	D	1
	试压单流阀失效	M	L	D	1
油管悬挂器	油管悬挂器螺纹断裂	VH	M	A	3
	油管悬挂器台阶结合处断裂	VH	M	A	3
	油管悬挂器密封失效	M	L	C	3
	高压硬管不能穿越	M	L	D	2
	高压硬管与卡套接头密封失效	M	L	D	1
	悬挂器送入工具强度不足断裂，送入失效	M	L	A	3
平板闸阀	阀体材料裂纹，导致断裂	VH	M	A	3
	阀体强度不足，导致断裂	VH	M	A	3
	阀体硬度不合格，抗腐蚀减弱	M	L	C	4
	阀体密封失效，气体外漏	M	L	A	1
	阀板阀座密封失效，气体外漏	M	L	A	2
	阀杆倒密封失效，导致闸阀不能带压更换密封圈	M	L	C	2
	阀杆与“T”形螺纹粘接，导致闸阀不能开关	M	L	D	1
	阀杆与阀盖密封失效，气体外漏	VH	M	A	3
	转动套销轴断裂，导致闸阀不能开关	M	L	C	1
	阀盖螺栓断裂失效	VH	M	A	3
	垫环密封失效，导致气体外漏	M	L	A	3
	轴承失效，导致开关力矩过大	M	L	D	1
	闸阀注脂孔密封失效，导致气体外漏	M	L	D	1
	省力机构齿轮啮合失效，导致闸阀不能开关	M	L	E	1

续表

设备类型	失效模式	失效模式关键性		后果和可能性	
		未考虑现有控制措施	考虑现有控制措施	后果严重程度	失效可能性
整体式1#闸阀	阀体材料裂纹，导致断裂	VH	M	A	3
	阀体强度不足，导致断裂	VH	M	A	3
	阀体硬度不合格，抗腐蚀减弱	M	L	C	4
	阀体密封失效，气体外漏	M	L	A	1
	阀板阀座密封失效，气体外漏	M	L	A	2
	阀杆与“T”形螺纹粘接，导致闸阀不能开关	M	L	D	1
	阀杆倒密封失效，导致闸阀不能带压更换密封圈	M	L	C	2
	阀杆与阀盖密封失效，气体外漏	VH	M	A	3
	转动套销轴断裂，导致闸阀不能开关	M	L	C	1
	阀盖螺栓断裂失效	VH	M	A	3
	垫环密封失效，导致气体外漏	M	L	A	3
	轴承失效，导致开关力矩过大	M	L	D	1
	闸阀注脂孔密封失效，导致气体外漏	M	L	D	1
	省力机构齿轮啮合失效，导致闸阀不能开关	M	L	E	1
“Y”形整体阀	阀体材料裂纹，导致断裂	VH	M	A	3
	阀体强度不足，导致断裂	VH	M	A	3
	阀体硬度不合格，抗腐蚀减弱	M	L	C	4
	阀体密封失效，气体外漏	M	L	A	1
	阀板阀座密封失效，气体外漏	M	L	A	2
	阀杆与“T”形螺纹粘接，导致闸阀不能开关	M	L	D	1
	阀杆与阀盖密封失效，气体外漏	VH	M	A	3
	转动套销轴断裂，导致闸阀不能开关	M	L	C	1
	阀盖螺栓断裂失效	VH	M	A	3
	垫环密封失效，导致气体外漏	M	L	A	3
	轴承失效，导致开关力矩过大	M	L	D	1

续表

设备类型	失效模式	失效模式关键性		后果和可能性	
		未考虑现有控制措施	考虑现有控制措施	后果严重程度	失效可能性
"Y"形整体阀	省力机构齿轮啮合失效，导致闸阀不能开关	M	L	D	1
	弹簧弹力小，导致安全阀不能快速关闭	M	L	A	3
	液压缸密封失效，导致闸阀不能开启	M	L	C	1
	缸盖螺纹失效，导致液压油外溢	M	L	D	1
	阀盖螺栓与液压缸螺栓断裂失效	VH	M	A	3
活动安全阀	阀体材料裂纹，导致断裂	VH	M	A	3
	阀体强度不足，导致断裂	VH	M	A	3
	阀体硬度不合格，抗腐蚀减弱	M	L	C	4
	阀体密封失效，气体外漏	M	L	A	1
	阀板阀座密封失效，气体外漏	M	L	A	2
	阀杆与阀盖密封失效，气体外漏	VH	M	A	3
	弹簧弹力小，导致安全阀不能快速关闭	M	L	A	3
	液压缸密封失效，导致闸阀不能开启	M	L	C	1
	垫环密封失效，导致气体外漏	M	L	A	3
	缸盖螺纹失效，导致液压油外溢	M	L	D	1
	阀盖螺栓与液压缸螺栓断裂失效	VH	M	A	3
	注脂孔密封失效，导致气体外漏	M	L	D	1
平板阀组件	阀体材料裂纹，导致断裂	VH	M	A	3
	阀体强度不足，导致断裂	VH	M	A	3
	阀体硬度不合格，抗腐蚀减弱	M	L	C	4
	阀体密封失效，气体外漏	M	L	A	1
	阀板阀座密封失效，气体外漏	M	L	A	2
	阀杆与"T"形螺纹粘接，导致闸阀不能开关	M	L	D	1
	阀杆倒密封失效，导致闸阀不能带压更换密封圈	M	L	C	2
	阀杆与阀盖密封失效，气体外漏	M	L	A	3
	转动套销轴断裂，导致闸阀不能开关	M	L	C	1

续表

设备类型	失效模式	失效模式关键性		后果和可能性	
		未考虑现有控制措施	考虑现有控制措施	后果严重程度	失效可能性
平板阀组件	阀盖螺栓断裂失效	VH	M	A	3
	垫环密封失效，导致气体外漏	M	L	A	3
	轴承失效，导致开关力矩过大	M	L	D	1
	闸阀注脂孔密封失效，导致气体外漏	M	L	D	1
	省力机构齿轮啮合失效，导致闸阀不能开关	M	L	E	1
其他	螺纹法兰螺纹失效	M	L	D	1
	仪表法兰螺纹失效	M	L	D	1
	垫环密封失效，导致气体外漏	M	L	A	3
	连接螺栓强度不够，导致螺栓断裂	VH	M	A	3
	高压截止阀泄漏	M	L	D	1
	抗震防硫压力表失效	M	L	D	1
	试压单流阀失效	M	L	D	1
非金属密封件	非金属密封件密封失效，导致气体外漏	VH	M	A	4

注：VH—非常高；M—中等；L—低；A—非常严重；B—较严重；C—严重；D— 一般；
1—极低；2，3—低，失效相对很少发生；4—中等，失效偶尔发生。

二、维护与保养

（一）正常使用中的检查项目

正常使用中的检查项目见表 7-7。

表 7-7　正常使用中的检查项目

序号	检查项目
1	定期检查管线上的压力表显示，并做好记录
2	定期检查法兰连接螺栓松紧程度和完好情况，检查各处法兰连接是否存在漏气情况
3	定期检查井口下游管线是否存在异常现象
4	定期检查阀门是否存在漏油（气）现象，按照有关操作规程，分期检查每套井口阀门的开关性能
5	如有节流阀，要定期检查节流阀上下游压力变化，及时了解节流阀工作状况

（二）月度定期保养项目

月度定期保养项目见表7–8。

表7–8　月度定期保养项目

序号	保养项目
1	包括正常使用中的检查项目
2	对阀门轴承座上的油杯加注锂基润滑油，保证轴承转动灵活
3	清理井口表面的油污

（三）季度及年度定期保养项目

季度及年度定期保养项目分别见表7–9和表7–10。

表7–9　季度定期保养项目

序号	保养项目
1	包括月度定期保养内容
2	通过阀门阀盖上的密封脂注入阀注入7903密封脂，以使阀板和阀座得到润滑，并可密封微小的渗漏，操作方法见阀门使用手册

表7–10　年度定期保养项目

序号	保养项目
1	包括季度定期保养内容
2	对油管头二次密封圈补注EM08密封脂，保证二次密封圈的密封性能

（四）失效时的处理方法

常见的失效处理方法如下。

（1）当油管头四通外侧平板阀密封失效时，可关闭内侧阀门，卸掉外侧阀门内腔的压力进行维修。

（2）当靠近油管头四通内侧平板阀失效时，用VR堵送入取出工具将VR堵拧入油管头四通，封堵油管与套管的环空压力，然后进行阀门维修作业。

（3）油管头部件所含密封件较多，因此密封元件的维修更换是关键。

（4）每进行起下一次油管作业，首先应检查油管挂密封元件是否损坏，对损坏元件要及时更换维修，重新组装后试压。

（5）当油管挂环空进行试压时，顶丝有泄漏时应及时拆卸，更换密封元件，重新试压，直至无泄漏。

附录　PFFA 78-140 平板闸阀型式试验大纲

一、概述

（一）总则

（1）本试验大纲适用于自主设计、制造的暗杆平板闸阀，且符合 API Spec 6A 规范的要求。

（2）在试验本产品以前，参与此项工作的管理人员、技术人员和操作者必须仔细阅读、查看本产品的图纸、说明、本大纲和相关技术资料，了解并熟悉所有的细节，此外还要具备相应的安全操作知识和技能，操作时必须配备相应的安全防护设备，所有的活动应符合 HSE（健康、安全、环保）的要求。

（二）用途

暗杆平板闸阀用于截断或接头管路中的介质，选用不同的材质，可分别适用于水、钻井液、石油和 H_2S 等介质，在钻井过程中，用于控制钻井液循环，控制井底压力；完井以后，关闭闸阀可进行井口装置操作。

（三）技术参数

（1）额定工作温度：L-U（-46~121℃）。

（2）材料级别：FF-NL 级。

（3）材料代号：75K。

（4）规范级别：PSL3G。

（5）性能级别；PR2。

（6）工作介质：钻井液、石油、天然气中 H_2S 分压不大于 1.0MPa，CO_2 不大于 7.0MPa，pH 值为 2.7~5.9。

（四）术语和定义

（1）水压试验介质：水或带添加剂的水。

（2）气压试验介质：空气、氮气或其他气体混合物。

（3）温度试验。

①温度测量部位：测量装置在一个13mm（0.5in）的通孔内与被试验设备接触，且距由其他设备上封存液润湿表面13mm（0.5in）以内。

②最高温度试验的加热：在最高温度试验的加热过程中，应是整个通孔内部或相应润湿表面达到或者超过最高温度。

③最低温度试验的冷却：在最低温度试验冷却过程中，试件被放置在最低温4℃的低温箱内，使整个被测物表面都能处于最低温度。

④温度数据的记录：所有温度的试验数据，连同施加的压力和同步时间，记录在计算机的PR2测控系统内，确保PR2测控系统在整个试验中连续地记录A侧压力、B侧压力、A侧温度、B侧温度。

（4）保压。

①保压周期的开始：保压期内压力和温度已呈稳定，试验设备和所带的压力检测装置已与压力源隔离以后开始。规定的保压期应是最低的保压时间。

②压力稳定：当每小时试验压力的变化不小于试验压力的5%或3.45MPa（500psi）时（取其较小者），应认为压力稳定。在整个保压期间，压力变化保持在试验压力的5%或3.45MPa（500psi）之内（取其较小者）。

③温度稳定：当每分钟温度变化小于0.5℃（1℉）时，应认为温度稳定。在整个稳定期间，温度要保持或者超过最大值，但不应超过最大值11℃（20℉）以上。

（5）气压试验（试验介质：空气、氮气或其他气体混合物）：69.0MPa（10000psi）和更高压力的设备应进行气压试验。

①室温气压试验的泄漏检测：根据API 6A Spec 21th第F1.8.3条进行泄漏检测；室温气压试验可以采取将闸阀完全浸没在水中，稳定期按照5.1.4.4中b）条进行。验收标准为：稳定期间和保压期间没有任何的可见连续气泡。

如果确实发现泄漏，产生了可见气泡，收集的气体泄漏量按API Spec 6A表F.1——室温下气体泄漏验收准则执行（阀座密封小于30cm^3/h，阀杆密封小于60cm^3/h，阀盖密封和端部连接密封小于20cm^3/h）。

②试验顺序：闸阀的试验顺序应该按照本试验规程的顺序进行，如果某个试验失败，应该从第1节内容开始从头重新试验。日期和时间要分别记录在试验步骤和PR2测控系统上。

③试验过程中阀的组装：在从“二、试验前的准备”开始后到“四、试验后的检测”开始前的整个试验过程中，组装好的闸阀不能被干扰、拆卸、修

理或者以任何理由调换或更换密封件。

二、试验前的准备

试验样机应符合 API 6A Spec 21th第 11 条出厂验收要求，依据规范级别做好前期试验。

全部规范级别（PSL1~PSL4）都要做静水压试验。

规范级别 PSL3G、PSL4，要做气压试验。

以上试验在 PR2 试验前要提供书面试验报告。

三、功能（型式）试验大纲

（一）型式试验内容

（1）力和扭矩测试。

（2）室温下的开启/关闭循环动态压力试验。

（3）最高额定温度下的开启/关闭循环动态气压试验。

（4）最高额定温度下的阀体气压试验。

（5）最高额定温度下的阀座气压试验。

（6）最高额定温度下的阀座低压试验。

（7）最低额定温度下的开启/关闭循环动态气压试验。

（8）最低额定温度下的阀体气压试验。

（9）最低额定温度下的阀座气压试验。

（10）最低额定温度下的阀座低压试验。

（11）压力/温度循环。

（12）室温下的阀体保压试验。

（13）室温下的阀座气压试验。

（14）室温下的阀体低压试验。

（15）室温下的阀座低压试验。

（16）操作力或扭矩。

（二）力或扭矩测量

1. 试验步骤

（1）用两个法兰（上游端为 A 侧，下游端为 B 侧）连接阀门的两侧，同时与试压管线相连；

（2）确保阀门处于关闭状态；

（3）用水充满阀门的 B 侧面，使压力达到 1%额定压力或更小的压力；

（4）在闸阀 A 侧加水并加压到额定压力；

（5）使用校准过的扭矩扳手将闸阀在全压差状态下打开，并记录打开最大扭矩值；

（6）用扭矩扳手完全关闭闸阀，并记录最大关闭扭矩；

（7）阀门完全关闭后，B 侧卸压至 1%试压压力或更小；

（8）重复步骤（4）至步骤（7），至少重复 3 次进行扭矩测量。

2. 验收准则

（1）扭矩小于制造商推荐的扭矩值；

（2）阀门操作平稳，无卡阻现象和振动现象。

（三）室温下的开启/关闭循环动态压力试验

1. 试验步骤

（1）确保阀门处于关闭状态；

（2）用水充满阀门 B 侧，使其压力达到试验压力的 1%或更小的压力；

（3）在 A 侧增压到额定的工作压力，之后试验阀座方向也在 A 侧，另一端标记为 B 侧；

（4）用阀门驱动装置在全压差下完全打开闸阀，开启后要注意保持起始试验压力的 50%，开启行程可以中断，以便调整压力在上述限定要求内；

（5）阀门应在保持上述步骤中限定的压力下完全关闭；

（6）在完全关闭阀门后，B 侧应卸压到试验压力的 1%或者更小；

（7）重复步骤（3）至步骤（6），循环 160 次。

2. 验收准则

（1）扭矩小于制造商推荐的扭矩值；

（2）阀门操作平稳，无卡阻现象和振动现象。

（四）最高额定温度下的动态试验

1. 试验步骤

（1）最高温度下动态试验的介质为气体；

（2）确保阀门处于关闭状态；

（3）PR2 高低温试验箱进行升温，加热阀门到最高设计温度，温度达到稳定状态（即每分钟温度变化小于 0.5℃）后可进行下一步；

（4）在阀门 B 侧进行加压，使其压力达到试验压力的 1%或更小的压力；

（5）在 A 侧增压到额定的工作压力，调整试验箱温度，直到温度传感器测量到闸阀温度为最高设计温度，温度达到稳定状态（即每分钟温度变化小于 0.5℃）后，可以进行下一步；

（6）用阀门驱动装置在全压差下完全打开闸阀，记录最大开启扭矩值，开启后要注意保持起始试验压力的 50%，开启过程可以中断，以便调整压力在上述限定要求内；

（7）阀门应在保持上述步骤中限定的压力下完全关闭；

（8）在完全关闭阀门后，B 侧应卸压到试验压力的 1%或者更小；

（9）重复步骤（5）至步骤（8），循环 20 次。

2. 验收准则

（1）扭矩的记录值小于制造商推荐的扭矩值；

（2）阀门操作平稳，无卡阻现象和振动现象。

（五）最高额定温度下的阀体气压试验

（1）阀门处于半开启状态；

（2）PR2 高低温试验箱进行升温，加热阀门到最高设计温度，温度达到稳定状态（即每分钟温度变化小于 0.5℃）后可进行下一步；

（3）在 A 侧增压到额定的工作压力，调整试验箱温度，直到温度传感器测量到闸阀温度为最高设计温度，温度达到稳定状态（即每分钟温度变化小于 0.5℃）后，可以进行下一步；

（4）保压至少 1h；

（5）试验后不要释放压力，继续进行下一节阀座气压试验；

（6）保压期间压力变化应少于试验压力 5%或 500psi，取其最小值。

（六）最高额定温度下的阀座气压试验

（1）在完成上一节试验后，带压关闭闸阀；

（2）在 B 侧卸压至零，调整 A 侧的压力为额定工作压力；

（3）PR2 高低温试验箱进行升温，加热阀门到最高设计温度，温度达到稳定状态（即每分钟温度变化小于 0.5℃）后可进行下一步；

（4）保压至少 1h；

（5）卸压；

（6）保压期间压力变化应少于试验压力 5%或 500psi，取其最小值。

（七）最高额定温度下的阀座低压试验

（1）确保阀门处于关闭状态；

（2）B侧卸压至零；

（3）PR2高低温试验箱进行升温，加热阀门到最高设计温度，温度达到稳定状态（即每分钟温度变化小于0.5℃）后可进行下一步；

（4）在A侧加压至额定工作压力的5%~10%；

（5）压力和温度稳定后，保压至少1h；

（6）卸压；

（7）保压期间压力变化应少于试验压力5%或500psi，取其最小值。

（八）最低额定温度下的动态试验

1. 试验步骤

（1）最低温度下动态试验的介质为气体；

（2）确保阀门处于关闭状态；

（3）PR2高低温试验箱进行降温，降到阀门最低设计温度，温度达到稳定状态（即每分钟温度变化小于0.5℃）后可进行下一步；

（4）在阀门B侧进行加压，使其压力达到试验压力的1%或更小的压力；

（5）在A侧增压到额定的工作压力，调整试验箱温度，直到温度传感器测量到闸阀温度为最低设计温度，温度达到稳定状态（即每分钟温度变化小于0.5℃）后，可以进行下一步；

（6）用阀门驱动装置在全压差下完全打开闸阀，记录最大开启扭矩值，开启后要注意保持起始试验压力的50%，开启过程可以中断，以便调整压力在上述限定要求内；

（7）阀门应在保持上述步骤中限定的压力下完全关闭；

（8）在完全关闭阀门后，B侧应卸压到试验压力的1%或者更小，温度稳定后方可进行下一步操作；

（9）重复步骤（5）至步骤（8），循环20次。

2. 验收准则

（1）扭矩的记录值小于制造商推荐的扭矩值；

（2）阀门操作平稳，无卡阻现象和振动现象。

（九）最低额定温度下的阀体气压试验

（1）阀门处于半开启状态；

（2）PR2 高低温试验箱进行降温，降到阀门最低设计温度，温度达到稳定状态（即每分钟温度变化小于 0.5℃）后可进行下一步；

（3）在 A 侧增压到额定的工作压力，调整试验箱温度，直到温度传感器测量到闸阀温度为最低设计温度，温度达到稳定状态（即每分钟温度变化小于 0.5℃）后，可以进行下一步；

（4）压力和温度稳定后，保压至少 1h；

（5）试验后不要释放压力，继续进行下一节试验；

（6）验收准则为保压期间压力变化应少于试验压力 5%或 500psi，取其最小值。

（十）最低额定温度下的阀座气压试验

（1）在完成上一节试验后，带压关闭闸阀，保持当前压力；

（2）在 B 侧卸压至零；

（3）PR2 高低温试验箱进行降温，降到阀门最低设计温度，温度达到稳定状态（即每分钟温度变化小于 0.5℃）后可进行下一步；

（4）调整 A 侧的压力为额定工作压力；

（5）压力和温度稳定后，保压至少 1h；

（6）卸压；

（7）保压期间压力变化应少于试验压力 5%或 500psi，取其最小值。

（十一）最低额定温度下的阀座低压试验

（1）确保阀门处于关闭状态；

（2）B 侧卸压至零；

（3）PR2 高低温试验箱进行降温，降到阀门最低设计温度，温度达到稳定状态（即每分钟温度变化小于 0.5℃）后可进行下一步；

（4）在 A 侧加压至额定工作压力的 5%~10%；

（5）压力和温度稳定后，保压至少 1h；

（5）卸压；

（6）保压期间压力变化应少于试验压力 5%或 500psi，取其最小值。

（十二）阀体压力、温度循环试验

（1）试验介质为气体；

（2）确保阀门处于半开状态，室温，无压力；

（3）室温下 A 侧加压到额定工作压力；

（4）升温至最高温度，升温过程中，要保持压力在试验压力的50%～100%，温度稳定后，可进行下一步操作；

（5）调整A侧压力至额定工作压力，温度稳定后，进行稳压，保压至少1h；

（6）降温至最低温度，降温过程中，要保持50%～100%的试验压力，温度稳定后，可进行下一步操作；

（7）调整A侧压力至额定工作压力，温度稳定后，进行稳压，保压至少1h；

（8）升温至室温，升温过程中，要保持50%～100%的试验压力；

（9）卸压至零；

（10）升温至最高温度，温度稳定后，可进行下一步操作；

（11）A侧升压至额定工作压力，温度稳定后，进行稳压，保压至少1h；

（12）卸压至零；

（13）降温至最低温度，温度稳定后，可进行下一步操作；

（14）A侧升压至额定工作压力，温度稳定后，进行稳压，保压至少1h；

（15）卸压至零；

（16）升温至室温；

（17）保压期间压力变化应少于试验压力的5%或500psi，取其最小值。

（十三）室温下阀体保压试验

（1）试验介质为气体；

（2）将闸阀从试验箱中取出，B侧打压孔用丝堵堵死，A侧连接气压管线，闸阀水平安放在水池底部；

（3）阀门处于半开启状态；

（4）温度为室温，A侧加压至额定工作压力；

（5）压力稳定后，保压至少1h；

（6）试验后不要释放压力，继续进行下一节试验；

（7）保压期间阀杆允许泄漏量60cm^3/h，阀盖密封允许泄漏量20cm^3/h，压力变化应少于试验压力5%或500psi，取其最小值。

（十四）室温下阀座气压试验

（1）在完成上一节试验后，带压关闭闸阀，保持当前压力；

（2）在B侧卸压至零，在A侧加压至额定工作压力；

（3）在试验压力下至少稳压 15min；

（4）卸压；

（5）闸阀通孔在每英寸公称孔通径情况下，允许泄漏量 $30cm^3/h$，阀杆允许泄漏量 $60cm^3/h$，阀盖密封允许泄漏量 $20cm^3/h$，压力变化应少于试验压力 5%或 500psi，取其最小值。

（十五）室温下阀体低压保压试验

（1）试验介质为气体；

（2）确保阀门处于半开状态；

（3）在 A 侧加压至额定工作压力的 5%～10%；

（4）压力稳定后，保压至少 1h；

（5）卸压；

（6）保压期间阀杆允许泄漏量 $60cm^3/h$，阀盖密封允许泄漏量 $20cm^3/h$，压力变化应少于试验压力 5%或 500psi，取其最小值。

（十六）室温下阀座低压试验

（1）试验介质为气体；

（2）确保阀门处于关闭状态，B 侧打压孔通大气，A 侧连接气压管线，闸阀水平安放在水池底部；

（3）在 A 侧加压至额定工作压力的 5%～10%；

（4）压力稳定后，保压至少 1h；

（5）卸压；

（6）A 侧打压孔通大气，B 侧连接气压管线，闸阀水平安放在水池底部；

（7）阀门保持在关闭状态，在 B 侧加压至额定工作压力的 5%～10%；

（8）压力稳定后，保压至少 1h；

（9）卸压；

（10）闸阀通孔在每英寸公称孔通径情况下，允许泄漏量 $30cm^3/h$，阀杆允许泄漏量 $60cm^3/h$，阀盖密封允许泄漏量 $20cm^3/h$，保压期间压力变化应少于试验压力 5%或 500psi，取其最小值。

（十七）最终力或扭矩测量

1. 试验步骤

（1）用两个法兰（上游端为 A 侧，下游端为 B 侧）连接阀门的两侧，同时与试压管线相连；

（2）确保阀门处于关闭状态；

（3）用水充满阀门的 B 侧面，使压力达到 1%额定压力或更小的压力；

（4）在闸阀 A 侧加水并加压到额定压力；

（5）使用校准过的扭矩扳手将闸阀在全压差状态下打开，并记录打开最大扭矩值；

（6）用扭矩扳手完全关闭闸阀，并记录关闭最大扭矩；

（7）阀门完全关闭后，B 侧卸压至 1%试压压力或更小；

（8）重复步骤（4）至步骤（7），至少重复 3 次进行扭矩测量。

2. 验收准则

（1）扭矩小于制造商推荐的扭矩值；

（2）阀门操作平稳，无卡阻现象和振动现象。

四、试验后检测

试验后，参照 API Spec 6A 附录 F1. 6. 5 进行检测。

（1）试验后的闸阀必须解体为零件，对每一个零件进行检测。所有关键尺寸必须重新测量，检测人员资格应满足 API Spec 6A 要求，所有测量设备应根据 API Spec 6A 要求校准检测合格，并在有效期内。

（2）所有的零件都要拍照。

（3）试验后的闸阀在解体时应当有客户和第三方验证机构的相关代表在场目击。

（4）所有试验后检测报告应当由客户和第三方验证机构代表提供并验证。

验收标准：

（1）所有零件都应处于良好工作状态，否则为不合格；

（2）试验后检测记录，提供试验完成之后的检验记录表。

参考文献

[1] 陈浩，梁爱武，李悦钦，等 . 2004. 井口装置的失效分析［J］. 天然气工业，（7）：65-67+137-138.

[2] 陈琳 . 2015. 基于正交试验的盾构刀具磨损分析［D］. 石家庄铁道大学 .

[3] 迟国敬，廉伟方，李长缨 . 2011. 中国燃气表市场容量需求状况分析［J］. 城市燃气，（3）：19-24.

[4] 褚艳霞 . 2008. 浅析阀门内漏产生原因危害及处理方法［J］. 中国电力教育，（S3）：695-696+702.

[5] 邸新杰，邢希学，王宝森 . 2014. Inconel 625 熔敷金属中 δ 相的形核与粗化机理［J］. 金属学报，50（3）：323-328.

[6] 高杨 . 2014. 纳米晶 WC-Co 硬质合金的微结构与性能研究［D］. 北京工业大学 .

[7] 古年年，吴德谦，黄雪梅 . 1997. 聚四氟乙烯复合材料的物理机械性能［J］. 润滑与密封，（6）：50-51.

[8] 顾伯勤 . 2003. 新型静密封材料及其应用［J］. 石油机械，31（2）：50-52.

[9] 顾雪东，王朝平 . 2017. YG8 碳化钨硬质合金冲蚀磨损性能研究［J］. 石油化工设备，46（2）：1-5.

[10] 顾永泉 . 1981. 对有相变的汽液相机械密封的初步探讨［J］. 化工炼油机械，（06）：9-18.

[11] 顾永泉 . 2002. 机械密封实用技术［M］. 机械工业出版社 .

[12] 郭晓宇，郭包生，张雪飞，等 . 2010. 超滤阀门内漏对膜设备的危害及控制措施［J］. 工业水处理，30（01）：84-85.

[13] 胡忠辉，袁哲俊 . 1989. 磨削残余应力产生机理的研究［J］. 哈尔滨工业大学学报，（03）：51-60.

[14] 黄金波 . 2012. 套管头结构有限元分析及应用［D］. 东北石油大学，

[15] 黄志新，刘成柱 . 2013. ANSYS Workbench 14.0 超级学习手册［M］. 人民邮电出版社 .

[16] 集团公司井控培训教材编写组 . 2013. 钻井操作人员井控技术［M］. 中国石油大学出版社 .

[17] 金燕，齐威 . 2018. 材料力学［M］. 上海交通大学出版社 .

[18] 兰晓冬 . 2014. 15000Psi 超高压节流阀密封圈的研制［D］. 西南石油大学 .

[19] 李大武，邢婷，孙挺，等 . 2009. 聚四氟乙烯密封的研究进展［J］. 有机氟工业，（2）：11-15.

[20] 李军 . 2010. 碳纤维及其复合材料的研究应用进展 [J]. 辽宁化工, 39 (9): 990-992.

[21] 李珂 . 2013. 非接触式中间旋转环机械密封传热特性及端面热变形研究 [D]. 西华大学 .

[22] 李诗卓, 董祥林 . 1987. 材料的冲蚀磨损与微动磨损 [M]. 北京: 机械工业出版社 .

[23] 李养良, 杜大明, 宋杰光, 等 . 2010. 模具表面强化新技术的应用和发展 [J]. 热处理技术与装备, 31 (04): 9-12+59.

[24] 李玉龙, 从保强, 齐铂金, 等 . 2013. 不同脉冲频率条件下 2219-T87 高强铝合金焊缝成形行为 [J]. 焊接学报, 34 (12): 67-70.

[25] 李云鹏 . 2013. 聚氨酯缓冲装置的设计与优化匹配研究 [D]. 华中科技大学 .

[26] 梁恩宝, 胡绳荪, 王志江 . 2016. 基于响应面法的 Inconel 625 镍基合金 GTAW 堆焊工艺优化 [J]. 焊接学报, 37 (6): 85-88

[27] 刘海滨, 孟凡军, 巴德玛 . 2007. 45CrNiMoVA 钢 MIG 堆焊层组织及性能研究 [J]. 中国表面工程, 20 (3): 39-42.

[28] 刘亮 . 2015. 石油井口装置关键件的失效分析 [D]. 重庆理工大学 .

[29] 刘英杰, 成克强 . 1991. 磨损失效分析基础 [M]. 北京: 机械工业出版社 .

[30] 刘占军, 王哲峰 . 2010. X 形变截面优化橡胶密封圈比较应力有限元分析 [J]. 润滑与密封, 35 (1): 56-58.

[31] 卢美亮 . 2017. 单金属密封变形分析与结构优化 [D]. 西南石油大学 .

[32] 邱永福 . 2005. 聚四氟乙烯在流体密封中的应用 [J]. 石油化工设备技术, 26 (3): 50-53.

[33] 邵荷生, 曲敬信 . 许小棣, 等 . 1992. 摩擦与磨损 [M]. 北京: 煤炭工业出版社 .

[34] 师延龄, 王文东 . 2005. 碳纤维填充聚四氟乙烯的性能及应用 [J]. 有机氟工业, 2005 (3): 23-25.

[35] 宋庭丰, 蒋小松, 莫德锋, 等 . 2015. 不锈钢和钛合金异种金属焊接研究进展 [J]. 材料导报, 29 (11): 81-87.

[36] 孙玉霞, 李双喜, 李继和, 等 . 2014. 机械密封技术 [M]. 化学工业出版社 .

[37] 陶春达, 艾志久, 刘春全, 等 . 1997. 井口装置 PFFA35/65-C88 闸阀的有限元分析 [J]. 西南石油学院学报, 22 (4): 95-98.

[38] 汪亚南 . 1981. 国外套管头产品介绍 [J]. 石油钻采机械, 4: 57-63.

[39] 王辉 . 2013. 高压采气井口装置研制 [D]. 东北石油大学 .

[40] 王小文 . 2010. 井口装置 PR2 试验控制系统的研究与应用 [J]. 机械工程师, (3): 109-110.

[41] 王晓刚 . 2016. 碳纤维/玻璃纤维增强 PPESK 复合材料的研究 [D]. 长春工业大学 .
[42] 王友善，王锋，王浩 . 2009. 超弹性本构模型在轮胎有限元分析中的应用 [J]. 轮胎工业，29（5）：277-282.
[43] 吴冲浒，聂洪波，曾祺森，等 . 2013. 超粗晶硬质合金的显微结构和力学性能 [J]. 粉末冶金材料科学与工程，18（2）：198-204.
[44] 谢文伟 . 2012. 氮化物涂层的冲蚀磨损模拟研究 [D]. 湘潭大学 .
[45] 徐滨士 . 2008. 第一讲 装备再制造技术（十二）[J]. 中国设备工程，(11)：63-65.
[46] 徐同江 . 2012. 基于 ANSYS 的 O 形密封圈的有限元分析 [D]. 山东大学 .
[47] 许游，杨红文，王凤喜 . 2006. 密封的使用和维修问答 [M]. 北京：机械工业出版社 .
[48] 严永明 . 2016. 低温环境下橡胶材料超弹性本构模型探究 [D]. 燕山大学 .
[49] 姚翠翠 . 2014. 船舶尾轴机械密封端面比压研究及对密封性能影响 [D]. 青岛理工大学 .
[50] 姚瑞 . 2013. 浅析如何提高机械加工表面粗糙度 [J]. 科技资讯，(04)：124.
[51] 张继华，任灵，赵云峰，等 . 2011. 空间环境用耐低温硅橡胶密封材料研究 [J]. 航天器环境工程，28（2）：161-166.
[52] 张骏 . 2016. 高能连续激光与外力载荷联合作用于铝合金的理论和试验研究 [D]. 南京理工大学 .
[53] 张守良，马发明，徐永高 . 2016. 采气工程手册 [M]. 石油工业出版社，
[54] 张卫兵，刘向中，陈振华，等 . 2015. WC-Co 硬质合金最新进展 [J]. 稀有金属，39（2）：178-186.
[55] 张文勇，陈亚维 . 1995. 磨削残余应力与磨削裂纹 [J]. 郑州纺织工学院学报，(1)：26-32.
[56] 张羽 . 2015. 采油井口装置及安全控制系统设计研究 [D]. 中国石油大学 .
[57] 张玉清 . 2019. 我国天然气发展面临的形势和任务 [J]. 中国石油石化，(Z1)：17-19+16.
[58] 张振英 . 1994a. 聚四氟乙烯的性能、加工及其在封密上的应用 [J]. 陕西化工，(1)：6-11.
[59] 张振英，杨淑丽 . 1994b. PTFE 的研究及其在密封上的应用 [J]. 工程塑料应用，(4)：52-56.
[60] 张振英 . 1997. 改性聚四氟乙烯密封材料 [J]. 机电设备，(1)：36-39.
[61] 章敬 . 2017. 油气井井口装置 [M]. ，石油工业出版社 .
[62] 赵琦璘 . 2015. 外压检测套管螺纹密封性装置的研究 [D]. 西南石油大学 .
[63] 钟功祥，张天津，肖力彤，等 . 2007. 采油（气）井口装置现状及发展趋势 [J].

机电产品开发与创新，20（6）：63-64.

[64] 周大勇，刘文今，钟敏霖，等.2004. Inconel 625激光合金化层组织、性能与耐磨性研究［J］. 应用激光，24（6）：375-379.

[65] 周思柱，袁新梅，罗颖萍.2005. 井口阀体有限元计算与简化计算的比较［J］. 石油天然气学报，27（2）：256-257.

[66] 周宗杨.1986. 井口阀主要零部件的金属材料及其热处理工艺［J］. 石油机械.（12）.

[67] Alidokht S A, Vo P, Yue S, et al. 2017. Erosive wear behavior of Cold-Sprayed Ni-WC composite coating [J]. Wear, 376-377: 566-577.

[68] Antonov M, Yung D L, Goljandin D, et al. 2017. Effect of erodent particle impact energy on wear of cemented carbides [J]. Wear, 376-377: 507-515.

[69] Bitter J G A. 1963. A study of erosion Phenomena, Part2 [J]. Wear, 6 (3): 169-190.

[70] Bonnaire F A , Weber A T. 2002. Analysis of fracture gap changes dynamic and static stability of different osteosynthetic procedures in the femoral neck [J]. Injury-international journal of the Care of the Injured, 33 (10): 24-32.

[71] Evans A G, Gulden m E, Rosenblatt M. 1978. Impact damage in brittle materials in the elastic-plastic response regime [J]. Proceedings of the Royal Society of London, 360 (1706): 343-365.

[72] Finnie I. 1960. Erosion of surfaces by solid particle [J]. Wear, 2 (3): 87-103.

[73] GHOSH P K, KUMAR R. 2015. Surface modification of micro-alloyed high-strength low-alloy steel by controlled TIG arcing process [J]. Metallurgical and Materials Transactions a -Physical Metallurgy and Materials Science, 46 (2): 831-842.

[74] Hadadzadeh A , Ghaznavi M M , Kokabi A H. 2014. The effect of gas tungsten arc welding and pulsed-gas tungsten arc welding processes´ parameters on the heat affected zone-softening behavior of strain-hardened Al - 6.7Mg alloy [J]. Materials & Design, 55 (mar.): 335-342.

[75] Hutchings I M. 1981. A model for the erosion of metals by spherical particles at normal incidence [J]. Wear, 70 (3): 269-281.

[76] J. John Rajesh, J. Bijwe, B. Venkataraman, et al. 2004. Effect of impinging velocity on the erosive wear behaviour of polyamides [J]. Tribology International, 37 (3): 219-226.

[77] Lawn B R, evans A G. 1977. A Model for Crack Initiation in Elastic/Plastic Indentation Fields [J]. Journal of Materials Science, 12 (11): 2195-2199.

[78] Levy A V. 1981. The solid particle erosion behavior of steel as a function of microstructure

[J]. Wear, 68 (03): 269-287.

[79] Liebhard M , Levy A. 1991. The effect of erodent particle characteristics on the erosion of metals [J]. Wear, 151 (2): 381-390.

[80] MADADI F, ASHRAFIZADEH F, SHAMANIAN M. 2012. Optimization of pulsed TIG cladding process of stellite alloy on carbon steel using RSM [J]. Journal of Alloys and Compounds, 510 (1): 71-77.

[81] Mijar A. R. , Arora J. S. 2000. Review of Formulation for Elastic Frictional Contat Problems [J]. Structural Multidisc Optim, (20): 167-189.

[82] OLA O T, DOERN F E. 2014. A study of cold metal transfer clads in nickel-base Inconel 718 superalloy [J]. Materials and Design, 57: 51-59.

[83] PADMANABAN G, BALASUBRAMANIAN V. 2011. Optimization of pulsed current gas tungsten arc welding process parameters to attain maximum tensile strength in AZ31B magnesium alloy [J]. Transactions of Nonferrous Metals Society of China, 21 (3): 467-476.

[84] Sheldon G. L. , Finnie I. . 1966. On the Ductile Behavior of Nominally Brittle Materials During Erosive Cutting [J]. Journal of Engineering for Industry, 88 (4) .

[85] Wellman R G, Allen C. 1995. The effect of angle of impact and material properties on the erosion rate of ceramics [J]. Wear, 186-187 (3): 117-122.

[86] Zheng C, Liu Y H, Qin J, et al. 2017. Experimental study on the erosion behavior of WC-based high-velocity oxygen-fuel spray coating [J]. Powder Technology, 318: 383-389.